KB079933

어머니,
그리고
다른 사람들

어머니,
그리고
다른 사람들
Mothers and Others

상호 이해의 진화적 기원

세라 블래퍼 허디 지음 | 유지현 옮김

에이도스

차 례

현재 사회생물학에서 가장 주목받는 분야는 왜
우리가 친사회적 정서를 가지고 있는지 설명하는 것이다.
H. 긴티스(2001)

우리가 명심해야 하는 것은 …
적응적 진화의 인과적 과정은 발달과 함께 시작된다는 것이다.
M.J. 웨스트-에버하드(2003)

1.
비행기를 탄
유인원들
—

"… 인간이 아무리 이기적이라 하더라도, 그의 본성에는 분명히 다른 사람의 고락에 관심을 갖는 몇 가지 원칙이 있다." _애덤 스미스(1759)

매년 16억 명의 승객들이 전 세계에 흩어져 있는 목적지에 가기 위해 비행기를 탄다. 보안검색대 앞에서 침착하게 줄을 서고, 생전 처음 보는 사람이 몸을 수색하도록 허락한다. 그리고 거대한 알루미늄 통에 차례차례 들어가, 좁은 좌석에 몸을 욱여넣고, 팔꿈치를 맞대고, 긴 비행시간 동안 서로에게 맞추고 협조한다.

승객들은 고개를 끄덕이고 체념한 듯 미소를 지으며 눈을 맞추고, 뒤늦게 탑승해 사람들을 밀치며 복도를 지나가는 사람들에게 길을 양보한다. 배낭을 맨 젊은이가 머리 위에 있는 수납 칸에 소지품을 쑤셔 넣으려고 하다 배낭으로 나를 친다. 나는 얼굴을 찡그리고 이빨을 드러내는 대신, 짜증을 감추고 희미하게나마 미소를 짓는다. 기내에서 아기가 울더라도 대부분의 승객들은 크게 짜증스러워하지 않는다. 혹은 짜증나지 않는 척한다. 심지어 몇몇 승객은 고개를 슬쩍 끄덕이고 씁쓸한 미소를 지으며, '당신 기분 알겠어요'라고 아기 어머니에게 심정을 이해한다는 신호를 보낸다. 또 아기로 인한 소란이 자기가 상상하는 것만큼 짜증나지는 않다고 아기 어머니에게 위로의 신호를 보내기도 한다. 그러나 우리는, 그리고 아기의 어머니도 옆자리에 앉은 젊은 남자 승객이 아기 어머니의 걱정만큼이나 정말로 그 모든 상황을 언짢아하는 중이라는 걸 직감적으로 알 수 있다. 청년은 아기 어머니를 쳐다보지 않고 노트북 컴퓨터 화면에 시선을 고정시키고 있을 뿐이다.

비행기를 자주 타는 사람들은 다른 사람의 마음과 의도를 파악할 수 있는 공감 능력, 즉 우리 종의 타고난 재능인 상호 이해의 능력을 빈번하게 쓴다. 인지심리학자들은 다른 사람이 머릿속에서 어떤 생각을 할지를 생각할 수 있는 이 능력을 '마음 이론'이라고 부른다.[1] 인지심리학자들은 인간 아이들이 이러한 능력을 몇 살에 습득하는지, 그리고 다른 비인간 동물들이 어느 정도로 마음 읽기(더 정확하게는 다른 사람에게 자신의 마음을 귀속시키는 것)를 할 수 있는지 확인하는 재치 있는 실험을 고안했다. 또 다른 심리학자들은 이와 관련해 '상호주관성'이란 용어를 선호한다. '상호주관성'은 자기의 감정과 경험을 다른 사람들과 나누고자 하는 능력과 욕구를 강조한다. 인간에게서 이러한 소양은 발달상 아주 이른 시기에 발생하고 이후 더 정교한 마음 읽기를 가능하게 하는 토대가 된다.[2]

뭐라고 부르건 간에, 타인의 얼굴을 알아보고 관심을 기울이며, 다른 사람들의 생각과 의도를 이해하고, 그들의 목표에 공감하고 관심을 갖는 우리의 경향으로 인해 인간은 주변 사람들과 협력하는 데 있어 다른 유인원들보다 훨씬 더 능숙하다. 우리가 생각하는 그 이상으로 훨씬 더 자주, 사람들은 다른 사람의 마음을 감지한다. 그리고 더욱 흥미롭게도, 자신의 정신적 경험도 다른 사람들과 나누고 싶어한다.

비행기에서 옆자리에 앉은 두 사람을 상상해보자. 그중 한 명이 비행 중 심각한 편두통이 생겼다. 말이 통하지 않더라도, 옆자리에 앉은 사람은 아마도 젖은 수건을 머리에 얹어주거나 하면서 도와줄 것이고, 또 아픈 여성은 이제 괜찮다고 안심시키고자 할 것이다. 인간은 종종 다른 사람을 이해하고, 이해를 얻고, 또 협력하는 데 진심이다. 비좁은 기내에 다닥다닥 붙어 앉은 승객들은 인간의 상호작용에 공감과 상호주관성이 얼마나 자주 관여하는지 잘 보여준다. 이런 일은 너무 자주 일어나서 우리는 이를 당연하게 여긴다. 하지만 만약 이 비행기에 욱여넣어진 짜증난 탑승객이 인간이 아니라 다른 종의 유인원이라면 어떤 일이 벌어질까?

지금 같은 순간에 나의 사회생물학적 상상은 무척이나 기괴해서 인간의 마음 읽기가 완벽하지 않다는 게 다행스러울 지경이다. 나는 비행기 안의 승객들이 갑자기 다른 종의 유인원으로 변한다면 어떤 일이 벌어질지 생각해본다. 내가 만약 비행기를 가득 채운 침팬지들과 여행하고 있다면 어떨까? 울던 아기가 무사히 살아있고, 우리 중 누구라도 열 손가락과 발가락이 모두 붙어 있는 채로 비행기에서 내린다면 다행이다. 아마도 유혈이 낭자하고 떨어져 나간 신체 일부가 통로에 가득할 것이다. 매우 충동적이고 낯선 침팬지들을 좁은 공간에 쑤셔넣는 것은 아수라장을 만들기 딱 좋은 방법이다.

일단 한번 시작하면 인간과 다른 영장류들을 비교하는 습관을 떨치기가 매우 어렵다. 머릿속에서 하누만랑구르원숭이의 행동을 관찰한 초창기 보고서가 떠오른다. 랑구르원숭이는 아시아 원숭이의 한 종으로, 내가 젊은 시절에 인도에서 연구한 종이다. 영국 관료이자 아마추어 자연사학자였던 휴즈(T. H. Hughes)는 본국에서 인도의 식민통치를 돕기 위해 파견된 인물이었다. 그는 이렇게 썼다. "1882년 4월, 르와 주 소하그푸르 지역에 있는 싱푸르 마을에 캠프를 쳤을 때 … 하누만원숭이들이 안절부절못하며 모여드는 모습이 나의 주의를 끌었다." 휴즈가 지켜보는 가운데, 두 마리의 수컷 사이에 싸움이 일어났다. 그중 한 마리는 한 무리의 암컷과 함께 다니던 중이었고, 다른 한 마리는 아마도 낯선 이방인 같았다. "두 수컷의 팔과 이빨이 흉악스럽게 움직이더니, 싸움꾼 중 한 마리의 목이 찢겨 나갔고, 곧 죽었다." 이어서 휴즈는 다음과 같이 기록했다. "승리의 파도가 이방인의 편에 있는 듯 보였지만, 곧 암컷 두 마리가 다가왔을 때에는 그 운이 다했던 것 같다. … 암컷 둘이 덤벼들었고, 그가 용감히 맞서 싸웠지만, 암컷 중 한 마리가 그의 가장 소중한 부위를 잡아서 떼버렸다."[3]

랑구르원숭이, 붉은콜로부스원숭이, 마다가스카르여우원숭이, 그리고 우리와 가까운 친척인 대형 영장류들의 현장 기록에는 온갖 종류의 잃어버린 손가락과 찢겨 나간 귀, 거세에 대한 보고가 산재해 있다. 심지어 평화롭기로 유명한 보노보(침팬지 종류 중 하나로 희귀종이라 야생에서의 관찰은 드물고 대부분 동물원에서 관찰된다)들 사이에서도 실랑이가 벌어진 후에는 찢어진 음낭이나 음경을 꿰매기 위해 때로 수의사들이 호출된다. 인간이 질투, 분노, 폭력, 외부인 혐오, 살인에 대해 비슷한 성향을 보이지 않는다는 이야기가 아니다. 다만 우리와 가장 가까운 유인원들에 비해 인간은 완전한 아수라장을 막는 데 더 능숙하다는 말이다. 우리는 대체로 다른 사람들과 사이좋게 지내려고 한다. 침팬지처럼 마구잡이로 낯선 이를 공격하지도 않으며, 침팬지와 달리 다른 사람의 얼굴을 마주보고 직접 죽이는 일은 훨씬 어려워한다. 매년 16억 명의 비행기 승객들이 눌리고 밀쳐지는데도 아직 어떤 종류의 절단 사고도 보고되지 않았다. 이 책의 목표는 이러한 일이 가능하도록 하는 상호 이해, 나눠주고자 하는 충동, 마음 읽기, 그리고 다른 초사회적 경향들의 초기 기원을 설명하는 것이다.

▮ 협력의 배선

현대인들은 꽤 어린 나이부터 특별한 훈련 없이도 다른 사람들의 곤경을 동일시하며, 심지어 낯선 사람에게도 자발적으로 도움을 준다. 이런 점에서 우리는 다른 유인원과는 구분되는 독특한 계보의 유인원이다. 인도네시아 쓰나미나 허리케인 카트리나를 떠올려 보자. 피해자들의 사진이나 영상을 접하고 수많은 기부가 이어졌다. 이들이 밝힌 기부의 이유는 한결 같았다. 기분이 나아지는 유일한 방법은 피해자들을 돕는 것이다. 전 세계로 방송되는 고통스러운 얼굴들을 보고, 또 가족을 잃은 생존자들의 신음소리를 듣고 사람들은 본능적으로 반응했다.

다른 사람과 동일시하고 다른 사람의 고통을 자신의 일처럼 느끼는 것은 단순히 배워서 되는 것이 아니다. 이는 우리의 일부분이다. 신경과학자들은 뇌 스캔을 이용해 다른 사람이 사과를 먹는 것을 지켜보거나, 다른 사람이 사과를 먹는 것을 상상하도록 요청받은 사람들의 신경 활동을 관찰했다. 피험자들은 자신과 타인을 구별하는 것을 담당하는 뇌 영역이 활성화될 뿐만 아니라 사과를 먹는 것과 관련된 근육을 조절하는 것을 담당하는 뇌 영역도 함께 활성화되었다. 사람들이 감정적인 상황에 처한 다른 사람을 상상하도록 요청받은 실험에서도 비슷한 결과가 나타난다.[6] 이러한 별난 마음은 연민의 행동뿐 아니라, 모든 문화에 존재하는 환대, 선물 주기, 예절 등의 규범과 온갖 사회적 상황에 사람들이 더 잘 대처할 수 있게 한다.

실험실에서 임의로 짝지어진 낯선 사람들이 '죄수의 딜레마'라는 유명한 게임의 변형 버전을 수행하는 동안, 신경과학자들이 자기공명영상(MRI)을 이용해 참여자들의 뇌 활성도를 모니터링한 결과도 반사적

연민의 감정은 같은 집단 구성원에게만 국한되어 나타나는 것이 아니다. 사진에서 보이는 스페인 군인은 모로코에서 스페인까지 배를 타고 건너려다 구조된 아프리카 난민을 살리기 위해 자신의 체온을 이용하고 있다.

인 이타적 충동을 지지한다. 이 실험에서 두 명의 참여자는 짝을 이뤄 협력하거나 배신하고 이를 통해 보상을 받는다. 만약 반복되는 게임에서 둘 중 아무도 배신하지 않고 계속 협력한다면, 둘 다 게임을 통해 이익을 얻을 수 있다. 하지만 한 참여자가 배신하고 상대방은 협력한다면, 배신자는 그보다 더 큰 이익을 얻고, 상대방은 한 푼도 얻지 못한다. 만약 두 사람 모두 배신한다면, 둘 다 완전히 손해를 본다. 이러한 종류의 실험들은 놀랄 만한 결과를 보여준다. 참여자들에게 이 게임이 단 한 번만 진행되며, 각각의 참여자들이 협력하거나 배신할 수 있는 기회는 한 번뿐이고, 상호 이익을 위해서 다시 서로 협력할 가능성이 없다고 알려주더라도, 무작위로 선정된 낯선 사람들 중 42퍼센트의 사람들이 협력적으로 행동했다.[5]

이러한 관대함은 언뜻 보기에 합리적이지 않다. 특히 개인주의를 찬양하고 이기적인 '합리적 행위자'를 가정한 경제학 모델에 익숙한 경제학자들이나, 나 같은 사회생물학자에게는 더욱 그렇다. 나는 가임기 암컷에 접근하기 위한 영장류 수컷 간 경쟁, 같은 그룹에서 자원을 놓고 벌어지는 암컷 간 경쟁, 심지어 같은 가족 안에서도 부모가 주는 음식과 보살핌을 차지하기 위한 자식들 간 경쟁을 연구하는 데 직업적 삶의 대부분을 바쳤다. 하지만 약 180만 년 전부터 기원전 약 12,000년까지 홍적세의 광대한 시간과 변화무쌍한 기후 변화 속에서 인류가 어떻게 살아남을 수 있었는지 고려해보면, 그런 관대한 성향은 "합리적인 것보다 나은" 선택이다. 사람들은 오랜 시간에 걸쳐 검증된 다른 사람과의 관계에 너무나 많이 의존해야 했기 때문이다.[6]

넓은 지역에 퍼져 서로 연결된 작은 친족 집단 안에 사는 사람들 사이에서는 상호작용이 계속 반복되는 경우가 많다. 따라서 자발적으로 다른 사람에게 도움을 주는 일을 하는 성향을 의미하는 친사회적 욕구는 추후에 보답받거나 보상받을 가능성이 높다. 관대한 사람과 그 가족의 안녕은 한 번의 특정한 거래의 즉각적인 결과보다는 좋을 때나 나쁠 때나 한결같이 의존할 수 있는 사회적 관계망에 더 크게 좌우된다. 당신이 이번 해에 관대하게 농기구를 빌려주거나, 음식을 나눠 준 상대방은 이듬해에 당신의 우물이 말라버리거나 집 근처에서 사냥감이 사라졌을 때 의지하게 될 사람이다.[7] 평생 동안 사람들은 이웃과 마주치고 또 다시 마주쳤을 것이다. 꼭 자주 마주친 것은 아니더라도, 몇 번이고 다시 마주치곤 했을 것이다. 답례를 하지 못하면 동맹을 잃거나, 더 나쁘게는 사회적으로 배척당할 수 있다.[8]

이제 수천 년을 건너뛰어 오늘날 연구자들이 이와 비슷한 실험을 진행하는 실험실로 가보자. 호의가 보답으로 돌아올 가능성이 없는데도 협력을 선택한 실험 참여자들에게서 보이듯이, '일회적 거래'는 인간의 뇌가 일상적으로 처리해왔던 종류의 일이 아니다. 사람들은 아주 어릴 때부터, 심지어 말을 배우기도 전에, 다른 사람을 돕는 것이 보람 있는 일이라는 것을 알게 되고, 누가 도움이 되고 누가 그렇지 못한지에 민감하게 반응한다.[9] 다른 사람을 도울 때 활성화되는 뇌 영역은 사람들이 다른 즐거운 보상을 받을 때 활성화되는 뇌 영역과 동일하다.[10]

어떤 사람들은 새로 태어난 아기가 다른 사람을 배려하고, 좋은 시민이 되도록 사회화가 필요한 작은 이기주의자라고 여긴다. 하지만 이는 어느 모로 보나 인간 종의 전형이라 할 수 있는 다른 특성들을 간과한 것이다. 인간은 태어나면서부터 자신이 다른 사람과 어떻게 관계를 맺고 있는지 각별히 주의를 기울인다. 17세기 스피노자의 말이 인간이 자라면서 겪는 수많은 긴장을 잘 담아내고 있다는 데에 점점 더 많은 신경과학자들이 동의한다. "다른 사람들과 함께 나누고, 평화롭게 지내고자 하는 노력은 자기 자신을 영위하기 위한 노력의 일환이다." 새로 발견되는 증거들에 따라 심리학자들과 경제학자들도 우리의 뇌가 상호 협력을 위해 다른 사람에게 보상하거나, 처벌하는 것뿐만 아니라, "다른 사람들과 협력하도록 배선되어 있다"고 결론 내리고 있다.[11]

놀랍지 않을 수도 있겠지만, 사람들이 서로 얼굴을 마주보고 있을 때 돕고자 하는 욕구가 가장 쉽게 활성화된다. 전두엽과 두정엽피질의 거대한 영역이 다른 사람의 목소리와 얼굴 표정을 해석하는 데 전문화되어 있다. 태어나면서부터 모든 건강한 인간은 근처에 있는 사람들을 관찰하고, 표정을 인식하고, 해석하고 심지어 따라하는 방법을 배우는 데 열심이다. 다른 사람에게 공감하는 타고난 능력은 생애 첫 6개월 안에 나타난다.[12] 초기 성인기에 이르면, 대부분의 사람들이 다른 사람의 의도를 파악하는 데 전문가가 된다. 우리는 주변사람들의 생각과 느낌을 감지하는 데 너무나 익숙하기 때문에, 다른 사람의 고통에 감정적으로 반응하지 않도록 훈련된 전문가조차 마음이 동요하지 않기가 어렵다. 특히 심리치료사들이 이런 문제에 직면한다. 심리치료사들이 업으로 삼는 감정이입은 더 좋은 치료 결과를 낳기도 하지만, 치료사들에겐 최악의 악몽이기도 하다.[13] 매일같이 다른 사람들의 감정적 문제를 다루는 사람은 "대리 트라우마"나 "공감 피로" 같은 직

업병이나 고객의 우울증에 "전염"될 위험을 달고 산다.[14]

진화심리학자, 경제학자, 신경과학자들이 새롭게 밝혀낸 사실들은 인간 본성의 협력적인 면을 무대 중심으로 끌어올리고 있다. 새로운 발견들은 사람들의 의사 결정이 얼마나 비이성적이고, 감정적이고, 배려심 있으며, 심지어 사심 없는지 보여준다. 이에 따라 세상은 경쟁으로 가득하며, 이성적인 행위자는 곧 이기적인 행위자라고 오랫동안 전제해왔던 학문 분야들이 변하고 있다. 다양한 분야의 연구자들은 인간이 정말로 아주 이기적일 때도 있지만, 다른 사람에 대해 공감하고, 또 돕고 나누려는 욕망이 있다는 점에서 인간은 꽤 독특하며, 특히 다른 유인원들과는 다르다는 데 의견을 모은다.[15]

두 이론경제학자들이 최근 밝힌 바와 같이 "친사회적 감정이 없다면, 우리는 모두 반사회적 인격장애인이 될 것이고, 계약제도, 정부의 법 집행, 평판이 아무리 강력하더라도 인간 사회는 존재할 수 없을 것이다."[16] 경제학자로부터 나온 언급이라는 것을 감안한다면, 가히 혁명적인 말이다. 이렇게 볼 때 진화론에서도 우리 종이 어떻게 진화했고 인간이 된다는 것이 어떤 의미인지에 대해 특별한 설명과 새로운 사고 방식이 필요하다고 생각한다.

▎ 정서적 현대성의 의미

인류학자들이 모래 위에 인간과 다른 동물을 구분 짓는 선을 그으면, 새로운 발견들이 그 경계를 지우는 일이 몇 번이고 되풀이되었다. 우리는 경계선을 긋는 작업이 우리 종의 특별한 속성을 밝히기보다는 다른 동물들에 대한 우리의 무지를 더 드러낸다는 것을 깨닫지 못한 채, 인간의 특별한 자질 목록을 만들었다. 도구제작자로서의 인간은 20세기 중반 일본과 영국의 연구자들이 야생 침팬지들이 흰개미 낚시용 나무 막대기를 다듬는 것을 확인한 이래 그 위상이 추락했다.[17] 이제는 모든 대형 유인원이 자연물을 이용해 스펀지, 우산, 호두까기 등을 만들고 심지어 먹잇감을 잡기 위해 막대를 뾰족하게 만드는 등 도구를 고르고, 준비하고, 사용한다는 것이 잘 알려져 있다.[18] 더욱이 대형 유인원은 의심의 여지없이 아주 오랜 세월 동안 도구를 이용해온 것으로 보인다. 고고학자들은 서아프리카 침팬지들이 견과류를 까기 위해 사용하는 특별한 돌절구가 적어도 4,300년 이전의 것임을 알아냈다.[19]

　대형 유인원은 당연하다는 듯 창의적으로, 또 가끔은 앞날을 내다보면서 광범위한 맥락에서 도구를 사용한다. 얼마 전 《사이언스》에 "유인원은 미래에 대비해 도구를 챙긴다"라는 제목의 논문이 게재됐다. 논문에 묘사된 실험에서 니콜라스 멀캐히(Nicholas Mulcahy)와 조셉 콜(Josep Call)은 오랑우탄과 보노보를 훈련시켜 특별한 도구를 사용해 문제를 풀고 보상을 받도록 했다. 그런 다음, 한 시간 뒤에 수행할 문제를 해결하기 위한 도구를 고르도록 했다. 보노보 피험자들은 가장 유용한 도구들을 고르는 데 성공했다. 이러한 실험들은 영장류학자, 그리고 까마귀같이 영리한 새들을 연구하는 비교심리학자들마저 인간 이외의 동물도 어느 정도는 미래에 대한 계획을 세우는 능력을 가지고 있다고 믿게 만들었다.[20]

　논란의 여지가 있지만, 대형 유인원은 인간과 자기들의 마지막 공통

　　　　　　　　　　　　1. 비행기를 탄 유인원들

조상을 공유했던 시기부터 도구를 만들어 사용해왔고, 이러한 기술적 전문지식은 털 고르기 의례나 인사 의식 같은 다양한 행동과 함께 세대를 이어 전수해왔다. 이에 따라 집단마다 고유한 방식이 존재한다. 다른 유인원들도 우리만큼 많은 기억을 저장한다. 공간 인지나 컴퓨터 화면에 잠깐 반짝이는 숫자 기호를 기억하는 능력 면에서는 특별히 훈련된 침팬지가 대학원생보다 더 점수가 높다.[21] 일반적으로 말해서, 물리적인 세계를 다루기 위한 기본적인 인지기제는 인간과 다른 유인원들이 놀랍도록 유사하다.[22]

다른 동물들과 구분되는 인간 고유의 특성으로 운동 능력은 어떨까? 인간됨의 중요한 기준인, 똑바로 서서 두 발로 걷기는 약 4백 만 년 전에 뇌가 침팬지보다 클 것 없는 오스트랄로피테쿠스가 화산재 속에 남긴 발자국에서 두발걷기의 흔적이 발견되면서 빛이 바래고 말았다. 화석화된 발자국과 함께 뼈 화석들은 팔이 길고 뇌는 작은, 완전히 침팬지 같은 이 동물이 진정한 호모 속이 출현하기 수백만 년 전에 이미 똑바로 서서 걸었다는 사실을 분명히 보여준다.[23]

두발걷기가 우리를 인간으로 만든 것이 아니다. 또 우리가 아무리 우리 스스로를 똑똑하다고 여기더라도, 침팬지와 인간의 진짜 큰 차이는 기본적인 공간 인지능력과 기억력에 있지 않다.[24] 물론 언어는 인간만의 독특한 특징임이 한 번도 큰 논란이 된 적이 없다. 최근 막스플랑크인류진화연구소의 과학자들은 언어 이외에 인간과 다른 유인원 사이에 마지막으로 남은 구분은 바로 다른 사람의 마음과 감정을 살필 수 있는 초사회적인 특성이라고 제안했다.

막스플랑크연구소는 인간과 다른 유인원들의 심리적 특성 연구에 있어 선도적인 기관이다. 그 야심찬 학제간 연구프로젝트의 일부가 역사적인 독일 도시 라이프치히의 중심부에 있는 거대한 건물에서 진행되고 있다. 그곳의 사무실과 연구실에는 심리학자, 행동생태학자, 영장류학자, 그리고 멸종한 네안데르탈인 유전자를 추출해 현대 인류의 유전자와 비교하는 데 성공한 유전학자들로 가득하다. 아이들의 인지발달에 대한 연구도 여기서 진행되고 있다. 이 연구소의 다른 지부는 조금 떨어진 곳에 있는 널따란 동물원에 위치해 있다. 이곳에서는 고릴라, 침팬지, 보노보, 오랑우탄들이 사회적 집단을 이루며 살고 있다. 이러한 특별한 실험실 조건에서 과학자들은 앞선 언급된 보노보와 오랑우탄이 앞일을 계획할 수 있다는 것을 보여주는 최신 연구를 포함한 유인원의 인지 실험을 수행하고 있다. 막스플랑크연구소에서 인간아이들과 다른 네 종의 대형 영장류, 총 다섯 종이 비교 방법론적으로 연구되었고, 깜짝 놀랄 만한 결과가 발표되었다.

미국 태생으로 막스플랑크연구소의 수장인 마이클 토마셀로 (Michael Tomasello)는 2005년 인간과 비인간 유인원을 나누는 새로운 경계를 제안했다. 토마셀로와 동료들은 다음과 같이 발표했다. "인지 기능에 있어 인간과 다른 종들 사이의 중요한 차이는 공동의 목표와 의도를 가지고 다른 사람들과 함께 협동적 행동에 참여할 수 있는 능력이다."[25] 지금으로서는 이런 특성이 유별나게 큰 두뇌 용량 및 언어 능력과 함께 우리 본성을 다른 유인원들과 나누는 기준선이 된다. 따라서 "인간은, 오직 인간만이 공통의 목표와 사회적으로 조율된 행동 계획에 따라 협력적 행동에 참여하는 것에 생물학적으로 적응되어 있다."[26] 가까운 친족이 아닌 사람들과도 대규모 협력을 시도하는 모

브라질 중부의 카야포 남성들은 건기가 되면 신구 강의 얕은 물살을 헤치고 들어가 팀보라는 식물 다발을 두들겨서 독을 방출한다. 팀보 수액에 놀라거나 질식한 물고기가 수면 위로 떠다니면, 물가에서 바구니를 들고 걸어 들어오는 여성과 아이들이 쉽게 잡을 수 있다. 이러한 고부가가치 식량원에 호미닌 이전 단계의 우리 선조들은 접근하기 어려웠을 것이다. 하지만, 석기 시대 이후의 호미닌들은 복잡한 활동을 조정할 수 있을 만큼 서로의 목표를 잘 이해하기 시작했고, 이러한 자원을 이용할 수 있었다.

습은 오직 인간에게서만 발견된다. 예를 들어, 인간만이 집단 거주지에 터를 잡고, 건물을 세우기 위한 자재를 모으고, 의식적으로 다른 사람의 마음속에 있는 청사진을 인식하고, 주거지 건설을 돕는다.

인간은 "마음 읽기의 세계적인 전문가"이며, 다른 유인원들보다 훨씬 더 "생물학적으로 적응돼 있다"고 토마셀로는 강조한다. 그에게 마음 읽기 능력은 다른 사람이 무엇을 알고, 의도하고, 원하는지 지각하는 우리의 특별한 능력과 거의 동의어다.[27] 인간의 신생아는 그저 다른 영장류와 비슷한 사회적인 생명체가 아니다. 인간의 신생아는 "초사회적"이다.[28] 침팬지나 다른 유인원과 달리 거의 모든 인간은 자연적으로 다른 사람과 협력하기를 열망한다. 익숙한 친족과 협력하는 것을 더 선호할 수 있지만 친족이 아닌 사람과도 심지어 낯선 사람과도 쉽게 협력한다. 기회가 되면, 인간은 이러한 성향을 협동 사냥, 음식 가공, 협력적 경기, 거주지 건설, 달 착륙 우주선 설계와 같은 복합한 사업으로 발전시킨다.[29]

진화 과정의 어떤 시점에서 우리 선조들은 다른 사람들의 의도를 살피는 데 더 관심을 갖게 되었고, 자기 자신의 내면 심리뿐만 아니라 감정과 생각을 다른 사람과 공유했다. 이러한 관심은 두 발로 걷는 다른 유인원들과 구분되는 독특한 협력적 본성을 위한 토대를 마련했고, 사람(*Homo*) 속으로의 진화를 이끌었다. 나는 이러한 변화야말로 정서적 현대성이라고 생각한다.[30] 이 책의 목표는 자기 잇속만 차리는 유인원과 같은 존재에서 어떻게 다른 사람을 고려하는 경향이 진화했는지 이해하는 것이다.

인간이 다른 유인원보다 협력에 더 능숙하다고 해서 남자들이 지위나 짝을 얻기 위해 서로 경쟁하지 않는다거나 여자들이 바람직한 짝, 지역에서의 세력, 자신과 아이들을 위한 자원을 확보하기 위해 분투하지 않는다는 것은 아니다. 지위 추구는 영장류 보편적인 성향이며, 갈등이 심해지면 폭력으로 번진다. 그럼에도 불구하고, 토마셀로가 강조한 바와 같이 사람들은 다른 사람의 감정과 생각을 읽고 공유하고자 하는 독특한 열망을 가지고 있다. 이러한 상호주관적 관계와 상호 이해에 대한 추구는 보다 친사회적인 방식으로 행동하기 위한 토대가 된다. 이로 인해 인간은 다른 유인원보다 훨씬 더 나은 여행 동반자가 될 수 있는 것이다. 그렇다면 인간의 상호주관적 관계 추구는 어디에서 기원한 것일까?

1. 비행기를 탄 유인원들

▌생존하기 위한 배려와 공유

다른 사람들을 배려하는 태도는 분명 진화적으로 이점이 있다. 상호 이해는 협력적 행동의 진화를 위한 토대가 된다. 이 책의 중심 주제는 상호 이해에 관한 복잡하고 까다로운 질문, 이른바 "다원적인 지구에서 어떻게 그러한 협력을 위한 무대가 마련되었는가?"이다. 하지만 그전에 먼저 독자들에게 한 가지 상기하고 싶은 것이 있다. 우리 조상들이 사냥꾼과 채집자로 살았던 그 오랜 시간 동안, 열심히 나누고 협력하고자 하는 것이 왜 그렇게 중요했는지 말이다. 이 문제를 다룬 이후 우리는 기원에 대한 질문으로 돌아가서 어떻게 마음 읽기, 공감, 그리고 높은 수준의 협력을 위한 다른 기반들이 특정 유인원의 계보에서 그렇게 잘 발달하게 되었는지 물을 것이다. 인간 수준의 협력에 필요한 우리의 독특한 지능, 언어, 그리고 다른 중요한 요소들은 훨씬 나중에 일어난 발달들로 이 책의 범위를 벗어난다. 자, 그럼 전형적인 인간의 특성인 나눔에서부터 시작해보자.

비글호 항해 중에 젊은 찰스 다윈이 처음 티에라 델 푸에고의 '원시인'을 만났을 때를 기록한 일화가 있다. 그는 놀라워하며 이렇게 썼다. "푸에고 사람 중 몇몇은 공정한 물물교환에 대한 개념이 있음을 분명히 보여주었다. … 나는 어떤 사람에게 보상을 바라는 마음 없이 큰 못(당시 최고의 선물)을 하나 주었다. 하지만 못을 받은 사람은 곧바로 물고기 두 마리를 골라서 창끝으로 넘겨주었다."[31] 다른 사람, 심지어 처음 보는 사람에게도 자연스럽게 나눠주는 행동을 하는 이유는 뭘까? 그리고 수많은 문화 어디에서나 사람들은 왜 물건을 공공 증여하고, 소비하고, 교환하기 위한 정교한 관습을 만들어내는 것일까?

멜라네시아 제도의 선물교환체계인 '쿨라의 원(kula ring)'은 참가자들이 수백 마일을 카누로 이동해서 귀중품을 유통하는 것으로 유명하다. 쿨라 교환체계는 태평양 지역을 가로질러 뻗어 있으며, 뉴질랜드, 사모아, 트로브리안 제도에서도 찾아볼 수 있다. 뉴칼레도니아에서는 거대한 얌이 필루필루 의례에서 공적으로 전시된다. 한편, 자원이 풍부한 북미 북서해안을 따라 있는 콰키우틀, 하이다, 딤시인 부족 사람들은 물론, 시베리아의 고려인이나 척체인 사람들도 정교한 포틀래치 의식을 통해 많은 소유물을 공공적으로 나누고, 심지어 파괴한다.

이 이야기를 쓰는 동안, 나는 매년 크리스마스에 카드와 작은 선물을 보내는 긴 목록을 업데이트해야 하겠다는 생각이 들었다. 이는 내가 속한 부족의 관습인데, 멀리 떨어져 있는 친족들, 또 친족같이 가까운 사람들과 연락을 유지하기 위한 것으로 이 또한 인간 종의 독특한 특성이 만들어낸 작품이다. 일찍이 마르셀 모스(Marcel Mauss)가 인류학의 초기 고전 중 하나인 『증여론』에서 주장했듯이, 요점은 단순히 나누는 것이 아니라 사회적 네트워크를 구축하고 유지하는 것이다. 이 때문에 인간 뇌 속의 도파민과 관련된 신경쾌락중추가 너그러운 행동을 하거나 너그러운 행동에 반응할 때 활성화되는 것이다.[32]

아프리카와 뉴기니에서 광범위한 현지조사를 한 인류학자 폴리 위스너(Polly Wiessner)는 전통적인 교환네트워크에 대한 가장 초기의 심층연구 중 하나를 수행하였다. 1970년대에 위스너는 칼라하리지역에서 산족어를 사용하는 주/'호안시(Ju/'hoansi) 부족(!쿵족 또는 부시맨으로도 알려져 있다) 연구를 시작했다. 당시 유랑 수렵채집민으로 살고 있던 !쿵족은 지구상에서 가장 유서 깊은 인간집단 중 하나였다.

현존하는 인간집단 간 미토콘드리아 DNA의 유전자 비교분석 결과, 비교적 고립된 집단인 코이산(Khoisan)족의 조상은 지금도 남아 있는 중앙아프리카의 다른 수렵민과 함께 초기 인류 집단에서 아주 이른 시기에 분리된 것으로 나타났다. 이 집단의 남성과 여성 모두 현대인의 조상인 아프리카 계통수의 가장 깊은 뿌리에 있는 미토콘드리아 DNA 특징을 지니고 있다.[33]

최초의 홍적세 선조들처럼 주/'호안시 여성은 채집을 하고 남성은 사냥을 하며, 노동의 과실을 공유하는 공동체를 이루며 살았다. 위스너는 이후 30년 동안 부족 구성원들이 전통적 수렵채집생활을 영위하던 삶의 터전을 떠난 다음에도 그들의 삶을 추적했다. 이들의 후손은 오늘날에도 가능한 한 원예업이나 목축으로 생계를 유지한다. 하지만, 여의치 않을 때는 정부 보조금에 의존하거나 침착하게 인내하며 '배고픔을 견뎌낸다.' 음식을 저장해 두는 것이 불가능한 건조한 칼라하리 사막을 이동하며 다니던 주/'호안시족은 가장 중요한 자원은 다른 사람에게 베풀어 둔 호의와 평판이라는 것을 잘 알고 있었다.

큰 짐승을 쫓는 사냥꾼에게 이따금씩 찾아오는 성공과 잦은 실패는 전통적인 수렵채집사회의 굶주린 가족들이 맞닥뜨리는 고질적인 문제였다. 남아메리카 수렵민을 대상으로 한 상세한 사례 연구는 조사 기간 중 27퍼센트의 기간 동안 한 가족이 획득하는 열량이 체중을 유지하기 위해 한 사람이 하루에 필요한 1000칼로리에 미치지 못한다고 지적한다. 그러나 사람들은 운이 좋은 다른 사람의 나눔을 통해 궁핍한 시기를 헤쳐 나갈 수 있다. 나눔이 없었다면, 항상 배고픈 이 사람들은 최소한으로 필요한 열량보다 낮은 칼로리로 버텨야 할 것이다.

아무리 숙련된 사냥꾼이라도 사냥감을 발견하고 사냥에 성공하는 것은 위험한 작업인 동시에 결과를 예측하기가 매우 어려운 일이다. 한 남성이 매일 사냥에 나서더라도, 몇 주 동안 계속해서 빈손으로 집에 돌아올 가능성도 있다. 하지만 사진 속의 주/'호안시족 남성 같은 사냥꾼들은 사냥에 실패하더라도 여유가 있다. 그 이유는 여성들이 채집한 과일, 견과류, 구근류를 나눠줄 것으로 기대하기 때문이기도 하고, 그날 더 운이 좋았던 다른 남성들이 나눠줄 수도 있기 때문이다. 채집이 본질적으로 더 안정적인 식량 확보 방식이긴 하지만, 이 역시 강수량과 계절의 변화뿐만 아니라, 누가 먼저 특정 식량원에 도달하느냐에 달려 있다.

연구원들이 계산한 결과 노획물을 서로 공유하지 않는다고 가정하면, 17년에 한 번씩, 21일 연속으로 칼로리 섭취가 최소 필요 열량의 절반으로 떨어지는 시기를 겪게 된다. 이는 기아 상황이라고 할 수 있다. 위험을 분산시킴으로써, 사람들이 열량 부족을 겪는 날은 27퍼센트에서 단 3퍼센트로 떨어진다.[34]

1. 비행기를 탄 유인원들

이들은 음식이 아니라 사회적 의무를 저장한다. 채집자와 수렵자 사이의 가장 기본적인 계약에서 시작해서 친족과 이웃 집단의 친밀한 사람들 사이에 퍼져 있는 암묵적인 계약은 반복되는 식량난의 위기를 헤쳐 나갈 수 있도록 돕는다. 오랜 시간 동안 지속된 관계 덕분에 사람들은 더 넓은 지역으로 먹을 것을 찾아다니고, 물물교환 파트너와 다시 만나는 동안 그곳 지형을 잘 알고 있는 이웃 지역민들에게 살해당할까 봐 걱정하지 않아도 된다.[35] 어떤 지역의 우물이 말라버리거나, 사냥감이 사라지거나, 또는 갈등이 폭발해서 집단이 분열될 때, 사람들은 오랜 세월에 걸쳐 잘 관리된 교환망에 참여함으로써 축적해둔 오래된 부채와 관대한 평판을 이용한다.

위스너가 주/'호안시 부족에서 연구한 특별한 교환망은 흐사로 (hxaro)라고 불린다. 부시맨이 이용하는 물건─칼, 화살, 기타 식기 도구들, 구슬과 옷─의 약 69퍼센트는 일시적인 소유물이다. 그것들은 돌고 도는 물건들의 순환 속에서 잠시 스쳐가는 기쁨을 줄 뿐이다. 한 해에 받았던 선물은 이듬해 다른 사람에게 줄 선물이 된다.[36] 선물로 받은 것을 다시 선물하는 것을 촌스럽게 여기는 우리 사회와는 대조적으로, 주/'호안시 사람들에게 되돌려주는 의례는 물건을 전달하기 위한 목적이 아니다.

물건을 사람 사이의 관계 이상의 가치를 지닌 것처럼 평가하거나 귀한 물건들을 혼자 비축하는 것은 그들 사회에서 용납되지 않는다. 위스너의 표현대로, "칼라하리 지역의 선물 교환은 참여자들이 '서로를 마음속 깊이 간직하고 있으며', 어려울 때 서로 돕겠다는 의지를 나타낸다."[37] 이러한 "근접성에서의 해방"은 인간이 맺는 사회적 관계의 두

드러진 특성이다. 이는 멀리 떨어진 곳으로 이주한 사람과 수년간 연락이 닿지 않았더라도 몇 년 뒤에 애틋하게 기억되는 친구로 다시 만날 수 있음을 의미한다.[38]

2008년 컬럼비아대학과 하버드 경영대학원의 심리학자들은 다른 사람을 위해 돈을 지출한 사람이 같은 양의 돈을 자신을 위해 사용한 사람보다 행복에 더 긍정적인 영향을 미친다는 결과를 발견했다.[39] 호의에 대한 기대가 이를 설명하는 데 도움이 될 것이다.

30년 동안 거의 1000개에 달하는 호사로 관계망을 구체적으로 연구한 위스너는 일반적인 성인은 2~42개, 평균적으로 16개의 교환 관계를 갖는다는 걸 알게 됐다. 잘 분산된 주식 포트폴리오처럼, 파트너십은 모든 연령 집단의 남자와 여자, 각자 다른 영역에서 숙련된 사람들, 다양한 지역을 포함하도록 균형을 이루고 있었다. 교환 파트너들 중 약 18퍼센트가 자신과 같은 야영지에 거주하는 사람이었으며, 24퍼센트는 인근에, 21퍼센트는 적어도 16킬로미터 떨어진 곳에, 그리고 33퍼센트는 51~200킬로미터나 떨어진 곳에 거주했다.[40]

약 절반에 못 미치는 교환 파트너 관계가 사촌처럼 가까운 사람들과 이루어졌지만, 이에 못지않은 정도의 파트너 관계가 더 먼 친족과의 관계에서 이루어졌다.[41] 파트너 관계는 부모들이 아기 이름을 미래의 선물 증여자의 이름을 따서 지음으로써(가톨릭 신자들이 대부, 대모를 지정하는 것처럼) 태어나면서부터 얻을 수도 있고, 부모 중 한 명이 죽었을 때 유산으로 물려받을 수도 있다. 큰 동물의 고기는 항상 나눠 갖기 때문에 사람들은 종종 숙련된 사냥꾼과 관계를 맺길 원한다. 때문에 최고의 사냥꾼과 그의 아내는 아주 멀리까지 퍼진 호사로 관계를 갖는 경향이 있었다.

교환 파트너 관계는 끊임없이 새로운 기회를 모색하는 개인들에 의해 삶의 전 과정에 걸쳐 형성되었다. 부모가 죽으면 이들 부모의 아이들, 또는 입양된 아이들이 죽은 사람의 친족 관계망과 더불어 흔히 교환 파트너를 물려받았다. 그리고 이런 때에는 관계의 연속성을 강화하기 위해 선물이 전달되었다. 주고, 나누고, 보답하는 것이야말로 바로 살아남기 위한 것이기 때문이다.[42] 친족을 식별하기 위한 서로 다른 방식의 다중 체계가 있는데, 이는 한 개인이 연결된 사람의 수를 증가시킨다. 하나의 친족체계는 혼인과 혈연을 기반으로 하고, 또 다른 체계는 그 사람의 이름을 기반으로 같은 이름을 가진 사람들을 하나의 집단으로 묶는다. 이처럼 이름을 기반으로 한 인위적인, 또는 가공의 친척들 또한 어머니, 아버지, 형제, 자매로 불렸다.

이중으로 된 친족체계는 친족망을 넓히는 기능을 한다. 그리고 두 번째 체계는 개인의 일생에 걸쳐 조정될 수 있기 때문에, 필요한 경우 이름이 같은 사람들을 통해 먼 관계의 친족까지 더 가까운 관계로 끌어들이는 것이 가능해진다.[43] 모든 인간 사회는 교환과 상호 부조의 체계에 어느 정도 기대고 있지만, 수렵채집생활을 하는 사람들은 교환을 핵심 가치로 승화시켰으며 예술의 형태로 격상시켰다. 사람들은 신뢰에 기초한 관계의 가능성을 확장하기 위해 친족과 유사 친족들을 식별하는 데 필요한 광범위하고 복잡한 용어를 만들어낸다. 이런 관계망은 상황에 따라서 활성화되어 호혜적인 교환에 의해 계속 진행되거나, 필요할 때까지 휴면상태로 둘 수도 있다.

주/'호안시의 교환 파트너들이 자녀들을 위해 주선한 결혼식은 그

관계망을 더욱 넓힐 수 있는 기회가 된다. 결혼식에서 부족 구성원들은 신혼부부에게 선물을 주는데, 이 선물은 인척들 사이에서 다시 사용된다. 무력으로 강탈해 얻은 아내는 적절한 보상을 받고 다시 보답할 준비가 된 인척들이 자발적으로 내어준 아내보다 훨씬 더 가치가 낮은 것으로 여겨진다. 유아사망률이 높은 상황에서 친족이 없는 여성은 가족으로부터 지원받을 수 있는 여성보다 결혼상대로 덜 매력적이다. 외할머니나 다른 친족들이 양육을 도와주지 않으면 아이들이 생존하기가 더 어렵기 때문이다.

재화와 서비스의 교환에 기반을 둔 친족 유대는 이를 구체화하는 용어 및 관계와 함께 도움을 청하고, 나누고, 보답하고, 어려울 때 함께 지내고, 자식을 양육하는 데 도움을 얻을 수 있는 사람들의 수를 늘린다.[44] 수렵채집 집단의 사람들이 대부분 어머니, 아버지 양계 친족의 관계도를 모두 따지는 이유는 아마도 친족관계망을 가능한 넓게 유지할 때의 장점 때문일 것이다. 반면, 정주생활을 하는 사회에서는 부모 중 한쪽의 계보만 따지는 모계 혹은 부계 친족체계가 더 일반적으로 나타난다.[45]

고고학적 증거는 단계(單系), 특히 부계 상속체계는 수렵채집민들이 해양 자원이 풍부한 곳에 주거지를 잡고, 높은 인구 밀도로 점점 더 정주생활을 하기 시작했을 때 등장하기 시작했다는 것을 암시한다. 4,300년 전 남아프리카 해안에서 그랬던 것처럼 말이다. 대부분의 영장류와 같이 홍적세의 수렵민 인구 밀도는 집단에 따라 아주 낮은 밀도(평방마일당 한 명 이하)와 그보다 약간 더 높은 정도 사이에서 다양했을 것이다.[46]

1. 비행기를 탄 유인원들

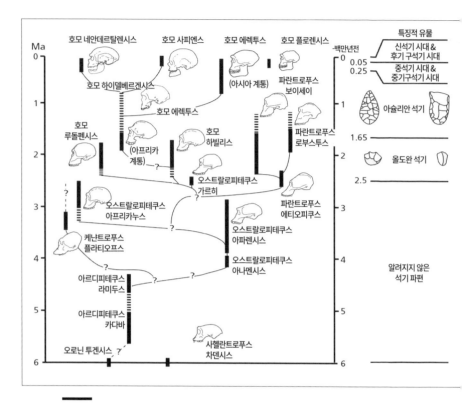

현재 많은 계통학자들은 호모 에렉투스를 다른 모든 두발걷기 유인원과 함께 호미니니(Hominini, 사람 족)에 배치하고 있다. 이 '호미닌(hominin, 사람 족, 호미니니의 단수형)'이라는 새로운 용어는 예전 용어인 '호미니드(hominid, 사람 족)'를 대체해서 쓰인다. 새로운 분류 체계에서 침팬지 등 다른 대형 유인원들도 인간과 마찬가지로 '호미니대(Hominidae, 사람 과)'로 분류되며, 지금은 이들 모두가 호미니드(hominid, 사람 과, 호미니대의 단수형)라고 할 수 있기 때문이다. 이 가계도에 묘사된 호미닌 화석에는 오스트랄로피테쿠스, 호모 하빌리스, 호모 에렉투스, 호모 하이델베르겐시스 등이 있지만, 이 표에서는 보이지 않는 다른 많은 종들이 있다. 게다가 아직 발견되지 않은 다른 많은 종들이 더 존재했음은 의심의 여지가 없다. 표에서 보듯이, 모든 현대 인류는 아마도 약 180만 년 전에 진화한 아프리카 호모 에렉투스의 한 곁가지(호모 에르가스터라고도 불린다)에서 유래했을 것이다. 진화 인류학자 리처드 클라인이 처음 작성한 이 도표는 헨리 메켄리(2009)가 다시 그린 것이다.

호모 에렉투스(*Homo erectus*)를 생각해보자. 이들은 180만 년 전쯤 처음 출연해 가장 성공적이었고, 널리 퍼져나갔고, 호미닌 종을 통틀어 가장 오랫동안 존속했던 종 중 하나다. 이 매우 가변적인(또는 다형) 종의 일부는 일찍이 아프리카 밖으로 이주했던 것이 틀림없다. 초기 형태의 호모 에렉투스 화석이 조지아 공화국의 드마니시 유적지에서 발굴되었으며, 그 밖의 유물들은 자바, 중국, 스페인에서 발견되고 있다. 사실, 많은 고인류학자들은 인도네시아 플로레스섬의 난쟁이 호미닌이 이 초기 홍적세 대이동 과정에서 남은 흔적이라고 생각한다. 지금까지 우리가 아는 바로는 이 초기 이주 집단들은 결국 모두 멸종했다. 하지만, 호모 에렉투스의 한 계통이 열대 아프리카에 남아 있었고, 그곳에서 계속 진화해갔다.

오늘날의 모든 인간은 이 참을성 있는 호모 에렉투스의 아프리카 계통, 몇몇 고인류학자들이 호모 에르가스터(*Homo ergaster*)라는 하나의 분리된 종으로 여기기도 하는 계통의 후손이다. 뭐라고 부르건 간에, 이 큰 두뇌를 가진 아프리카 호미닌이 우리의 조상이었고, 약 20만 년 전 더 큰 두뇌를 가진 호모 사피엔스(*Homo Sapiens*)로 진화했다. 그 뒤로 얼마 후인, 10만 년에서 5만 년 전 사이의 언젠가, 이 해부학적인 현대인은 아프리카 밖으로 퍼져나갔고, 전 세계를 무대로 하는 호모 사피엔스의 엄청난 확장이 시작되었다.[47]

이 책에서 우리는 호모 사피엔스가 지구에 존재했던 시간보다 무려 여덟 배나 오랜 기간을 생존하는 데 성공한 자유로운 호미닌에 초점을 맞춘다. 하지만 호모 에렉투스의 개체 수는 많지 않았을 것으로 추측된다. 특히 초기에는 거의 가까스로 살아남았던 것 같다. 사바나

1. 비행기를 탄 유인원들

를 돌아다니고 숲-사바나 지역에 서식하던 다른 대형 포유류와 달리, 호모 에렉투스의 아프리카 계보에 속하는 두개골을 하나라도 찾기 위해서는 엄청난 노력과 상당한 행운이 필요하다. 내가 보기에 호모 에렉투스의 흔적을 발견하기 어려운 까닭은 그들의 존재 자체가 희귀했기 때문이다. 아프리카에서는 약 8만 년 전, 유럽에서는 5만 년 전 이후에야 인류의 인구수가 늘어나기 시작했던 것 같다. 그 이전인 구석기 시대에는 인구집단의 규모가 작고 넓게 흩어져 있었다. 그들의 수는 다 합쳐도 수만 명 정도에 불과했던 것으로 추측된다. 필요한 자원은 널리 흩어져 있고 예측도 불가능했다.[48] 식물성 음식이나 사냥감이 있을 때 식량을 수집하는 데 필요한 행운, 기술, 그리고 노력이 식량을 차지하기 위해 서로 싸우는 것보다 더 중요했을 것이다.

아이들의 보호와 부양을 도와주는 친족과 유사 친족들이 없었다면, 홍적세의 아동은 성인기에 이를 때까지 살아남기 어려웠을 것이다. 아이들의 생존은 다른 사람이 획득한 음식에 달려있다고 해도 과언이 아니다. 따라서 인간의 보편성을 연구하고자 한다면 나눠주기에서 출발하는 것이 좋다. 그럼에도 불구하고, 인간이 도대체 어떻게 이렇게 초사회적 동물이 되었는지를 놓고 오늘날 다원주의자들이 가장 널리 제시하는 설명은 같은 집단 사람들과 협력하는 것이 다른 경쟁 집단을 물리칠 때 얼마나 도움이 되는지를 강조하는 것이다. "내집단의 결속은 때로 외집단에 대한 증오를 동반한다"는 명제는 반복적으로 얘기된다.[49] 이러한 일반화는 집단 간 자원을 두고 경쟁하는 상황에서는 분명 맞는 말이다. 하지만, 열대 아프리카의 삼림 지대와 사바나에 살던 홍적세 선조들이 그냥 다른 장소로 이동하지 않고 이웃 집단과 싸웠을 것이란 전제는 충분히 일리 있는 걸까?

수렵채집민 선조들은 변덕스러운 날씨를 지속적으로 겪었으며, 고구마나 매니오크 같은 안정적인 식량공급원도 없었다. 선조들은 넓은 지역에 널리 퍼져 있는 25명 내외의 집단을 이루며 살았을 것이다. 오늘날 뉴기니나 남아메리카의 일부 현대 수렵채집민들처럼 말이다. 이들은 또한 기아와 포식(捕食), 질병으로 인한 높은 사망률, 특히 높은 아동사망률에 시달렸다. 반복되는 인구수 붕괴와 병목 현상으로, 충분한 수의 사람들을 모으기 어려웠을 것이다. 이웃 집단의 같은 종 구성원들은 자원을 두고 다투는 경쟁자보다는 앞으로 함께 나눌 파트너로 더 선호되었을 것이다. 정말 갈등이 있었다 해도, 맞서 싸우는 것보다 다른 곳으로 이주하는 것이 더 실용적이었을 것이다.[50]

그럼에도 불구하고 진화인류학 초창기부터 요즘의 진화심리학 교과서에 이르기까지 우리의 공격성과 '살인자 본능'에 더 많은 지면을 할애하는 경향이 있다. 또는, 이웃 집단을 사냥하고, 위협하고, 두들겨 패고, 고문하고, 죽이기 위해 수컷끼리 연합하는 '악마적인' 침팬지 같은 성향들을 강조했다.[51] 물론 홍적세 선조들이 다른 이들을 질투하고, 평판을 위해 경쟁하며, 원한을 품고 앙갚음하고자 했고, 이따금 난장판으로 치달았다는 것은 의심의 여지가 없다. 수렵채집민 사이의 살인 사건은 잘 기록되어 있는데, 여성을 놓고 벌어진 경우가 많다. 하지만 이런 살인 사건은 떨어져 있는 집단들 간의 전쟁보다는 서로 잘 아는 개인들 사이에서 주로 발생한다. 지난 1만 년에서 1만 5천 년 동안 일어난 집단 간 분쟁을 기록한 증거는 넘쳐나지만, 홍적세에 일어난 전쟁의 증거는 찾아볼 수 없다. 증거가 없다는 것이 그런 일이 없었다는 증거는 아니다. 하지만, 이는 수렵채집민을 연구하는 많은 사람들이 후기 신석기 시대의 사람들의 호전적인 행동을 근거로 친족 기반으로 무리 지어 다니는 수렵채집민 집단을 추측하는 것에 왜 회의적인지, 또 몇몇 인류학자들이 왜 홍적세를 "전쟁 없는 구석기시대"라고 부르는지 설명해준다.[52]

경쟁이 중요하지 않다고 주장하려는 것은 아니다. 어쨌든 우리는 영장류니까 말이다. 그러나 내가 인류의 독특한 초사회성의 기원을 설명하기 위해 그룹 간 경쟁에 과도하게 집중하는 것을 우려하는 이유는 아이 양육과 같이 중요한(심지어 내 생각에는 훨씬 중요하기까지 한) 다른 요소들을 간과하게 만들기 때문이다. 우리의 친사회적 충동이 형성되는 과정에서 부모 이외의 집단 구성원들이 아이들을 공동으로 돌보고 먹을 것을 주었던 것이 얼마나 중요한지를 과소평가해 왔다.

약 12,000년 전 신석기시대 이후로 사람들은 단순히 채집하던 식량을 정주생활을 하면서 생산하기 시작했다. 그 이전에 존재했던 무리 사회들은 할 수 있는 한 노골적인 충돌을 피하고 서로 조화로운 관계를 유지하기 위해 노력했을 것이다. 20세기와 21세기에 민족지학자들이 관찰한 아프리카의 수렵채집민들처럼 말이다. 대부분의 수렵채집사회 사람들은 지위 경쟁과 과시하는 성향이 얼마나 큰 반목을 일으키고 잠재적인 위험을 초래할 수 있는지 정확히 인식하고 있었다. 그들은 열렬한 평등주의자로 잘 알려져 있다. 수렵채집민들은 경쟁을 줄이고 사회조직 내 불화를 미연에 방지하기 위해 인색하고, 과시적이고, 반사회적인 방식으로 해동하는 사람들을 반사적으로 회피하고, 흉보고, 심지어 배척하고 처벌한다.[53]

만약 실제 살인이 일어나면, 집단 구성원들이 개입하여 폭력적인 유인원 본능이 고조되는 것을 막고, 살인이 씨족이나 집단 간 전쟁으로 넓게 확산되는 것을 막는 데 도움이 되는 관습들을 행한다.[54] 무리 수준에서 채집과 수렵을 하며 살아가는 사람들은 자신과 자녀들의 생존이 다른 사람들에게 달렸다는 것을 잘 알고 있는 듯이 행동한다. 친족이나 유사 친족들이 아이들의 보호와 부양을 도와주지 않는다면, 그들의 공동체는 생존할 수 없다. 인간은 심지어 가까운 친족이 아닌 사람과도 사회적 연락을 유지하고 물건과 서비스를 교환하는 데 정서적으로, 또 기질적으로 특별히 잘 준비되어 있다. 특히 다른 유인원과 비교했을 때는 더욱 그렇다.

아직 진화심리학 같은 학문 분야의 교과서들은 초기 인간이 함께 자손을 키우기 위해 서로에게 얼마나 의지했는가 하는 것보다 인간의 공격성이나 남성 혹은 여성들 간에 짝을 유혹하기 위해 어떻게 경쟁하는지에 더 골몰하고 있다.[55] 심지어 인간의 초사회성을 언급할 때도 키우는 데 비용이 많이 들고, 천천히 자라는 아이들을 번식 연령까지 생존하도록 보장하는 것이 얼마나 힘든 일인가 하는 것보다는 그룹 간 경쟁을 더 강조해 설명하는 경향이 있다. 하지만 이 책에서 밝히고자 하는 것처럼 돌봄과 부양의 공유 없이는 그 모든 집단 간 그리고 집단 내 전략과 투쟁은, 진화적으로 말하자면, 그저 아무 의미도 없는 수많은 신음과 갈등에 그치고 말았을 것이다.

▌ 침팬지와 사람의 비교

　　　　　　사람들은 일반적으로 나누고자 하는 마음을 가지고 있다. 반면 보통 침팬지(Pan troglodytes)로 알려진 대형 유인원에게서는 이를 찾을 수 없다. 암컷, 수컷 모두 반사적으로 외부인을 두려워하고, 같은 성별의 이방인을 용인하기보다는 공격할 가능성이 더 크다. 그렇지만, 또 다른 대형 유인원 종인 보노보(Pan paniscus, 가끔 난쟁이 침팬지라고도 불린다)는 주변의 동종 개체들에게 좀 더 관용적이고 여유로운 태도를 보인다. 이런 면에서 보노보는 침팬지보다는 인간과 비슷하다. 하지만 유전적으로 볼 때 두 침팬지 종 중 어느 쪽이 더 인간과 비슷하거나 하진 않다. 인간은 이 두 종의 유인원 종과 약 600만 년 전에 공통 조상을 공유했을 뿐이다.

　유전적으로 보면 인간으로부터 거의 같은 거리에 있지만, 이 두 종의 침팬지 속은 200만 년 전에 서로 갈라졌다. 더 침팬지를 닮은 조상에서 보노보가 갈라졌는지, 아니면 그 반대인지는 아무도 모른다. 하지만 일반적으로 보통 침팬지가 침팬지 속의 전형적 종이고, 보노보는 좀 기이한 파생종으로 여긴다. 이는 침팬지가 보노보보다 더 오랫동안 집중적으로 연구되기도 했고, 또 이웃 집단을 습격해서 죽이기도 하는 침팬지의 지배 지향적이고 공격적인 행동이 인간 본성에 대한 널리 퍼진 편견과 더 잘 맞아떨어지기 때문이다. 결국, 수컷 침팬지의 폭력적인 기질이 흔히 우리의 구석기 조상들에게 투사된다.[56]

　보통 침팬지와 보노보 중에 어느 종이 우리의 호미닌 조상이 지닌 특정 특질들을 재구성하는 데 더 적합한 모델인지 아무도 모른다. 하지만 만약 둘 중 어느 종이 광범위한 나눔, 특히 어린것들을 돌보고 양육하는 것을 돕는 (부모 이외의) 다른 구성원(대행 어미)*이 될 가능성이 있는 유인원 계통을 재구성하는 데 더 그럴듯한 후보인지 내기를 걸어야 한다면, 나는 보노보에게 걸겠다. 실험실 실험에 따르면, 보노보는 더 사교적이고, 보노보 암컷은 기질적으로 다른 개체에 너그러우며, 다른 개체와 함께 행동을 조율하는 것을 배우는 데 능숙하다.[57] 지금까지는 보노보가 이웃 집단을 괴롭히거나 죽이는 행동이 관찰된 바 없다. 비록 우리가 보노보에 대해 아는 바가 많지 않아서, 그들이 결코 그런 행동을 하지 않는다고 장담할 수는 없지만 말이다. 우리가 확실히 아는 것은 보노보 무리가 집단 영역 경계에서 만나거나 낯선 수컷이 새로운 집단으로 이주하려고 하는 경우, 상황에 따라서 다양한 반응이 가능하다는 것이다. 각 개체는 적대감을 보일 수도 있고, 평화롭게 섞일 수도 있다.[58] 수컷과 암컷이라면 교미할 수도 있다. 암컷 보노보는 기회가 되면 낯선 수컷과 교미하는데, 이는 암컷이 거의 항상 성적으로 수용 가능하고, 특별한 시각적 배란 광고 없이, 배란 주기의 대부분 동안 붉은 성적 붓기가 나타나기 때문에 가능하다.[59]

사육장에서나 야생에서나 보노보는 침팬지보다 더 잘 나누고, 어린것들이 먹을 것을 달라고 조르면 암컷과 수컷 모두 자기 암컷 친구의 새끼에게 음식을 제공한다.[60] 일반적으로 말해서 보노보는 더 협력적이며 갈등이 일어난 후에 다시 화해하는 데 더 능숙한 것으로 보인

---

* 이 책에서 '유전학(genetics)'이라는 용어는 유전(heredity 혹은 inheritance)에 관한 학문이라는 일반명사가 아니라, 멘델(Mendel)과 모건(Morgan)의 이론에 입각한 이른바 고전유전학(classical genetics)을 가리키는 고유명사로 사용되고 있다. 본문에서 설명하고 있듯, 고전유전학은 획득 형질의 유전을 인정하지 않는다. _옮긴이

다.[61] 보노보는 일상적으로 목소리와 표정, 그리고 몸짓을 재빠르게 결합한 효과적이고 유연한 의사소통을 한다.[62] 하지만 보노보가 자발적으로 주고자 하는 충동을 내비친 적은 거의 없다. 반면 주고자 하는 충동은 아주 어린 인간 아이들에게서 흔히 관찰된다.

인간에게는 자신의 마음이나 감정을 다른 개체에게 대입하는 침팬지나 다른 대형 유인원들의 초보적인 능력에 더해, 주고자 하는 충동이 있다. 덕분에 인간은 전 연령에 걸쳐 일상적으로 다른 사람과 관계를 맺을 기회를 모색할 수 있다. 인간에게 전형적으로 나타나는 개인 간 관용의 종류는 인간이 언어를 가지고 의견을 나누기 전부터, 초기 인류나 호미닌이 다른 사람들을 식별하고 분쟁을 피하는 방법으로 관계 맺는 능력을 갖추고 있었다는 것을 암시한다.[63] 이러한 호미닌은 이미 정서적으로 다른 유인원과 달랐다. 여기서부터 인간과 "악마적인" 침팬지의 상동성이 무너진다. 다음에서 나는 150만 년 전부터 이미 호모 사피엔스의 아프리카 선조들은 다른 현존하는 유인원의 조상들과는 정서적으로 많이 달랐으며, 이미 비좁은 공간에서 함께 여행할 수 있을 만한 유인원이었다고 주장할 것이다.

주고자 하는 충동

인간 아이는 태생적으로 다른 사람들과 연결되기를 갈구한다. 수렵채집사회의 양육 환경에서 자라는 아이들은 다른 사람들로부터 보살핌을 받고 음식을 받아먹는 것에 익숙해진다.[64] 주/'호안시 아이들은 돌이 되기 전, 말도 떼기 전부터 이미 사회화되어 어머니 그리고 다른 사람들과 함께 나눈다. 아이가 배우는 첫 단어 중에는 '그 것을 내게 줘(na)'와 '여기, 이거 가져(i)'가 있다.[65] 폴리 위스너는 한 노 파가 손주의 목에 걸려 있던 타조알 껍질 구슬 한 가닥을 잘라내어 구슬을 씻어낸 다음, 그것을 아이 손에 들려 친척에게 선물하게 했던 일화를 들려준다. 주는 것에 대한 교육이 끝난 후에 아이는 새 구슬 을 받았다. 아이들이 스스로 먼저 줄 때까지, 보통 아홉 살 정도까지, 이러한 연습을 반복한다. 청소년기가 되면, 완전히 사회화된 공여자는 그 또는 그녀의 흐사로 교환 관계를 더 멀리 떨어진 곳까지 확장시킨 다. 우리 선조들의 삶을 지탱해온 관계의 구조를 망가트릴 수 있다는 두려움은 갈등을 억제하는 영속적인 뚜껑으로 기능했다.

하지만, 비인간 유인원들 간에 자발적이거나 호혜적인 나눔은 일반 적으로 나타나지 않는다. 방금 사냥한 원숭이 고기를 움켜쥔 알파 수 컷은 발정기의 암컷이나 사냥을 도운 수컷 동료에게만 고기를 허락한 다. 이는 진짜 선물이라기보다는 "용인된 절도"에 가깝다.[66] 현장 연구 자들은 야생의 침팬지가 가장 친한 동맹이라 할지라도 맛 좋은 고기 부위를 내밀어 주는 것을 거의 본 적이 없다. 반면 인간은 의례적으로 좋은 음식을 다른 사람과 나눈다. 이는 아마도 우리가 제공할 수 있 는 최고의 환대일 것이다. 침팬지나 오랑우탄 어미는 먹고 있던 음식 의 맛있는 부분을 새끼가 가져가는 것을 용인하긴 하지만, 어미가 먼 저 넘겨주는 일은 거의 없다. 보통 침팬지 어미가 음식을 나눠준다면 이는 어미 자신이 특별히 먹고 싶어하지 않는 줄기나 다른 맛없는 부 분이다.

보노보가 보통 침팬지보다 음식 나누기에 더 너그럽기는 하지만,

1. 비행기를 탄 유인원들

이 사진은 인간생태학의 선구자 이레네우스 아이블 아이베스펠트(Irenèus Eibl-Eibesfeld)가 20세기 중반에 만든 비디오에서 편집한 일부이다. 그는 렌즈가 다른 방향을 향하도록 특수 설계된 카메라를 들고 세계를 돌아다니며 사람들을 관찰했다. 그의 사진들은 남아프리카의 !쏘족, 키위산족, 힘바족, 서파푸아의 에이포족, 푸아뉴기니의 트로브리안 제도의 사람들, 베네수엘라의 야노마뫼족 같은 전통사회에서 실제 유아를 어떻게 돌보는지에 대해 귀중한 자료를 제공해준다. 다윈의 1872년 고전『동물과 인간의 감정 표현』에서 논의를 이어받은 아이블 아이베스펠트는 인간의 표정, 몸짓, 그리고 감정의 보편성을 보여주기 위해 노력했다. 이 사진에서 야노마뫼족 유아 한 명이 커다란 나뭇잎 두 개를 들고 놀이 친구 쪽으로 가서 옆에 앉는다. 아이는 나뭇잎 중 하나를 친구가 눈치 채지 못하도록 자기 뒤에 숨긴다(두 번째 사진). 그러나 놀이 친구가 자발적으로 다른 잎사귀를 선물하자, 어린 소녀는 마치 관대함이 보답되어야 한다는 것을 의식이라도 한 듯, 숨겼던 잎사귀를 내어놓는다. 이것이 바로 선물의 힘이다. 이러한 주고자 하는 충동은 이를 언어로 표현할 수 있는 시기보다 훨씬 더 어린 시절부터 나타난다.

아무도 보노보의 행동을 선물하기로 오해하지 않을 것이다. 대부분의 나눔은 고기보다는 식물성 음식이다. 또 나눔은 흔히 두 성인 암컷 사이, 또는 성인 암컷과 유아(자기 자식이나 가족 또는 친구의 자식) 사이에 발생한다. 새끼들에게 맛있는 음식을 베푼다기보다는 대행 어미가 가지고 있는 음식을 새끼가 가져가도 되는 정도일 뿐이다. 성인 보노보가 다른 성인 보노보에게 음식을 나누어주는 경우는 대개 새끼들이 하는 것과 비슷하게 달라고 보채는 몸짓에 대한 반응으로 어쩔 수 없이 주는 것뿐이다.[67]

얼마 전 로마코라는 콩고의 한 보노보 연구 현장에서 연구원들은 암컷들이 죽은 다이커 영양의 사체를 먹기 위해 몰려드는 것을 지켜보았다. 보통 침팬지는 수컷이 암컷보다 지배적인 위치에 있고, 고기에 대한 접근도 통제한다. 하지만 보노보는 암컷이 수컷보다 지배적이고 음식을 어떻게 분배할지 결정한다. 이 특별한 만찬에 참석한 세 마리의 새끼들 모두 영양고기를 뜯어먹을 수 있었고, 또 태평스럽게 어른들의 손과 입에서 고기를 낚아채는 것이 허용되었다. 하지만, 어른들의 이런 관대한 행동은 죽은 다이커 영양의 사체를 우연히 발견하는 사건만큼이나 흔치 않다.[68]

동물의 세계에서 진짜 선물 증정이 일어나는 경우는 고도로 의례적이고 본능적 행동인 경우가 많다. 예를 들어 수컷 모시밑들이는 짝짓기를 위해 '결혼 선물'로 암컷에게 먹이를 준다. 수컷 바우어 새나 날지 않는 가마우지들은 암컷의 둥지를 장식하는 데 사용할 근사한 물건을 가져다준다. 인간 이외의 동물이 선물을 주려는 진실한 마음을 가지고 자발적으로 좋은 음식을 제공하는 경우는 드물다. 하지만, 인

1. 비행기를 탄 유인원들

간과 마찬가지로 어린 새끼에 대한 보살핌과 양육을 공유하는 협동 번식의 깊은 진화적 역사가 있는 종에서는 진정한 선물 증여가 나타나기도 한다.[69]

고등 영장류 중에서 인간은 소소하게 베풀고 선물을 주려 하는 기질이 있다는 점에서 남다르다. 증여자들은 '딱 맞는 선물', 즉 상황에 적합하고, 받는 사람에게 감동을 주는 선물을 고르기 위해 엄청나게 많은 고민과 노력을 쏟아붓는다. 인간은 자연스럽게 그들이 주고받은 가장 세세한 부분까지 알아차리고 계속 기억한다.[70] 관습, 언어, 개인적 경험이 구체적인 부분들을 형성하지만, 나누고자 하는 욕망은 인간의 마음 깊이 내재해 있다. 아직 조악한 수준이지만 신경생리학자들은 관대한 행동을 할 때, 도울 때, 그리고 나눌 때, 인간이 얻는 쾌감을 실제로 관찰할 수 있는 지경에 이르고 있다.[71]

이는 놀랄 일이 아니다. 고고학자들에 따르면 호미닌은 이미 100만 년 전부터 멀리 떨어진 지역 간에 물자를 교류했다. 물자 전달의 종류와 양은 중석기 시대에(5만 년에서 13만 년 전 사이에) 이미 장거리 교환망이 존재했음을 암시한다.[72] 물질적인 물건을 나누는 것, 그리고 그런 나눔을 만족스러운 활동으로 만드는 상당한 정도의 상호주관성은 아주 먼 과거로부터 전해온 것이 거의 확실하다. 인간에게 나눔은 보편적인 특성, 아마도 호미닌 계보에서부터 전해진 아주 오래된 특성으로 보이지만, 다른 유인원에서는 이와 비교할 만한 주고자 하는 욕구가 존재하지 않는다. 강한 경쟁심과 공격성은 진화적으로 이해하기 쉬운 반면, 관대함은 덜 흔하고 더 흥미롭지만 진화적인 관점에서 설명하기는 훨씬 더 어렵다.

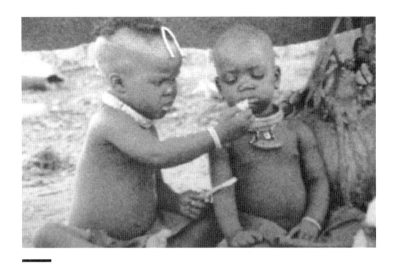

네 살 반 된 힘바족 소녀가 사촌에게 간식을 한 입 권하고 있다. 때때로 약간의 자극이 필요한 때도 있지만, 어린아이들은 기꺼이 나누려 하고 나누는 것을 쉽게 배운다.

▌인간은 어떻게 협력적인 유인원이 되었나?

지난 1만 년 동안의 고고학적 기록, 특히 지난 몇천 년 동안의 역사 기록에는 폐허가 된 거주지, 박살 난 두개골, 화살이 관통한 유골이 넘쳐난다. 고대 멕시코와 다른 지방에서 발견된 아름답게 채색된 벽화에는 사로잡은 포로를 섬뜩하게 고문하는 장면이 묘사돼 있다. 이는 무시무시하면서도 매우 설득력 있는 전쟁 선전물이다. 이러한 증거들은 피비린내 나는 전과를 살벌하도록 명확하게 보여준다. 하지만 이기적 유전자와 폭력적인 성향에도 불구하고, 인간 유인원에게 이웃 부족이 얼마나 이질적이고, 사악하며, 잠재적으로 위험한지, 또 마주 보고 다른 사람을 죽이거나, 다른 집단을 쓸어버리기 위해 감당해야 하는 위험을 감내하도록 설득하기 위해서는 높은 인구 밀도와

1. 비행기를 탄 유인원들

같은 자원을 둘러싼 경쟁, 오랜 기간의 이해 충돌, 그리고 공격적인 이 데올로기와 광기어린 선동을 통해 걸러진 자극적인 명분이 필요하다.[73]

침팬지에게 일어날 수 있는 가장 무서운 일 중 하나는 갑자기 낯선 침팬지 무리에 둘러싸인 자신을 발견하는 일이다. 이방인이 새 집단에 들어가면 그 집단의 동성 구성원에게 바로 공격받기에 십상이다. 이제 크리스토퍼 콜럼버스가 바하만 제도에 도착해 신세계에 첫발을 내딛던 때를 기억해보자. 아라와크 섬사람들은 무기도 갖추지 않고 콜럼버스의 배를 환영하기 위해 수영하거나 카누를 타고 와서는 새로운 사람들을 열렬히 환영했다. 언어는 달랐지만, 그들은 적절한 음식과 물, 그리고 앵무새, 목화 솜 뭉치, 식물 줄기로 만든 낚시 등의 선물을 주었다. 쿡 선장이 하와이 제도에 도착했을 때도 비슷한 일이 일어났다. 쿡은 이렇게 말했다. "내가 뭍에 내린 바로 그 순간" 지역 사람들은 "나에게 엄청나게 많은 작은 돼지를 가져왔고, 어떤 보답도 바라지 않고 우리에게 주었다."[74]

크리스토퍼 콜럼버스는 그저 아라와크 사람들이 순진하다고 치부했지만, 유럽 선원들은 그와 같은 즉각적인 관대함에 경탄했다. 콜럼버스의 첫 만남에 대한 묘사는 서양인들이 부시맨, 또는 다른 수렵채집 부족들을 처음 만났을 때의 기록과 유사하다. "만약 당신이 그들이 가진 것을 달라고 하면, 그들은 결코 안 된다고 하지 않을 것이다. 거꾸로, 그들은 누구에게나 나눠 주고자 한다." 하지만 신석기 시대 이후 유럽의 오랜 전통의 산물이었던 콜럼버스는 다른 생각을 하고 있었다. "그들은 무기를 소지하고 있지 않다. 내가 칼을 보여주었을 때 그것이 무엇인지조차 모른다. … 그들은 무지하기에 자멸하는 것이다"

라고 탐험가는 일기에 적었다. "그들은 좋은 하인이 될 것이다. … 단 50명의 인원으로 우리는 그들 전부를 복속시키고, 우리가 원하는 것은 무엇이든 하도록 만들 수 있었다."

고도로 위계적이고, 지배 지향적이고, 공격적인 사회의 개인이 더 평등하고 집단 지향적 전통을 따르는 사람들, 그리고 물건을 축적하기보다는 사회적 의무를 비축하는 사회의 사람들을 희생시켜 세를 불리는 예는 널려 있다. 슬프지만 콜럼버스가 아라와크 사람들을 닮아갈 가능성보다 아라와크 사람들이 점점 더 콜럼버스를 닮아갈 가능성이 더 높다. 유난히 자원이 풍부한 해변이나 강가에 더 안정적인 식량이 있거나 원예농업이나 목축에 따른 잉여 식량이 있어야만 인구 밀도가 높아지고 점점 더 계층화된 사회가 가능하다. 이에 따라 잉여 자원을 보호할 필요성도 함께 높아진다. 집단이 점점 더 커지고, 개인의 입지가 더 줄어들고, 더 공식적으로 조직화함에 따라 때로 개인 간에 발생하던 폭력적 분쟁이 집단적 공격성으로 옮겨가는 경향이 있다. 우리는 이를 두고 인류의 호전적 상태가 자연스러운 것으로 오해한다.[75]

홍적세 조상들이 얼마나 많은 전쟁과 난장판을 겪었는지(아마도 지역 환경에 따라 차이가 크겠지만), 또 정확히 언제 조직적인 전쟁이 처음 발생했는지 확실히 알 수는 없다. 분명히 지역적인 조건이 호전적인 사회의 출현을 촉진하게 되면, 호전적 삶의 방식(그리고 전쟁에 뛰어난 사람들의 유전자도)이 퍼질 것이다.[76] 협력하고자 하는 이타주의자들이 자기중심적인 약탈자들의 틈바구니에서 살아가기가 녹록지는 않다.[77] 자, 그래서 문제는 이렇다. 매우 자기중심적인 유인원들이 대다수 지역을 차지하고 있던 고대 아프리카 땅에서 어떻게 더 공감적이고 관대한

1. 비행기를 탄 유인원들

수렵채집인이 세를 넓힐 수 있었을까?

이는 매우 깊이 연관된 질문이다. 만약 공감과 마음 읽기의 독특한 결합이 없었다면 우리는 결코 인간으로 진화하지 않았을 것이다. 우리의 불쌍하고 북적대는 행성은 큰 두뇌에 정교한 도구를 쓰면서 이전 200만 년간을 투닥투닥 싸우면서 보낸 잡식성 두발걷기 사냥꾼 유인원이라는 하나의 주제로 묶을 수 있는 10여 종의 호모 속 곁가지 중 한 종에 의해 지배되었을 것이다. 다른 사람의 입장에서 그들의 공포, 동기, 갈망, 슬픔, 갈망, 그리고 그들에 대한 다른 세세한 것에 관심을 갖고, 그들이 느끼는 것을 느끼고, 그들의 처지에서 생각할 수 있는 능력이 없었다면, 이처럼 다른 사람에 대한 호기심과 감정적 동일시가 결합되고, 그리고 상호 이해, 가끔 동정심까지 더해지지 않았다면 호모 사피엔스는 결코 진화하지 못했을 것이다.[78] 인간이 차지하고 있는 적소는 아주 다른 유인원들로 채워졌을 것이다. 이런 곳에서 상호주관성이 출현했다. 도대체 어떤 추동력이 있었기에 가능했던 것일까? 초기 호미닌 집단의 생태 환경을 고려했을 때, 우리의 독특한 친사회적 본성이 선택된 이유를 정말 외집단 적개심과 반사적인 대량학살 충동에서 찾을 수 있을까?

현재 가능한 선까지 우리 종을 유전적으로 재구성한 바에 따르면, 약 10만 년 전에 아프리카를 떠난 해부학적 현대인의 초기 인구집단은 고작 1만 명이나 그보다 더 적은 수의 번식 가능한 성인들이 자신과 천천히 자라는 아이들을 살리기 위해 전전긍긍하던 한 무리의 사람들이었다. 오늘날 침팬지들의 유전자는 인간보다 더 다양한데, 아마도 한때 매우 성공적으로 널리 퍼졌던 이 생물체는 인간보다 더 다양하고 개체수가 많은 초기 집단의 후손일 것이다.[79] 지금은 침팬지가 인간보다 훨씬 더 큰 멸종 위험에 처해있지만, 5만 년에서 7만 년 전쯤에는 상황이 반대였다. 호모 사피엔스의 초기 인구집단은 이빨에 붙은 살갗처럼 겨우 간신히 다른 호미닌들이 겪었던 운명, 즉 멸종을 피했다.

유별나게 풍요로운 지역에서 이따금 일어난 인구 증가와는 별도로, 대부분의 홍적세 동안 인간은 낮은 인구 밀도를 유지하고 살았다.[80] 인간의 마음 읽기와 선물 증여가 출현한 시점은 호모 사피엔스가 지리적으로 확산하기 전인 7만 년 이전이었던 것이 거의 확실하다. 인구 밀도의 증가는 이미 협력에 능했기 때문에 가능했을 것이다. 높아진 인구 밀도와 함께 자원에 대한 압력의 증가 그리고 사회적 계층화로 인해, 내부 결속력이 더 큰 집단이 덜 협동적인 집단에 비해 우위를 차지했을 것이라는 데는 의심의 여지가 없다. 하지만 무엇이 최초의 결정적 사건이었을까? 처음에 어떻게 초사회적인 유인원이 진화할 수 있었을까?

토마셀로 주장대로 다른 사람의 정신 상태에 훨씬 더 관심을 갖고 반응하는 능력은 인간의 선조와 다른 비인간 유인원을 구분하는 중요한 특질이었다. 마음 읽기 능력이 발달하면서 서로에게 배우고, 정교하게 협력할 수 있었다. 이는 문화 영역에서 전례 없는 발전을 가져왔고, 누적된 문화적 지식과 함께 삶의 중요한 부분이 된 기술의 점진적 발전으로 이어졌다. 그렇게 인간은 번성하고, 생존에 필수적인 교환망을 구축하고, 결국 전 세계 곳곳으로 퍼져 나갈 수 있었다. 나머지는 역사가 되었다.

1. 비행기를 탄 유인원들

하지만 다른 사람의 생각과 느낌, 그리고 의도를 살피는 인간의 유별난 능력은 한 가지 질문을 불러일으킨다. 어떻게 이렇게 확실하게 생존에 도움을 주는 인지적이고 정서적인 특질이 현존하는 유인원 계보에서 오직 한 종에서만 특징적으로 나타나는 것일까? 인간의 진화과정에서 정서적 현대 인류를 만들어낸 그 특별한 공감 능력이 어떻게 자연 선택에 의해 선호되었을까?

자연 선택은 결코 궁극적인 이익을 예견하지 못한다. 미래의 보상은 마음 읽기의 기원인 첫 번째 추동력에 대한 설명이 되지 못한다. '인간 본성과 전쟁의 기원'을 설명하는 수많은 책이 우리에게 상기하듯, 나는 "높은 수준의 동료 의식은 우리가 외부인을 쳐부수도록 단결하는 데 도움이 된다"는 데 동의한다.[81] 그러나 만약 초사회성이 한 집단이 다른 집단을 물리치도록 돕는다면, 왜 다른 유인원들(예를 들어, 침팬지의 전투 공동체)에서는 외집단 경쟁을 위한 내집단 협력이 동일한 방식으로 발생하지 않았는가? 실제로, 침팬지도 경쟁적인 상황에서 초보적인 수준의 마음 읽기 능력이 필요한 과제를 가장 잘 수행한다.[82]

내가 폴리 위스너에게 이러한 이론적 어려움을 고백했을 때, 그녀 또한 같은 문제로 고민하고 있다고 털어놓았다. 버몬트주에서 자란 수렵채집인 사회관계 전문가 위스너는 현지인에게 방향을 묻는 길 잃은 관광객의 일화를 들려주었다. 현지인은 "내가 만약 그곳에 간다면, 여기서부터 출발하지 않을 겁니다"라고 짜증스럽게 대답했다.[83] 바로 그거였다. 내 문제는 바로 내 안에 있었다. 침팬지 같은 자기중심적이고 경쟁적인 유인원에서 어떻게 고도 협력의 기초가 되는 별난 마음과 소질이 자연 선택으로 선호되었던 것일까? 어떻게 대자연이 그런 충동적이고 이기적인 생명체에서 이렇게 초사회적인 유인원을 만들어낸 것일까? 곧 보게 되겠지만, 그 답은 바로 그녀가 거기서 출발하지 않았다는 데 있다.

▌이 책에 대해서

이 책은 호모 사피엔스의 조상이 된 유인원 계통에서 어떻게 '협동 번식'이라는 특정 방식이 출현했으며, 이것이 어떤 심리학적 함의를 가지는지를 다룬다. '협동 번식'은 이미 많은 실증적, 이론적 문헌들에서 논의된 바 있다. 사회생물학자들의 정의에 따르면, 협동 번식은 대행 부모가 어린 새끼들을 돌보고 부양하는 어떤 종에나 해당한다. 우리 종의 진화사에서 1350cc에 달하는 호모 사피엔스의 뇌 용량(현생 인류의 해부학적 특징)과 언어 사용(현생 인류의 행동적 특징) 등 다른 독특한 인간적 특성들이 진화하기 전인 언젠가 아프리카에서 한 유인원 계통이 다른 개체들의 생각과 감정 등 정신적이고 주관적인 삶에 관심을 가지고, 더 나아가 그들을 이해하기 시작했다. 이 유인원들은 침팬지의 공통 조상과는 상당히 달랐고, 이러한 관점에서 이미 정서적 현대성을 갖추고 있었다.

다른 모든 유인원 종들과 마찬가지로 어린것들을 성공적으로 키워내는 것은 상당히 어려운 일이었다. 포식, 사고, 질병, 그리고 굶주림에 의한 사망률은 믿기 어려울 정도로 높았다. 어릴수록, 특히 막 젖을 뗀 어린아이가 가장 취약했다. 여성이 일생 동안 낳은 대여섯 명의 자식 중 절반 이상이 (가끔은 전부가) 사춘기에 이르지 못하고 사망할 가능성이 컸다. 새끼 양육을 전적으로 혼자 부담하는 다른 아프리카 유인원 어미들과는 달리, 이 초기 호미닌 어머니들은 유별나게 천천히 성장하는 아이들을 보호하고, 돌보고, 또 먹이기 위해 집단 동료들에게 의존했다. 그렇지 않으면 아이들을 굶주림에서 구해낼 수 없었다.

협동 번식은 집단 구성원이 항상, 반드시 협력한다는 의미가 아니다. 오히려, 앞으로 곧 보게 되겠지만, 경쟁과 연합이 만연하기도 한다. 하지만 초기 호미닌의 경우처럼, 대행 부모들의 돌봄과 부양은 새로운 방식의 유아 발달 과정을 가능하게 하는 무대를 만든다. 아기들은 다른 영장류들과는 완전히 다른 세상에서 태어난 것이다. 현대 인류는 태어나서부터 성인이 되기까지 약 1,300만 칼로리가 필요하며, 초기 호미닌 아이들 역시 매우 큰 비용이 들었을 것이다. 다른 유인원의 어린것들과 달리, 초기 호미닌 아이들은 젖을 떼고 나서도 오랫동안 돌봐주는 사람들이 식량을 조달해야 했을 것이다.[84]

먼저 낳은 자식이 자립도 하기 전에 어머니는 또 다른 자식을 낳는다. 게다가 이 의존적인 아이들은 수렵채집생활을 하는 어머니 혼자서 기르기에는 턱없이 모자랄 정도로 손이 많이 간다. 출산 전, 특히 출산 후에 어머니는 다른 사람들의 도움이 필요하다. 그리고 더 중요하게도, 태어난 아기는 어머니 그리고 도와주는 다른 사람들의 의도를 관찰하고, 파악하고, 관심을 끌고, 도움을 끌어낼 수 있어야 했다. 그 전까지 어떤 유인원 종에서도 이러한 능력이 필요했던 적은 없었다. 이 작은 인간이 먹고, 안전하게 지내고, 생존하기 위해 할 수 있는 유일한 일은 어머니뿐만 아니라 다른 사람들로부터도 보살핌을 끌어내는 것밖에 없었다.

홍적세 선조들이 어떻게 아이를 키웠는지 관찰하거나 혹은 새로운 육아 방식의 결과가 무엇이었는지 기록하기 위해 타임머신을 타고 시간 여행을 갈 수는 없다. 하지만 다양한 영장류, 그리고 다른 동물들로부터 관찰된 증거들을 통해 왜 다른 집단 구성원들이 어머니를 돕기 시작했는지, 그리고 어떻게 협동 번식이 진화했는지 이해할 수 있다. 또한, 유목채집민 어머니가 자식을 생식 가능 연령까지 키우기 위해서 다른 사람들의 도움이 얼마나 많이 필요한지 알려주는 현대 수렵채집 사회 사람들에 대한 정보들이 점점 더 쌓여가고 있다. 홍적세 가족의 생활과 어머니, 그리고 다른 여러 사람들에게 의존적인 아이들의 발달 과정을 재구성하기 위해 나는 비교영장류학과 수렵채집사회의 유년기에 관한 인류학적 연구들뿐만 아니라, 인지심리학, 신경내분비학, 그리고 비교유아발달 분야와 고생물학, 사회생물학, 그리고 인간행동생태학에 이르기까지 최근의 연구들을 훑어볼 것이다. 다윈의 『종의 기원』이 출판된 지 150년 뒤에 쓰인 이 책은 이 책에 영감을 준 위대한 저서와 마찬가지로 "하나의 긴 논쟁"이다. 이 책은 또한 내가 할 수 있는 최선을 다해 증거에 기반하고 진화 이론에 부합하여, 아주 오래전에 있었던 정서적 현대 인류가 출현하게 된 사건을 다윈주의적인 과정을 통해 재구성하기 위한 하나의 시도이다.

하지만 내가 주장하려는 협동 번식 가설을 자세히 검증하기 전에 먼저, 호모 사피엔스에 이르는 계통에서 왜 상호주관성이 진화하게 되었는지 설명하는 몇 가지 주요 대안 가설들을 살펴보자.

2.
왜 그들이 아니라
우리인가?

—

인간성이 우리의 중요한 부분을 차지하지 않았다면,
우리는 다섯 번째 유인원이 되었을 것이다.
_리처드 리키(2005)

나는 울타리 저편에서 나를 응시하며 앉아 있는 침
팬지를 바라보며 앉아 있었다. 정신분석학자인 나는
역전이(치료자의 환자에 대한 감정 전이_옮긴이)를
분석하는 법을 배웠는데, 이는 내가 어떤 감정을 느
끼도록 이 동물이 의도하는지 내가 알아내고자 한
다는 것을 의미한다. 그래서 난 거기 앉아 내가 할
수 있는 최선을 다해 이를 파악하고자 노력했다. 나
는 … 무언가 빠졌다는 느낌이 들었다. 나는 연결할
수가 없었다. 나는 자폐증이 있는 아이와 관련하여
가끔 겪게 되는 경험이 떠올랐다. … 정신적으로 말
하자면, 이 침팬지는 집에 없는 것 같았다.
_피터 홉슨(2004)

인간은 또 하나의 유인원인가, 아니면 완전히 다른 종의 유인원인가?
침팬지의 DNA 전체를 분석하거나, 보노보가 두 다리로 똑바로 서거
나, 물건을 다루는 데 집중해 탁월한 성과를 내는 것을 보거나, 고릴라
나 오랑우탄의 눈을 들여다본 적이 없는 사람들은 우리가 얼마나 그

들과 비슷한지 감명받지 못한다. 다윈 이래로 과학자들은 만족, 충성심, 기쁨, 당황, 불안, 수치심, 분노, 그리고 혐오에 이르는 수많은 감정의 유인원적 기원을 추적해왔다.[1] 그래서 고생물학자인 리처드 리키는 침팬지의 눈을 깊이 들여다보면서 그 자신과 비슷한 종류의 동물을 발견한다. 그리고 피터 홉슨과 같은 정신과의사도 "그가 무슨 생각을 하고 있는지" 궁금해할 수도 있다. 하지만 털이 덥수룩한 우리의 사촌이 그 시선을 돌려줄 때, 그의 카메라 속 필름은 다르게 보인다. 고생물학자인 리키는 인간과 다른 유인원과의 깊은 상동성을 강조하지만, 정신과의사인 홉슨은 매우 가까운 이 두 종의 차이점에 더 큰 충격을 받았다.[2] 둘 다 맞다.

　침팬지의 행동에 익숙한 영장류 학자라면 홉슨이 말하는 영장류 친구가 홉슨에 대해 거의 알지 못한다는 점을 곧바로 지적할 것이다. 만약 홉슨이 그 침팬지와 이전부터 알고 지냈더라면, 아마도 자신을 바라보는 침팬지의 시선이 덜 공허하게 느껴졌을 것이다.[3] 침팬지 역시 다른 이들이 어떤 기분인지 감지하는 상황이 확실히 있다. 사람처럼, 침팬지도 다른 침팬지가 하품하면 같이 하품한다. 또, 예를 들어 표범에게 부상당한 동료 침팬지를 보살필 때 혼자서는 손이 닿지 않는 부위를 핥는 데 특히 더 주의를 기울이는 것처럼, 침팬지들은 다른 침팬지가 도움이 필요할 때 무엇을 해야 하는지 이해하고 있는 것 같다. 유인원들은 특히 자식이나 어린 동생들에게 도움을 준다.[4] 그럴 때, 유인원들의 공감하는 듯한 행동은 대단히 감동적이다. 유명한 생태학자 프란스 드 발(Frans de Waal)이 사육장에 있는 보노보 쿠니가 의식을 잃은 찌르레기를 데려온 이야기를 들려주자 청중들은 깜짝 놀랐다. 걱정이 된 사육사가 유인원에게 새를 놓아주라고 재촉했다. 이 보노보는 새를 날리려고 시도하다 실패하자, 높은 나무에 올라가 "조심스럽게 새의 날개를 펼쳐 활짝 벌어지도록 해서" 공중으로 던졌다.[5] 하지만 드 발 자신도 강조하듯이, 우리가 본 것을 우리 생각대로 해석하는 데 조심해야 한다.

그렇다. 인간이 기르는 침팬지는 다른 사람이 무언가 꺼내는 것을 돕는 것과 같은 단순한 협력 과제를 놀라울 정도로 잘 수행한다.[6] 하지만 다른 개체가 무엇을 하려고 하는지에 대한 초보적인 이해에도 불구하고, 별도의 정신 상태를 다른 이에게 귀속시키는 유인원들의 능력(또는 그들이 그렇게 하려는 정도)은 제한적이다. 게다가, 유인원에서 이와 같은 상호주관적 능력은 협력하는 상황보다 경쟁하는 상황에서 더 잘 나타나는 경향이 있다.

최근에 실시한 한 실험을 보자. 심리학자가 먹이를 여기저기 배치해 두었다. 이 중 몇 곳은 서열이 높은 침팬지에게 잘 보이는 곳이고, 다른 곳은 높은 서열의 침팬지 눈이 닿지 않는 곳이다. 그리고 서열이 낮은 침팬지가 다른 우리에서 이 상황을 관찰할 수 있도록 했다. 그러고는 이 두 마리를 먹이가 있는 우리로 풀어놓았을 때, 하위 수컷은 자신의 지식을 활용하여 우위 수컷에게 잘 보이는 음식을 지나쳐 우위 수컷에게 보이지 않게 감춰둔 먹이로 곧장 달려갔다.[7] 그러나 경쟁적이지 않은 상황에서 진행된 실험에서는 침팬지가 다른 침팬지를, 특히 둘 사이에 이전 관계가 없었다면, 덜 신경 쓰는 듯 보인다. 인간 아이들과 비교해서 침팬지는 뛰어난 공간 기억 능력을 갖고 있으며, 양을 구분하는 데 능하지만, 숨겨진 보상이나 의도를 알아내기 위한 사회

적 학습이나 비언어적 신호들을 읽는 능력은 훨씬 떨어진다.[8]

침팬지가 다른 개체를 고려하지 않는다는 가장 강력한 증거는 캘리포니아 주립대학의 조앤 실크(Joan Silk)의 실험이다. 실크는 스탠퍼드 대학교 학부생 시절에 침팬지들의 어미와 유아의 행동을 연구하기 위해 탄자니아 곰베 계곡의 보호구역으로 갔다. 이후 실크는 마카크원숭이, 개코원숭이, 그리고 인간에 대한 연구로 유명해졌지만, 침팬지를 연구하기 시작했을 때의 경험을 잊은 적이 없었다. 실크는 침팬지들이 가끔씩 사냥 같은 집단행동에 참여하거나, 특별한 상황에서 음식을 나눠주고, 공격당한 희생자를 안아서 위로해주고, 죽어가는 친지의 곁에 머문다는 것을 알고 있었다. 하지만 극도로 분석적인 실크는 침팬지에게 공감 능력이 있다는 데에는 회의적이었다. 그래서 그녀는 침팬지가 자기 비용을 들이지 않고도 다른 침팬지를 도울 수 있을 때, 얼마나 돕는지 확인할 수 있는 영리한 실험을 고안했다. 실크 연구팀은 의도적으로 서로 잘 알고 있지만 가까운 관계는 아닌 침팬지들로 실험했다.

실크의 실험에 동원된 침팬지는 두 밧줄 중 하나를 당겨서 음식을 보상으로 얻도록 훈련받았다. 침팬지가 첫 번째 밧줄을 당기면, 음식이 우리로 배달되었다. 만약 침팬지가 두 번째 밧줄을 선택하면, 음식이 줄을 당긴 침팬지가 있는 우리뿐만 아니라 가까이에 있는 또 다른 우리에도 동시에 배달되었다. 가까이 있는 다른 우리 안에 먹이를 간절히 원하는 다른 침팬지가 있는지 없는지에 따라 침팬지의 선택이 달라질까? 이 실험에서 침팬지들은 이웃 침팬지가 먹이를 얻든 말든 전혀 신경 쓰지 않는 듯 행동했다. 그러나 이어서 막스플랑크연구소

연구자들이 전부터 서로 알고 지내는 침팬지들을 이용해 비슷한 실험을 진행했을 때는 먹이를 얻기 위해 서로 아는 개체들끼리 협력할 뿐 아니라, '평판'도 계속 추적한다는 것을 발견했다. 인간이 사육하는 이들 침팬지는 이전에 그들에게 호의적으로 밧줄을 당겼던 침팬지에게 더 협력적인 경향을 보였다.[9]

실크의 결론을 다시 확인하기 위한 추가 실험이 막스플랑크에서 수행되었다. 또 다시 침팬지가 "거의 완전히 자기중심적"이란 것이 확인되었다.[10] 이 실험에서도 다른 침팬지가 보상을 받는지, 그렇지 않은지는 침팬지 피험자에게 전혀 중요하지 않았다. 실크의 "침팬지는 친족이 아닌 집단 구성원의 복지에 신경 쓰지 않는다"는 원래 논문 제목과 비슷하게, 막스플랑크의 새 실험은 "나에게 도움이 되는 게 뭔가? 침팬지의 자기중심적 성향은 이타적 행동이나 악의적 행동을 막는다"라는 제목이 붙었다. 두 논문 모두 침팬지에게 자발적인 나눔의 충동이나 다른 개체가 무엇을 받는지 관심이 없다는 것을 강조했다.

침팬지들이 손을 뻗어 음식을 구걸할 때나, 포옹하거나, 키스하거나, 다른 침팬지의 등을 쓰다듬거나, 위로하거나, 심지어 집단 구성원 동료를 도울 때, 소름 끼치도록 우리와 닮아 보인다는 것은 부정할 수 없다. 하지만 인간과 다른 유인원들의 협력적 성향들을 비교하고 대조하기에는 연구가 걸음마 단계에 있어 연구 결과들을 해석하는 데 아직 어려움이 있다. 그렇기 때문에 어떤 연구자들은 침팬지를 본성적으로 "고도로 협력적인 동물"로 특징짓는 반면, 다른 연구자들은 침팬지의 협력이 기록된 사례는 단지 특별히 훈련된 침팬지나 우리에 갇혀 있는 상황에서 어떻게 협력하는지 배울 기회가 있었던 침팬지에서만 발

견되며, 또 음식이 걸려 있지 않을 때뿐이라는 것에 초점을 맞춘다.[11]

내가 보기에 인간 아이들이 침팬지보다 덜 자기중심적이고, 더 자발적으로 협력하며, 나누고자 하는 성향이 더 강하다. 하지만 인간이 사육하는 침팬지가 야생 침패지보다 협력과제를 더 잘 수행하는 것처럼 아이들은 태어난 직후부터 다른 사람의 영향을 받는다. 그럼에도 불구하고, 실크의 연구팀이 수행한 실험이나 막스플랑크의 실험, 그리고 또 다른 실험들은 계속해서 침팬지들이 ─ 심지어 인간에 의해 길러진 침팬지조차도 ─ 다른 개체가 무엇을 원하거나 의도하는지 이해하는 데 지독하게 관심이 없다는 것을 보여준다. 특별히 훈련받지 않는 한, 침팬지들은 서로 경쟁하는 상황에서만 다른 침팬지가 무엇을 알고 있는지 관심을 기울이고, 협력하는 상황에서는 그렇지 않다. 이와 대조적으로, 인간은 두 경우 모두 다른 사람에게 주의를 기울인다.

서로 다른 시각을 가진 명석한 연구자들이 침팬지와 인간의 유사점과 차이점을 계속 조사하는 중이다. 그중 일부는 침팬지의 무관심이 별것 아니라고 생각할지도 모르겠다. 하지만 대부분 사람들에게는 낯선 여행 동료를 돕는 자연스러운 성향이 있고(비록 현대사회에서 이러한 성향은 점점 더 흔치 않아지고 있지만!), 자연적인 상태에서 사는 유인원들은 이런 주고자 하는 충동이 없다는 차이는 변하지 않을 듯하다. 다른 영장류와 비교하면, 인간은 다른 사람의 마음과 감정 상태를 나누고 싶어 하는 성향을 훨씬 더 많이 가지고 태어난다.

대부분의 정신과의사들이 생각하는 것처럼 다른 사람의 육체적 상태뿐만 아니라 정신 상태에도 신경을 쓰는 것은 인간 본성의 필수적인 부분이다. 자폐증이 있는 아이들의 경우처럼, 감정을 주고받으려는

2. 왜 그들이 아니라 우리인가?

욕구가 없는 것은 병리적 지표로 받아들여진다. 만약 인간에게 다른 사람의 정신 상태에 대한 특별한 관심이 있다면, 이러한 능력이 유용하고, 진화적 관점에서 적응적일 것이라는 데까지 생각이 미친다.[12] 확실히 이와 같은 능력은 한 번 습득된 이후에 집단생활을 하는 동물의 생존에 도움이 되었을 것이다. 하지만 상호주관성이 인간이 진화한 환경에서 분명 적응적이었을 것이란 주장은 누군가 다음과 같은 질문을 던질 때까지만 설득력을 갖는다. 그럼 도대체 다른 개코원숭이, 파타스원숭이, 버빗원숭이들처럼 비교적 방어력이 떨어지는 사바나 거주 영장류들은 어떻게 그들을 덮치는 사자를 피할 수 있을까? 상호주관성이 응집력 있는 사회적 집단을 유지하고, 폭력적이 이웃들로부터 자기 집단을 보호하거나, 또는 경쟁자를 쓸어버리는 데 그렇게 유용하다면, 왜 다른 사회적 영장류들, 특히 이웃들을 괴롭히는 '악마적인' 침팬지에게서는 그런 재능이 진화하지 않았을까? 왜 그들이 아니고 우리인가?

▌논리적으로 볼 때, 언어가 더 나중에 진화했다

내가 처음으로 "왜 다른 유인원이 아니라, 인간인가?"라는 질문을 던졌을 때, 답은 명확한 듯 보였다. 당연히, 언어를 배우는 우리의 타고난 능력이 그 답이라고 나는 확신했다. 언어 능력은 우리 자신과 다른 사람의 마음을 표현하기 위한 우리의 특별한 능력이다. 이는 왜 인간이 다른 사람과 함께 감정을 표현하고 마음 상태를 공유하면서 공감을 형성할 수 있는지, 또 왜 인간이 그렇게 효율적으로 협력할 수 있는지 설명해준다. 제인 구달 같은 저명한 침팬지 전문가들이 가지고 있는 견해다. 구달은 최근에 다음과 같이 말했다. "우리를 인간으로 만드는 것은 우리의 정교한 언어 사용의 결과인 질문하는 능력이다. … 당신이 무언가에 대해 토론하고, 간추려서 얘기하고, 과거로부터 교훈은 얻고, 미래에 대한 계획을 세울 수 있게 되면서, 그 차이를 만든다." 하지만 좀 더 생각해보니, 나는 언어에 초점을 맞추는 것은 만족스러운 답이 아니라는 점을 깨달았다.[13]

인간의 특별한 언어 능력은 다른 사람들과의 연결을 강화하고, 우리가 전달할 수 있는 정보의 복잡성을 기하급수적으로 증가시킨다는 것은 분명하다. 하지만 언어는 '조심해!'라고 다른 이들에게 경고하는 것처럼 단순히 정보를 전달하는 기능에 그치는 것이 아니다. 동물들의 경고음도 같은 기능을 할 수 있다. 심지어 버빗원숭이(구세계원숭이의 한 종인 버빗원숭이는 심지어 유인원도 아니다)도 동종 개체에게 위험을 경고하기 위해 특화된 소리를 낸다. 또, 이들은 포식자 조류처럼 위협이 하늘에 있는 상황인지, 반대로 뱀처럼 땅에 있는 상황인지에 따라 각각 다른 경고음을 낸다. 꿀벌도 의례화된 '춤' 동작의 종류와 지속 시간을 통해 먹이의 위치(얼마나 멀리, 어느 방향에 있는지)에 대한 놀랍도록 정교한 정보를 전달한다. 동물들은 환경 정보를 주고받거나 동종 개체, 혹은 이종 개체들의 주의를 환기시키기 위한 온갖 다양한 방법들을 가지고 있다.[14]

언어의 개방적인 특성은 신호 보내기를 넘어선다. 언어의 진화를 촉진한 추동력은 우리의 마음속에 무슨 생각이 들어있는지 다른 사람에게 '이야기'하고 싶고, 다른 사람들의 마음은 어떤지 알고 싶은 욕구와 관련이 있다. 다른 사람들과 정신적으로 연결되고자 하는 욕망이 언어보다 '먼저' 진화했어야 한다. 그 이후에 그러한 욕구와 언어가 공진화할 수 있다. 홉슨이 제기한 바와 같이, "언어보다 먼저, 더 기본적인 뭔가가 있었던 것 같다. … 그리고 언어를 형성하기 위한 타의 추종을 불허하는 힘이 있었던 것 같다."[15] 우리가 인간의 공감 능력의 원천을 찾고자 한다면, 감정을 느끼는 마음이 감정을 표현하기 위한 단어보다 먼저 진화해야 한다는 점을 생각해야 한다. 현대인과 유사한 방식으로 서로 대화하기 이전부터 우리의 호미닌 선조들은 이미 다른 사람들과 마음 상태나 내적 감정을 나누고자 하는 욕망에서 다른 유인원들과 달랐던 것이다. 이러한 관점에서, 해부학적 혹은 행동학적으로 현대인이 되기 훨씬 더 전에, 또 서로 의사소통하기 위해 말을 사용하기 이전부터, 이들은 이미 정서적으로 현대인과 유사했다. 사람의 선조들은 언어를 습득하기 이전부터 이미 침팬지보다 훨씬 더 다른 사람들의 의도와 욕구에 관심을 가지고 있었다. 우리가 설명해야 하는 부분은 '왜 그랬는가'이다.

▎ 포유류 역사와 함께한 희미한 공감의 빛

모든 동물은 주위의 다른 개체들에 민감하다. 생쥐들도 다른 생쥐의 고통에 정서적인 반응을 보인다. 생쥐는 집단 동료들이 고통에 몸부림치는 것을 보고 자기도 고통스러워 한다.[16] 다른 사람의 고통은 전염성이 있으며, 또한 그래야 한다. 다른 동물에게 괴롭고 경각심을 주는 것은 그 자신에게도 마찬가지로 위험할 공산이 크다. 그렇기 때문에 두려움이란 감정은 특히나 더 전염성이 강하다.

많은 동물이 ― 냉혈동물이든 온혈동물이든 또 날개 달린 동물이든 비늘 덮인 동물이든 간에 ― 다른 동물들을 살피고 다른 개체의 안녕에 민감하다. 이런 경우 대개 부모들과 관련이 있다. 수컷 물고기는 수정시킨 알이 잘 있는지 살피고, 알 주위에 깨끗한 물을 순환시키기 위해 꼬리지느러미로 부채질한다. 어미 오징어는 품고 있는 알 덩어리를 긴 촉수로 붙잡아 몸 아래에 두고 보호한다. 심지어 어미 악어나 방울뱀은 갓 부화했거나 방금 태어난 새끼들이 자립할 수 있을 만큼 충분히 움직일 수 있을 때까지 근처에 머물며 보호한다.[17] 부모의 보살핌이 진화하는 곳마다 동물이 다른 개체를 인식하는 방식에 중요한 변화가 나타났고, 척추동물의 뇌 구조에 깊은 영향을 미쳤다.

포유류만큼 인지 및 신경학적 변화가 혁명적인 곳은 없다. 포유류 어미들은 그 자체로 새로운 종류의 동물의 정의가 된다. 어미 개는 새끼들 주위를 맴돌며 강아지들을 일일이 냄새를 맡고, 핥아주고, 따뜻하게 해주면서 곤경에 처한 새끼에게 무엇이 필요한지 알아챈다. 막 아기를 낳은 인간 어머니가 15분마다 아기가 잘 있는지 확인하는 것은 이런 강박관념의 숭고한 전통을 따르는 것이다.

젖을 먹이는 어미의 출현은 약 2억 2천만 년 전 트라이아스기 말기까지 거슬러 올라간다. 새끼들이 너무 무력하게 태어나기 시작했기 때문에 어미는 연약한 새끼를 따뜻하게 유지해주고 먹여줘야 했다. 그리고 냄새, 소리, 아주 미세한 동요에도 적절히 대응할 수 있어야 했다. 바로 옆에 있는 갓난이들은 대개 어미 자신이 낳은 새끼이기 때문에 갓난아기에게 끌리는 것은 어미에게 적응적이었다.[18] 임신기의 호르몬 변화를 막 겪은 어미들은 특히 더 예민했다.

극도로 예민한 청각은 어미 포유류가 다른 동물에게 반응하도록 자연 선택된 많은 방법 중 하나다. 특별한 청각, 촉각, 후각과 같이 자기 자식과 다른 개체의 자식을 구별할 수 있는 새로운 능력은 다른 개체에 대한 정보를 처리하는 인지적 구조와 함께 공진화했다.[19] 내가 가장 좋아하는 예는 공룡시대까지 거슬러 간다. 포유류 새끼들은 다른 포식자들의 눈에 띄지 않는 방식으로 어미에게 곤경에 처했다는 것을 알려야 했다. 이를 위해 초기 포유류들에서 높은 주파수의 소리를 낼 수 있는 능력이 진화했다. 지금까지도 포유류는 파충류가 들을 수 없는 더 높은 주파수의 소리를 감지할 수 있다. 어미의 둥지에서 떨어져 나온 새끼 생쥐는 어미 이외에는 아무도 들을 수 없는 초음파 같은 소리로 어미의 관심을 환기시킨다.[20]

포유류 어미들이 다른 개체에 더 민감하게 진화하는 동안 포유류 새끼들도 진화하고 있었다. 자연 선택은 어미의 체온과 냄새에 민감하고, 어미 가까이서 낑낑대고, 어미 젖꼭지를 잘 빨고, 어미와 떨어졌을 때 더 안전하고 효과적인 신호를 보낼 수 있는 새끼들을 선호했다. 결과적으로 자궁에서 형성되는 신피질의 첫 번째 영역이 입과 혀로 빨아들이는 행동을 발현시키고 통제하는 영역이라는 것은 우연이 아니다. 일단 새끼가 태어나면, 새끼가 해야 할 일은 꼼지락거리며 어미에게 가까이 가서, 젖꼭지에 자리잡고, 입술로 젖을 물고, 단단히 붙어서, 계속 빠는 것이다. 이는 배를 채우기 위한 것이기도 하지만, 더 중요하게는 어미의 양육 충동을 더욱 자극하기 위한 것이다. 어미의 젖꼭지를 잡아당기는 행동은 어미의 신경펩티드 옥시토신의 급증과 함께 프

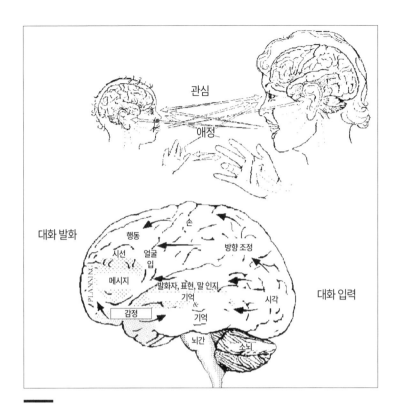

인간은 공감적인 상호작용과 관계 형성에 특별히 적용된 뇌를 가지고 있다. 태어나는 순간부터 이미 신피질에 있는 엄청난 양의 뇌 조직이 다른 사람들의 얼굴, 표정, 몸짓, 그리고 발성을 처리하기 위해 할당되어 있다. 또한 이러한 정보 처리는 이전 상호작용에 대한 기억, 그리고 감정과 관련된 더 오래된 뇌 피질 부분들에 의해 동기 부여되고 자극을 받는다.

로락틴의 생성을 자극하며, 어미에게 쾌감과 진정 효과를 준다.[21]

어미가 양육에 확실히 중독되도록 어미를 자극하고 조건화하는 것은 비록 무의식적이긴 하지만, 포유류 새끼들의 첫 번째 중요한 임무이다. 포유류에서 처음으로 진화하고, 더 오래된 파충류의 뇌에 덧씌워진 신피질은 신경계의 통제센터 역할을 한다.[22] 신피질은 새끼 포유류에게 어미와 애착을 형성할 수 있도록 하고, 어미가 새끼들과 유대를

2. 왜 그들이 아니라 우리인가?

맺을 수 있도록 돕는다. 시간이 지나면, 새끼의 신피질은 더 커지고, 의사결정을 담당하는 뇌 부위로 발달한다. 계속해서 신피질은 다 자란 포유동물이 새끼와 유대를 맺고, 다른 개체와 다면적 관계를 형성하도록 준비시킨다.[23]

어미가 새끼와 유대를 맺고, 또 새끼가 어미와 유대를 맺는 데 필요한 이러한 것들은 포유동물의 뇌가 다른 동물과는 다른 방식으로 관계를 형성하도록 만들어졌다는 것을 의미한다. 자식의 욕구를 예측하고자 하는 어미의 욕구는 마음 읽기의 진화를 설명하기 위해 제안된 몇 가지 가설에 필수적인 부분이다. 이 중에서도 독보적인 가설은 '마음을 읽는 엄마' 가설이다. 다른 중요한 대안 가설은 '마키아벨리 지능 가설'이다. 이 가설은 경쟁적인 사회적 동물에게 필요한 능력인 다른 개체를 조작하는 능력에 중점을 둔다. 두 가설 모두 진지하게 고려할 가치가 있다.

마음을 읽는 엄마 가설

지금까지의 모든 사회적 유대 중 최초의 유대는 어미와 자식 사이에서 일어난 것이다. 연약한 새끼를 보살펴야 하는 필요는 대부분의 포유류 종에서, 왜 암컷이 더 친화적이고, 사회적으로 호응적인지에 대한 설명으로 가장 널리 받아들여지는 설명이다. 그럼에도 불구하고, 다음 장에서 보겠지만, 몇 가지 중요한 예외가 존재한다. 이러한 성역할의 차이는 특히 구세계원숭이들에서 잘 기록되어 있다.[24] 예를 들어, 랑구르원숭이의 경우 암컷이 생애 전반에 걸쳐 수컷보다 유아에게 더 매력을 느낀다. 심지어 아직 어미가 되기에는 한참 나이가 어린 암컷조차 유아의 소리에 반응하고, 열성적으로 새끼 원숭이에게 다가가고, 만져보려 하고, 안고, 살피고, 데리고 다닌다. 새끼를 데려 가려는 랑구르원숭이는 거의 99퍼센트가 암컷이었다.[25] 수컷 랑구르원숭이는 극단적인 상황이 아니면, 또는 위험한 상황에서 새끼를 구하기 위해(또는 괴롭히기 위해) 아주 잠깐 동안을 데리고 다니는 것을 제외하고는 절대 새끼를 데리고 다니지 않는다.[26] 반응에 더 민감한 어머니가 더 좋은 어머니를 만든다. 그뿐만 아니라 사바나개코원숭이 같은 몇몇 원숭이들에서는 더 친화적인 암컷일수록, 그리고 더 많은 사회적 관계를 유지하는 암컷일수록 자식이 생존할 확률이 더 높다.[27]

돌봄의 성차는 인간에게서도 관찰된다. 물론 인간의 경우 문화적 기대치가 수만 가지 방식으로 행동에 영향을 미치기 때문에 덜 분명하고 해석하기가 훨씬 더 어렵다. 서구 사회 사람들은 여자아이들이 남자아이들보다 사회적으로 호응도 잘해주고 친화적으로 행동하기를 기대한다. 이러한 사회적 기대 때문인지 아니면 본성적 차이 때문인지 모르지만, 최근 독일에서 수행된 연구에 따르면, 소녀들은 소년들보다 양육자와 더 안정적인 관계를 형성하고, 대행 어머니와 안정적 애착을 더 쉽게 형성한다.[28] 이르면 두 살 정도가 되면 여자 아이들은 남자 아이들보다 고통 받고 있는 다른 사람을 위로해 줄 가능성이 높다.[29] 남자 아이들이 다른 사람을 위로하지 않는다는 말이 아니다. 남자 아이들도 위로할 수 있다. 하지만 남자 아이들의 동정을 유발하기 위해서는 고통 받고 있음을 보여주는 더 강한 신호가 필요하다.[30]

아동기에 나타나는 다른 사람에 대한, 특히 타인의 고통의 신호에 대한 민감성의 차이는 성인기까지 존재하며, 새로 부모가 된 사람들에게서도 나타난다. 캐나다 심리학자 엘리슨 플레밍(Alison Fleming)은 이 분야의 선구자이다. 플레밍과 동료들은 어머니와 비교할 때 아버지는 갓난아기가 더 다급한 소리로 울어야 반응한다는 것을 발견했다.[31] 얼굴 표정을 읽을 때도 여자가 남자보다 (더 빠르고, 더 정확하다는 점에서) 더 민감한 듯하다.[32]

이러한 연구 결과에 영감을 받아 뉴질랜드 정신과의사 래윈 브로크웨이(Raewyn Brockway)는 고도로 직감적인 엄마들은 무엇이 아기를 짜증나게 하는지 알고 아기를 돌볼 수 있는 능력뿐만 아니라, 미숙한 아기들이 생존에 필요한 기술을 익히도록 학습시키는 데도 더 능숙하다고 제안했다. 브로크웨이는 마음 읽기 능력이 어머니에게 도움이 된다고 주장한다. "좋은 가르침은 신생아의 신체적, 심리적 관점에 대한 공감을 통해 얻은 지식을 활용해서 이루어진다." 인류가 진화하는 동안 "더 똑똑하고, 더 효율적인 돌봄이나 다양한 학습, 혹은 어쩌면 가장 중요하게 다양한 가르침"이 자연 선택되었을 것이다. 현재 우리가 가진 마음 이론의 가장 간단한 형태라도 자식의 생존을 돕는 데 유용했을 것이다.[33]

어머니가 아기의 욕구를 알아채는 데 더 민감할 필요가 있기 때문에 여자가 남자보다 더 직감적이고 공감적으로 진화했다는 주장은 일리가 있어 보인다. 하지만 이것만으로는 왜 인간에게만 상호주관적 태도가 독특하게 나타나는지를 설명할 수 없다. 모든 포유류는 무력하고 연약한 채로 세상에 태어난다. 이는 새끼 유인원도 다를 바 없다. 아마 다른 포유류 어미들도 새끼들을 달래기 위해 특별히 반응하도록 조건화되고, 새끼가 무엇을 할 수 있고, 무엇을 할 수 없는지, 그리고 새끼가 무엇을 필요로 하는지 좀 더 의식적으로 감지할 수 있을 것이다. 어쨌든 야생에 사는 모든 대형 유인원 어미는 주변을 극도로 경계하고, 새끼가 조금만 불편해해도 유별나게 반응한다. 어미는 새끼가 불편한 것을 신속하게 제거하고 새끼를 가까이 붙들어둔다.

침팬지, 오랑우탄, 그리고 고릴라 어미들은 인간 어머니보다 더 한결같고, 더 오랫동안 헌신적으로 돌본다. 새끼 유인원들도 인간 아이들처럼 자기들의 교육적인 필요에 민감한, 유능한 선생님이 있었다면 분명 더 도움이 되었을 것이다.[34] 브로크웨이가 흔쾌히 인정하듯, 심지어 침팬지 어미도 적절한 기술을 자식에게 본을 보이며, 중요한 생존 과제를 수행하는 견습생들의 한계와 학습 욕구에 민감하다. 그렇지만 유인원들이 인간처럼 항상 다른 개체를 가르치거나 다른 개체로부터 배우는 일은 거의 없으며, 대개는 전혀 없다.

예를 들어, 견과류의 지방이 풍부한 알맹이는 껍질을 깨야 얻을 수 있다. 이러한 견과류는 아프리카의 많은 지역에서 인간과 유인원 모두에게 매우 중요한 식량 공급원이다. 견과류가 풍부한 시기에는 보통 침팬지는 하루에 평균 약 3,450칼로리를 견과류로 얻는다. 견과류 까는 기술을 숙달하기까지는 수년간의 연습과 시행착오를 거쳐야 한다. 이 기술을 더 빨리 배울수록 어린 침팬지와 인간 어린이는 더 많은 영양을 섭취할 수 있다.[35] 영양상태가 좋은 어린것들은 기아의 위험 없이 젖을 뗄 수 있고, 어머니는 자신이 먹을 식량을 구하는 데 더 많은 시간을 할애할 수 있다. 어머니의 이른 젖떼기와 좋은 영양 상태는 마지막 출산과 다음 임신 사이의 간격을 줄인다. 일생 동안, 이러한 누적적

(위) 채집수렵사회의 한 어린이가 !쿵족의 주식인 몽곤고 껍질를 깨는 어머니를 주의 깊게 지켜보고
있다. 엄청나게 딱딱한 몽곤고 껍질을 능숙하게 깨는 기술을 배우는 데 몇 년이 걸리기도 한다. (아래)
특정 계절에는 침팬지들 또한 기름야자와 카울라 견과류를 돌 '모루'에 두들겨서 딱딱한 겉껍질을 벗
겨내는 데 몇 시간씩 보낸다. 현생 인류와 마찬가지로 침팬지 어미들도 끈기 있게 돌 '망치'를 쥐는 방
법이나 모루에 견과류를 어떻게 올려놓아야 하는지 본을 보이며, 심지어 어린 견습생이 도구나 견과
류를 바로 가져가도록 허락한다. 비록 침팬지 어미들이 적극적으로 유아를 가르치는 것은 아니지만,
어미는 새끼의 고분군투에 민감하게 반응한다. 심지어 실패한 견습생이 어미가 미리 까놓은 견과류
알맹이를 가져가도록 허락하기도 한다. 전통적인 교육학적 관점에서, 이는 매우 시기적절하고 고무적
인 보상이다.

인 이득은 어머니의 생식 성공률을 높이는 데 기여한다. 유아가 빨리 채집기술을 익히는 것은 여러 세대를 거치면서 그 혈통에 진화적으로 이익이 될 것이다.

그렇다면 왜 침팬지에서는 인간처럼 더 효율적인 학습을 가능하게 하는 마음 읽기 같은 능력이 진화하지 않은 걸까? 만약 마음을 읽는 인간 어머니가 아기에게 더 유연하게 반응하고, 자식을 키우고 가르치는 데 더 능숙하다면, 왜 다른 유인원들에서는 600만 년 동안 상호주관적 태도가 진화하지 않았을까? 마음 읽기에 대한 이 사랑스러운 가설은 우리의 질문, '왜 그들이 아니라 우리인가?'에 대한 명확한 답을 주지 않는다. 다음으로 살펴볼 가설 역시, 현재 마음 읽기에 대한 대안 설명으로 가장 널리 회자되지만 같은 한계에 봉착해 있다.

▌마키아벨리 지능 가설

우위 침팬지가 무엇을 알고 있는지 알고 이를 이용하는 하위 침팬지의 교활한 행동을 설명할 때, 종종 마키아벨리 지능이 인용된다. 이 가설은 16세기 이탈리아 왕자에게 가차 없는 정치적 책략을 충고한 니콜로 마키아벨리의 이름에서 유래했다. 스코틀랜드 샌 앤드루 대학의 앤드루 위튼(Andrew Whiten)과 리처드 번(Richard Byrne)에 의해 정립된 마키아벨리 지능 가설은 7천만 년 동안 내려온 영장류 공통의 지위 추구 욕구와 극단적 사회성의 유산에 근거한다.

고등 영장류는 친족과 비친족을 구분할 뿐만 아니라 다른 개체의 신체적 능력을 가늠하고, 과거의 상호작용을 계속 기억하며, 현재 누가 누구보다 더 우위에 있고, 누가 더 호혜적이며, 누가 그렇지 않은 지 추측할 수 있는 일반적인 사회적 지능을 가지고 있다.[36] 원숭이와 유인원들은 그들의 사회적 복잡성에 대한 대응책으로 영장류학자 알렉산더 하코트(Alexander Harcourt)가 이름 붙인 "노련한 사회적 책략가"의 면모를 가지고 있는 듯하다.[37] 개코원숭이, 레서스원숭이, 그리고 침팬지는 모두 집단 구성원들의 복잡하고 요동치는 위계서열을 추적하여 파악하고, 이를 통해 경쟁 상황에서 유리한 동맹을 선택하고 관리할 수 있다. 서열 변동을 알아차리고 경쟁 의도를 평가하는 능력에서는 유인원이 원숭이보다도 더 정교하다. 이는 영장류의 전형적인 사회적 지능에 초보적인 마음 이론을 결합할 수 있기 때문이다.[38]

그 결과 사회적 지능 가설, 또는 마키아벨리 지능 가설은 왜 몇몇 고등 영장류들이 다른 개체가 볼 수 있는 것, 또는 알고 있는 것이 무엇인지, 즉 다른 개체를 더 잘 조종하고 속이는 것과 관련된 문제 해결에 뛰어난지, 그리고 왜 그들이 다른 포유류보다 신체 크기 대비 더 큰 두뇌를 갖게 되었는지에 대한 유력한 설명이 되었다.[39] 이론의 여지 없이, 마키아벨리 지능 가설은 하위 침팬지가 맛있는 음식을 찾아낸 사실을 숨기고, 일단 우위 침팬지가 자리를 뜬 뒤에 다시 돌아가서 속임수의 과실을 즐길 수 있는 이유를 잘 설명해준다.[40]

복잡한 정치적 동맹 관계를 형성하고 다른 개체를 속이는 데 능숙한 영장류를 만드는 마키아벨리 지능은 마찬가지로 침팬지가 사냥 같은 공동 행동을 조직하는 데 도움을 주었을지도 모른다. 수컷 무리는 한 마리 혹은 그 이상의 수컷으로 나뉘어 흩어져서는 사냥감, 예를 들면 콜로부스원숭이가 갈 수 있는 모든 탈출로를 막는다. 그러면 그중

한 마리가 목표한 사냥감의 뒤를 쫓아 나무로 기어오른다. 이 행동이 얼마나 의식적이며, 실제로 조직된 것인지는 확실하지 않지만, 이 사냥꾼들은 다른 동물들이 어떻게 할지 알고 있으며, 그 결과가 어떠할지 예상하는 듯이 행동한다. 이들의 행동은 우리가 계획이라고 부르는 것의 특징을 가지고 있다.[41]

연약한 어린것들의 요구에 공감하고 반응해야 하는 필요성이 포유류 두뇌의 특정 영역의 발달을 설명하는 데 도움이 되는 것과 마찬가지로, 더 큰 마키아벨리 지능의 필요성은 신피질의 확장을 설명하는 데 도움이 된다. 두뇌에서 계획을 담당하는 이 부위는 경쟁을 하거나 사냥을 할 때 인간과 다른 유인원의 공통 조상이 다른 개체가 무엇을 할지 예측하는 데 유용했을 것이다.[42] 하지만 여기에도 문제가 있다. 이는 여전히 왜 인간이 침팬지보다 다른 사람들이 생각하는 것을 추측하는 데 훨씬 더 뛰어난지, 왜 우리는 선천적으로 다른 사람의 동기, 감정, 의도를 해석하고 그들의 감정적인 상태와 기분을 살피는 데 열심인지 말해주지 않는다. 우리는 여전히 무엇 때문에 인간이 다른 유인원보다 상호 이해에 그토록 더 능숙한지 설명해야 한다.[43] 어쨌든, 침팬지는 적어도 인간만큼 경쟁적인 사회생활을 한다. 같은 종의 다른 개체에 의한 공격(이웃 집단 수컷들의 치명적인 습격으로 인한 영아살해 및 사망)은 사망의 주요 원인이다.[44] 게다가 인간의 남자와 여자에 비해 침팬지 수컷과 암컷은 지배적인 지위를 얻기 위해 노력하는 것을 창피해하지 않는다.

또 인간과 마찬가지로, 침팬지도 고기를 매우 좋아하며, 사냥이나 다른 집단을 습격할 때는 초보적인 방법으로 협력하기도 한다. 확실히, 우리의 조상들만큼이나 침팬지에게도 사냥감보다 한 발 앞서고, 경쟁자를 물리칠 수 있는 능력이 도움이 되었을 것이다. 그러면 왜 자연 선택은 보통 침팬지 종에서 더 큰 마키아벨리적 지능을 선호하지 않았을까? 만약 개인의 사회적 지능이 이웃을 쓸어버리는 데 도움이 되기 때문에 진화했다면, 확실히 침팬지도 인간만큼, 아니 그보다 더 사회적 지능이 필요할 것이다.

너무나 명백한 질문이라 일부 독자들은 왜 지금까지 이런 질문을 한 사람이 없었는지 의아할 것이다. 주된 이유는 인간과 다른 유인원들의 공통 조상의 사회적 인지 능력에 대한 초기 가정이 잘못됐기 때문이다. 대부분의 아니 거의 모든 연구자들은 신생아가 얼굴을 찾아내고, 특히 눈에 시선을 고정하고, 그 눈을 깊이 응시하고, 거기서 관찰된 표정에 대한 정보를 처리하는 독특한 능력이 인간에게만 있다고 가정했다. 또 우리의 호미닌 조상이 아주 오래된 다른 유인원과의 공통 조상으로부터 분기된 이후에 이런 능력을 획득한 것이라고 추정했다. 우리는 얼굴을 해석하고 모방하는 인간 유아들의 능력이 독특한 것이라고 확신했기 때문에, 이런 능력이 다른 유인원에게는 없고 인간이 최근에 획득한 것으로 간주했다.[45] 물론 과학자들도 다른 유인원들에게 작용하는 마키아벨리 지능에 대한 선택압을 인지하고 있었지만, 비인간 유인원은 다른 사람의 표정을 찾아내고, 읽고, 흉내 내는, 즉 마음 읽기의 초기 단계를 위한 신경 기반이 없다고 여겼다.

새끼 침팬지들이 인간 아기들처럼 얼굴을 들여다보거나 흉내 내지 않는다는 생각은 틀렸다. 우리가 인간 신생아만이 같은 종의 얼굴 표정을 해석하고, 다른 사람들이 경험하고 있는 것에 공감하고, 그렇게 함으로써 타인들의 의도를 읽기 위한 기본적인 신경 기관을 가지고 있다고 가정하는 한, 왜 다른 유인원들에게 마음 읽기를 위한 더 나은 능력이 진화하지 않았는지 물어볼 필요가 거의 없어 보였다. 우리는 단순히 그들에게는 기본적인 장비가 없다고 단정했다. 이 모든 것은 21세기 초에 바뀌기 시작했다. 다른 유인원들이 실제로 무엇을 할 수 있는지에 대한 혁명적인 발견들은 왜 인간이 다른 유인원보다 훨씬 더 상호주관적인 관계를 잘 맺을 수 있는지를 다시 생각하도록 만들었다.

▌원숭이도 보면, 느낀다

1996년 이탈리아의 한 신경과학자는 특정 운동기술이 두뇌 활동에 어떻게 반영되는지에 대한 평소의 연구를 수행하던 중 무엇인가 이상한 점을 알아차렸다. 마카크원숭이가 건포도를 잡았을 때 활성화됐던 뉴런들은 원숭이가 연구자가 건포도를 집어먹는 것을 지켜보기만 했을 때도 활성화되었다.[46] 신경과학자들은 이 새로운 종류의 뇌 구조를 '거울 신경(mirror neurons)'이라고 재빨리 명명했다. 왜냐하면, 어떤 일을 할 때 활성화되는 뇌의 영역과 동일한 영역이 다른 사람이 같은 일을 하는 것을 보는 것만으로도 활성화되기 때문이다. 거울 신경은 우리가 다른 사람이 무얼 하는지 보는 동안, 뇌가 어떻게 반응하는지와 관련되어 있다. 이 우연한 발견은 '내재된 시뮬레이션 신경 기반'에 대한 추측과 새로운 연구의 폭발적인 증가로 이어졌다.

연구자들은 거울 신경이 동물들이 다른 개체가 하는 일을 간접적으로 경험하게 해준다는 가설을 세웠다. 정신적으로 같은 동작을 모방함으로써, 모방자는 행위자가 의도하는 것을 더 잘 이해하게 된다.[47] 따라서, 거울 신경의 발견은 발달심리학자와 임상심리학자들뿐만 아니라 신경과학자들 사이에서 엄청난 흥분을 불러일으켰다. 처음부터 연구자들은 거울 신경이 모방뿐만 아니라 공감에도 영향을 미친다고 추측했다. 이는 유아가 자신과 마찬가지로 다른 사람도 고유한 심리와 마음이 있다는 것을 어떻게 알게 되는지를 설명하는 이론적 모델 중 하나와 일치한다. 발달심리학자인 앤드루 멜트조프(Andrew Meltzoff)는 이 모델을 이용해 신경과학자들이 신경 구조에 대해 새로 알게 된 내용을 아기들이 어떻게 관찰하고, 모방하고, 배우는지에 대한 오래된 이론과 통합시키려 했다.

몇 해 전 멜트조프와 키스 무어(Keith Moore)는 태어난 지 12시간밖에 되지 않은 인간 아기들도 선천적으로 다른 사람을 모방할 수 있다고 보고했다. 이런 내용이 1977년 처음 보고되었을 때는 사람들에게 쉽게 받아들여지지 않았다. 그리고 아주 어린 아기들의 반응이 실제로 모방하는 것인지에 대한 논란이 지속되었다. 하지만 분명히 몇몇 아기들은 이전에 생각했던 것보다 훨씬 더 이른 시기에 다른 사람에게 복잡한 반응을 보였다. 멜트조프의 발견은 13개 이상의 다른 연구소에서 되풀이되었는데, 아기에게 우스꽝스러운 표정을 지어본 호기심 많은 부모들의 집에서도 마찬가지였다. 우리 아이들은 다 커버렸지만, 멜트조프의 혀 내밀기 실험은 내가 공항에서 시간을 때울 때 가장 즐겨하는 방법이다. 특별한 일만 없으면 아기들은 당신의 혀 내밀기에 자신의 혀를 내밀며 반응할 것이다. 멜트조프는 더 어린 신생아

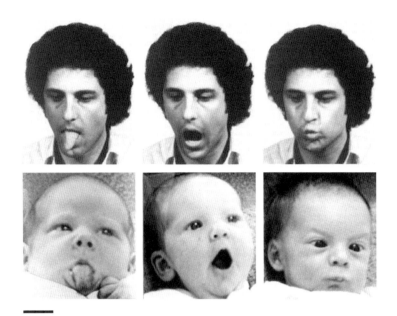

1977년《사이언스》의 많은 독자들처럼, 나는 나란히 배치된 두 줄의 사진들에 깜짝 놀랐다. 윗줄에는 젊고 멍청해 보이는 멜트조프가 혀를 내밀고, 입을 벌리고, 입술을 오므린 모습이 각각 찍혀 있었다. 바로 아래 초롱초롱한 신생아가 멜트조프의 얼굴에 시선을 고정시킨 채, 각각의 표정을 비슷하게 모방하고 있었다.

들을 대상으로 혀 내밀기 실험을 반복한 후 이렇게 덧붙였다. "태어난 지 42분이 되지 않은 아기에게는 이러한 반응이 나타나지 않는다." 그러고는 이렇게 썼다. "정상적인 아이는 원시적인 모방 능력을 생물학적으로 타고난다."[48]

인간이, 심지어 아기들도, 얼굴에 매료된다는 것은 이미 오래전부터 알려져 있다. 오늘날 우리는 뇌의 특정 영역과 특정 세포가 얼굴에 대한 정보를 입력하고 처리한다는 것을 알고 있다.[49] 아기들은 태어나자마자 근처에 있는 얼굴을 찾아낸다. 엄마 얼굴과 마주쳤을 때, 엄마가 시선을 돌려주면 눈을 깊이 응시하기도 한다. 이에 영감을 얻은 일

         2. 왜 그들이 아니라 우리인가?

련의 실험에서 멜트조프는 매우 어린 아기들 중 몇몇은 단순히 얼굴을 찾는 것이 아니라 관계를 맺길 원하고, 어쩌면 그들과 동일시하고 있다는 것을 보여주었다. 생애 초기에 나타나는 모방은 "다른 사람을 '나처럼' 보는 것이 우리의 생득권"임을 암시한다고 멜트조프는 생각했다.[50]

멜트조프의 관찰은 신생아들이 생애 초기부터 자기가 본 것을 모방하고 서로 응시를 할 수 있다는 것을 보여주었다. 처음에 우리 대부분은 이러한 능력이 인간의 보편적 성향일 뿐만 아니라 인간에게만 있는 독특한 것이라고 당연시했다. 이는 그때까지 우리가 다른 유인원들에 대해 가지고 있던 빈약한 증거들과 일치했다. 멜트조프는 아기가 다른 사람을 관찰하고 흉내 내는 것이 정신적으로 자기와 다른 사람을 비유하고 있는 것이라는 가설을 세웠다. 멜트조프는 이렇게 썼다. "유아가 본 다른 사람의 움직임이 유아 자신이 행동하는 것처럼 입력된다는 사실은 유아가 다른 사람들과 연결되어 있다는 것을 의미한다."[51] 일단 한번 이러한 경험이 저장되면, 이는 미래에 자신과 타인에 대한 인식과 둘 사이의 관계에 대한 기초가 된다. 멜트조프의 말을 빌리면, "공감과 역할 수행, 그리고 정서적으로, 또 인지적으로 다른 사람의 입장에서 생각하는 마음은 자신과 타인 사이의 연결에 달려 있다."

거울 신경이 발견되자마자 멜트조프는 어쩌면 거울 신경이 인간 신생아에서 유별나게 잘 발달한 다른 사람과 연결되고 모방하는 능력을 설명하는 데 도움이 되지 않을까 하는 의문을 품기 시작했다. 그는 이런 가설을 세웠다. "모방의 신경인지기제는 공감과 마음 이론의 기원과 관련 있다."[52] 멜트조프는 거울 신경과 상호 응시, 그리고 모방이

세계 어디에서나 아기들은 얼굴에 이끌린다. 이 사진 속 나미비아의 힘바족 어머니가 생후 3~4개월된 아기의 얼굴을 쳐다보고, 먼저 눈을 마주친 다음, 아기의 입술에 키스를 한다. 몇 초 후, 어머니는 아기의 코웃음을 따라 하기 위해 얼굴을 찡그렸고 코로 아기를 부비면서 미소를 지었다. 어머니의 얼굴에 매혹된 아기는 반짝이는 눈썹과 작은 코웃음을 지으며 미소를 지었고, 때때로 혀를 내밀기도 했다. 어머니가 다른 사람들과 대화하는 동안에도, 두 사람은 가끔 서로의 시선을 다시 맞추곤 했다.

결합되면 마음 읽기가 뒤따라온다고 생각했다. 확신에 찬 멜트조프는 시적인 은유를 이용해 다음과 같이 표현했다. "타인의 행동을 이해함으로써, 우리는 그들의 영혼을 알게 된다."[53] 영혼에 대한 언급은 21세기 초 발달심리학자들이 여전히 이를 인간만의 고유한 능력으로 가정했음을 의심의 여지없이 보여준다. 많은 시에서 인간 영혼의 '창'으로 칭송된 눈은 이러한 가정에 큰 영향을 미쳤다. 하지만 이런 독특한 깊이의 통찰력을 허락하는 인간의 눈의 특징적인 점은 무엇인가?

2. 왜 그들이 아니라 우리인가?

▎ 눈은 알고 있다

　　　　똑바로 바라보는 두 눈 사진을 사무실에 있는 무인 커피메이커 위에 붙여 놓으면, 아마 커피를 가져가면서 정해진 금액을 놓고 가는 사람들이 더 많을 것이다. 2006년 영국의 한 심리학 연구팀의 실험처럼 말이다(이때는 50펜스 정도 돈을 더 많이 내고 갔다).[54] 이런 경향은 비단 인간에게만 국한되지 않는다. 응시하는 눈은 아주 오래전부터 이 특별한 특징을 가지고 있었다. 이구아나보다 더 뇌가 작은 척추동물이나 야생 칠면조도 다른 개체가 자신을 응시하는 것을 감지할 수 있다. 캘리포니아 북부에 있는 우리 농장에서 야생 칠면조에게 몰래 접근하려고 시도해본 적이 있는 나는 이에 대해 확실히 말할 수 있다. 어찌 된 일인지, 칠면조들은 필요 이상으로 더 멀리 가지는 않으면서도, 내가 볼 수 없는 애매한 이랑 아래에 있다든지 하면서 시야에서 보이지 않는 방법을 알고 있다. 다른 많은 동물들처럼 구세계원숭이와 유인원도 다른 개체가 자신을 응시하는 것을 불편해한다(하지만 흥미롭게도 마모셋이나 타마린 같은 신세계원숭이들은 그렇지 않은 것 같다).[55]

　다른 유인원들처럼, 인간도 직접적인 응시는 위협으로 지각한다. 하지만 또한 긴 바라봄에 담긴 의미는 매우 다양할 수 있다. 인간의 눈은 개인이 무엇을 느끼고, 바라보고, 의도하는지에 대한 추가적인 정보를 담고 있다. 사실, 다른 유인원들도 초점을 맞추고, 눈을 가늘게 뜨고, 눈을 깜빡이며, 인간의 눈과 같은 패턴의 빛과 색을 가지고 있다. 개코원숭이와 같은 영장류들은 인간처럼 매우 중요한 순간에 아래 속눈썹을 내리고 눈썹을 위로 크게 치켜뜨면서 자기들 눈에 주의를 집중시킨다. 하지만 인간은 눈으로 더 많은 의사소통을 한다. 인간은 뚜렷한 흰자위가 있어서 눈동자가 정확히 가리키는 곳을 부각하여 시선의 방향이 강조된다.[56] 그래서 온통 검은색으로 둘러싸여 애매한 다른 유인원의 시선보다 인간의 시선 방향을 더 쉽게 알 수 있다. 오랑우탄이나 침팬지는 곁눈질할 때에나 그것도 아주 가끔 흰자위가 조금 보인다.

두렵거나 놀랐을 때 눈이 활짝 열리도록 심리적인 반응을 일으키면서, 얼굴 표정의 감정적 의미를 전달하고 그 강도를 높이는 것이 바로 눈의 흑백 비율이다.[57] 다른 사람이 깜짝 놀라는 것을 알아차렸을 때 우리의 편도체를 쥐고 흔드는 것이 바로 이 흰색 신호다. 순찰을 도는 침팬지가 동지들에게 "그들의 눈에서 흰자위를 보기 전에는 발포하지 마라"고 말하는 것은(침팬지가 말을 하거나 총을 들고 다닐 수 있다고 가정해도) 무의미할 것이다. 침팬지의 적이 인간이 아닌 이상, 아무리 적들이 가까이 오더라도, 방어자는 어떤 종류의 흰자도 보지 못할 것이다. 이러한 차이는 의도에 관한 정보를 전달할 수 있는 눈이 경쟁적인 맥락보다는 협력적인 맥락에서 진화했을 수 있다는 것을 암시한다. 전달된 정보는 정보를 보낸 이뿐만 아니라 정보를 받은 이에게도 마찬가지로 유용하다.[58]

이 차이는 인간만이 상호 응시하고, 얼굴 표정을 따라 하고, 다른 사람의 정신 상태에 귀속할 수 있는 유일한 유인원이라고 당연하게 여긴 이유 중 하나다. 이런 관점은 공감에서 모방이 중요하다는 멜트조프의 생각과 잘 들어맞는다. 또한 우리가 이러한 면에서 다른 유인원들과 다르다고 생각하는 것은 "인간은, 오직 인간만이, 공통의 목표와 사회적으로 조율된 행동 계획에 따라 협력적 행동에 참여하는 것에 생물학적으로 적응되어 있다"는 토마셀로의 제안과도 일치한다. 이는 인간 아기들이 특별한 신체적 귀속 능력과 정신 상태와 의도를 읽고, 전달하기 위한 재능을 타고 난다는 주장으로 이어졌다. 얼마나 근사한 이론적 세트인가? 하지만 이는 다른 유인원들이 루비콘강의 저쪽에 붙들려 있다는 증거들이 지속되는 동안에만 의미가 있었다.

지난 십여 년 동안 영장류학자들은 원숭이와 유인원의 상호 응시를 기록해왔고, 원숭이가 다른 원숭이의 시선을 따라간다는 것을 관찰했다. 또한, 비인간 유인원, 예를 들면 침팬지가 가끔 손이나 손가락으로 가리키는 것으로 신호를 보낸다는 것을 알게 되었다. 특히 인간 본보기와 가까운 관계로 길러진 경우 특히 더 그렇다.[59] 비록 거울 신경이 어떻게 개인이 다른 사람과 공감하게 되는지 이해하는 데 중요하다 하더라도, 다른 영장류들도 거울 신경을 가지고 있기 때문에 거울 신경 자체만으로는 인간 특유의 공감 능력의 발전을 설명하기에 충분하지 않다.

그렇게 오랫동안 행동과학자들이 당연시해왔던 가정에 놀라운 반전이 일어났다. 비교심리학자들이 갓 태어난 침팬지 새끼들이 종종 눈을 주시하고, 얼굴을 찾고, 다른 개체의 눈을 응시하며, 심지어 멜트조프식의 얼굴 표정 모방까지 한다는 사실을 발견한 것이다. 인간이 타인의 의도와 마음을 읽을 수 있게 해준 바로 그 신경 장비를 새끼 침팬지(아마 다른 영장류들)도 가지고 있었다.

▌다른 유인원도 응시하고 모방한다

　　　　　오래전 다윈은 과학적 진보를 방해하는 것은 잘못된 생
각이 아니라 '허위 사실'이라고 지적한 바 있다. 틀린 가설의 경우 연구
자들은 가설이 "틀렸음을 증명하면서 유익한 즐거움을 얻는다." 그리
고 틀린 가설은 곧 맞게 고쳐진다. 그러나 틀린 사실이 문헌에 담기게
되면, "종종 오래 지속된다."[60] 유인원의 유아 발달을 비교 연구하던
우리들의 문제는 다른 유인원에서는 얼굴을 마주보는 응시와 모방이
일어나지 않는다는 틀린 가정을 오랫동안 유지했다는 데 있었다. 이는
잘못된 것으로 판명되었다. 하지만, 돌이켜보면 왜 그랬었는지 이해가
간다.

　비인간 유인원의 시각적 응시를 체계적으로 관찰하는 것은 쉬운
일이 아니다. 유인원 어미들은 엄청나게 보호적일 뿐만 아니라, 생후
첫 몇 달간 새끼 침팬지는 대부분의 시간을 잠을 자거나 어미 젖꼭
지를 빨뿐, 법석을 떨거나 꼼지락대지 않는다. 새끼 유인원들은 하루
의 약 10퍼센트의 시간 정도만 기민하게 주변 세상에 대응한다.[61] 이
러한 어려움에도 불구하고, 1991년 심리학자 하누스 파푸섹(Hanus
Papousek)은 인간, 우리에 갇혀 있는 고릴라, 보노보의 어미-유아 사
이의 눈 맞춤에 대한 최초의 비교 연구를 수행하였다. 자신이 관찰했
던 것을 토대로 파푸섹은 "친사회적 목적으로 눈과 눈을 마주치는 것
은 인간이 유일하다"고 보고했다.[62] 이 발견은 심리학자들이 기대했던
것과 매우 부합했기 때문에 이후로 십 년 동안 아무런 공격도 받지 않
았다. 2002년까지(일부에서는 지금까지도) 길고, 사랑스럽고, 호혜적인
"긴 상호 응시"는 "다른 사람의 마음 상태를 깊이 이해하는 것, 종종

'마음 이론'을 발달시키는 데 필수적인 … 인간의 특별한 적응"이라고 당연시했다.[63] 하지만, 다른 유인원에 대한 공감과 이해가 높아진 상황에서 더 면밀히 연구한 과학자들은 다른 유인원들과 우리 사이의 차이점을 다시 생각하게 되었다.

현재 영국 포츠머스 대학 감정연구센터 소장인 심리학자 킴 바드(Kim Bard)는 최초로 통념에 도전했던 사람 중 하나다. 모두가 여전히 유인원 사이에 상호 응시는 일어나지 않는다고 생각하던 시기에 바드는 침팬지의 상호 응시에 대해 체계적으로 연구하기 시작했다. 바드는 침팬지 어미가 약 한 시간당 12분 동안 신생아를 바라본다는 것을 알아냈다. 이 중 절반의 시간 동안 어미는 새끼의 얼굴을 똑바로 들여다보는 것 같았다. 어떤 어미들은 새끼를 더 오랫동안 바라보았다. 때로 어미는 새끼를 쳐다보는 동안, 한 손으로 새끼의 머리를 자신의 얼굴 쪽으로 돌리기도 했다. 대략 한 시간당 열 번 정도 새끼도 어미와 눈을 맞췄다.[64]

어미의 얼굴뿐만 아니라, 일부 새끼들은 인간 사육사들의 눈을 들여다보기도 했다. 그중 가장 적극적으로 인간과 눈맞춤을 한 침팬지 새끼들은 어미와 떨어져, 어떤 관계라도 다시 맺기를 갈구하는 새끼들이었다. 실험에서 눈 맞춤을 시도하는 새끼 침팬지들은 인간과 가까운 관계로 오랜 시간을 보낸 어미의 손에 키워졌기 때문에, 바드는 침팬지의 눈 응시가 "문화적"으로 규제되고, 환경에 따라 다를 수 있다고 지적했다.[65] 즉, 침팬지들이 함께 시간을 보낸 인간의 대인관계 방식을 일부 채택했다는 것이다. 어린 유인원이 인간 보호자에 더 많이 노출될수록, 의도 읽기, 물건 주고받기 게임, 또는 물건에 대한 다른 사람의

반응을 살피는 것과 같은 영역에서 사회인지적 반응이 인간 아이들과 비슷해졌다.[66]

양육 조건의 중요성에 대한 바드의 의혹은 동료 일본인 연구자의 발견으로 인해 더욱 강화되었다.[67] 지금까지 강렬하고 인상적인 응시로 가장 많은 주목을 받은 침팬지는 아유무라는 새끼 침팬지이다. 아유무는 2000년에 아이라는 이름의 암컷 침팬지에게서 태어났다. 아이는 1977년 아프리카에서 태어나 일본으로 옮겨졌다. 아이는 1978년부터 교토 대학 영장류연구소의 심리학자 테츠로 마츠자와(Tetsuro Matsuzawa)와 함께 일했다. 마츠자와는 전통적인 실험실 규율을 버리고 자신이 연구하는 침팬지들을 친구로 대했다(그는 자신의 스타 침팬지 제자를 연구대상이 아니라 파트너라고 불렀다). 그 과정에서 마츠자와는 우리와 가장 가까운 영장류 친척들의 지각력과 인지능력을 검증하기 위한 보다 직관적인 접근법을 개척했다.

훌륭한 심리학자라면 동물 피험자에게 일상적인 인사나 안심시키는 말을 건넨다. 이에 더해 마츠자와와 아이는 함께 일하는 동안 포옹하고, 서로 털을 손질해주고, 긁어주고 한바탕 신나게 뒹굴면서 쉬곤 했다. 온화하고 유쾌한 연구소장이었던 마츠자와는 아이의 털을 몇 시간이고 끈기있게 빗어주었다. 30년 이상의 긴 관계를 맺으며, 아이는 그 어떤 침팬지보다 더 침착하고, 자비롭고, 예측 가능하게 행동하는 마츠자와를 가까운 동료로서 신뢰하는 법을 배웠다.

이런 두터운 신뢰 덕분에 2000년에 아이가 처음으로 새끼를 낳았을 때, 아이는 마츠자와가 새끼에게 접근하는 것을 허락했다. 이는 전례가 없을뿐더러 심지어 가장 가까운 관계의 침팬지에게조차 허락되지 않는 일이었다. 이후 마츠자와의 방법은 다른 침팬지들에게도 사용되었고, 교토 대학 팀은 침팬지의 감각과 능력에 대해 많은 것을 알게되었다. 어미와 인간의 손에서 동시에 자란 침팬지들은 이전에 어느누가 깨달았던 것보다 신생아로서 훨씬 더 관계를 잘 맺을 뿐만 아니라 일련의 인지 과제에서도 인상적인 능력을 보였다. 특별한 훈련을 받은 네 살짜리 아유무와 친구들은 숫자 순서를 외우고 이를 컴퓨터 화면으로 재빨리 누르는 데 대학생들보다 더 뛰어났다.[68]

마츠자와 이전에는 새끼 침팬지의 얼굴을 마주보고 관찰하거나 촬영하려면 먼저 새끼를 어미로부터 떼어놓고, 매우 인위적인 환경에서키워야 했다. 그전까지 어미가 기르는 갓 태어난 새끼 침팬지는 어미

마츠자와가 아유무의 얼굴을 쳐다보자, 아유무는 눈을 반짝이며 시선을 되돌려주면서, 전염성 강한환희를 발산했다. 다른 유인원, 침팬지 또는 인간이 여기에 반응하지 않는 것은 불가능할 것이다. 마츠자와의 영상을 보는 것만으로도, 나 역시 역전이 반응이 일어났다. 말할 것도 없이, 나는 미소를 지으며 아유무의 영상을 바라보았다.

이외의 어느 누구에게도 그런 특별한 접근이 허락된 적이 없었다. 아유무가 태어나고 며칠 후, 마츠자와는 최초로 렘(REM) 수면주기 동안 갓 태어난 새끼 침팬지의 연분홍 얼굴에 스치는 "희미한" 미소를 관찰하고 촬영했다. 그때까지 신생아 미소는 인간만의 독특한 특징으로 간주되어왔다. 하지만 마츠자와 덕분에 지금은 자궁에서부터 시작된다는 것을 알게 되었다.[69]

침팬지들은 웃는 얼굴로 태어나서, 그 뒤로도 계속 미소를 짓는다. 아유무가 태어난 지 두 달 후 마츠자와 팀은 어미의 얼굴, 어미와 매우 친밀한 인간 친구인 마츠자와의 얼굴 사진에 반응하는 아기 침팬지의 몹시 열성적인(그리고 전염성 강한) "사회적" 미소를 비디오로 촬영했다. 어미에 대한 아기 아유무의 반응은 아이가 마츠자와에게 하는 신나는 인사와 똑같았다. 어린이들의 사회적 인지 발달에 관계가 매우 중요하다는 피터 홉슨의 생각의 연장선상에서 마츠자와는 초기 관계가 침팬지에게도 중요하다는 것을 보여주었다.

▎ 새로운 차원의 상호작용 기반

다른 사람의 얼굴을 응시하고 다른 사람과 상호작용하는 새끼 침팬지가 인간의 아기처럼 얼굴 표정을 흉내 낼 수 있을 만큼 충분히 다른 사람과 동일시하고 심지어 공감할 수 있을까? 눈 응시를 담당하는 신경 장비는 대부분의 척추동물 뇌 속에 존재하지만, 특히 인간에게 잘 발달되어 있다. 태어나서 며칠 지나지 않아도 인간 신생아는 눈을 찾아내고, 시선을 되돌려주는 눈이 있는 얼굴이라면 더 오랫동안 응시한다. 곧 아기들은 시선을 맞추며 자연스럽게 미소 짓거나 웃는다. 6개월이 되면 아이는 눈 응시에 이끌릴 뿐만 아니라, 자신이 관찰하고 있는 사람이 무엇을 보고 있는지도 판단하기 시작한다.[70] 똑바로 응시하는 것은 시선을 외면하는 것보다 더 강한 신경 반응을 유발한다.[71] 시각적으로 눈과 눈 맞춤에 사로잡히는 것은 유아가 마음 읽기와 모방을 하는 과정에서 중요한 역할을 한다. 이는 태어날 때부터 앞을 못 보는 아이들이 다른 사람과 관계를 발전시키는 데 왜 어려움을 겪는지 설명해준다.[72]

아유무가 보여준 것만으로는 충분하지 않다는 듯 마츠자와의 연구소에서 또 다른 어린 침팬지가 태어났다. 불행하게도 어미는 새끼를 돌보지 못했다. 인위적으로 사육된 유인원들에서는 이런 경우가 드물지 않다. 태어난 지 24시간이 채 지나지 않아 사육사는 새끼를 인큐베이터로 옮겼고, 젖병으로 수유를 했다. 마츠자와와 함께 일하던 학생 중 하나였던 마사코 묘와는 이 비극적인 이별을 관찰하면서 새끼 침팬지가 실제로 가진 모방 능력을 확인할 수 있는 기회를 얻었다. 묘와는 유인원이 먼저 다른 사람을 보고 문제 해결 방법을 흉내 냄으로써 쉽게 도구를 사용하고 문제를 해결하는 법을 배운다는 것을 이미 알고 있었다.[73] 사실, 사람들에 의해 길러진 침팬지들은 사람들이 하는 것을 흉내 내는 데 인간의 아기들보다 훨씬 더 나을지도 모른다.[74] 묘와는 마츠자와와 아이를 지켜보면서부터 피험자와 연구자의 관계가 얼마나 중요한지도 이해했다. 또 바드의 연구처럼 인간이 기른 침팬지 신생아들이 인간의 얼굴 표정에 수월하게 반응한다는 것을 깨달았다. 인간이 기르는 침팬지는 아마도 침팬지 어미가 기른 침팬지보다 훨씬 더 인간의 얼굴 표정에 반응하기 쉬울 것이다. 그래서 묘와는 만약 다른 유인원도 얼굴 표정에 반응하거나 모방하는 능력이 있다면, 자신이 키우는 작은 암컷이 이를 증명할 적임자라고 판단했다.

묘와의 예감은 적중했고, 놀라운 일련의 사진들을 만들어냈다. 문자 그대로 멜트조프와 무어의 유명한 실험의 유인원 버전인 이 사진들에는 눈을 크게 뜬 새끼 침팬지가 묘와의 우스꽝스러운 얼굴에 혀를 내밀고, 입을 벌리고, 입술을 내밀며 반응하는 것이 차례로 담겼다. 어느 모로 보나 새끼 침팬지는 이 과정을 매우 즐기는 듯했다. 묘와의 작은 견습생은 인간 아기들보다 훨씬 더 끈기 있게 입 동작에 반응하는 것으로 밝혀졌다.[75]

적어도 처음에 어린 침팬지는 그렇게 행동했다. 그러나 생후 12주가 지나자 이전에 묘와를 열성적으로 따라하는 듯 보였던 아기 침팬지는 흉내 내기에 대한 흥미를 완전히 잃어버렸다. 새끼 침팬지는 생후 약 5주쯤부터 반응하기 시작했고 11주까지 계속하다가 갑자기 반응이 사라졌다! 묘와는 온갖 이상한 모습으로 얼굴을 일그러뜨렸지만 아무런 반응도 없었다. 흉내 내기 놀이는 더 이상 재미있지 않았다. 후속 실험에서 다른 새끼 침팬지들도 비슷한 전철을 밟았다.[76] 이후 2006년에는 한 인지신경과학자 팀이 갓 태어난 레서스마카크원숭이도 얼굴 표정을 흉내 낸다는 것을 입증했다. 하지만 역시 이와 같은 충동은 생후 7일째에 이르자 사라졌다.[77] 비록 다른 영장류들도 영장류학자들이 처음에 생각했던 것보다 훨씬 의도를 읽는 데 능한 것으로 밝혀지고 있다. 그럼에도 불구하고, 다른 영장류들은 생애 초기에 빛나던 공감에 대한 관심—이는 상호주관적 관계에 대한 잠재적 탐구라고 할 만

1996년 묘와 마사코는 멜트조프가 1977년에 한 것과 동일한 방식으로 인간이 기른 생후 5주에서 11주 사이의 암컷 침팬지가 혀를 내밀거나, 입을 벌리거나, 입술을 삐죽 내미는 실험자에게 반응하는 것을 보여주었다.

하다—은 곧 사그라진다. 반면 인간 아이들은 이를 심화 발전시킨다.[78]

비인간 영장류의 얼굴 모방에 대한 기록은 많은 의문점을 남긴다. 어미와 떨어진 새끼 마카크원숭이가 정말로 실험자를 모방한 것일까? 아니면 누구든 간에 다시 연결되기 위해 자신들이 할 수 있는 것은 무엇이든 시도하려고 필사적이었던 것일까? 침팬지와 인간 신생아들이 다른 사람이 내민 혀를 보고 이에 대한 반응으로 똑같이 혀를 내민다고 해서 이를 과연 의도적 모방이라고 할 수 있을까?[79] 갓난아기들의 이런 반응은 인간 아이들이 자라면서 보이는 더 큰 자의식과 정교한 모방으로 이어지는 걸까? 심리학자 수전 존스(Susan Jones)의 최근 발견은 그렇지 않을 수도 있다는 것을 암시한다.

존스는 6~20개월 사이의 유아들 162명을 대상으로 부모들이 머리에 손을 얹거나, 혀를 내밀거나, 테이블을 두드리거나, 손가락을 꼼지락거리거나, 박수를 치거나, '어, 어' 하고 우스꽝스럽게 소리를 낼 때 얼마나 흉내 내는지 실험했다. 전반적으로, 12개월 미만의 아이들은 다른 신기하고 흥미로운 자극에 대한 반응만큼 '행동 따라 하기'를 하지 않았다. 존스는 진정한 모방 능력이 발달하기 위해서는 태어나고 2년 정도가 걸린다고 결론지었다. 존스는 모방이 태어날 때부터 나타나는 하나의 '기능'이라기보다는 아이들이 자신의 신체 부위를 알고 어떻게 사용하는지를 이해하게 되면서 시간이 흐름에 따라 더 많은 자기 의식적인 모방 능력이 나타난다고 제안했다.[80] 말하자면 인간, 그리고 이제 우리가 알다시피, 침팬지(그리고 아마도 마카크원숭이)가 태어나자마자 보이는 반응성은 더 자란 인간 유아들에게서 보이는 것과 같은 모방 능력이 아니라는 것이다. 생후 2년이 되면, 인간의 아이는 자의식을 발달시키고 다른 유인원이 절대 하지 않는 방식으로 새로 습득한 신체 능력과 결합하기 시작했다.

이러한 실험들을 해석하기에는 많은 어려움이 따른다. 한 가지는 침팬지와 인간 간에 실제로 어떤 신경학적 차이가 있는지 우리가 완전히 이해하지 못하고 있다는 것이다. 또한, 침팬지와 인간의 공통조상이 표정을 처리하는 데 필요한 신경 기반을 가졌었는지도 확신할 수 없다. 하지만 내 추측으로는 공통 조상에게도 그런 신경 기반이 있었을 것 같다.

유인원과 인간 신생아들은 모두 다른 개체와 연결되고 관계 맺고자 하는 강한 충동을 보인다. 거의 모두가 자연스럽게 혀를 내밀지만, 인간과 일부 침팬지 새끼는 다른 사람이 혀를 내미는 것을 보면 더 잘 따라 하는 경향이 있다. 인간이 기른 유인원은 특히 더 잘할 수 있지만, 인간(물론 인간에 의해 길러진)은 그러한 특성을 더욱 발전시키는 경향이 있다. 시간이 흐를수록, 인간 유아들은 관심을 끄는 것뿐만 아니라 다른 사람들에게 호소하는 데 점점 더 정교해지는데, 이는 어쩌면 모방의 효과일지도 모른다. 같은 조건에서 침팬지들이 다른 사람을 관찰함으로써 모방하고 배우는 경향이 덜하다면, 그리고 만약 그들이 아이들만큼 마음을 잘 읽지 못한다면, 그 차이는 기본적인 뇌 신경 장비가 부족하기 때문이 아니다.

예를 들어, 개들이 왜 주인의 표정을 모방하지 않는지를 생각해보자. 인간에게 길든 이 늑대의 후손들은 인간의 신호를 읽는 데 유별나게 능숙하며, 아마도 숨겨둔 음식을 가리키는 인간의 신호에 침팬지보다 훨씬 더 민감할 것이다.[81] 그런데도 개가 혀 내밀기나 다른 이상한 얼굴 표정을 전혀 따라 하지 않는다는 것에 아무도 놀라지 않는다. 어쨌든, 개는 협동 육아를 하는 야생 조상의 후손이고, 그 후 인간과 함께 진화했으며, 두 발로 걷는 대행 부모에게 식량 공급을 의존하게 되었다. 그러나 개에게는 이런 종류의 얼굴 모방을 위한 기본적인 신경 근육의 기반이 존재하지 않는다.

이제 우리는 일부 영장류들도 거울 신경을 가지고 있고, 또 가까이 있는 얼굴을 들여다보고, 깊은 상호 응시를 하고, 거기서 본 것을 모방한다는 것을 안다. 심지어 영장류들은 다른 개체의 고난과 고통에 대해 초보적인 공감을 할 수도 있고, (좋아하는 음식을 포기할 필요가 없는 한) 자발적으로 다른 개체를 돕거나 음식을 공유할 수도 있다. 이러한 능력이 영장류에게도 (항상 발휘되거나 확장되지는 않더라도) 있다는 것을 알게 되었기 때문에, 우리는 최근까지 과학자들이 생각지도 못했던 난제에 직면하게 된다. 왜 친사회적 충동이 호모 속으로 이어지는 한 계통에서만 유난히 더 발달하게 되었는지 설명이 필요하다. 왜 그들이 아니고 우리인가?

기이한 탈선

인간뿐만 아니라 다른 유인원들도 태어날 때는 연결되고자 하는 충동을 선천적으로 타고난다. 이들에게는 상호주관적 관계 맺기를 위한 기초적인 배선이 이미 존재하는 것으로 보인다. 하지만 7주쯤 되면 인간의 아기들은 더욱 열성적으로 모음 소리를 발성하며, 10주가 되면 웃기 시작한다. 아이들은 누가 시키거나 꼬드기지 않아도 않아도 자발적으로 다른 사람들과 관계를 맺으려고 한다.[82] 흔히 미소나 다른 얼굴 표정은 전적으로 사회적 자극에 대한 반응으로 발생하는 것 혹은 배워야 할 수 있는 것으로 가정한다. 하지만, 누구의 얼굴도 본 적 없고, 눈이 안 보이는 채로 태어난 아기들도 만지기, 부드럽게 흔들기, 또는 익숙한 목소리에 반응하여 생후 6주 전후에 미소를 짓기 시작한다.[83] 심지어 아무런 사회 작용이 없는 상태에서도 아기들은 자연스럽게 미소 짓기와 다른 사회적 관계 맺기 방법을 연습하는 것 같다. 이를 가장 비슷하게 입증하려 했던 실험은 내가 미소 짓기에 관한 옛 심리학 문헌을 뒤적거리다가 우연히 발견한 소름끼치는 실험이다.

1930년대 미국의 심리학자 웨인 데니스(Wayne Dennis) 부부는 버지니아 대학 병원의 사회복지과를 통해 한 달 된 쌍둥이 소녀들을 입양했다. 그 후 두 아기를 각자 방에 떨어뜨려 놓고, 실험자이자 양부모의 방문을 제외하고는 사실상 격리된 상태로 기르기 시작했다. 아기들과 같은 방에 있을 때마다 부부는 무표정한 얼굴을 하기 위해 모든 노력을 기울였고 의도적으로 아기들에게 모방할 표정을 주지 않으려 했다. 첫 26주 동안 누구도 쌍둥이 델과 레이에게 미소 짓거나 말을 걸지 않았다. 그러나 사회적으로 격리된 쌍둥이들이 정상적으로 웃기 시작한 시점은 약간 지연되었을 뿐이었다. 15주째부터 아기들은 부부 중 한 명이 문을 열고 방에 들어갈 때마다 거의 항상 "웃으면서 소리 내어" 무표정한 실험자들에게 인사했다. 쌍둥이가 태어난 지 6개월이 지나서야 심리학자 부부는 아기에게 미소를 돌려주고 말을 걸었다.[84]

이 불행한 아이들이 이후 어떻게 되었는지 더는 알 수 없었다. 실험의 윤리적·과학적 문제를 고려해야 한다는 지적을 깊이 고민한 나는 이 이야기에 교훈적인 면이 있다고 결론 내렸다. 이 실험이 다행히 다시 반복될 것 같지 않지만, 이 실험에서 관찰된 바는 갓 태어난 침팬지와 인간의 신생아 미소처럼 사회적 미소와 웃음은 자연적으로 생겨난다는 전제와 일치한다. 비록 사회적 미소는 반응이 없는 무표정한 보육자가 방으로 들어오는 것과 같은 환경 자극에 의해 촉발되지만 말이다. 이 문제에 대한 보다 결정적인 연구는 독창성, 다른 유인원에 대한 공감, 그리고 인내심을 필요로 할 것이다. 마츠자와 팀이 너무나 아름답게 보여주었던 것처럼 말이다. 이제 과학자들은 비인간 영장류 새끼를 애착 대상에서 떼어내는 것이 인간의 아기를 고립된 상태로 양육하는 것과 마찬가지로 잔인하고 자연적 성향을 왜곡하는 것임을 잘 알고 있다.

▍퍼즐 다시 풀기

인간 아기 그리고 다른 유인원들이 자기 스스로 하는 것들과 다른 사람이 어떤 행동을 했을 때 어떻게 반응하는지를 이해하는 수준은 아직 걸음마 단계에 있다. 하지만, 교토 대학에서 행한 실험 그리고 다른 실험들은 유인원들이 눈과 얼굴을 찾을 수 있는 초보적인 신경 장비를 가지고 있고, 적어도 몇몇 새끼 유인원들이 얼굴 표정에 대한 정보를 등록하고 이를 흉내 낼 수 있을 정도라는 것을 여실히 보여준다. 그럼에도 불구하고, 시간이 지나면 비인간 유인원 새끼는 더 이상 이 활동에 관심이 없는 듯하다. 인간과 다른 지점이다. 인간 유아들은 계속해서 모방 능력을 완벽하게 발전시키거나, 아니면 (침팬지처럼) 초기 모방 놀이를 버리고 다른 방식의 모방 특성을 개발하기 시작한다.

초기 호미닌처럼, 실험실 침팬지들의 선조도 다른 침팬지들과 관계 맺고, 모방하고, 배울 수 있는 능력이 있었다면 이득이 되었을 것이다. 침팬지와 인간의 공통 조상은 아마도 집단으로 사냥했을 것이다. 침팬지의 선조들 역시 어미가 새끼의 고통에 민감하고, 어미로부터 더 빨리 배웠다면 이득을 볼 수 있었을 것이다. 유인원들의 선조도 다른 사람의 의도를 더 잘 추측할 수 있었다면 경쟁자나 잠재적 동맹자, 그리고 새끼들의 마음 상태도 더 잘 읽을 수 있었을 테니 분명 이익을 얻었을 것이다. 그러나 다른 유인원들이 아직 즉각적인 욕망과 욕구의 수렁에 빠져 있다는 사실은 왜 어머니 대자연이 우리의 선조와 달리 현대 침팬지의 선조에게서 마음 읽기를 잘하는 개체를 더 선호하지 않았는지 숙고하게 한다.

어떻게 다른 사람의 정신적, 감정적 상태 속에 들어가 그들과 관계를 맺고자 하는 열망이 유인원의 여러 계통 중 한 계통에서만 발전했을까? 다른 유인원들도 교감하고 흉내 내기 위한 장비를 가지고 태어나지만 곧 흉내 내기에 흥미를 잃는다는 사실은 '왜 그들이 아니라 우리인가?'라는 원래 질문의 많은 부분을 풀리지 않은 수수께끼로 남겨둔다. 호모 속 유아들의 양육 환경 중 어떤 조건이 집단 구성원을 보다 끈기 있고 세심하게 관찰하고, 타인의 얼굴을 찾아 응시하고 표정을 읽으며, 그들의 마음 상태에 대한 정보를 수집하는 능력의 진화를 이끈 것인가? 아울러 그에 대한 보상은 무엇이었을까? 어떻게 그런 능력이 소유자의 생존을 향상시켰을까? 정신과의사 대니얼 스턴이 말하길 좋아하듯이, 인간은 태어나면서부터 "다른 사람의 감정과 욕망의 수프 속에서" 자란다.[85] 그렇다면 그 수프에 들어간 특별한 재료는 무엇이었을까?

수백만 년 전 어린것들의 삶이 어떠했는지를 실제로 숙고해본 몇 안 되는 심리학자들 중 대부분은 초기 호미닌 유아가 침팬지, 고릴라, 오랑우탄, 보노보와 같은 방식으로 보살핌 받았을 것이라고 당연하게 생각한다. 오직 어미의 손에서만 독점적으로 길러지는 육아 방식 말이다. 3장에서 보게 되겠지만, 이것은 '애착 이론가들'의 근본 신조였다. 나 역시도 최근까지 그렇게 확신했다. 그러나 다음 장에서 나는 왜 침팬지와 다른 비인간 유인원이 인간과의 많은 유사성에도 불구하고 초기 호미닌의 육아 방식을 재구성할 때 사용할 수 있는 적절한 기본형이 아닌지 설명할 것이다.

다음 두 개 장에서는 영장류가 새끼들을 돌보는 여러 가지 다양한 방법을 살펴보고, 야생의 대형 유인원들 사이에서 관찰된 유아 돌봄을 아직까지 유목 수렵채집민으로 살고 있는 사람들의 육아 방식과 대조할 것이다. 이러한 논의는 현대 수렵채집사회의 유아들이 다른 어떤 유인원이 직면하는 것과도 다른 도전에 직면한다는 것을 분명히 한다. 나는 아마도 우리 호미닌 선조들 역시 그랬을 것이라고 주장할 것이다. 그러나 다른 육아 방식의 존재와 이 육아 방식이 '왜 그들이 아니고 우리인가?'라는 질문의 대답에 주는 함의는 오랫동안 간과되어 왔다. 자, 그렇다면 호미닌과 다른 유인원들의 양육 방식에 나타난 주요 차이점은 무엇이었을까?

3.
왜 아이를 키우는 데
온 마을이 필요한가

—

대가족 없이 사는 것은 비타민이나 필수 미네랄 없
이 사는 것과 같다._커트 보니것(2006)

모든 가족에게는 비밀이 있다. 우리가 여기서 다룰 비밀은 수백만 년
전 살았던 우리의 두발걷기 유인원 선조, 계통학적 하위가족인 사람
아과(Homininae. 사람과의 아과(subfamily)로 사람과 침팬지, 고릴라와
그들의 멸종한 선조들을 모두 포함한다_옮긴이)와 관련된 것이다. 여기 이
벽장 안에 남은 해골 잔해만이 화석으로 남은 단서다. 그러나 현재 번
창하고 있는 60억 명의 자손들이 이 하위가족에서 파생된 한 호미닌
계통의 후손들이다. 우리는 다른 사람과(Hominidae. 영장류 중 사람,
고릴라, 침팬지, 오랑우탄 등의 대형 유인원을 포함한다_옮긴이) 집안에서는
거의 찾아볼 수 없는 '협력성'이란 고대 유산의 계승자다. 고릴라, 침팬
지, 보노보 같은 유인원은 인간만큼 다른 사람들이 무엇을 원하는지
추측하고, 왜 그것을 원하는지 이해하려고 하지 않는다. 인간만이 자

발적으로 다른 사람들과 나누고, 또 돕고자 한다.

죽은 자를 정교한 무덤에 묻고, 돌 도구를 만들기 전에 먼저 어떤 형태로 만들지 계획을 세우고, 동굴 벽에 그림을 남긴, 커다란 두뇌를 가지고 두 발로 걸었던 이들에 대해 많은 것들이 알려져 있다. 오늘날 사람들의 두개골과 구별되지 않는 해부학적 현대인의 잔해가 나타나기 시작하는 시점은 20만 년 전이다. 유전적 증거를 바탕으로 볼 때 오늘날 지구상의 모든 인간은 지금으로부터 5만~15만 년 전 사이 아프리카에 살았던 공통 조상으로부터 내려온 후손이다. 이 조상들은 추상적으로 사고하기 시작한 최초의 해부학적 현대인들이었으며, 그리고 언어를 사용했던 것으로 추정되는데, 아마도 오늘날에도 산족과 하드자 언어를 사용하는 사람들 사이에서 여전히 들을 수 있는 혀 차는 소리가 포함된 언어일 것이다.[1]

진화적 관점에서 볼 때, 해부학적·행동학적 현대 인류는 놀라울 정도로 최근에 등장했다. 하지만, 나는 '정서적 현대인'은 훨씬 더 이전에 나타났다고 확신한다. 여기서 정서적 현대인은 나누려는 충동과 공감, 상호주관적인 소질을 가지고 태어난 두발걷기 유인원을 의미한다. 이들은 오늘날의 침팬지와는 크게 달랐다. 사람들은 이미 비좁은 비행기 안에서도 함께 있을 정도로 서로 잘 지내도록 전(前)적응돼 있었다. 내가 보기에는 이와 같은 호미닌이 아프리카에서 출현하고 수십만 년이 더 지나서야 창의적이고, 상징을 만들며, 수다스러운 인간이 나타나기 시작했다.

2장에서 다른 영장류들 역시 다른 개체를 모방하고 적어도 초보적인 수준에서 동일시할 수 있는 신경 구조를 가지고 있다고 설명했다.

　　　　　　　　3. 왜 아이를 키우는 데 온 마을이 필요한가

아마도 현대 인간과 침팬지의 공통 조상은 정교한 마음 이론을 발전시키기 위한 모든 동기가 있었을 것이다. 더 빠른 상황 판단, 더 높은 마키아벨리적인 지능, 향상된 교육 능력은 그들에게 분명 이익이 되었을 것이다. 그러나 이들 능력은 다른 유인원에서는 자연 선택 되지 않았다. 그러면 도대체 왜 사람속(Homo. 현생인류와 그 직계 조상을 모두 포함한다. 최초의 사람속은 약 250만 년 전에 오스트랄로피테신으로부터 진화한 것으로 추정되는 호모 하빌리스(Homo habilis)다_옮긴이)으로 이어진 계통에서는 이러한 특질들이 진화한 것일까? 이 장과 다음 장에서 나는 초기 호미닌 계통의 어린아이들이 단지 어머니 한 사람이 아니라 더 다양한 범주의 양육자들에 의존하는 독특한 양육 조건에서 성장했다는 가설을 검증할 것이다. 그러한 의존성은 다른 사람의 마음 상태를 더 잘 해석하여, 누가 도움을 주고, 누가 해를 입힐지 알아내는 개인을 선호하는 선택압을 만들어냈을 것이다.

어린아이들이 문화를 습득하는 데 도움이 되기 때문에, 또는 복잡한 활동을 더 잘 조직하도록 하기 때문에 초기 호미닌에서 더 나은 마음 읽기 능력이 선택되었다는 주장도 있다.[2] 좋은 말이다. 다만, 선견지명이 없는 자연 선택은 그런 식으로 작동하지 않는다. 특정한 목적지 없이, 눈을 가리고 손으로 더듬으며 가는 것처럼, 어머니 대자연은 문화를 창조하거나, 대규모 활동을 조직하는 것과 같은 미래의 이익에 관심이 없다. 방향성 선택은 더 나은 마음 읽기 능력이 즉각적인 보상을 내놓을 때만 선호한다. 이는 다른 사람의 정신 상태를 해석하고 정서적인 관계 맺기를 조금 더 잘하는 개인이 다른 동료들보다 생존과 번식에 당장 유리했어야 한다는 뜻이다. 다른 유인원들에게 없었던 것은 마음 읽기와 나눔의 특질을 가진 소유자가 자연 선택으로 선호되었던 환경이다.

그렇다면 어떤 종류의 환경이 이미 영리하고, 교활하며, 매우 사회적인(그러나 또한 매우 이기적인) 유인원들에게 발달상 어린 나이부터 상호주관적인 능력을 개발하고, 그로 인해 바로 이익을 얻을 기회를 제공할까? 어떤 환경에서 아주 조금이라도 더 나누는 경향이 있는 사람이 자연 선택으로 선호되었을까? 이번 장에서는 호미닌 유아들이 다른 어떤 유인원과도 다른 방식으로 키워졌다는 증거들을 요약할 것이다. 이르면 대략 180만 년 전부터 호미닌 어린이들은 어머니 외에 다양한 사람들에 의해 돌봄과 부양을 받고 있었고, 이와 같은 양육 조건들은 정서적으로 더 현대적인 유인원의 출현을 위한 발판을 마련했다. 우리의 조상들이 큰 두뇌를 가진 해부학적 현대인으로 진화하기 훨씬 전에, 초기 호미닌은 부모뿐만 아니라 대행 부모들에 의해 양육되고 있었다. 오랫동안 우리 가족의 벽장 속에 숨겨져 있던 이 비밀이 밝혀지면서, 우리는 이제껏 알려지지 않았던 후원자들이 정확히 어떤 역할을 했는지 숙고하게 되었다.

20세기 말이 되어서야 진화인류학자들은 아이들이 살아남도록 양육하는 것이 수렵채집민에게 얼마나 힘든 일인지 고려하기 시작했다. 이후 학자들은 홍적세 유아(태어나서 젖을 뗄 때까지)와 어린이(젖을 떼고 스스로 식량을 조달할 수 있을 때까지)의 생존에 유전적 부모 외에 집단 구성원들의 도움이 필수불가결하다는 것을 나타내는 서로 다른 가닥의 증거들을 종합하기 시작했다. 대행 부모 원조의 필요성은 우리 종을 형성한 선택압을 변화시켰고, 이에 따라 유아의 발달 방식과 인

3. 왜 아이를 키우는 데 온 마을이 필요한가

간 진화의 방식을 변화시켰다. 디킨스 소설의 주인공들처럼(죄수 매그위치와 그의 익명의 유산이 핍의 '위대한 유산'에 어떤 영향을 미쳤는지 생각해보라), 우리는 지금껏 이 비밀스러운 후원자들의 정체를 전혀 생각해본 적이 없다. 하지만 이들은 우리 각자의 삶을 포함해 인간의 미래를 완전히 바꾸어 놓았던 사람들이다. 그러나 이 이야기를 하기 위해서는 맨 처음부터 시작해야 한다. 바로 어머니 말이다.

▌어머니를 중심으로 한 시작

확실하게 짚고 넘어가자. 여기서 얘기하고자 하는 가족의 비밀 중 어느 것도 어머니의 핵심적 중요성에 도전하지 않는다. 약 2억 년 전 최초의 포유류가 지구상에 나타나면서, 새끼들은 누군가의 양육에 의존적인 상태로 태어났다. 바로 안전하게 지켜주고, 온기를 주고, 젖을 주는 어머니였다. 어머니와 아기 사이의 유대는 냄새 맡고, 듣고, 기억하고, 가까이에 있는 사람들에게 친밀감을 느끼고, 위안받는 우리 같은 생명체들이 진화하는 데 필수적이었다. 포유류와 어머니가 없었다면, 우리는 친밀한 감정을 표현하기 위한 용어를 찾거나, 가까운 사람들을 묶어주는 유대를 묘사하기 위해 '사랑'과 같은 단어가 필요하지 않을 것이다.

새끼 영장류와 어미 사이의 애착은 모든 새끼 포유류들이 형성하는 애착 중에서도 가장 강력하다.[3] 유인원 어미와 새끼를 묶어주는 정서적 유대는 유별나게 오랫동안 지속된다. 자연상태에서 오랑우탄이나 침팬지, 또는 고릴라 새끼는 4년에서 7년 동안 양육된다. 특히 초기에는 새끼가 어미에게서 한시도 떨어지지 않고, 낮이고 밤이고 친밀하게 마주보는 상태로 붙어있다. 야생에서 관찰된 침팬지 어미가 새끼를 자발적으로 손에서 놓아주는 가장 빠른 시기는 새끼가 생후 3개월 반이 되었을 때다.[4] 야생 오랑우탄의 경우 생후 반년이 지나야 한다. 오랑우탄 어미는 새끼가 생후 다섯 달이 되기 전에는 다른 오랑우탄이 새끼를 안지 못하게 한다. 심지어 먼저 낳은 자식이라도 예외가 아니다.[5] 새끼 유인원이 세상에서 첫 번째로 배우는 것은 온전히 중요한 다른 개체, 즉 강박적으로 소유욕이 강하고, 매우 믿음직하며, 잘 응해주는 어미와의 관계에서 비롯된다. 어미는 모든 새끼 유인원의 최초이자 유일한 온기, 이동, 부양, 안전의 원천이며, 게다가 몇달 동안 다른 개체를 가끔 곁눈질할 뿐인 새끼들에게 어미는 사회 세계의 모든 것이다. 어떤 새끼 유인원도 다른 유인원과 교감하고 흉내 낼 기회가 거의 없고, 그렇게 하더라도 돌아오는 이득은 훨씬 적다.

사실, 어미의 이 계속적인 보살핌과 접촉은 현존하는 약 276종의 영장류 중 절반 정도에서만 나타나는 특징이다. 비록 네 종의 비인간 대형 유인원과 매우 잘 연구되고 많이 알려진 레서스마카크원숭이와 사바나개코원숭이와 같은 많은 종의 구세계원숭이들이 이에 포함되지만 말이다.[6] 이들 종에서 어미들이 새끼들을 배타적으로 보살피는 이유는 주로 어미의 소유욕 때문이지 육아도우미 지원자들의 관심이 부족하기 때문이 아니다. 모든 영장류에서 집단의 다른 구성원들, 특히 성체가 되기 전의 암컷은 새로 태어난 새끼를 만져보고, 또 안아보고 싶어서 안달한다. 사실 다른 개체가 새끼에게 접근하지 못하는 가장 큰 이유는 어미 때문이다. 야생 유인원의 경우 대부분 어미는 다른 유

3. 왜 아이를 키우는 데 온 마을이 필요한가

인원들의 접근을 단호하게 제지한다. 밀착 육아를 하는 영장류 어미 중에서도 대형 유인원 어미는 가장 고집스럽고 소유욕이 강하다. 안타깝게도 밀렵꾼들은 이를 너무나 잘 알고 있다. 아기 고릴라나 오랑우탄을 사로잡기 위해서는 먼저 어미를 쏴야 한다.

많은 포유류들처럼 출산이 가까워질수록 대형 유인원 암컷은 안절부절못한다.[7] 곧 어미가 될 오랑우탄은 잠자리를 짓고 또 짓고, 이리저리 옮겨 다니며, 걱정스럽게 주변을 점검한다. 출산이 임박한 침팬지 암컷은 출산 전 집단에서 떨어져 나와 눈에 띄지 않는 장소를 찾는다. 태어난 직후에, 아마도 어미가 아직 태반을 먹고 있는 동안, 작고 가느다란 유인원 신생아는 어미의 털 많은 배를 잡아 쥐고 몸을 어미에게 밀착시킨다. 아니면 어미가 갓 난 새끼를 들어 올려 배에 태운다.

영장목의 약 절반의 종에서 어미는 새끼와 생후 초기 몇 주, 또는 몇 달 동안 끊임없이 붙어 있다. 사진 속의 오랑우탄 어미는 새끼가 생후 5~6개월이 지나기 전에는 누구도 새끼를 만지지 못하게 한다. 어미는 새끼가 일곱 살이 될 때까지 계속 보살핀다.

신생아는 마치 자신의 목숨이 거기에 달려 있기라도 한 것처럼 어미에게 매달린다. 사실이 그렇다. 영장류가 진화했던 숲과 사바나 환경에서 어미와 떨어지는 것은 다른 동물에게 잡아먹히거나 굶어 죽는 것을 의미한다. 하지만 새끼들이 아무리 꽉 움켜쥐어도 침팬지나 고릴라 신생아의 손가락과 발가락 힘은 충분치 않을 수 있다. 신생아는 단지 몇 분 정도만 꽉 움켜잡고 달라붙어 있을 수 있어서, 어미는 끊임없이 아래로 손을 뻗어 새끼를 제 위치로 올려주거나 젖꼭지에 닿을 수 있게 도와주어야 한다. 어미는 때로 세 발로 걸으면서 혹은 높은 곳에 오를 때면 한쪽 또는 양쪽 허벅지를 이용하여 새끼를 받쳐준다. 어미는 새끼가 태어나고 몇 시간 후에 혹은 이튿날 자기가 속한 무리로 되돌아온다. 이때 어미는 새끼를 만지려는 모든 시도를 차단하고, 새끼를 팔로 감싸며 꽉 끌어안는다. 어미는 육아도우미 지원자들로부터 넓고 털 많은 등을 돌려 온몸으로 접근을 막는다. 이런 행동이 좀 어색하긴 하지만, 어쨌든 유인원 어미는 새끼의 요구에 한결같이 호응한다. 새끼가 조금이라도 불편한 기색이 보이면 어미는 손을 뻗어 새끼를 다시 제자리로 해준다. 야생 오랑우탄 관찰자인 카렐 반 샤이크(Carel van Schaik)가 말하듯이, 어미는 "개인 간병인의 주의 깊은 배려와 천사 같은 인내로" 모든 꼼지락거림과 모든 속삭임에 반응한다.[8]

많은 포유류 어미들은 어떤 새끼를 돌볼지에 대해 놀랍도록 선택적이다. 생쥐나 프레리도그 어미는 한배새끼 중에서 가장 작고 약한 녀석을 멀리 밀쳐내 도태시키기도 한다. 암사자는 새끼들이 스스로 걷지 못할 정도로 너무 약하게 태어나면 "발로 건드려보지조차 않고 다른 어떤 도움도 주지 않은 채로" 한배새끼들을 모두 버리기도 한다.[9] 어

3. 왜 아이를 키우는 데 온 마을이 필요한가

떤 포유류(여기에는 인간도 포함된다)는 새끼가 '잘못된' 성으로 태어나면 심지어 건강한 새끼들을 차별하기도 한다. 그러나 대형 유인원이나 대부분의 영장류 어미들은 그렇지 않다. 아무리 기형이거나, 삐쩍 말랐거나, 이상하거나, 부담스럽더라도 야생 유인원 어미가 기르지 않으려고 하는 새끼는 없다. 새끼가 눈이 보이지 않거나, 사지가 없거나, 뇌성마비가 있더라도—수렵채집민 어머니라면 태어나는 즉시 유기하기 십상이지만—유인원 어미는 새끼를 들어 올려 가까이 끌어안는다. 만약 새끼가 너무 기운이 없어서 잡고 버틸 수 없다면, 어미는 한 손으로 새끼를 받치기 위해 두 발로 또는 세 발로 걷기도 한다.[10]

영장류학자 세라 터너(Sarah Turner)는 일본 마카크원숭이 집단을 연구하던 중, 손과 다리가 없는 새끼 원숭이를 관찰하게 되었다. 이 집단은 선천성 기형 발생률이 높은 것으로 알려져 있지만, 이는 그중에서도 매우 극단적인 경우였다. 그럼에도 불구하고, 터너가 나에게 보낸 편지에 썼듯이, "어미는 그 새끼를 어디에나 데리고 다니며, 새끼가 젖꼭지에 닿지 못할 때는 안아 올려준다".[11] 만약 지역 주민들이 원숭이들에게 먹이를 주지 않았다면(원숭이들이 사육되는 것은 아니었지만, 먹이를 공급받고, 보호받고, 포식자가 거의 없는 환경에서 살고 있었다), 어미는 장애가 있는 새끼를 계속해서 데리고 다니면서 자신도 먹이를 먹고 안전하게 지낼 수는 없었을 것이다. 그러나 상황이 달랐다고 해도 어미가 이 장애를 가진 새끼를 키우기 위해 노력했을 것이라는 데에는 의심의 여지가 없다.

원숭이와 유인원 어미들은 일부 인간 어머니들이 하듯이 아기의 특정한 특질에 따라 차별하는 경우가 거의 없다. 아마도 심각하게 조산아로 태어난 새끼들을 제외하고, 어미는 거의 무슨 일이 있어도 새끼들을 보살피고, 데려간다. 사진 속의 이 랑구르 어미처럼, 어미는 새끼가 죽더라도 며칠 동안 계속 가죽만 남은 사체를 들고 다닌다.

인간 어머니의 헌신은 더욱 복잡하다. 여성은 임신 중에 다른 유인원과 동일한 호르몬 변화를 겪는다. 출산할 때의 코르티솔 수치와 심장박동은 어머니가 아기의 신호에 얼마나 예민해졌는지 반영한다.[12] 그러나 비인간 유인원 어미는 자신이 낳은 새끼가 어떤 신체적 특성을 가지고 있더라도 차별하지 않고 받아들이는 반면, 인간 어머니의 헌신은 더 조건적이다. 결함이 있다고 인식된 신생아는 출생 후 몇 시간 이내에 익사하거나, 산 채로 묻히거나, 잎에 싸여 덤불에 버려질 가능성이 크다.[13] '결함'이 있다는 것은 발가락이 너무 많은 것에서 너무 적은 것까지 어떤 것이든 될 수 있다. 또, 기형적인 팔다리를 가지고 태어나거나, 출생체중이 너무 적게 태어나거나, 손위 형제와 터울이 너무 짧

3. 왜 아이를 키우는 데 온 마을이 필요한가

거나, 털이 너무 많거나 또는 적거나, 잘못된 성별로 태어난 것과 같은 문화적으로 임의적인 것들을 의미할 수도 있다.

인간은 강박적으로 소유욕이 강한 오랑우탄 어미들과 1,400만 년 전까지, 고릴라와는 약 800만 년 전까지 수상생활을 하는 털북숭이 공통 조상을 공유했다. 끊임없이 돌보고 접촉하는 침팬지와 보노보 어미와는 약 600만 년 전까지 공통 조상을 공유했다.[14] 에오세의 어느 한 시점에 호미닌 어머니는 다른 유인원 새끼들이 어미에게 매달릴 수 있게 해주는 털을 잃어버렸다. 우리 조상들이 언제 체모에서 사는 머릿니와 모피에 사는 몸니를 교환했는지를 보여주는 유전적 증거에 근거한 추정에 따르면 인류의 조상은 330만 년 전쯤 몸에 난 털을 잃기 시작했다.[15] 이는 경험이 부족한 초산의 어머니가 갓 태어난 아기를 즉시 들어 올리지 않으면, 어머니가 반응하기 전까지 아기는 듬성듬성한 털을 붙잡을 수 없었다는 것을 의미했다. 체모를 잃게 되면서, 어머니와 아기 모두 그 어느 때보다도 더 많은 도움이 필요했을 것이다.

비록 인간의 영아는 다른 유인원이 가지고 있는 것과 같은 잡기 반사를 가지고 태어나지만, 태어나서 얼마 지나지 않아 곧 사라진다. 게다가 수렵채집사회의 어머니는 다른 유인원들과 달리 출생 직후 아기를 자세히 살펴보고, 아기의 구체적인 특성과 자신의 사회적 환경(특히 그녀가 얼마만큼의 사회적 지원을 받을 가능성이 있는지)에 따라, 의식적으로 아이를 키울지 아니면 죽도록 내버려둘지 결정한다. 대부분의 전통적인 수렵채집사회에서 아기를 유기하는 것은 드물며, 거의 항상 후회를 동반한다. 어떤 여성도 떠올리고 싶지 않은 일이기에, 민족지학자들이 연구할 때는 조심스럽게 에둘러 접근해야 하는 주제이다. 일반적으로, 인터뷰하는 사람은 주변에 아기를 버린 여성이 있는지 물어보면서, 간접적으로 이야기를 꺼내야 할 것이다.[16] !쿵족이 여전히 유목 수렵채집인으로 살던 시절, 영아 유기율은 약 100명 중 1명꼴이었다. 선교사업이 이루어지지 않은 뉴기니 고지대의 원예농경사회 사람들처럼 특정 성별에 대한 선호도가 강한 사람들의 영아 유기율은 더 높은 것으로 보고되었다. 이 집단에서 41퍼센트의 출생아가 유기되었고, 버려진 아기들은 대부분 딸이었다. 이는 어머니가 더 빨리 다른 아들을 낳길 원하기 때문이다.[17]

아기가 어머니의 젖가슴에 안겨 수유가 시작되면, 여성의 호르몬과 신경 반응은 시각, 청각, 촉각, 후각 단서와 결합하여, 아기에 대한 강력한 정서적 애착을 일으킨다. 일단 어머니가 이 분수령을 지나면, 아기를 안전하게 지키고자 하는 어머니의 격정적인 욕망은 보통 다른 (의식적인) 고려사항들을 뛰어넘는다. 그러므로 어머니에 의한 영아 유기는 대개 젖이 돌기 전, 그리고 모아(母兒) 애착이 돌아올 수 없는 지점을 넘기 전에 즉각적으로 일어난다.

▎다른 유인원들과의 확실한 결별

아기들의 가까이 안기고 싶은 강력한 욕망은 다른 유인원 새끼와 닮았는데, 다른 유인원들과 마찬가지로 잘 맞춰주는 엄마와 따뜻하고 지속적인 접촉보다 더 좋은 것은 없다. 하지만 인간은 아주 다른 조건의 세상으로 들어섰다. 털 없는 어머니의 아기에 대한 헌

3. 왜 아이를 키우는 데 온 마을이 필요한가

신은 어머니의 이전 경험이나 몸 상태에 훨씬 더 많이 달려 있다. 어머니는 아기가 가진 특정 속성을 판단하고 또 자신이 얼마나 많은 사회적 지원을 받을 수 있는지에 따라 아기에게 헌신할 것인지 말 것인지를 결정한다.[18] 분만이 가까운 여성은 다른 유인원들처럼 안절부절못하며 아기에게 해를 끼칠 수 있는 것들을 경계한다. 출산 직전과 마찬가지로 출산 후에도 신경이 곤두서 있어 산후 불안에 빠지기 쉽다. 심지어 현대 사회에서도 갓난아기가 따뜻한 신생아실의 추락방지용 칸막이가 있는 아기 침대 안에서 잠을 곤히 푹 자고 있는데도 산모들은 아기가 숨은 잘 쉬는지, 또 안전하고, 편안한지를 확인하기 위해 강박적으로 계속 점검한다. 나는 아직도 내가 병원에서 갓난아기를 집으로 처음 데려왔을 때 떠올렸던 상상, 가장 말도 안 되는 위험에 대해 걱정했던 것을 생생하게 기억하고 있다. 몇 년 후 나는 예일대 정신과 의사 제임스 렉만으로부터 그러한 불안하고 강박적인 환상이 대부분의 초보 어머니들에게 전형적으로 나타난다는 것을 듣고 깜짝 놀랐다.[19]

여성들은 다른 유인원들과 마찬가지로 갓 태어난 아기의 안녕을 염려한다. 하지만 수렵채집민 어머니들은 출산 후 다른 사람들이 아기에게 가까이 오거나 아기를 안아주는 것을 거절하지 않는다. 이는 중요한 차이다. 홍적세 호미닌과 가장 비슷한 표본이라고 할 수 있는 전통적인 수렵채집민의 보살핌 방식에 대한 간략한 조사를 보면 유목 채집민들이 어디서 어떻게 생계를 꾸려가든지 보편적으로 아기들을 따뜻한 관용으로 대한다는 것을 보여준다. 이러한 면에서는 수렵채집민도 유인원과 다르지 않다. 아기들은 절대 혼자 있지 않으며, 항상 누군

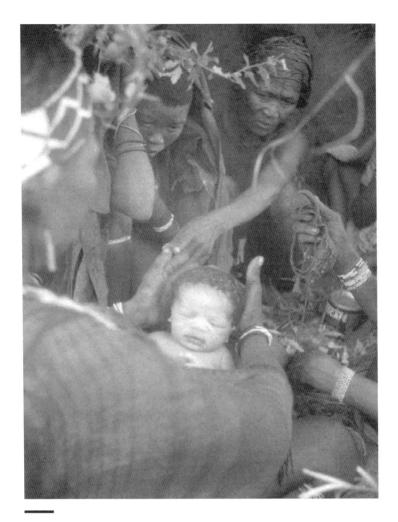

주/호안시(!쿵족) 공동체의 구성원들이 신생아 주변에 모여 있는 아주 특별한 사진이다. 고인이 된 마저리 쇼스탁이 찍은 이 사진은 산모가 근처 '숲 속'에서 혼자 출산한 뒤에 야영지로 돌아온 직후에 찍은 것이다. 산모는 아기를 자신의 어머니에게 건네주었고, 산모의 어머니는 아기를 부드럽게 마사지하고 관례적인 방법으로 손바닥으로 두개골 '모양'을 만들었다.

가에게 안겨 있다. 하지만 유인원과 다른 점은 그 누군가가 꼭 어머니일 필요는 없다는 것이다.[20] 인간 어머니는 엄청나게 경계심이 많을 뿐

3. 왜 아이를 키우는 데 온 마을이 필요한가

그렇게 소유욕이 넘치지는 않다. 출산 직후부터 인간 어머니는 집단 구성원들(일반적으로 친척들)이 아기를 데려가 안는 것을 허락한다.

수렵채집민들의 유아 돌봄에 대한 최초의 체계적인 연구는 인류학자 멜 코너에 의해 수행되었다. 그는 !쿵족 유아가 어떻게 어머니 등에 업혀, 아니면 어머니 옆의 포대기에 실려 남아프리카 남부 초원을 가로지르는 먼 거리를 이동하는지 설명했다. "끊임없이 살과 살을 맞대는" 접촉에 대한 묘사는 다른 유인원들과 비교를 유도했다. 그리고 코너 자신을 포함해 우리 모두가 인간과 다른 유인원들 사이의 정말 놀라운 차이점, 즉 유아들이 어머니 이외의 다른 사람들에게 안겨 있던 시간들을 간과하게 만들었다.[21] 사실 !쿵족 영아는 전형적인 수렵채집

가죽 포대기에 아기를 담아 옆구리에 태우고 먼 거리를 이동하는 !쿵족 어머니를 보여주는 이 상징적인 사진은 어머니만 아기를 돌본다는 듯한 인상을 심어주었다. !쿵족을 다룬 이 선구적인 현장 연구는 매우 영향력이 컸기 때문에 이 사진이 일반적인 수렵채집민을 보여주는 것으로 여겨졌다.

민보다 더 많은 시간 동안 어머니와 직접적이고 친밀한 접촉을 유지했
고, 농업사회나 후기산업사회의 영아들보다 훨씬 더 많은 시간을 어머
니와 접촉하며 보냈다. 하지만 심지어 !쿵족 유아도 25퍼센트의 시간
은 다른 사람에게 안겨 있었다. 이는 다른 유인원들과 매우 다른 점이
다. 다른 유인원에서는 새로 태어난 유아가 어미 외의 다른 유인원에
게 안겨 있는 일이 결코 없다.[22]

수렵채집민들의 생계유지 방법은 지역 지형과 사냥감의 종류 그리
고 이용할 수 있는 야생 식물지에 따라 많은 차이를 보인다.[23] 하지만
지역을 불문하고, 아기 포대기 같은 도구의 발명에도 불구하고 유아
를 데리고 다니려면 많은 에너지가 소모된다. 일부 연구자들의 추정
으로는 하루에 약 500칼로리가 소요되는 수유보다 더 많은 에너지가
필요하다.[24] 어머니가 집단의 다른 구성원들이 아기를 안도록 허락하
는 것은 놀랄 일이 아니다. 쉽게 찾을 수 있는 민족지들을 토대로 간
단하게 조사해 봐도 수렵채집민들 사이에서 돌봄 공유가 얼마나 널리
퍼져 있는지 알 수 있다. 코너는 !쿵족 아기들에 대해 이렇게 썼다.

> 어머니의 엉덩이 부근에 있는 곳에서 아기들은 [어머니의] 모든 사회 세
> 계를 활용할 수 있다. … 엄마가 서 있을 때, 아기의 얼굴은 엄마 노릇을
> 하고 싶어 안달이 난 11~12세 소녀들의 눈높이에 있는데, 소녀들은 곧
> 잘 다가와서 미소짓고 소리를 내기도 하며, 짧고 강렬하게 얼굴을 마주
> 보며 상호작용을 하고는 한다. 포대기 안에 있지 않을 때는 아기는 비슷
> 한 상호작용을 위해 화롯가 주변의 어른 혹은 아이로, 차례차례 손에
> 서 손으로 거쳐 간다. 아기들의 얼굴, 배, 생식기에 키스하고, 노래 불러

주고, 부드럽게 흔들고, 재미있게 해주고, 격려하고, 심지어 아기가 말을 알아듣기도 전부터 대화하는 듯한 어조로 일장연설을 하기도 한다. 아기는 생애 첫해 내내 그런 관심과 사랑을 부족하지 않게 받는다.[25]

생태학자 닉 블러톤 존스는 이렇게 쓴다. "하드자족 아이들의 생애 첫해는 !쿵족 유아들과 크게 다르지 않다. … 어머니가 일차적 보육자이며 … 수유는 빈번히 일어나지만, 항상 그런 것은 아니다." 다른 유인원들처럼 아기는 누군가에게 항상 붙어있지만, 그리고 그 누군가는 어머니인 경우가 많지만, 할머니, 이모할머니, 손위 형제, 아버지, 심지어 이웃 집단에서 온 방문객일 때도 있다.[26] 집단 구성원들이 공동체에 새로 들어온 이 신참을 너무 좋아해서, 하드자족의 갓난아기는 출생 직후 처음 며칠 동안 85퍼센트의 시간은 대행 부모에게 안겨 있다. 이후에는 어머니가 더 많은 시간을 보살핀다.[27]

중앙아프리카 수렵채집민들에서 유아 공유는 훨씬 더 흔하다. 25~30명 정도로 이루어진 아카족이나 에페족의 유목민 공동체에서 어머니는 출산 직후 집단 구성원과 아기를 공유하며 이후에도 계속 공유한다. 음부티족은 "어머니가 야영지에 나타나 아이를 맡길 때, 가장 가까운 친구나 가족에게 아기를 건네는데 그냥 봐달라는 정도가 아니라 아기를 꼭 안고 있도록 한다."[28] 아기가 태어나고 며칠 동안은 주변에 있는 가족 모두 "칭얼대고 울어대는 아기를 달래 주려 한다."[29] 아카족은 일반적으로 외할머니가 출산 직후의 신생아를 돌본다. 할머니는 아기를 물에 씻기고, 천으로 감싸고, 태반이 다 나올 때까지 들고 있다. 에페족의 경우는 진통을 겪는 여성을 다른 여성들이 에워싸

는데 그중 몇몇은 산파 역할을 한다.[30]

에페나 아카족 여성들은 갓 태어난 아기를 돌려가면서, 설령 실제로 젖이 나오지는 않더라도, 젖을 물려 아기를 진정시킨다. 출산 직후 이틀간은 어머니의 젖이 돌기 전인데, 그동안 아기는 한 명 이상의 젖이 나오는 대행 어머니에게 하루에 두세 번 정도 수유를 받는다.[31] 마을에 젖이 나오는 여성이 없으면 다른 마을에서 젖유모를 데려오기도 한다.[32] 수유 공유는 야생 유인원에게서 관찰된 적이 없지만, 지역별 인간관계 자료(Human Relation Area Files)에 기록된 전형적인 수렵채집사회의 87퍼센트에서 적어도 간간히 일어난다.[33]

전 세계적으로 전통적인 삶의 방식이 지속되는 곳, 즉 아직 어머니가 따로 떨어진 가족으로 살지 않고, 아기를 세균에 노출시키지는 않을지 걱정하지 않는 공동체에서는 돌봄 공유가 규칙이다. 아프리카에서 멀리 떨어진 필리핀의 아그타족은 수렵채집으로 생계를 이어가며, 여성의 사냥 참여로 유명하다. 갓 태어난 아그타족 아기는 "자리에 있는 사람들 모두가 갓난아기를 껴안고, 코를 비비고, 쿵쿵대고, 어를 수 있는 기회를 가질 때까지" 사람들 사이로 넘겨질 것이다. 그 후 아기는 끊임없는 껴안기, 데리고 다니기, 사랑해 주기, 냄새 맡기, 또 애정 어린 생식기 자극으로 즐거워한다.[34] 마찬가지로 인도 동부해안 안다만 제도의 온지족 수렵채집민과 태평양의 트로브리안드 섬 주민들 사이에서 유아는 일상적으로 공유되고 대행 어머니가 젖을 물린다.

연구가 가장 잘 이루어진 수렵채집사회에 초점을 맞추면, 우리는 어떤 연속선을 찾을 수 있다. !쿵족 사람들 같은 경우 비교적 유아 공유를 적게 하는 편이고, 에페족 같은 경우 훨씬 많이 공유한다. 하드자

식량을 채집하는 견과류 숲이 야영지에서 종종 몇 킬로미터씩 떨어져 있기 때문에 !쿵족 여성들은 여성들은 아이들을 데리고 다녔다. 덕분에 아기들이 수유를 원한다면, 언제든 할 수 있다. 살균된 우유나 젖병이 없는 뜨겁고 건조한 사막에서, 모유는 아기에게 안전하게 수분을 공급하는 유일한 방법이었다. !쿵족 유아들은 아카나 에페족 유아들보다 상대적으로 더 많은 시간을 어머니 곁에 붙어서 보내는데, 칼라하리 지역의 가혹한 생태적 조건이 아마 그 이유 중 하나였을 것이다.

족의 네 살 이전의 유아는 69퍼센트의 시간을 어머니에게 안겨 있고, 그 나머지 시간은 대행 어머니, 즉 대부분 친척들에게 안겨 있는데, 하드자족은 !쿵족과 에페족 사이에 있다.[35] 에페족은 그 비율이 하드자 족과는 반대다. 대행 어머니가 낮 시간의 60퍼센트를 아기를 안아주 는데, 이는 아기의 친어머니보다 더 많은 시간이다. 하지만 에페족의 경우도 아기가 이리저리 옮겨 다니면서 보육을 받지만, 다른 사람들 개개인과 비교했을 때는 어머니가 가장 오랫동안 아기를 안아준다. 그 리고 모든 유인원이 그렇듯이 에페족, !쿵족, 아카족 아기들은 밤 동안 에는 어머니 곁에서 쉰다.

아카족이나 에페족 엄마들이 육아 도움을 상당히 많이 받기는 해 도 엄마가 아기한테서 멀리 떨어지는 일은 드물다. 대부분 한 시간에 몇 번이라도 아기가 원하면 곧 수유할 수 있을 만큼 지척에 머문다.[36] 아기가 어머니와 가장 강한 감정적 애착을 형성하는 것은 당연하다. 하지만 이런 모든 공통점에도 불구하고, 다른 유인원과 가장 대조적이 고 확연한 차이는 인간 어머니는 다른 사람들을 믿고, 갓난아기를 데 려가도록 허락한다는 점이다.

그렇다면 왜 출산 후에 여성은 야생의 다른 유인원과 달리 집단 구 성원들에게 훨씬 더 허용적인 것일까? 인간의 커다란 신피질이 원인일 가능성이 분명 있다. 인간의 어머니는 머리가 큰 아기를 좁은 산도를 통해 낳으려면 도움이 필요할 뿐만 아니라, 어떤 행동에 따른 비용과 이익을 더 잘 판단할 수 있어야 한다.[37] 아기를 기르려면 더 많은 도움 이 필요할 것이란 인식은 인간 어머니를 더 차별적으로 만들었을 것이 다. 어머니는 또한 집단의 다른 사람들에게 아기를 안기는 것이 아기

3. 왜 아이를 키우는 데 온 마을이 필요한가

에게 얼마나 도움이 되는지 알고 있다. 아기를 공유하면서, 어머니는 자신과 아기에게 씨족의 도움이 필요하다는 확고한 신호를 보낸다. 어머니는 대행 부모에게 매력덩어리 작은 아기를 보고, 듣고, 냄새 맡게 함으로써, 아기와 미래의 보육자들을 묶어주는 정서적 유대를 위한 토대를 마련한다.

하지만 다른 요소들도 관련되어 있다. 만약 인간 어머니가 출산 후에 다른 사람들에게 더 관용적으로 행동한다면, 주변 사람들의 인자한 의도를 더 확신하기 때문일 것이다. 주변 사람들에 대한 어머니의 신뢰는 다른 유인원 어미들에서 보편적으로 나타나는 강박적 과민증을 덮을 정도로 충분하다. 왜 산후 여성이 다른 유인원보다 집단 구성원에게 더 관용적인지는 8장에서 더 자세히 살펴볼 것이다.

▌새로운 세상에서 태어난 아기

에페족 아기들은 생애 첫날 평균 14명의 다른 보육자들의 손을 거친다.[38] 남성 보육자는 대개 아버지, 남자 형제, 사촌 그리고 가끔 할아버지나 삼촌이다. 여성은 대개 손위 누이, 이모, 할머니다. 사촌은 덜 자주 관여하는데, 아마 그들은 돌봐야 하는 친동생들이 있기 때문일 것이다.[39] 더 먼 친척들이 도움을 줄 때도 있다. 가끔 고아들을 다른 곳에서 맡아 기르기도 하는데, 숙식을 제공받는 대가로 가사도우미 역할을 하기도 한다. 아기들은 곧 어머니와 강력한 유대를 형성하지만, 태어난 직후부터 다양한 대행 부모들에게 소개되고 그들과 친숙해진다.

무한히 확장적인 사회적 세계에서 태어난 에페족 유아는 생후 며칠 후부터 어머니로부터 대행 어머니
에게로 건네지며 또 대행 어머니들 사이를 옮겨다닌다.

에페족이 극단적인 사례이긴 하지만, 일반적으로 수렵채집사회의
아기들은 다른 유인원들보다 더 넓은 범주의 사람들에게 노출되고,
보호받고, 자극되고, 즐거운 대접을 받는다. 더 놀라운 것은 대행 부모
에게 부양까지 받는다는 점이다. 대행 부모는 아기에게 젖을 내어주거
나, 잘 익은 베리류의 즙이나, 바오바브나무 열매의 설탕 가루를 입에
서 입으로 입맞춤을 통해 전해주며 즐겁게 해준다.[40] 달착지근한 타
액은 입맞춤의 즐거움에 흥미를 더한다. 아기가 3~4개월만 되도 대행
부모는 미리 씹어 놓은 음식을 혀로 밀어 아기의 입안에 한가득 넣어
준다. 베리 휴렛 연구팀은 대행 부모에 대한 매우 상세한 연구를 통해
3개월 된 아카족 아기들 20명 중 15명이 이런 식으로 양분을 얻는다

3. 왜 아이를 키우는 데 온 마을이 필요한가

는 것을 발견했다.[41] 음식 공유는 이른 시기부터 대행 부모와 아기 관계의 핵심적인 부분이 된다. 이는 그 후 수십 년간 대행 부모가 제공하는 음식의 애피타이저라 할 수 있다.

스스로 음식을 얻거나 가공할 수 없는 어린아이들에게 음식을 나누어 주는 것은 매우 중요한 일인데도 인간의 이야기에서 종종 간과됐다. 수컷이 암컷과 똑같이 새끼들에게 먹이를 조달하는 조류에서는 대행 부모의 음식 제공이 잘 연구되어 있다. 들개, 늑대, 미어캣같이 협동 번식을 하는 다른 포유류에서 대행 부모는 암수 모두 무리에 음식을 가져올 뿐만 아니라, 수유 중인 어미는 다른 암컷의 새끼에게도 젖을 준다. 하지만 다른 어떤 동물도 인간의 어린이만큼 오랜 시간 동안 다른 개체가 보살펴주지는 않는다.

침팬지도 천천히 자라지만, 유아에게 공급되는 식량은 어미의 음식을 집어가는 것이 허락되는 정도에서 그친다. 어미가 음식을 입에 한가득 넣어줄 때까지 삐죽 나온 입술을 어미 얼굴에 들이밀고 있는 두 살쯤 된 침팬지의 모습이 관찰된 적이 있다.[42] 하지만 오직 인간에게서만 어머니 또는 대행 부모들의 관대함이 생애 첫 달부터 시작해 그 후 몇 년 동안 지속된다. 입맞춤을 통해 전달되는 미리 씹어 놓은 유아식은 점차 손으로 집어 먹을 수 있는 가벼운 음식들로 바뀐다. 이런 음식에는 주로 할머니, 이모할머니들이 채집하고 힘들여 가공한 견과류, 익힌 구근류와 아버지나 삼촌, 또는 다른 사냥꾼들이 가져온 꿀이나 고기들이 있다. 매우 귀하게 여겨지는 고기는 모든 사람들에게 한 몫씩 돌아가도록 분배된다. 나는 대니얼 스턴(Daniel Stern)이 "우리는 다른 사람들의 감정과 욕망의 수프 속에서 성장한다"고 언급한 것에

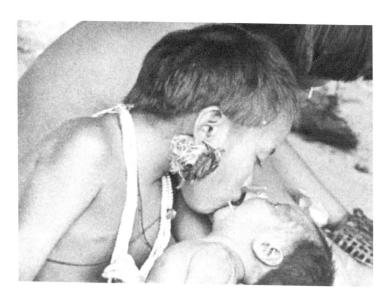

(위) 사진에서 여덟 살 된 야노마뫼족 대행 어머니는 3개월 된 아기를 포옹하고 부드럽게 흔들고, 입에다 키스를 하며 달큰한 침을 넣어 준다. (아래) 사진 속 힘바족 할머니는 입으로 음식을 전달해 주고 있다. 초기 생태학자 아이블 아이베스펠트는 새와 다른 영장류에서 유사하게 발견되는 이러한 행동을 '키스 수유'라고 불렀다.

3. 왜 아이를 키우는 데 온 마을이 필요한가

동의한다. 하지만 스턴 박사도 음식과 세상에 대한 그의 비유가 이렇게까지 글자 그대로 맞아 떨어질지는 몰랐을 것이다.[43]

다른 유인원들은 인간처럼 자발적이고 일상적으로 어린것들에 대한 돌봄과 부양을 공유하지 않지만, 육아와 식량의 공유는 일부 다른 영장류들에게서 관찰할 수 있다. 하지만 이런 사례들을 살펴보기에 앞서, 어머니 혼자 육아를 담당했다는 고정관념이 어떻게 초기 진화학자들이 대안적인 육아 방식을 간과하도록 이끌었는지 짚고 넘어갈 필요가 있다.

▌애착 이론가들이 간과한 것

발달 심리학 분야에서 다윈 이후로 가장 영향력 있는 진화학자는 물어볼 필요도 없이 존 보울비(John Bowlby)다. 진화적으로 사고했던 이 친절한 정신의학자는 지난 세기 중반 자신이 이름 붙인 인류의 "진화적 적응 환경"이라는 개념으로 발달 중인 유아의 정서적 욕구를 설명했다. 논쟁의 여지가 있기는 하지만 진화 이론 중 인간의 안녕에 가장 중요한 기여를 했다고 볼 수 있는 애착 이론은 주양육자와 정서적 애착을 형성함으로써 안정을 찾는 영장류 유아의 욕구에 대한 보울비의 통찰에서 나왔다. 여기서 이어지는 그리고 다음 장에 나오는 내용은 영장류에서 보편적이라고 여겨지는 어머니의 독점적 돌봄이라는 대전제를 바로잡고자 하는 것이지, 보울비의 핵심적인 통찰에 이의를 제기하려는 것은 아니다.

내가 아이들을 키우던 시절 대학에서 심리학 수업을 수강한 적이 있는 사람이라면 누구나 "아이들을 다룰 때 지나치게 감상적이고 감정적인 방식을 피해야 한다"는 행동주의자 존 왓슨(John Watson)의 유명한(지금은 악명 높은) 경고를 들어보았을 것이다.[44] 왓슨은 우는 아기를 안아 올리는 것은 생각없는 행동이라고 경고했다. 그런 행동은 버릇을 망치고, 아기가 더 울도록 조건화하므로 아기가 울도록 그냥 내버려 두는 것이 훨씬 더 낫다는 이야기였다. 1960년대 후반부터 애착 이론이 널리 알려지면서, 이러한 태도에 변화가 생겼다.

아기의 울음을 버릇없는 것으로 여겼던 왓슨과 달리, 보울비는 울음이 자연 선택으로 형성되었으며 7천만 년 전 영장류 조상으로부터 전해 내려온 자연스러운 것으로 여겼다. 아기는 버릇없는 이기주의자가 아니라 조상들이 하이에나와 표범에 잡아먹히거나 또 다른 환경적 위험을 피할 수 있게 해주었던 방식대로, 적응적으로 반응했을 뿐이다. 보울비는 이렇게 썼다. "태어났을 때, 유아는 빈 서판(a tabula rasa)과는 거리가 멀다. 대신에 유아는 여차하면 활성화되는 많은 행동 체계를 이미 갖추고 있으며, 각 체계는 하나 이상의 범주에 속하는 자극에 의해 활성화되도록 편향되어 있다."[45] 이는 사회생물학적으로 단련된 내가 듣기에도 여전히 놀랍도록 신선한 표현이다.

유아는 눈을 찾고, 시선을 따라가고, 얼굴, 특히 "더 예쁜" 여성적 얼굴(아기들은 일상적으로 덜 예쁜 얼굴에도 만족하지만)을 찾아내고, 어머니의 목소리와 냄새를 재빨리 기억하고, 붙어있고자 하며, 곧 이 가장 중요한 사람과 강한 정서적 애착을 형성한다.[46] 행동주의 심리학자들은 잊어라. 보울비 이후 아기들은 혼자 남겨졌을 때 울 권리를 보장받았다.

3. 왜 아이를 키우는 데 온 마을이 필요한가

애착 이론은 산업화 이후의 서구 사회에서 아기를 더 인간적으로 돌봐야 한다고 역설했을 뿐만 아니라 부모에게도 실용적으로 도움이 되었다. 엄마의 헌신적이고 기민한 반응에 자신감을 얻은 아기는 새로운 상황에 더 빨리 적응하는 아이가 되고, 인간관계에서 대체로 자신감 있는 사람으로 성장할 것이다. 왓슨의 논리와 달리 장기적으로는 잘 응해주는 어머니의 아기가 오히려 덜 울고 부모에게 덜 매달린다.

애착 이론의 핵심 내용은 오늘날 널리 받아들여지고 있다. 발달심리학자들은 아프리카, 유럽, 일본, 이스라엘, 아메리카 북부, 중부, 남부의 아기들에게서 애착 이론의 중심 원리를 확인하기 위해 전 세계로 흩어졌다.[47] 1999년에 출판된 『애착 이론 편람』(Handbook of Attachment theory)은 925페이지에 달하고, 무게가 약 2킬로그램 가까이 되며, 이미 새로운 판본까지 나왔다. 서구 사회 사례가 대부분이긴 하지만, 이 책에서 다룬 수백 가지 연구는 어떻게 그리고 왜 아기가 아편에 중독된 것처럼 "따뜻하고, 친밀하고, 지속적인 관계"를 필요로 하는지 설명해준다. 이 책은 또한 보호자에 대한 유아의 신뢰가 어떻게 그리고 왜 유아의 정서적 안정에 기여하고, 아이가 자란 뒤에는 인간관계의 토대가 되는 사회 세계에 대한 기대치(또는 '내부 작업 모형')를 설정하는지에 대한 설득력 있는 증거를 제시한다.

하지만 1990년대 후반에 이르러, 다른 유인원들의 인구통계 및 행동에 관한 새로운 정보와 함께 수렵채집사회와 다른 전통사회의 육아에 대한 새로운 정보가 폭증했다. 새로 밝혀진 사실들로 인해 인간의 모성 행동과 우리의 가장 가까운 유인원 친척들의 모성 행동에 보울비의 이론을 똑같이 적용할 수 있는지 의문이 제기되기 시작했다. 보울비에게 끊임없이 붙어서 돌보는 엄마 노릇은 비인간 유인원에서 너무나 명백했으며, 서구의 "좋은 어머니" 상과 일치하였다. 그뿐만 아니라 이는 인간과 비인간 영장류의 유아의 욕구가 상동적이라는 자신의 가정과도 잘 들어맞았다. 보울비가 간과한 것은 영장류 사이에도 다양한 대안적 육아 방식이 존재한다는 것이다.

보울비는 1969년에 쓴 고전적인 책 『애착』(Attachment)에서 침팬지, 고릴라, 그리고 두 종의 구세계원숭이, 개코원숭이와 레서스마카크원숭이를 아프리카 사바나에 거주하던 우리의 조상이 아기를 어떻게 돌보았는지를 보여주는 원형으로 꼽았다. 보울비는 특별히 이들 종을 선택한 이유를 "네 종 모두, 특히 개코원숭이와 고릴라는 땅 위에서의 생활에 적응"했기 때문이라고 했다. 보울비는 땅 위에서 돌아다니고 먹이를 먹으며 많은 시간을 보내는 영장류는 포식자들로부터 위험을 피하기 위해 새끼가 어미에 계속해서 안겨 있어야 했을 것이라고 생각했다.

영장류학은 여전히 상당히 새로운 분야였고, 이 네 종은 우연히 처음 연구된 종에 속했다. 게다가 포획된 침팬지와 레서스원숭이에 대한 실험 연구는 야생으로부터의 정보로 보충되었다. 그럼에도 불구하고 보울비의 선택은 그가 의식조차 하지 못했던 또 다른 기준의 영향을 받았다. 이 각각의 종은 엄마가 아기를 어떻게 '돌봐야 하는지'에 대한 서구의 선입견과 일치한다.[48] 지상에서 생활하는 영장류에 속하지만, 어미가 새끼와 항상 붙어있지 않은 종은 주목 받지 못했다.

어미와 유아 사이의 끊임없는 접촉은 보울비에게, 또한 다윈에게도, 너무나 자명하고 자연스러웠다. 하지만 사실 현존하는 영장류 중에 이러한 속성을 가진 종은 과반수를 아주 약간 넘는 정도이다. 어머니의 독점적인 육아는 결코 전부가 아니다. 276여 종 중 40~50퍼센트의 종은 이에 해당하지 않는다. 이 수치에는 버빗원숭이, 파타스원숭이처럼 지상 생활을 하기로 유명한 아프리카 사바나의 구세계원숭이들이나 중간 정도의 지상 생활을 하는 북아프리카, 서남아시아 지역의 마

1969년에 페이퍼백으로 다시 출판된 보울비의 고전인 『애착』 표지에 실린 아마존 인디언의 사진은 당시 만연하던 선입견, 즉 정착생활을 하지 않는 수렵채집사회의 엄마와 아기는 항상 붙어 다닌다는 선입견을 강조하고 있다.

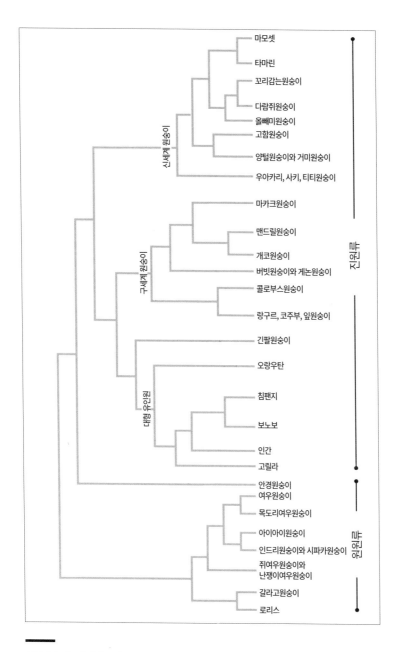

본문에서 언급한 원원류, 원숭이, 유인원에 대한 간단한 분류 그림. 더 자세한 내용은 노엘 로위의 『사진으로 보는 현존 영장류』를 추천한다.

3. 왜 아이를 키우는 데 온 마을이 필요한가

카크원숭이들이 포함된다.[49] 이런 종의 어미는 다른 집단 구성원이 새끼를 안아보도록 쉽게 허락한다. 이는 아마도 어미의 에너지를 아끼기 위해, 또 자신이 먹이를 섭취하는 동안 갓난새끼를 데리고 다니는 어려움을 덜기 위해서일 것이다. 유아를 공유하는 종에 대한 자세한 연구는 시간이 더 지난 후에야 가능해졌지만 몇몇 종에서 유아 공유가 일부 관찰되었다는 것 정도는 알려져 있었다. 그럼에도 초기 애착 이론가들은 이에 대해 크게 중요성을 부여하지 않았다.[50]

초기 문헌의 오류를 바로잡고, 이 간과된 절반의 영장류 어미들이 출산 후에 어떻게 유아를 다루는지 살펴보기 위해 짧은 여행을 떠나보자. 세 가지 주요 지점이 나올 것이다. 첫째, '영장류에서 보편적인 단 하나의 육아 방식은 존재하지 않는다.' 둘째, '끊임없이 돌보고 붙어 있는 어미 노릇은 안전하고 이용 가능한 대안이 없는 영장류 어미의 마지막 수단이다.' 이를 두고 깊이 내재된 영장류적 특성이라고 하기는 어렵다. 셋째, 그리고 아마도 영장류에 관한 한 가장 중요한 것은 '비용을 절약하고, 돌봄을 공유하는 어머니는 진화적으로 전혀 특이한 존재가 아니다.'

▌나머지 절반의 육아

모성 절약에 대한 우리의 조사는 원원류원숭이들로부터 시작된다. 현존하는 모든 영장류 중에서, 5천만 년 전에 살았던 고대 영장류 화석과 가장 닮은 종은 여우원숭이, 로리스원숭이, 갈라고원숭이다. 현재 멸종된 영장류 선조는 현존하는 많은 원원류원숭이들과 마찬가지로, 여러 마리의 새끼를 낳았을 것으로 추정된다. 그렇다면, 어미는 식량을 구하러 다니는 동안 새끼들을 둥지에 두고 갔을 것이다. 그들의 후손인 현대의 여우원숭이가 그렇듯이 말이다. 쥐여우원숭이, 난쟁이여우원숭이, 갈라고원숭이 종에서 어미는 먹이를 찾는 동안 태연하게 한배새끼를 모두 보금자리에 놔두고 떠난다. "꼼짝 말고 있어, 이따 보자."

둥지 본능이 있다고 여겨지는 몇 안 되는 영장류 중 하나인 마다가스카르 목도리여우원숭이에서 출산이 가까워진 임산부는 육아 전용 특별 둥지를 짓는다. 이 어미들은 새끼의 아비나 어쩌면 젖먹이 새끼를 키우는 또 다른 어미와 함께 새끼들(종종 쌍둥이)을 돌본다. 어미가 식량을 구하러 간 동안, 대행 어미들이 뒤를 봐준다. 새끼들이 어미가 돌아오기 전에 배고파하면, 젖이 나오는 동료 어미가 대신 젖을 물린다.[51] 갈라고원숭이, 쥐여우원숭이 새끼도 비슷하게 보통 이모, 할머니 등의 대행 어미로부터 체온을 보존하고 공동 수유를 받는다.[52]

둥지도 없고 대행 어미도 없을 경우 몇몇 원원류는 새끼들을 할 수 있는 한 최선을 다해 숨긴다. 대나무여우원숭이나 로리스원숭이 어미들이 이런 방식을 사용한다. 이런 식으로 새끼들을 놔두는 것은 위험한 일이다. 인도마른여우원숭이 어미는 종종 쌍둥이 중 한 마리는 한 곳에 다른 한 마리는 다른 곳에 숨겨놓는 방식으로 위험을 분산시킨다. 만약 포식자가 새끼 한 마리를 발견하더라도, 어미는 나머지 한 마리 새끼를 계속 키울 수 있다.[53] 한배에 새끼를 한 마리만 낳는 원숭이 어미들이 더 조심스러운 것은 이해할 수 있다. 그럼에도 불구하고, 양털거미원숭이(멸종위기 희귀종인 브라질 북부 양털거미원숭이)는 유사시에 좀 더 자란 새끼들을 둥지에 놔두기도 한다. 간혹 드물게 어미의 어미가 주위에 있다면, 외할머니가 손주를 장기간 데리고 다닌다. 이는 일반적이지 않은 상황인데, 양털거미원숭이는 번식 전에 살던 곳을 떠나기 때문이다.[54]

확실히 다른 개체에게 새끼를 맡기는 것이 그냥 놔두고 가는 것보다 낫다. 하지만 그러기 위해서는 보육자가 근처에 있어야 하고, 기꺼이 새끼를 맡아주고, 유능하고, 호의적이며, 어미가 믿을 수 있는 존재여야 한다. 당연한 말이지만 영장류 최고의 아기돌보미는 새끼들의 아비다. 대부분의 포유류에서 아비는 코빼기도 보이지 않는다. 하지만 영장류에서는 다르다. 짝짓기를 한 후 떠나는 대신, 영장목 대부분의 종에서 아비는 일 년 내내 새끼의 어미와 같은 사회 집단에 남아있다 (이에 대해선 5장에서 더 자세히 다룰 것이다).

두 속의 신세계원숭이, 즉 티티원숭이 속 중 16종의 일부일처제 티티원숭이, 올빼미원숭이 속의 다양한 종의 올빼미원숭이 아빠들은 포유류 아빠들 중에서 가장 육아에 모범적이다. 이 아비들은 새끼를 데리고 다닐 뿐만 아니라 음식도 공급해 준다.[55] 그리고 새끼를 낳은 어미가 어딜 가든, 해가 뜨나 달이 뜨나 어미 근처를 따라다닌다. 이들에게 세상에서 가장 중요한 목표는 어미가 내려놓은 새끼를 대신 안고 다니는 것인 듯 하다. 인간 어머니에게는 꿈속에서나 있을 법한 일이다. 티티원숭이와 올빼미원숭이 아빠는 너무나 다정해서 티티원숭이나 올빼미원숭이 새끼는 아빠와 일차적으로 애착을 형성한다. 새끼 올빼미원숭이는 어미보다 아비에게 더 달라붙어 먹을 것을 달라고 하고, 새끼 티티원숭이는 어미와 떨어졌을 때보다 아비와 떨어졌을 때 더 괴로워하고 화를 낸다(이는 발성과 부신피질 활동 증가로 측정하였다).[56] 내가 아는 한 다른 어떤 포유류에서도 새끼가 어미보다 아비와 일상적으로 더 애착을 형성하지는 않는다.

생후 일주일이 지날 무렵이 되면 티티원숭이 어미가 낮 동안 새끼와 접촉하는 시간은 하루에 네다섯 번의 수유 시간뿐이다. 낮 시간의 90퍼센트는 아비가 새끼를 안고 다닌다. 만약 새끼의 손위 형제자매가 있다면 약간 도움을 받기도 한다. 그럼에도 불구하고 기저귀 처리는 어미의 몫인데(정말 어떤 것들은 결코 변하지 않는 걸까?) 새끼에게 수유하는 짧은 시간 동안 어미는 새끼의 생식기를 깨끗이 핥아준다. 생후 6개월쯤, 새끼가 스스로 돌아다니기 시작한 후에도 아비는 새끼와 놀아주고 과일이나 곤충 등의 먹이를 나눠주는데 어미보다 더 열심이다. 한편, 허투루 다니지 않는 티티원숭이 엄마는 다음 새끼의 수태와 수유를 준비하기 위해 자신의 영양 공급에 집중한다.

이 일부일처제 영장류 중에서 티티원숭이 수컷의 짝은 그의 시야를 벗어나는 일이 드물다. 따라서 수컷은 거의 확실하게 새로 태어난 새끼의 아비가 된다. 이는 일반적으로 부성 확실성이 낮은 다른 영장류 수컷의 상황과 다른 점이다. 하지만 북아프리카 바바리 마카크원숭이처럼 부성 확실성이 없는 경우라도 수컷이 돕는 사례가 간혹 있다. 발정기의 암컷은 열성적으로 무리의 거의 모든 수컷들과 문란한 짝짓기를 한다. 하지만 새끼가 태어나고 하루가 지나면 수컷이 새끼를 데리고 다니는 일을 떠맡는다.[57] 이렇게 아비일 가능성이 있는 수컷의 돌봄은 외골수적인 티티원숭이 수컷이 새끼에게 쏟는 정성보다는 독점적이지도 않고 비용도 크지 않다. 하지만 수컷의 이러한 추가적 돌봄

3. 왜 아이를 키우는 데 온 마을이 필요한가

이 새끼 티티원숭이는 하루의 대부분을 아비 등에 업혀 보낸다. 새끼의 손위 누이(앞)도 가끔 거든다. 캘리포니아 데이비스 대학의 연구원들이 새끼를 잠시 부모와 떨어뜨려 놓았을 때, 새끼는 어미보다 아비와의 이별에 더 괴로워했다.

이 없었다면, 바바리 마카크원숭이 유아는 그들이 진화한 아틀라스산맥의 혹독한 겨울을 날 수 없었을 것이다.[58] 적어도 자손들 중 일부가 살아남도록 하기 위해, 수컷 바바리 마카크원숭이는 일부 실수할 가능성이 있더라도 부성을 둘러싼 불확실성에 보수적으로 판돈을 건다. 수컷 입장에서는 다른 수컷의 자식을 안고 다니는 것보다 자손을 남기지 못하고 죽는 것이 후사에 훨씬 더 심각한 위험이다.

압도적으로 많은 영장류 종에서, 수컷은 짝짓기한 암컷과 일 년 내내 같은 사회 집단에 머문다. 하지만 수컷의 도움은 일반적으로 포식의 위험이나 유아를 죽일 수 있는 다른 수컷들로부터 무리를 보호하는 선에서 그친다. 많은 집단에서 외부 수컷에 의한 유아살해가 유아 사망의 주된 요인이기 때문이다.[59] 극단적으로 위급한 상황에서 아비일 가능성이 있는 수컷은 유아를 위험에서 구하거나, 만약 어미가 죽으면 젖을 뗀 고아를 입양하기도 한다. 그럼에도 직접적인 돌봄만 놓고 보면, 대부분의 영장류 어미는 수컷보다는 어미 노릇을 배우려고 열심인 다른 어른 암컷이나 청소년, 성체가 채 안된 암컷들에게 의지한다. 자, 그럼 어떤 종에서 어미가 어린 유아에 대한 접근을 자발적으로 공유하는가?

구세계원숭이는 긴꼬리원숭이아과와 콜로부스원숭이아과의 두 가지 아과로 나뉜다. 잘 알려져 있는 레서스마카크와 사바나개코원숭이를 포함한 대부분의 구세계 긴꼬리원숭이는 끊임없이 보살피고 붙어있는 모성의 전형을 보인다. 새끼에게 관심을 보이는 대행 어미들은 갓 태어난 새끼를 잠깐 만져볼 수는 있지만 데려갈 수는 없다. 상대적으로 적은 수의 긴꼬리원숭이 종이 바바리마카크 어미처럼 새로 태어난 새끼를 자유롭게 다른 원숭이에게 넘겨준다. 하지만 구세계 콜로부스원숭이아과에서는 그 패턴이 반대로 나타난다. 대부분의 종에서 유아공유가 나타난다. 극소수의 종(중앙아프리카 붉은콜로부스원숭이)에서만 어미가 다른 개체의 접근을 막는다.

인간을 제외하고 보면 내가 인도에서 연구했던 아름다운 회색의 하누만랑구르원숭이보다 유아를 공유하는 데 더 열심인 영장류는 거의 없다. 내가 원래 이 종을 연구하기로 선택한 이유는 왜 이 콜로부스원숭이 수컷이 이따금씩 유아살해를 하는지 궁금해서였다. 나는 이전에 아프리카 파타스원숭이 육아도우미들의 행동을 관찰하면서 보살핌의 공유를 조금 알고 있었다. 하지만 연구를 하면서 랑구르원숭이의 삶

　　　　　　　　　3. 왜 아이를 키우는 데 온 마을이 필요한가

에서 유아 공유가 얼마나 중요한 역할을 하는지 알고는 깜짝 놀랐다.

랑구르 암컷은 평생을 자신이 태어난 집단에서 머문다. 어머니와 외할머니, 이모, 그리고 다른 친족들과 함께 말이다. 일반적으로, 이 고도의 모거제 집단의 암컷은 사촌이나 육촌들과 밀접한 관계를 맺는다.[60] 같은 집단에 속한 암컷들의 서열 관계는 비교적 유연하고 느긋하기 때문에, 어미는 대행 어미가 유아를 해치거나 유아를 어미에게 되돌려주지 않을까봐 걱정할 필요가 없다. 만약 이런 일이 일어난다면 아기는 굶어죽게 될 수도 있다. 그들보다 위계가 더 엄격한 레서스마카크나 개코원숭이에서는 실제로 새끼가 굶어죽는 일이 종종 벌어진다. 새끼 랑구르원숭이는 사촌과 손위 형제자매들이 돌보거나, 이모나 할머니가 잠시 안아주기도 하며, 태어난 첫날부터 하루의 절반 정도는

육상생활을 하는 영장류에서는 어미와 계속 붙어 다니는 것이 유아 생존에 필수적일 것이라고 생각한다. 하지만 랑구르원숭이는 콜로부스원숭이들 중 육상생활을 가장 많이 하면서도, 일상적으로 유아를 공유한다. 왼쪽의 암컷 랑구르가 오른쪽의 대행 어미에게서 (가지 않으려고 떼를 쓰는) 유아를 데려가고 있다.

어미와 떨어져서 지낸다. 그래도 새끼는 항상 안전하게 엄마에게 다시 넘겨진다. 어리고 경험이 없는 암컷들이 아기를 안는 데 가장 열성적이다.[61] 그럼에도 대부분의 다른 영장류처럼(티티원숭이와 올빼미원숭이는 중요한 예외지만), 어미는 새끼 하누만랑구르원숭이의 일차적 애착의 대상이다.

가족 탁아소는 콜로부스원숭이아과에서 널리 발견된다. 그중 몇 종만 말한다면, 아프리카 흑백콜로부스원숭이, 태국과 말레이시아의 검은잎원숭이, 자바와 발리의 에보니랑구르원숭이, 버마와 보르네오의 은빛잎원숭이, 스리랑카의 자주빛얼굴랑구르원숭이 등이 있다. 오직 소수의 콜로부스원숭이 어미만이 다른 원숭이가 새로 태어난 아기를 안도록 허락하지 않으며, 이 예외들은 흥미로운 사실을 드러낸다. 중앙아프리카 붉은콜로부스원숭이(*Procolobus badius*)가 그중 한 종이다. 어미는 새끼가 3~4개월이 되어야 다른 암컷의 접근을 허락한다.[62] 이 어미들이 그토록 소유욕이 강한 이유는 보통 새끼를 출산할 때 가까운 모계 친족이 근처에 없기 때문이다. 침팬지나 고릴라처럼, 붉은콜로부스원숭이 암컷은 번식하기 전에 출생 집단을 떠나 다른 집단으로 이주한다.[63] 믿을 수 있는 친족이 곁에 없다는 것은 어미의 육아 선택지를 줄인다. 이 선택지는 유일하게 새끼에게 먹이를 줄 수 있는 존재가 어미라는 사실로 인해 더 줄어든다. 인간을 제외하고 이 영장류 규칙에서 가장 중요한 예외는 우리와 가까운 유인원들보다는 상당히 먼 영장류 친척들에게서 발견된다. 협동 번식을 하는 이 원숭이들은 더 자세히 고려할 가치가 있다.

▎완전한 형태의 협동 번식

대행 부모가 새끼 돌보는 일을 돕는 것은 영장류 전반에 널리 퍼져 있다. 그러나 약 20퍼센트의 종에서만 대행 부모들이 육아뿐만 아니라 새끼들에게 음식을 주기도 하는데, 대부분의 경우 대행 부모가 주는 음식의 양은 그리 많지는 않다.[64] 위에서 언급한 것처럼 몇몇 원원류 협동 어미들은 상대방의 새끼에게도 젖을 물린다. 세부스(Cebus) 속의 신세계원숭이에서 젖먹이가 있는 암컷은 다른 암컷이 낳은, 좀 더 자라긴 했지만 여전히 젖을 떼지 못한 3~6개월 정도 된 새끼가 다가와서 젖을 요구하면 잠시 동안 젖을 허락한다.[65] 이런 수유 관행과 더불어, 세부스원숭이는 종종 다른 원숭이의 새끼가 음식을 가져가는 것을 허용한다. 고기가 세부스원숭이의 식단에서 큰 부분을 차지하는 것은 아니지만, 이 속의 모든 종은 열혈 사냥꾼이다. 대행 어미는 방금 잡은 새끼 다람쥐나 긴코너구리를 유아가 달라고 하면 일부를 떼어주기도 한다. 이처럼 매우 선망하는 음식을 가져가도록 관대하게 허용하는 것은 보노보에게서 매우 드물게 보이는 음식에 대한 '용인된 절도'를 넘어선 것이다. 카푸친원숭이(Cebus capucinus)에서 보이는 음식 공유 사례 중 다섯 번에 한 번은 더 나이 든 원숭이가 미숙한 어린 원숭이에게 자발적으로 음식을 준 경우다.[66]

물론, 티티원숭이와 올빼미원숭이가 음식을 더 많이 제공하는 것이 자주 관찰되기도 하지만, 음식을 주는 존재가 거의 항상 어미의 일부일처제 짝짓기 파트너이기 때문에, 이러한 행동은 협동 번식이라기보다는 친부모의 양육의 일환으로 보아야 한다. 대행 부모가 일상적으로, 자연스럽게, 또 자발적으로 다른 집 자식에게 음식을 가져다주는 것으로 알려진 비인간 영장류 종은 대부분 네 종류의 속(마모셋속, 사자타마린속, 사키누스원숭이, 궐디원숭이)에 해당한다. 네 속 모두 비단원숭이과 족에 속하며, 대부분 마모셋과 타마린들이다. 대략 전체 영장류의 5분의 1 정도가 협동 육아를 하고 음식을 제공하는 것으로 알려져 있지만, 마모셋과 타마린, 그리고 인간만이 내가 생각하는 "완전한 형태의 협동 번식"을 하고 있다.[67]

빨리 번식하고 새 거주지를 신속하게 점령하는 것으로 유명한 약 39종의 비단원숭이과 원숭이들이 현재 중남미 전역에 분포하고 있다. 이 종들은 일반적으로 쌍둥이를 낳고, 새끼는 낮 시간 동안 한 마리 이상의 어른 수컷에게 안겨 다닌다. 무리 중에서 암컷 두 마리가 번식하는 사례가 관찰된 적이 있긴 하다. 그러나 보통 집단에서 가장 서열이 높은 암컷만 번식한다. 수컷들은 번식 암컷에 대한 접근을 방어하려 시도하지만, 자기만의 선호가 있는 암컷은 여러 수컷들과 교미할 수 있다.

마모셋이나 타마린 수컷은 암컷보다 크지 않기 때문에, 암컷을 통제하기가 어렵다. 수컷들은 짝에 대한 배타적인 성적 접근을 방어하기 위한 군비경쟁을 벌이고, 이빨과 발톱을 갈고 닦는 데 에너지를 허투루 소모하기보다는 다른 방법으로 아버지가 되기 위해 경쟁한다. 바로, 경쟁자보다 더 많은 정자를 사정하는 것이다. 비단원숭이과 수컷의 고환은 신체 크기에 비해 상대적으로 굉장히 큰 편이다. 수컷들 간의 고환 크기 차이가 크게는 45퍼센트 정도까지 나기도 한다.[68] 직접적인 경쟁을 피함으로써 절약한 에너지는 돌봄 활동으로 전환될 수 있다. 이는 또한 유전자 검사를 하기 전에는 누가 새끼의 아비인지 알도리가 없다는 뜻이기도 하다.

영장류에서 통상적으로 존재하는 부성 불확실성은 비단원숭이속의 경우에 복잡해진다. 이들 역시 땅다람쥐, 프레리도그, 난쟁이몽구스, 들개, 그리고 사자를 포함한 다양한 고양잇과와 마찬가지로 한배새끼들이 여러 마리의 아비를 가질 수 있는 포유류에 속하기 때문이다. 문제를 더 복잡하게 만드는 것은 마모셋이 배아가 키메라 생식세포계열(germ line)을 지니는 것으로 알려진 유일한 포유류라는 점이다.

'생식세포계열'이란 난자나 정자('생식 세포')에서 유래하며, 자손에게 전해지는 유전 물질을 의미한다. 두 개의 서로 다른 생식세포계열에서 유래한 유전적으로 구분되는 세포를 가진 동물을 그리스 신화에 등장하는 몸의 일부가 각각 사자, 염소, 뱀이었던 야수의 이름을 따서 키메라(*chimeras*)라고 한다. 비단원숭이 태반의 특수성으로 인해, 태아 단계의 쌍둥이를 감싸고 있는 배아 막이 결합하여, 신경, 근육, 뼈 등을 형성하는 체세포(생식 세포와는 구분된다)가 자궁 내 쌍둥이 간에 이동할 수 있다는 것은 오래전부터 알려져 있었다. 하지만 2007년에야 생식세포도 마찬가지로 한 쌍둥이에서 다른 쌍둥이로 옮겨갈 수 있다는 것이 밝혀졌다.

2007년에 오마하 네브라스카 대학의 코리나 로스(Corinna Ross), 제프리 프렌치(Jeffrey French), 그리고 기예르모 오르티(Guillermo Orti)는 위드 지역 검은털귀마모셋원숭이에서 이러한 현상을 발견했는데, 아마 이런 현상은 다른 마모셋원숭이에게도 해당하는 것으로 보인다.[69] 이 쌍둥이 간 세포 공유는 마모셋 가족 구성원들의 유전적 관계도에 흥미로운 암시를 함축하고 있다. 프랑스식으로 표현하자면, "브라질 동부의 숲을 배회하는 수컷 마모셋의 고환 속 정자에는 부모뿐만 아니라 쌍둥이에게 받은 대립 유전자도 함께 있다. 정말 족보가 꼬여도 이렇게 꼬일 수가 없다. 수컷은 자기 자식의 삼촌이다."[70]

공통 조상으로부터 유전자의 50퍼센트를 공유하는 보통의 이란성 쌍둥이와 달리 비단원숭이과의 형제들은 그보다 더 가까운 친척이 될 수 있다.[71] 이는 또한 자손들이 자기 자손보다 어미와 더 밀접하게 관련되어 있다는 것을 의미한다.[72] 아직까지 키메라증이 어떻게 마모셋들이 혈연 인식에 사용할 수 있는 체취나 다른 신호들에 영향을 미치는지는 밝혀지지 않았다. 하지만 로스 연구팀은 어미가 키메라증이 있는 털과 타액을 가진 새끼에게 신경을 덜 쓴다는 것을 발견했다. 반면, 아비들은 키메라증이 있는 새끼를 상당히 더 오랜 시간 동안 안고 다니며, 실제로 '더 많이' 신경을 썼다. 어쩌면 아비는(혹은 삼촌일 수도 있고, 아니면 둘 다일 수도 있다) 근연도를 나타내는 여러 가지 단서를 찾고 있고, 카메라증이 있는 새끼는 초자극으로 작용할 수 있다. 다른 설명도 가능한데, 어미가 키메라증이 있는 새끼에게 매력을 덜 느끼고, 아비들이 빈자리를 채우는 것일 수도 있다.

마모셋 유아는 아비일 가능성이 있거나 '아비 이상'인 수컷들뿐만 아니라, 번식 연령 전의 집단 동료들에 의해 보살핌 받을 수도 있다. 일반적으로, 도우미들은 지난 번식기에 낳은 자손들인 경우가 많다. 매우 가까운 친족지간인 것이다. 하지만 외부에서 막 새롭게 무리에 합류해 번식자가 되기를 희망하는 신참같이 비친족 개체도 도우미가 될 수 있다. 혈연관계가 없는 집단 구성원이 돕는 이유에 대해서는 6장에서 살펴볼 것이다.

3. 왜 아이를 키우는 데 온 마을이 필요한가

비단원숭이과 암컷이 1년에 두 번씩, 쌍둥이나 세쌍둥이를 출산하고, 빨리 자라는 새끼에게 유난히 영양가가 풍부한 젖(보통 대부분의 영장류 젖은 묽다)을 주는 것을 감안할 때, 어미는 할 수 있는 한 최대로 도움을 받아야 한다.[73] 원래 현대 비단원숭이과의 선조는 한배에 한 마리의 새끼만 낳았다. 가장 그럴 법한 시나리오는 쌍둥이 출산이나 세쌍둥이 출산이 돌봄의 공유와 가족 구성원 간 유난히 높은 근연도와 함께 공진화했다는 것이다.[74] 이 모든 도움의 보상은 사실상 타의 추종을 불허하는 번식 속도다. 역대 최고의 출산 기록은 스코틀랜드 스털링 대학의 사육시설에 살고 있는 마모셋 암컷이 보유하고 있다. 13년의 동안 이 마모셋 암컷은 25번 출산을 했고, 64마리의 자손을 두었다.[75]

식량이 풍족한 시기에는 야생에 사는 마모셋 무리가 급속도로 커진다. 양육을 도와줄 수컷과 암컷 도우미가 충분히 있는 번식기의 딸은 새로운 가족을 꾸리면서 새로운 지역을 개척해 나간다. 당연한 말이지만 새로 형성한 집단에 어른 수컷 도우미의 수와 새끼의 생존율은 선형적인 상관관계를 보인다. 보다 안정된 집단에서는 이와 같은 상관관계가 수컷과 암컷 돌보미들의 총 수와 새끼의 생존율 사이에서도 나타난다.[76] 대행 부모의 도움이 너무나 중요하기 때문에 어미는 사회적 지배력을 확보하기 위해 노력하고, 이 핵심 자원에 대한 접근을 기를 쓰고 방어한다. 알파 암컷은 경쟁관계의 암컷을 집단에서 내쫓기도 하고, 집단 내 하위 암컷이 임신하고 새끼를 낳으면, 그 새끼를 죽인다(그리고 아마도 잡아먹을 것이다). 보통 마모셋 사이에서는 임신 말기의 알파 암컷이 영아살해를 행할 가능성이 가장 높다.[77] 가망 없는 사업에 에너지를 낭비하지 않기 위해 서열이 낮은 암컷은 일반적으로 알파 암컷이 죽거나 다른 지역에서 스스로 새로운 가족을 꾸릴 기회를 잡을 때까지 배란을 미룬다.[78]

대행 부모가 음식까지 제공해 주기 때문에 협동 육아를 하는 종의 암컷은 단순한 보육 이상의 것을 두고 서로 경쟁한다. 새끼를 안고 다니는 고된 일에 더해, 비단원숭이과의 도우미들은 시끄러운 소리로 보채는 새끼들에게 딱정벌레, 귀뚜라미, 거미, 개구리, 작은 새, 그리고 다른 맛 좋고, 단백질이 풍부한 간식거리를 마련해준다. 이들 도우미들은 덜 자란 새끼가 먼저 조르지 않더라도 자발적으로 음식을 건네주기도 한다.

이르면 생후 9주부터, 마모셋과 타마린 대행 부모들은 야단스럽게 졸라대는 새끼들에게 음식을 배달해준다. 어린것들은 스스로 돌아다닐 수 있게 되고 나서 한참 더 지나서도, 생후 9개월까지 이런 식으로 음식을 공급받는다. 솜털머리타마린을 연구한 것을 보면 음식 제공은 대부분 새끼가 보채서 준 것이었지만, 그중 일부는 보채지 않아도 자진해서 준 것이었다. 새끼들이 좀 더 자라면 대행 부모가 자발적으로 주는 음식이 줄어든다. 이와 거의 동시에 마모셋과 타마린 청소년은 더 강하고, 탐욕스럽게, 그리고 지나치게 음식을 요구한다. 결국, 청소년들의 식사 예절은 완전히 엉망이 되어, 음식이 주어질 때까지 기다리기보다는 음식을 낚아채거나 훔치기 십상이다.[79]

어린것들을 함께 먹이는 협력은 다른 영역에서도 호의적인 관용으로 흐른다. 아마도 타마린은 마모셋이 분기한 비단원숭이과의 고대 조상 계통과 가장 유사할 것으로 추정되는데, 이들은 어미가 낳은 새끼

3. 왜 아이를 키우는 데 온 마을이 필요한가

를 업고 다니며 협력할 뿐만 아니라, 커다란 과일이나 콩을 거둬들일 때도 서로 협력한다. 숲에 과일이 거의 남지 않은 우기에는, 여러 마리의 콧수염타마린(*Saguinus mystax*)들이 서로 잘 협력하여 콩 꼬투리의 단단한 껍질을 벗기고, 민첩한 손가락으로 꼬투리 속을 열고, 안쪽의 부드러운 부분과 씨앗을 꺼낸다. 이후 타마린들은 평화로운 분위기 속에서 수확물을 나누는데, 각자 입맛에 맞는 부위를 취해 근처 가까운 곳으로 가져가서 먹는다. 콧수염타마린에서 협력적 행동과 공격적 행동의 비율은 52대 1이다.[80]

서로에 대한 관용의 수준이 상당한 덕분에 어린 새끼들이 비교적 짧은 시간 안에 다양한 음식 자원에 대한 정보를 얻을 수 있다. 많은 영장류는 먹이를 발견하면 특별한 신호음을 내 먹이가 있는 장소로 집단의 다른 구성원들을 부른다. 하지만 지금까지 알려진 바에 따르면, 비단원숭이속은 무리에 유아가 없을 때보다 유아가 있을 때 그와 같은 신호음을 더 자주 내는 유일한 영장류로 알려져 있다. 이 짧고 날카로운 신호는 유아가 다가와서, 맛 좋은 먹이를 접하고, 새로운 먹이를 맛보도록 초대한다. 영장류학자 리사 라파포트(Lisa Rapaport)와 길리언 브라운(Gillian Brown)이 지적한 것처럼 비단원숭이과의 협동 번식 방식은 "집단 구성원들 사이의 조화와 관용이 필요하다." 그리고 이는 "다른 원숭이에게 세심한 관심을 기울이는 성향과 사회적으로 매개된 학습"을 촉진한다.[81]

실험실 실험으로 확인한 결과, 타마린과 마모셋은 또한 유별나게 이타적인 것으로 밝혀졌다. 그리고 묘하게 인간처럼 주고자 하는 충동을 보였다. 이웃 우리에 갇혀 있는 원숭이가 먹이를 먹을 수 있도록 과제를 수행해야 하는 실험에서 비단원숭이과의 원숭이들은 다른 영장류, 특히 악명 높은 침팬지보다 이웃 우리에 갇힌 원숭이가 무엇을 얻을 수 있는지 훨씬 더 많이 고려하는 듯 보였다. 비단원숭이과의 독특한 수준의 이타성은 2003년 하버드대 심리학과의 마크 하우저(Marc Hauser) 연구팀이 타마린(*Saguinus oedipus*) 군락을 대상으로 진행한 일련의 실험에 의해 처음으로 밝혀졌다. 뒤이어 위스콘신 대학교에서 수행한 연구에서도 이와 비슷한 주고자 하는 충동이(하우저 연구에서 관찰된 호혜적인 요인이 없어도) 보고되었다.[82]

취리히 대학의 인류학자 주디스 부르카르트(Judith Burkart)와 동료들은 또 다른 비단원숭이과의 보통 마모셋(*Callithrix jacchus*)으로 더 규모도 크고 세심하게 통제된 일련의 실험을 해서 하우저의 발견을 재현하고자 했다. 연구자들은 실험에서 이 작은 원숭이들이 보이는 "자발적인 친사회성"과 "다른 원숭이를 배려하는 행동"에 크게 충격 받았다.[83]

실험에서 연구자들은 마모셋이 있는 우리 옆에 다른 마모셋 한 마리를 넣었다. 그중 한 마리만 먹이가 있는 접시를 다른 마모셋의 손에 닿는 곳으로 끌어당길 수 있도록 배치했다. 이 실험은 번식기의 수컷과 번식기가 아닌 수컷, 그리고 번식기의 암컷(대부분 이들이 새끼를 돌본다)은 이웃 우리가 비어있을 때보다 다른 마모셋이 있을 때 이웃 마모셋이 먹이를 가져갈 수 있도록 먹이를 끌어당길 가능성이 훨씬 크다는 것을 보여주었다. 마모셋은 이웃집 마모셋이 친척이든 친척이 아니든 관계없이 이웃에게 사려 깊은 배려를 보여주었다. 하지만 번식기가 아닌, 다시 말해 '돌봄 모드'가 아닌 암컷들은 다른 마모셋에게 먹이를 주는 데 가장 관심이 없었다. 번식기가 아닌 암컷이 이웃 우리로 먹이 접시를 끌어당기는 횟수는 이웃 우리가 비어 있든, 이웃 우리에 다른 마모셋이 있든 차이가 없었다.

부르카르트의 실험은 침팬지들이 다른 침팬지에 대해, 특히 먹이와 관련되었을 때 무관심하다는 암울한 결과를 보여준 조앤 실크 연구팀 의 '다른 개체에 대한 배려 실험'(2장을 보라)과 비교하기 위해 특별히 고안된 실험이었다. 협력 번식을 하는 마모셋들은 뇌가 더 크고 전반 적으로 훨씬 더 똑똑한 침팬지보다 다른 개체의 욕구에 더 민감한 것 으로 밝혀졌다. 인간을 제외한다면, 영장류에서는 유일하게 비단원숭 이들이 이러한 주고자 하는 충동을 가진 것으로 알려졌다.

마모셋과 비슷하게, 타마린은 인간처럼 물질적인 이득에 대한 호 혜적 행동을 기억하고(마치 "이번엔 우리가 저녁식사에 초대해야 해, 지난 달에 우리가 대접받았잖아"라고 하듯이) 평판을 주요하게 생각하는 듯 이 보인다. 놀랍게도 하우저의 초기 연구를 보면 타마린은 매우 능숙 하게 어떤 개체가 도움이 되는 친구이며 어떤 개체는 그렇지 않은지 를 정확하게 기억했다. 실험에서는 다른 가족 집단에서 데려온 타마린 두 마리를 각기 다른 우리에 넣었는데, 우리에는 줄이 있어 줄을 당기 면 자신과 상대방에게 동시에 먹이가 제공되었다. 하지만 사실 이 실 험 장치는 실험에 참여한 타마린 중 절반은 항상 이웃에게 먹이를 배 달하고, 나머지 절반은 줄을 당기더라도 먹이가 전혀 배달되지 않도록 조작되었다. 이웃으로부터 먹이를 더 많이 얻어먹었을수록, 친척 관계 가 아닌 타마린이 호혜적으로 행동할 가능성이 컸다. 이는 비인간 동 물에서 '평판'의 중요성과 호혜적 이타주의를 실증하는 최고의 예시라

황금 사자 타마린 무리에는 두 마리의 성체 수컷이 함께 있는 경우가 많은데, 이들은 함께 무리로 이주한 형제지간이다. 대부분의 경우, 번식 암컷은 한 집단에 한 마리밖에 없다. 암컷이 발정기에 들어갈 때, 우두머리 수컷이 짝짓기를 독점하지만, 다른 수컷들도 암컷과 교미할 수 있다. 만약 암컷이 죽으면, 다른 암컷이 대신 우두머리의 자리에 오른다. 이 경우 아비와 아들이 함께 성적인 접근을 할 수 있다. 어미와 교미한 모든 수컷은 나중에 암컷의 새끼(일반적으로 쌍둥이) 키우는 것을 돕는다. 왼쪽 위 구석에서 수컷 한 마리가 수유를 위해 새끼들을 어미에게 다시 건네주고 있다. 어린 도우미들은 (정면에 보이는 풍뎅이를 잡고 있는 덜 자란 개체처럼) 번식쌍이 먼저 낳은 자식이거나 아직 번식을 시작하지 않은 최근 이주자들일 수 있다. (펜과 잉크 그림. 화가 세라 랜드리에게 저자가 받은 소중한 선물)

고 할 수 있다. 타마린은 전에 호의를 베푼 자에게는 더 관대하게 행동했고, '구두쇠'에게는 인색하게 행동했다.[84]

다른 영장류들에 비해 마모셋과 타마린은 아비뿐 아니라 다른 암컷과 수컷 모두 대행 부모가 되어 어미의 양육을 훨씬 더 열성적으로 돕는다. 수컷들은 새끼를 업고 다니는 데 너무 많은 에너지를 쏟아서 몸무게가 줄어들 정도이다. 아버지 역할을 잘 수행하기 위해 비단원숭이과의 수컷은 짝이 임신을 하면 호르몬 변화를 겪는다. 또한, 곧 부과될 육아 노동에 필요한 에너지를 비축하기 위해 약 15퍼센트 정도 몸무게가 늘어난다.[85] 암컷의 임신 기간 동안, 심지어 육안으로는 암컷의 임신 여부를 알 수 없는 임신 초기에도, 수컷은 프로락틴(포유류

3. 왜 아이를 키우는 데 온 마을이 필요한가

암컷의 모유 생산의 자극하는 호르몬으로 가장 유명하지만, 조류와 포유류 암수 모두에서 양육 반응을 촉진하는 것으로도 알려져 있는 호르몬)을 생산하기 시작하고 점점 더 늘려 나간다. 이러한 프로락틴 효과는 이전에 보육 경험이 있는 수컷에게 가장 왕성하게 나타난다.[86]

인간 남성 역시 쿠바드(남편이 아내의 출산 전후에 출산에 부수되는 일을 행하거나 흉내 내는 풍습_옮긴이), 혹은 '남성 임신' 증후군을 보이는 것으로 알려져 있다. 무엇이 이와 같은 효과를 촉발하는지는 아직 밝혀지지 않았다. 영장류 내분비학자 토니 지글러(Toni Ziegler)는 임신한 암컷의 소변 속에 있는 태아의 대사물질이 타마린 수컷의 호르몬 변화와 연관되어 있을 수 있다고 추측했다. 비단원숭이과의 다른 종에서도, 마모셋 수컷들이 태반을 섭취하는 것이 관찰되었는데, 수컷은 이 간 같은 기관과 함께 스테로이드 성분이 풍부하게 섞여 있는 주변 액체도 함께 삼켰다. 5장에서 인간 남성도 임신한 여성이나 갓난아기와 함께 친밀한 시간을 보내면 내분비학적으로, 또 행동적으로 어떻게 변모하는지 보게 될 것이다.

협동 번식의 어두운 면

협동 육아를 하는 다른 모든 동물처럼 타마린과 마모셋 어미는 새끼를 키우기 위해 다른 원숭이의 도움에 의지해야 한다. 유아에 대한 돌봄 공유와 먹이 제공은 어미의 번식성공도를 향상시키지만, 한편으로 이러한 의존성의 어두운 측면도 존재한다. 우위 암컷은 (특히 임신한 경우) 번식기의 경쟁자 암컷이 낳은 새끼를 제거하기 위해 영아살해를 할 가능성이 매우 높다. 그뿐만 아니라 주변의 도움을 받을 수 없는 타마린 어미는 자신의 새끼를 유기하기도 한다. 출산 직후 신생아가 땅으로 떨어질 때 잡지 않는다거나, 때로는 손이나 발을 깨물어 어미의 몸에 달라붙는 갓난아기를 억지로 떼어 내기도 한다.

포유류 어미가 불행한 운명의 새끼를 버리는 것은 흔한 일이다. 특히 한배에 여러 마리의 새끼를 낳을 때, 새끼의 수를 제한하기 위해 몇몇을 도태시키거나 살아남을 것 같지 않은 제일 작고 약한 녀석을 차별적으로 대한다. 하지만 자연스러운 상황에서 자란 원숭이나 유인원이 새끼를 버리는 일은 극히 드물다. 새끼의 신호에 적절하게 대응하지 못해 첫째를 잃는 어리고 미숙한 초보 어미를 제외하면, 극단적 압박에 처한 경우에만 원숭이나 유인원 어미가 새끼를 버린다. 건강 상태가 매우 좋지 않다든가 혹은 매일 자신을 괴롭히면서 새끼를 죽이려 하는 낯선 수컷이 있다든가 하는 상황 말이다. 오히려 영장류 어미의 두드러진 특징은 한배에 한 마리만 낳은 새끼에 대한 지극한 헌신이다. 이 일반적인 영장류 패턴에 대한 예외는 비단원숭이과 그리고 우리 종 구성원들 사이에서 가장 흔하다.

어미가 의도적으로 자기 새끼를 해하거나 갓 낳은 새끼를 죽도록 내버려두는 것이 관찰된 사실상 유일한 영장류로는 인간 그리고 마모셋과 타마린이 있다. 목화머리타마린 번식 군락에서는 정상적인 출산아의 50퍼센트 이상에 달하는 믿기 힘들 정도로 높은 산후 영아유기율이 보고된 바 있다. 대부분 도움을 거의 받지 못하는 상황에서 쌍둥이나 세쌍둥이를 출산하는 어미들이 영아유기를 한다. 한 대형 번식 군락에서 수집된 수십 년간의 자료를 분석한 결과 새끼 목화머리타마린

3. 왜 아이를 키우는 데 온 마을이 필요한가

이 버려지거나, 잔인하게 내쳐질 확률은 산모가 이전에 출산한 새끼를 돌봐야 할 때 평균적으로 12퍼센트가 증가하며, 대행 부모의 도움을 받을 수 없을 때는 57퍼센트까지 치솟는다.[87]

영아살해는 영장목에서 드문드문 나타나지만(지금까지 수십 종에서 보고되었다), 거의 항상 낯선 수컷이나 암컷에 의한 것이었지, 어미가 스스로 자기 새끼를 죽인 것은 아니었다. 비단원숭이과와 인간에서 높은 비율로 나타나는 어미에 의한 유기나 영아살해는 다른 어떤 영장류에서도 전례가 없는 일이다. 어미가 대행 부모의 도움이 부족하다고 느끼면 생후 72시간 이내에 새끼를 유기하는 경향 그리고 매우 조건적인 어미의 헌신은 협동 번식의 어두운 측면을 나타낸다.[88]

채 2킬로그램이 되지 않는 작은 크기, 갈고리 발톱에 다람쥐처럼 생긴 이 동물(비단원숭이)과 인간이 공통 조상을 공유한 지 3천만 년 이상의 시간이 지났다. 신세계원숭이는 아프리카에서 진화한 영장류 사촌들과는 말 그대로 다른 세상에 살고 있다. 이들의 세계는 시각보다는 후각이 지배하는 감각의 세계다. 그리고 당연히 인간과 신세계원숭이 사이의 유전적 공통점은 인간과 침팬지 사이보다 훨씬 더 적다(인간과 침팬지는 유전적으로 96퍼센트 이상 동일하다).[89] 하지만 초기 호미닌 가족의 생활을 추정하는 데는 유전적으로 더 가까운 침팬지나 구세계원숭이보다 비단원숭이들이 많은 면에서 더 나은 통찰을 줄 수 있다.

번식 문제에서 과중한 부담을 안고 있는 비단원숭이과와 인간의 공통점은 하나하나 고려할 만한 가치가 있다. 이 두 종류의 영장류에서 공통으로 나타나는 특징은 집단 구성원들이 다른 개체의 욕구에 민감하고, 잠재적으로 주고자 하는 충동이 있다는 것이다. 두 집단에서 어머니는 한 번에 여러 명의 자식을 낳거나 짧은 출산 간격으로 연달아 여러 명의 자식을 낳는데, 이 자식들에게 필요한 도움을 어머니 혼자 조달하기에는 턱없이 부족하다. 그래서 어머니가 어린것들을 보살피고 먹이기 위해서는 다른 이들의 도움에 의존해야 한다. 도움이 형편없을 것 같다는 생각이 들면, 두 집단 모두에서 어머니는 다른 영장류와 달리 영아를 외면할 가능성이 높다. 인간과 비단원숭이과의 어머니에서는 신생아에 대한 뚜렷한 양가적 태도와 극단적으로 조건적인 모성 헌신이 두드러진다. 나중에 보게 되겠지만, 유아들은 잠재적인 보호자들의 관심을 끌기 위한 특별한 특질로 이에 적응해왔다. 그리고 마지막으로, 인간은 먼 친척지간의 작은 동물처럼 유난히 빨리 번식하고 새로운 서식지를 넓히고 번성하는 마모셋 같은 능력이 있다.

▮ 돌봄 공유의 인구학적 함의

생애사 이론은 진화생물학의 한 분야로 '생물체가 어느 정도의 크기로 자라야 하는가?' '어느 정도 크기의 새끼를 낳아야 하는가?' '번식을 시작하기 전까지 성장하는 데 얼마나 많은 시간과 에너지를 쏟아야 하는가, 그리고 얼마나 자주 번식해야 하는가?'와 같은 문제를 다룬다. 생애사 이론에서 널리 받아들여지는 원리 중 하나는 어미의 신체 크기에 비해 큰 새끼를 낳는 종에서는 대부분 출산 간격도 함께 길어지는 경향을 보인다는 것이다. 새끼를 낳는 데 더 많은 비용이 들수록, 어미는 다음 번식 전까지 더 오랫동안 회복할 필요가 있

3. 왜 아이를 키우는 데 온 마을이 필요한가

기 때문이다. 하지만 인간은 이 규칙의 역설적인 예외이다(마모셋도 예외적이다). 인간은 모든 유인원 중에서 가장 크고, 천천히 자라며, 가장 비용이 많이 드는 아기를 낳으면서도 출산 간격이 가장 짧다.[90]

고릴라, 침팬지, 오랑우탄의 경우 어미 혼자서 비용이 많이 드는 새끼의 양육을 떠맡아야 하기 때문에 더 느리게 새끼를 낳는다. 출산 간격에서 최고 기록은 오랑우탄으로 길게는 8년에 달한다. 대형 유인원을 통틀어, 출산 간격은 평균적으로 6년 가까이 된다. 젖을 떼고 나면, 새끼는 스스로 먹이를 조달한다. 하지만 인간 아이들은 다른 유인원보다 더 무력하게 태어나고, 더 천천히 성장하고, 훨씬 더 오랫동안 의존적인 채로 남아있다.

인류학자 힐라드 카플란이 정량적인 자료를 찾을 수 있는 수렵채집 사회에 대한 모든 기록을 조사해 계산한 결과, 인간 아기가 태어나서 18세 혹은 그 이후에 독립적으로 식량을 조달할 수 있을 때까지 자라려면 대략 1,300만 칼로리가 필요하다. 인류학자 카렌 크레이머 역시 마야의 원예농경사회를 연구하여 비슷한 결론을 내렸다.[91] 마야 어머니는 보통 첫째 아이가 자급자족할 수 있게 되기 한참 전에 다음 아기를 낳았다. 인간 아기들은 태어날 때 유난히 뚱뚱하고(같은 크기의 포유류 예상치보다 세 배나 더 뚱뚱하다), 식량 조달 면에서 독립하는 데 훨씬 더 오래 걸리는데도 불구하고, 수렵채집민 어머니들은 일상적으로 3~4년 간격으로 출산한다. 이는 다른 유인원의 전형적인 출산 간격인 6~8년보다 거의 두 배나 빠른 간격이다.[92] 이런 엄청난 생식력은 조상 집단에서 어머니가 대행 부모들로부터 도움을 받을 수 있었기에 가능했을 것이다.

도움을 받을 수 있는 영장류와 그렇지 못한 영장류 사이의 단순 비교만으로도 명백한 패턴이 드러난다. 돌봄 공유가 있는 종(유아를 업고 다니지만, 음식 제공은 하지 않는 종)에서 유아는 더 빨리 자라고 어미는 짧은 출산 간격을 두고 다시 번식한다.[93] 이는 아마도 어미가 에너지를 절약하고, 식량을 더 효율적으로 채집할 수 있고, 스스로 영양을 더 잘 섭취할 수 있기 때문일 것이다.[94] 평균적으로, 도움을 받는 어미는 더 이른 시기에 새끼의 젖을 떼고, 더 금방 수태를 한다. 만약 새끼를 집단의 다른 구성원에게 넘겨줘도 안전하다면, 집단 안에 기꺼이 도와주는 돌보미들이 있는 어미는 더 빨리 번식하고 결과적으로 생식 연령까지 생존하는 새끼를 더 많이 낳는다.

이렇게 넓은 관점에서 비교하면, 영장목의 인구학적 패턴 중 의문스러웠던 몇몇 현상들이 이해되기 시작한다. 상대적으로 암컷 간 서열이 느슨하고 서로 밀접하게 관련된 혈연집단을 이루며 사는 초식성 콜로부스원숭이가 다른 원숭이들보다 빠르게 번식하는 한 가지 이유는 새끼를 업어주겠다는 다른 암컷들의 제안을 받아들이고 이에 따른 혜택을 활용할 수 있기 때문이다. 대행 부모의 탁아소에서 음식까지 제공되는 경우, 편익은 더욱 커진다. 새끼가 어미와 다른 이들에게 모두 보호받고, 이유기에 굶주리지 않게 도와주는 이러한 완전한 형태의 협동 번식을 통해 유아가 이른 시기에 젖을 떼고도 살아남을 수 있는 것이다.

꽤 많은 동물들에서 어미가 비용이 많이 드는 새끼를 낳는다. 하지만 그 어떤 동물도 인간 아기보다 비용이 많이 들지는 않는다. 다른 어떤 동물도, 심지어 유인원들도(이들도 느린 생애사를 갖는다), 다 자랄 때까지 인간만큼 시간이 오래 걸리지는 않는다.[95] 하지만 '자연스러운' 환경(수렵채집사회)에서 사는 인간은 다른 유인원보다 출산 간격이 짧다. 영토 확장 능력은 더욱 뛰어난데, 해부학적 현대 인류는 아프리카에서 퍼져나간 이후 유럽, 아시아, 오스트레일리아, 그리고 결국에는 북미와 남미, 태평양까지 전 세계로 이주했다. 어린것들에 대한 돌봄과 부양을 일상적으로 공유하고, 결과적으로 더 빠르게 번식하고, 급속도로 새로운 서식지를 점령하는 또 다른 영장류로는 비단원숭이밖에 없다. 자, 그렇다면 이렇게 넓은 범위의 비교 분석은 우리가 사람속의 육아 방식을 추측할 때 무엇을 알려줄 수 있을까?

▌대행 부모는 인간에게도 대단히 중요하다

스테파니 쿤츠(Stephanie Coontz) 같은 가족역사학자나 인류학자, 심리학자, 그리고 사회복지사들은 가난한 집안에서 태어나거나, 저체중 혹은 미숙아로 태어나거나, 10대 부모나 미혼모에게서 태어난 유아들이 대가족과 함께 산다면 인지적·정서적·신체적으로 더 잘 자라는 경향이 있다는 것을 진작부터 알고 있었다. 그리고 이러한 경향은 시대를 막론하고 어느 지역에서나 나타난다. 대행 부모가 손위 형제자매든, 할머니, 또는 다른 친척이든 아니면 특별히 관심을 갖는 멘토든 간에 더 많은 사회적 지원을 받은 어머니가 유아의 요구에 더 잘 반응한다는 사실을 증명하는 문헌은 다양한 분야의 학문적 연구에서 광범위하게 발견된다. 대행 부모의 지원과 어머니의 세심함, 그리고 아이의 안녕 사이의 상관관계는 위험 요인이 크면 클수록 더 확실해진다. 쿤츠가 지적한 것처럼 "아이를 기르는 일을 전적으로 부모에게만 맡겨놓기에는 너무나 중요한 일이라고 생각하는 사회에서 아이들은 가장 잘 성장한다."[96]

18세기 유럽에서 지독히 가난한 여성에게서 태어난 아기보다 더 큰 위험에 처한 아기는 없을 것이다. 이때는 유아를 위탁 가정에 보내거나 아예 버리는 일이 만연하던 시기였다. 더 중요하게는, 모계 친척으로부터 어머니와 아기가 지원받을 수 있는지 없는지가 실제로 소득이 어느 정도인지보다 어머니가 아기를 기를지 아니면 유기할지 결정하는 데 더 결정적인 역할을 했다.[97] 300년이 지난 지금, 육아에 대한 사회적 지원을 받기 어려울 것이란 인식은 독일이나 미국 같은 산업화된 나라의 여성들이 출산을 미루거나 아예 아이를 갖지 않기로 결정하게 만든다.[98]

미국 고위험 집단에서 나온 증거는 사회적 지원이 얼마나 중요한지를 확실하게 보여준다. 아기의 할머니와 한집에 살거나 할머니가 자주 방문하기만 해도, 어리고 미숙한 십대 어머니가 유아와 더 안정적인 애착을 형성할 가능성이 높아진다.[99] 또한 미혼모가 낳은 아기나 소득이 낮은 가정의 청소년인 경우, 할머니와 한집에 사는 아이들이 인지 발달 검사에서 더 높은 점수를 받는 경향이 있었다. 아마도 이 아이들은 혼자 있는 시간이 더 짧고, 더 안정감을 느끼기 때문일 것이다.[100] 비슷한 경향이 십대 어머니가 낳은 미숙아로 태어난 아기들에게서도 보고되었다. 생애 초기를 할머니(일반적으로 외할머니)와 함께 보내는 것은 3년 후의 건강 및 인지능력 향상과 상관관계가 있었다.[101]

다른 어떤 물질적 자원보다 어머니가 인식하는 사회적 지원 정도가 유아의 정서적 안정감(아마도 어머니의 강한 모성 헌신에 대한 반응일 것이다)에 가장 큰 영향을 미친다는 연구들이 계속 이어졌다. 덴버에 있는 콜로라도 대학 아동가족건강연구소의 데이비드 올드 연구팀이 수행한 실험에서 훈련받은 간호사들이 생애 첫 출산을 앞둔 어머니의 집으로 파견됐다(이 실험은 무작위화 통제 과정을 거쳤다). 간호사들은 임신 기간 동안 예닐곱 번 정도 방문했고, 출산 이후 두 돌이 되기 전까지 스물한 번을 더 방문했다. 이는 일반적으로 사회적 지원과 도움을 줄 수 있는 다른 여성이 주변에 있는 것과 별반 차이가 없는 정도였지만, 15년 후까지 이에 따른 유익한 결과들이 확인되었다. 간호사들이 방문하지 않았던 비슷한 상황의 다른 어머니들과 비교했을 때, 방문을 받았던 어머니의 아이들은 통제 그룹의 아이들보다 더 공감하는 아이로 자랐고, 무서운 자극에 노출되었을 때 정서적 취약성을 보일 가능성이 적었으며, 언어를 더 일찍 배웠고, 더 높은 인지발달 점수를 받았다. 또 간호사가 방문한 어머니의 아이들은 어머니로부터 학대받을 가능성이 상당히 더 낮았다.[102]

어머니를 지원하는 이런 식의 개입은 다른 문화권에서도 비슷한 결과를 낳았다. 브라질의 산부인과 병동에서 비슷한 방문을 실시한 결과 산모들의 모유 수유 의지가 높아졌고, 집에 돌아가서도 계속 방문을 받은 어머니는 사회경제적 지위와 상관없이 모유 수유를 계속할 가능성이 더 높았다.[103] 더 어려운 시기일수록, 또 어머니의 육아 능력이 떨어질수록, 대행 부모의 지원으로 인한 심리적 이득이 더 확연해진다.

사회과학자들은 이러한 상관관계를 예전부터 알고 있었고, 어머니에게 사회적 지원이 필요하다는 것을 정확히 인식하고 있었다. 하지만 어머니가 인식한 사회적 지원의 정도와 어머니의 의사 결정 및 행동, 그리고 아이의 정서적 안녕이 어떻게 연결되어 있는지에 대한 진화론적 근거는 알려진 바가 없었다. 과거의 생존과 적합도를 염두에 두고 관련 연구가 진행되는 경우는 드물었다. 가장 광범위하고 방법론적으로 정교한 연구들은 거의 항상 사람들이 사회적·공간적으로 핵가족화 되어 분리되어 있고, 벽으로 둘러싸인 집에 살며, 현대적 의약품을 쉽게 구할 수 있고, 아이들이 맹수에게 잡아먹힐지도 모르는 만일의 사태를 더는 염려할 필요가 없는 서구 국가들에서 수행되었다. 대가족의 정서적·인지적 효과는 잘 알려져 있지만, 대행 부모의 지원과 아이의 생존을 직접 연결할 수 있는 기회는 거의 없었다. 하지만 진화적인 관점에서는 아이의 생존이 가장 중요한 문제였다.

우리는 태어난 유아의 절반 이상이 다 자라기 전에 굶어 죽거나, 살해당하거나, 맹수에게 먹히거나, 사고나 질병으로 죽는 세상에서 손위 형제자매나 할머니, 삼촌, 혹은 어머니의 연인이 주는 엄청난 영향을 고려하지 못했다. 20세기 말이 되어서야 인간행동생태학자들과 사회생물학자들의 발견들이 속속들이 보고되기 시작하면서, 유아와 아동 사망률이 높은 수렵채집사회(우리 조상들이 진화한 사회와 비슷한 곳)에서 대행 부모의 지원은 건강, 사회적 성숙, 인지 발달을 향상시킬 뿐만 아니라 아동의 생존에 '필수적'이라는 것이 자명해졌다.

▮ 동전 던지기

20세기 말까지 손에 꼽힐 정도로 적은 수의 인간행동

3. 왜 아이를 키우는 데 온 마을이 필요한가

생태학자, 행동생태학자, 그리고 사회생물학자들이 일부 동물들에서 돌봄 공유와 협동 번식이 존재한다는 것을 깨닫고, 우리의 먼 방계친척들을 다시 보기 시작했다. 하지만 이러한 파편적인 발견들을 진화적인 관점에서 고려하고 그 영향을 해석할 수 있을 만큼 충분한 증거가 축적된 것은 1999년 즈음부터였다.

1980년대 중반, 지금은 소아과의사지만 당시는 젊은 인류학 박사 지망생이었던 폴 터크(Paul Turke)는 원숭이와 다른 동물들의 '둥지의 도우미'에 대한 사회생물학적 연구에 깊이 감명 받아 인간의 번식 성공에도 도우미들이 영향을 미치는지를 알아내고자 했다. 터크는 사회생물학자 로라 베치그(Laura Betzig)와 함께 이팔루크 환초 주변 태평양 섬주민들의 가족 구성과 번식 성공의 관계를 연구하기 위해 나섰다. 이들 부부는 첫째 아이가 딸일 경우, 아들인 경우보다 부모가 낳은 생존 자녀가 늘어난다는 것을 발견했다. 터크는 이런 이유가 그 사회에서는 딸이 어린 동생들을 보살피는 데 더 적극적이기 때문이라고 추측했다.[104]

거의 비슷한 시기에 동료 사회생물학자 마크 플린(Mark Flinn)은 트리니다드의 카리브해 마을 사람들 사이에서 대행 부모의 지원과 어머니의 번식 성공 사이에 유사한 상관관계를 발견했다. 번식기가 아닌 도우미와 함께 사는 어머니들은 그렇지 않은 어머니보다 더 높은 번식 성공도를 보였다.[105] 딸이 가장 도움이 되는 것으로 밝혀졌지만, 남성이든 여성이든 간에 어떤 도우미라도 한집에서 같이 지내는 경우 모두 아동의 생존율이 증가했다. 곧이어, 크리스틴 호크스(Kristen Hawkes)는 자신이 연구하던 하드자족 사람들에서 할머니가 미치는 영향에 뭔가 이상한 점이 있다는 것을 깨달았다. 호크스의 발견은 동료 인류학자들에게 출산 연령이 지난 여성의 진화적 중요성에 대해 발상의 전환을 일으킨 촉매제가 되었다.

수렵채집민의 식량수집 전략 연구의 선구자였던 호크스는 탄자니아 동쪽 지구대(地溝帶)에 마지막으로 남은 수렵채집민 집단을 연구하기 위해 떠났다. 그녀는 팀원들과 함께 하드자족 각각의 구성원들이 얼마나 많은 음식을 매일매일의 식단에 기여하는지 측정한 첫 번째 현지조사원 중 하나였다. 호크스는 고고학자 제임스 오코넬, 그리고 인간생태학자인 닉 존스와 함께 하드자족 남성, 여성, 아이들이 식량을 수집하는 데 따라가 각각의 남성, 여성, 아이가 가지고 돌아온 모든 음식의 개수를 세고 무게를 쟀다. 이들 연구팀은 매일같이 하드자족 여성들이 열매와 견과류를 수집하거나 햇볕이 내리쬐는 땅 밑에 있는 전분이 풍부한 구근류를 캐내러 갈 때마다 터벅터벅 뒤따라갔다. 남성들이 사냥을 떠날 때도 뒤를 쫓았다. 일런드 영양처럼 큰 사냥감을 잡았을 때 누리는 명성을 무척 좋아하는 하드자족 남성들은 많은 경우 허탕치고 돌아오기 일쑤였다. 야생 사냥감 대부분이 보통 살집이 없는 편인 데 반해 일런드영양은 무게가 500킬로그램 이상 나가며, 지방이 먹음직스럽게 고루 퍼져 있다. 하지만 이 매우 값어치 있는 유제류 동물은 넓은 지역에 분산되어 있고, 찾기 힘들어서 산토끼나 거북 같은 흔한 사냥감보다 잡기가 어렵다. 거의 매일 남성들은 빈손으로 집에 돌아왔고, 여성들이 채집한 식량으로 아이들의 배를 채웠다.

호크스 연구팀은 또 새로운 사실을 깨달았다. 아침에 마을을 가장 먼저 떠나서 저녁에 가장 늦게 돌아올 뿐만 아니라 가장 많은 식량을

3. 왜 아이를 키우는 데 온 마을이 필요한가

가지고 돌아오는 사람들은 한창때의 젊은 여성들이 아니었다. 마을에서 기다리고 있는 배고픈 자식들을 둔 어머니도 아니었다. 오히려 가장 헌신적인 식량 채집가는 전성기를 한참 지나 가죽만 남은 얼굴을 한 노파들이었다. "열심히 일하는 하드자 할머니"라는 제목의 경이로운 논문에서 연구팀은 할머니와 이모할머니들이 더 이상 아이에 대한 부담이 없는 '황금기'를 누리며 한숨 돌리는 것이 아니라 그 어느 때보다 열심히 일하고 있었다고 묘사했다.[106]

음식을 제공하는 할머니나 이모할머니들이 같은 채집 집단에 있으면 아이들은 더 빠른 속도로 성장했다.[107] 보릿고개가 한창일 때 할머니의 존재는 더 높은 아동 생존율과도 상관관계가 있었다.[108] 이팔루크 환초 지역을 다룬 터크의 논문과 트리니다드 지역을 다룬 플린의 논문, 그리고 탄자니아 수렵채집민에 대한 논문에서 발견한 것들은 모두 협동 번식자들 사이의 흥미로운 유사점을 가리켰다. 모든 연구에서 손위 자매든, 할머니든, 아니면 이모할머니든, 기꺼이 도움을 주는 대행 부모들은 어머니의 출산과 아이들의 생존 가능성이 커지는 것과 관련 있었다. 이러한 발견에 감명 받은 나는 많은 새와 포유류처럼 인간도 틀림없이 협동 번식자로 진화했을 것이라고 확신하게 되었고, 1999년 무렵부터는 그와 같은 주장을 펼쳤다.[109] 그 이후 연구자들이 수렵채집사회뿐만 아니라 원예농경사회까지 포함한 더 큰 인구집단에서 자료를 모으고 분석함에 따라 협동 번식 사례는 더욱 더 굳건히 자리매김했다. 더 큰 인구집단을 대상으로 한 연구들은 매우 유의미한 결과를 빠르게 내놓았다.

아프리카 밀림에서 사는 부족 사람들이 수만 년 동안 해온 것처럼 그리고 여전히 아카족 사람들이 그렇듯 식물성 식량을 채집해서 살거나 창 혹은 드문 경우이긴 하지만 그물을 이용해 사냥을 하며 살아가는 사람들은 현재 인류의 극히 일부일 뿐이다.[110] 하지만 수렵채집 사회의 사람들이 정주 생활을 하는 이웃과 미미한 부분이나마 교역을 통해 혹은 때로 이들에게 고용되어 살아가게 되더라도 수렵채집민들은 전통적인 방식으로 아이들을 키우는데, 여기에는 나름의 이유가 있다. 2000년도 논문에서 인류학자 파울라 아이비 헨리(Paula Ivey Henry)는 에페족 아기에게 한 살 때 몇 명의 대행 부모가 있었는지가 아이가 세 살이 될 때까지 살아있을 가능성과 상관관계가 있다고 언급했다.[111] 같은 해에 오래된 의료 기록을 재분석한 결과, 심지어 정주 생활을 하는 원예농경사회의 사람들 사이에서도 대행 부모는 아이의 생존에 매우 중요했다.

에페족 연구에서 발견한 것과 호크스가 하드자족 할머니의 역할에 가졌던 의구심에 고무된 두 명의 영국 인류학자 레베카 시어(Rebecca Sear)와 루스 메이스(Ruth Mace)는 현대 의학이 도입되기 이전의 전통 사회에서 어머니와 아동의 건강에 관해 수행된 가장 야심 찬 연구 기록 중 하나에서 해묵은 먼지를 털어냈다. 1950년과 1980년 사이에 영국 의학연구회의 연구원들은 서아프리카 감비아의 원예농경민인 만딘카족 어머니의 영양 상태와 아이들의 성장률을 관찰했다. 표본에 포함된 2,294명의 아이들 중 거의 40퍼센트에 가까운 883명이 5세 이전에 사망했다. 아동 사망률과 성장률을 꼼꼼히 살펴보던 시어와 메이스는 의학연구회 연구자들이 이전에는 분석할 생각조차 하지 못했던 아동의 가족 구성에 생각이 미쳤다. 시어와 메이스는 아이가 젖을 떼

　　　　　3. 왜 아이를 키우는 데 온 마을이 필요한가

기 전에 어머니가 사망하면, 후사가 좋지 않다는 것을 이미 알고 있었다. 이번에는 어머니 외에 아이의 생존에 영향을 미치는 또 다른 사람이 누구인지 캐기 시작했다.

시어와 메이스가 감비아의 기록을 재분석한 결과는 충격적일 만큼 놀라웠다. 아이에게 손위 누이가 있거나 출산 연령이 지난 외할머니가 근처에 사는 경우, 아이가 5세 이전에 사망할 확률은 40퍼센트에서 20퍼센트로 떨어졌다.[112] 놀랄 것도 없이 어머니는 아기가 모유수유에 의존하는 생후 두 돌까지의 유아의 생존에 매우 중요했다. 하지만, 일반적으로 만딘카족 아이들이 젖을 떼는 두 살 이후 어머니의 존재는 더 이상 아이의 성장이나 생존에 어떤 유의미한 영향도 주지 않았다. 어머니가 죽었어도 아기의 신체 건강에는 영향을 주지 않을 정도로 대행 어머니의 돌봄이 충분히 좋았던 것이다. 그런 탓인지 만딘카족 사람들은 포동포동한 사람을 가리켜 "고아처럼 뚱뚱하다"고 말한다.[113]

만딘카족 아기에게는 자신을 돌봐주는 손위 누이나 음식을 주고 보살펴주는 외할머니는 말 그대로 구명줄이었다. 하지만 생물학적인 아버지나 친할머니, 또는 손위 형제는 유아의 생존에 유의미한 영향을 주지 않았다. 그러나 아버지의 죽음으로 의붓아버지가 생긴 경우에는 아이의 생존 가능성이 곤두박질쳤다.[114] 연구자들이 꼬집었듯 만딘카족 아이에게 대행 어머니가 있다면, "아버지는 아동의 인체계측학적 상태나 생존에 아무런 영향도 주지 않는다."[115]

나중에 나올 장에서 이러한 결과들을 더 폭넓게 살펴보고 특정 상황에서는 아버지가 '정말' 중요한 영향을 끼치고, 아이의 손위 형제자매, 이모, 삼촌 그리고 특히 할머니도 아이의 안녕에 긍정적인 영향뿐만 아니라 부정적인 영향도 끼칠 수 있다는 것을 논의할 것이다. 하지만 여기서의 요지는 간단히 말해, 대체로 영장류 그리고 인간에게는 대행 부모들이 중요한, 어떤 상황에서는 부모보다 더 중요한 환경이 존재한다는 것이다. 솔직하게 말하면, 이것은 사회과학자들이 예상했던 발견은 아니었고, 만딘카족 아이들의 사망률이 특히 젖을 뗀 직후 몇 달에서 몇 년 동안 너무 높았기 때문에 더 뚜렷해졌던 것이다.

20세기 중반 감비아 원예농업민의 유아 사망률이 지나치게 높은 듯 보이지만, 이는 현대 의학이 도입되기 이전 아프리카 인구집단에서는 이례적인 수치가 아니었다. 20세기 말의 수치와 비교하면 높은 편이지만, 다양한 영장류, 유목생활을 하는 수렵채집민, 그리고 아마도 우리의 홍적세 조상들에게서 보고된 사망률 통계 범위 내에 있는 것이다. 우리가 찾을 수 있는 하드자족, 주/'호안시족, 아카족 수렵채집민 자료에 따르면, 이 집단의 아이들 중 40~60퍼센트, 상황이 좋지 않을 때는 그 이상이 15세가 되기 전에 사망한다.[116] 어머니의 성공적인 출산에서 유아의 생존이 가장 중요하고 유일한 요소라고 할 때, 그리고 대행 어머니의 개입이 아주 약간이라도 사망률을 낮춘다면, 세대를 내려오는 동안 그 진화적 함의는 엄청나게 컸을 것이다.[117] 그리고 만약 여태껏 잘 알려지지 않았던 이 후원자들이 만딘카족 사례에서처럼 유아 사망률을 절반으로 줄일 수 있었다면, 그들의 진화적 영향은 엄청났을 것이다.

아이의 생존이 단지 어머니와 붙어있거나 아버지로부터 음식을 제공받는 것뿐만 아니라 다른 돌보미들의 여부와 이들의 숙련도 그리고 의도에도 달려 있다는 깨달음은 우리 선조들의 가족생활에 대한 발상의 전환을 이끌고 있다. 인류학자와 정치인들은 오늘날 아이들을 양육하기 위해서는 "온 마을이 필요하다"고 우리에게 상기시킨다. 그러나 그들이 종종 빠뜨리는 것은 호모 사피엔스로 진화한 특별한 유인원들은 항상 그래왔다는 것이다. 대행 부모가 없었다면, 인류라는 종은 존재하지 않았을 것이다.

4.
독특한
발달 과정
—

> 사실, 인간 발달에서 가장 연구가 덜 된 단계는 아이가 자신을 가장 인간답게 만드는 모든 것들을 습득하는 단계다._존 보울비(1969)

"그냥 아기는 없다." 소아정신과의사 도널드 위니코트(Donald Winnicott)는 곧잘 이렇게 말했다. "누군가와 함께 있는 아기가 있을 뿐이다." 여기서 말하는 누군가란 어머니였다. 위니코트의 이 표현은 생애 초기 애착 이론을 멋지게 요약했다. 그리고 이는 다른 유인원을 고려할 때도 여전히 잘 들어맞는 격언이다. 하지만 최근 유아 심리 연구는 이 작은 인간들이 어머니뿐만 아니라 더 많은 주변 사람들에게까지 인지적 관심을 더 넓게 뻗치고 있으며, 다른 사람들의 의도를 추측하고, 다른 사람들의 행동을 통해 배운다는 것을 시사한다.

원래 보울비의 방정식으로 보면, 우리의 "진화적 적응 환경" 안에서 유아의 생존을 결정하는 것은 아기와 어머니의 관계이다. 그리고 이는 전적으로 사실이다. 하지만 이 방정식을 우리의 홍적세 선조들이 살던 사회와 같은 곳에서 태어난 아기들에게 적용하기에는 추가적인 보완이 필요하다. 아기에 대한 어머니의 헌신 그리고 궁극적으로 유아의 생존에는 아기와 어머니뿐만 아니라 다른 사람들도 영향을 미친다.

이렇게 확장된 방정식이 어머니가 아기에게 유난히 잘 반응하는 것 그리고 어머니의 헌신이 유아에게 특별히 중요하다는 것을 반박한다고는 아무도 말할 수 없다.[1] 생후 두 달이 되면, 아기는 어머니와의 관계에서 영혼을 찾는 상호 응시를 할 수 있다. 두 달이 다된 아기는 더욱 초롱초롱하게 오랫동안 응시하며, 눈을 가늘게 뜨고, 포동포동한 뺨을 위로 들어올리며, 입꼬리를 당겨 사랑스러워서 참을 수 없게 만드는 사회적 미소를 지으며 어머니의 사랑을 지속시킨다.

하지만 다른 사람들에게도 마찬가지로 미소 짓는다. 3개월 된 아기의 미소와 몸짓은 매력적인 옹알이와 웃음소리로 더 두드러진다. 7개월이 되면 완전하게 발달한 옹알이를 들을 수 있다.[2] 그동안 아기는 어머니의 반응에 매우 예민한 주의를 기울이지만, 다른 사람들의 반응에도 주목한다.

어머니들이 자기 아이에게 반응하는 방식이 모두 정확히 같지는 않다. 그러나 사람들이 서로 가까운 곳에서 살고 있는 사회에서 상호 응시와 리드미컬하고 장난스러운 표정은 어머니뿐만 아니라 다른 사람들도 끌어들인다(아기들이 까꿍 놀이를 얼마나 좋아하는지 생각해보라). 심리학자들은 성인이 아기에게 말할 때 사용하는 고음의 단순한 언어를 '모성어(motherese)'라고 부른다. 하지만 어머니 이외의 다른 여성이 아기와 상호작용할 때, 또 대행 부모가 "오, 아가야 괜찮니?" 하고 말할 때도 고음의 리듬감 있는 어조를 사용한다. 못 믿겠다면, 어떤 아기에게든 잠시 동안 말을 걸어보라. 그리고 당신의 목소리가 어떻게 변하는지 보라. 침팬지, 오랑우탄, 그리고 다른 유인원 유아들은 어미와 떨어지는 일이 거의 없기 때문에 아기스러운 특징들은 성적인 매력에 비해 그다지 필요하지 않다. 유인원 어미 역시 새끼를 안심시키는 정감 어린 대화가 거의 필요하지 않다.

그렇다면, 수렵채집사회에서 아기와 대화하고 모성어를 사용하는 사람은 대체 누굴까? 휴렛은 어머니나 친숙한 대행 부모가 항상 아기와 신체적으로 붙어있는 아카족 사람들의 경우, 어머니가 아기에게 이런 옹알이 같은 방식으로 대화하는 데 거의 시간을 할애하지 않는다고 보고했다.[3] !쿵족의 경우 대행 부모와 어머니가 거의 동일한 정도로 유아에게 탐색할 만한 물건을 제공하고, 유아에게 어떤 일을 금지하거나 격려하는 데 동일한 정도로 관여한다. 하지만 형제자매, 사촌, 아버지, 다른 어른들과의 다양한 상호작용을 다 합치면, 전반적으로 어머니보다 다른 가까운 보호자들이 아기에게 모성어를 사용하여 말을 걸고, 즐겁게 해주는 경우가 더 많다.[4] 이 '다른 사람들'은 아기가 태어난 첫날부터 아기에게 말을 걸고, 이는 이후로도 계속된다.[5]

문화에 따라 사람들이 옹알이에 어떤 의미를 부여하는지, 아기에게 무슨 말을 하는지(그리고 어떻게 말하는지), 그리고 아기를 어떻게 대하는지에서 엄청난 차이가 존재한다. 아기는 꽁꽁 싸여 있을 수도 있고, 기저귀만 차고 있을 수도 있다. 또한 아기에게 부적을 붙이거나, 베이비파우더를 뿌리거나, 야자유를 바르거나, 아기의 몸에 의례에 따른 수호 상징 문양을 손으로 그릴 수도 있다. 하지만 언어나 관습의 차이에도 불구하고, 이러한 관례가 전달하는 메시지는 동일하다. '너는 보

4. 독특한 발달 과정

호받고 있으며, 앞으로도 계속 그럴 것이다.' 사랑(이는 아마 여기서 우리가 이야기하는 것을 표현하기에 가장 적절한 단어일 것이다)은 아기들이 가장 간절히 받고 싶어 하는 것이기에 별로 놀랄 일도 아니다. 아기가 얼마나 안정감을 느끼는지는 어머니가 아기의 신체적, 정서적 욕구에 얼마나 호응하는지에 달려 있다. 자원이 한정적일 때, 어머니의 헌신과 아이가 어머니에게 느끼는 애착, 그리고 아이의 영양상태 사이에는 긍정적인 상관관계가 있을 것이다. 헌신적인 어머니는 자식을 먹이기 위해 더 많은 주의를 기울이기 때문이다.[6] 하지만 어떤 곳에서도 어머니가 아이를 돌보는 유일한 사람은 아니다.

대행 부모가 아이 양육에 엄청나게 관여하고 있음을 보여주는 전통 사회 관련 자료가 쏟아져 나왔지만, 이들 사례들은 계속해서 이례적인 것으로 치부되었다. 보울비적 고정관념으로 인해 '항상 곁을 지키는' 침팬지 같은 어머니가 더 전형적으로 여겨졌다. 교과서들은 지속적으로 돌보고 보살피는 !쿵족의 어머니를 강조하면서, 이 같은 형태의 돌봄이 수렵채집민의 전형이며, 자연스러운 인간의 발달에 가장 최적화된 것임을 암시했다. 21세기 초반에 높은 수준으로 돌봄을 공유하는 아프리카 사회에 대한 체계적인 자료들이 소개되었으나 인류학자들은 계속해서 돌봄 공유는 일반적이지 않으며, 대행 부모의 돌봄이 높은 비중을 차지하는 사회들에 대해 "독특한 육아 관행"을 가지고 있다고 기술하였다.[7] 우리의 홍적세 선조들은 혼자 육아를 전담하는 침팬지와 비슷한 방식으로 길러졌다는 생각에서 선조들이 종-전형적인 돌봄 공유를 했을 것이라는 생각으로의 패러다임 전환은 느리게 진행되었다. 협동 번식이 애착 이론에 미치는 영향과 그 진화적 함

의가 논의되기 시작한 것은 불과 10년 정도밖에 되지 않았다.[8]

이 장에서 나는 자성적이고 우상타파적인 일부 발달심리학자들의 연구결과를 다룰 것이다. 이들은 나보다 훨씬 먼저 유아들이 어떻게 다른 사람들과 애착을 형성할 수 있는지 고려하기 시작했다. 이는 어머니를 중심으로 한 인류 진화의 모델을 확장하고 다듬는 첫 단계가 되었다. 다음으로 이들의 연구결과를 비교영장류학자와 아동발달학자가 발견한 사실, 즉 무력한 새끼 유인원이 단 한 명의 보호자가 아닌 여러 명의 보호자의 보살핌을 받고 자랄 때 나타날 수 있는 효과와 관련지어 논의할 것이다. 어머니의 초기 반응과 아기가 앞으로 어머니로부터 받게 될 보살핌은 어머니의 과거 경험과 신체적 조건뿐만 아니라 주위에서 기꺼이 그녀를 도와줄 또 다른 누군가가 있는지에 대한 어머니의 지각에도 달려 있다. 이는 유아에게 어떤 심리적 의미가 있을까? 어머니의 조건부적인 헌신은 다른 사람들을 이해하고 그들과 관계 맺고자 하는 유아의 욕구와 욕망에 어떤 영향을 미칠까? 진화적 변화가 누적되어 수많은 세대를 지나는 동안, 그리고 한 개인의 일생 동안, 개인은 다른 사람들에게 의존하고 정서적으로 애착을 형성한다. 이는 개인의 사고방식에 어떠한 영향을 미치는가?

▌ 인간 아기들이 찾는 추가적인 그 무엇

애착 이론가들이 오랫동안 가정해온 것처럼, 모든 유인원 유아는 따뜻하게 돌보는 어머니와 붙어있기를 갈망하는 쪽으로 진화했다. 이 점에 대한 보울비의 통찰에는 의심의 여지가 없다. 그러나

167

어미의 여건이 정상적이라면, 침팬지, 오랑우탄, 고릴라 어미가 새끼와 신체적으로 붙어있고자 하는 욕망은 어미 곁에 붙어있고자 하는 새끼의 강력한 충동만큼이나 강했다. 새끼들은 어미의 양가적인 심리를 걱정할 일이 거의 없었다. 또한 항상 계속해서 붙어있는 어미와 떨어지는 것에 조바심을 낼 필요도 없었다. 생후 6개월이 채 되지도 않았는데 어미와 떨어져 있는 침팬지나 오랑우탄이 있다면, 이 불쌍한 작은 유인원은 이미 고아일 가능성이 높았다.

하지만 사람속의 출현 과정 중 어느 시점에서, 어머니는 매우 어린 유아를 잠시 동안 안아주고 데리고 다니도록 넘겨줄 정도로 다른 사람을 더 신뢰하게 되었다. 따라서 아기에게 어머니의 행방을 주시하고 시각적, 청각적 접촉을 유지하는 것뿐만 아니라, 어머니의 마음 상태와 어머니가 지쳤을 때 기꺼이 돌봐줄 수 있는 다른 사람들의 마음에 주의를 기울이는 데에도 훨씬 더 많은 동기가 생겼다. 어머니로부터의 분리 그리고 그로 인한 내재적인 어려움과 불확실성은 이미 다른 사람의 표정을 읽고, 심지어 흉내 내고, 초보적인 수준의 마음 읽기를 위한 신경회로를 갖추고 있는 어린 유인원들이 다른 사람의 의도를 해석하기 위해 훨씬 더 많은 시간과 관심을 쏟도록 만들었을 것이다. 그리고 이러한 활동은 결국 아기들의 신경 조직에 영향을 미쳤다.[9]

모든 영장류는 누군가와, 아니면 최악의 경우(해리 할로우의 수건으로 감싼 '대리' 어미를 생각해보라) '어떤 것'이라도, 촉각적인 접촉을 추구하는 선천적인 경향이 있다. 그러나 인간 유아들은 원숭이가 그토록 분명히 추구하는 따뜻하고 부드럽고 촉감적인 자극 이상의 것을 필요로 한다.[10] 물론 인간 아기들도 애착 담요나 곰 인형 같은 움직이지 않는 사물에 애착을 형성하기도 한다. 하지만 이는 더 활동적이고, 더 소통할 수 있는 안정감의 원천이 손에 닿지 않는 곳에 있을 때 나타나는 대안적 애착인 경우가 대부분이다.[11] 생후 2~3개월부터 인간 아기들은 점점 더 길고 인상적인 눈길과 높은 음조의 위안을 주는 음성과 함께 더 높은 수준의 감정적 반응을 적극적으로 추구한다.[12] 정신과의사 에드 트로닉(Ed Tronick)의 요청에 따라 어머니가 '감정 없는 무표정한' 얼굴을 하자 기대했던 감정적 반응을 찾지 못한 아기들은 불안해했다. 아기들은 어머니가 계속 인위적으로 무표정하게 바라보자 괴로워했다.[13]

약 8개월 정도 된 아기들은 다른 사람들의 반응에 점점 더 관심을 갖는다. 우리가 지적 호기심이라고 부를 만한 것이 시작되는 지점이다. 하지만 사실 더 근본적인 관심은 아기가 손에 쥐고 있는 어떤 물건이나, 어쩌면 더 중요하게도, 아기 자신에 대해 다른 사람이 얼마나 가치 있게 여기는지와 관련된 것이다. "다른 사람이 나와 나의 행동을 어떻게 생각하고 느끼는가?" 하는 것처럼 말이다.

아기는 단순히 다른 사람이 좋아하거나 무서워하는 것을 인식하고 자기들의 반응에 참고하는 것이 아니다. "사회적 전염"이나 "사회적 참고"는 많은 영장류와 다른 동물들에서도 나타난다. 반면, 인간 아기는 자신이 보거나 다루는 대상을 다른 사람들이 어떻게 생각하고 느끼는지를 이해하려고 한다. 또한 아기는 얼굴을 관찰하여 어머니와 대행부모가 무엇을 할지를 예측할 뿐만 아니라 그들이 보고 있는 것을 어떻게 느끼는지를 파악하며, 이러한 보호자들을 "의미의 안내자"로 활용한다.[14] 나는 !쿵족이 하는 게임으로 알려진 것과 거의 같은 게임을

4. 독특한 발달 과정

우리 아이들과 같이 했던 것을 기억한다. 그전까지 물건을 철통같이 움켜쥐고 있던 아이들은 다른 사람에게 물건을 "보여주고" 다른 사람에게 주기 위해 기적처럼 물건을 내려놓는다. 아이들은 몇 주 동안 계속해서 게임을 되풀이하면서 흥미로워하고 재미있어 했으며 매우 만족스러워했다.

최근 예일대 심리학자 카일리 햄린, 캐런 윈, 폴 블룸이 보여주었듯이, 생후 6개월 정도의 아기들은 다른 사람들 중에서 누가 도움이 될 것 같은지 기억한다. 6~10개월 사이의 아기에게 의인화된 세모, 네모 모양의 인형이 가파른 언덕을 올라가려 애쓰고 있는 또 다른 낯선 인형 친구를 도와주거나 방해하는 인형극을 보여주었다. 이후 유아들에게 연극에 등장했던 인형 중에서 가지고 놀 인형을 고르게 하자, 유아들을 잘 모르는 인형 친구에게 도움을 주었던 인형을 훨씬 더 선호했다. '도움이 됨' 같은 개념을 묘사하기 위한 단어를 습득하기 한참 전부터, 유아는 이미 친절할 것 같은 사람과 비열할 것 같은 사람을 구별하고, 다른 사람으로부터 도움을 이끌어낼 때 이러한 지식을 바탕으로 행동한다.[15] 사람들은 다른 사람의 의도, 신뢰성, 유능함을 가늠할 때, 잠재적인 자비심에 대한 평가와 연결시켜 생각한다.

마이클 토마셀로와 같은 심리학자들은 "9개월의 혁명", 말하자면 아기들이 "타인을 자기와 마찬가지로 의도를 가진 행위자로서 이해하는 것"이 더 완전하게 발달하기 시작하는 시점에 대해 이야기한다.[16] 전통 사회에서 대행 부모로부터 얼마나 많은 음식 공유가 이루어지는지를 미루어볼 때, 이 월령쯤 되면 유아가 아직 젖을 떼기 한참 전이더라도 대행 부모와 훨씬 더 많은 시간을 보내고, 입에서 입으로 넣어주는 유아식은 더 이상 주지 않는다는 것을 주목할 필요가 있다. 보울비의 초기 통찰 중 하나는 유아가 어머니와 애착을 형성하는 것이 어머니의 젖을 찾는 것(사랑의 '찬장' 이론)과는 별개라고 인식한 것이다.[17] 하지만 그렇다고 해서 어머니를 포함한 다양한 보호자들이 주는 음식 선물이 이들에 대한 유아의 관심과 호감에 영향을 미치지 않는 것은 아니다. 맛있는 선물은 누가 관대하고, 누가 그렇지 않은지에 대한 인식과 함께, 누가 도움을 주고, 누가 해를 끼칠 수 있는지에 대한 평가에 반영된다.

의심의 여지없이 아이들이 정교한 사회적 평가를 내리고 특정 보호자를 선호하는 것은 타고난 인지적·언어적 재능과 함께, 어떤 원숭이보다도 더 크고 복잡한 신피질 덕분이다.[18] 그러나 아이들은 다른 사람의 반응에 호기심을 갖고, 다른 사람의 '성격'을 꽤나 미묘하게 평가한다. 이는 다른 유인원 새끼들이 대처해야 했던 것보다 훨씬 예측성이 떨어지는 우발적 상황과 복잡한 생애 초기 환경에 대응하면서 지나온 오랜 진화의 역사 속에서 형성된 특성이다.[19] 빠르면 생후 1년쯤 인간 아기는 다른 사람의 생각뿐만 아니라 다른 이들이 '자기를 어떻게 생각하는지'에 대해 관심을 갖는다. 이는 최근까지 대부분의 심리학자들이 이러한 사고가 가능하다고 생각했던 시기보다 훨씬 더 이른 시기이다. 예를 들어 아기들은 자기가 인정받았다고 느낄 때 개인적 자부심이라고밖에 달리 표현할 방법이 없는 기쁨을 표현한다. 아울러 자신이 한 행동을 보호자가 맘에 들지 않아 한다는 것을 느끼면 부끄러워하거나 당혹스러워 한다.[20]

아기가 이러한 신호에 민감하다는 것은 다른 사람의 정신과 감정

상태를 인지할 수 있다는 뜻이다. 그리고 더 나아가 아기가 어느 정도 상호주관적인 관계를 맺을 수 있다는 것을 의미한다. 내가 생각하는 인간과 다른 유인원의 차이를 설명하는 가장 그럴듯한 방법은 다른 사람의 의도를 재고, 그들과 관계를 맺는 데 더 능했던 아기들이 그들로부터 더 많은 보살핌을 이끌어냈고, 따라서 성인기까지 살아남아 번식할 가능성이 더 높았던 광대한(길게는 200만 년 정도) 진화적 시간을 고려하는 것이다. 또한 이런 방식으로 발달 과정을 거친 아이들은 자연스럽게 사회적 제재, 금기, 지위뿐만이 아니라 평판에 영향을 미치는 행동에 더 책임감 있게 반응한다.

▌헌신 감별사

　　모든 영장류는 어미에게 붙어있을 수 있도록 도와주는 일련의 특징들을 가지고 태어난다.[21] 어미에게서 떨어지면 새끼는 발버둥을 치며 떼쓸 것이다. (물론 이렇게 떨어진 새끼가 다른 누군가(티티원숭이의 경우에는 아비)에게 안기는 것에 곧 익숙해지기도 한다.) 심지어 유아 공유를 하는 종도 새끼들은 어미와 떨어지기 싫어하고, 어미에게 되돌아가면 안도한다. 어미에게 돌아가지 못하면 새끼의 울음소리는 점점 더 애처로워진다. (적어도 나의 모성적인 귀에는 놀라울 정도로 그렇게 들린다.) 어미와 떨어지면 처음에는 이렇게 발버둥 치다가 이후에는 어미를 찾아 주위를 두리번거리고 어미가 다시 돌아오게 하기 위해 큰 소리로 부르면서 새끼는 점점 더 고통스러운 모습을 보인다. 어린 랑구르원숭이는 새가 지저귀는 것 같은 고음조의 특화된 소리를 내는 데 이는 정확히 어미와 오랫동안 떨어지게 되는 보기 드문 불상사에 적응한 결과이다. 이 소리는 정말로 새 소리와 비슷한데, 아마도 지나가는 포식자가 이 소리의 주인이 무력한 먹잇감이 아니라 쉽게 날아갈 수 있는 생물이라고 생각하도록 위장하기 위한 것으로 보인다.

다른 원숭이로부터 위안을 받는 데 익숙하지 않은 새끼일수록 괴로움은 더 강해진다. 새끼의 고통을 달래지 않으면, 어미를 찾기 위한 새끼의 필사적인 노력은 불행한 결과로 이어진다. 결국 아기는 절망했을 때 나타나는 전형적 특징인 에너지 절약적 무기력증에 빠진다.[22] 이처럼 분리의 고통이 명백하고 뚜렷하기 때문에 케임브리지 대학의 로버트 힌데(Robert Hinde) 같은 학자들은 아기 원숭이를 어미로부터 분리하는 실험이 다른 형태의 동물학대와 윤리적으로 다를 바 없다는 결론을 내린 것이다.[23]

다시 어머니와 만나게 되면 오랜 시간 동안의 분리 그리고 그에 따른 절망감에 시달린 유아는 보울비가 "거리두기(detachment)"라고 명명한 반응을 보이기도 한다. 거리두기는 아마도 믿지 못할 어머니를 둔 가엾은 유아가 분리에 대처하는 것에 도움이 될지도 모를 자립심을 드러내면서 겉으로 보여주는 허세일 것이다. 자립심은 유아의 앞에 나타날 다른 보호자와 애착을 형성하기 위한 토대가 될 수도 있다.[24] 어미를 잃은 어린것들이 어미의 대체자를 찾기 위해 주변의 다른 어른들에게 다가가 관계 맺고자 하는 무차별적인 애착은 인간 아이들과 원숭이 모두에게 나타나는 전형적인 특징이다.[25] 어미와 분리된 새끼 원숭이가 나오는 가슴 찢어지는 실험 연구 비디오를 본 적이 있거나, 가난, 전쟁, 에이즈, 무관심으로 인해 부모나 대행 부모조차 없는 아이

4. 독특한 발달 과정

들이 필사적으로 부모의 대체자를 찾는 고아원이나 난민촌을 방문한 적이 있는 사람이라면 누구나 이 유사성이 명백하다는 것을 알 수 있을 것이다. 또한 이 아이들을 얼른 들어 올려 안아주고 도와주고자 하는 강한 충동을 느낀다. 그들의 고통에 대한 우리의 반응은 뿌리가 깊은 것이다. 결국 우리도 영장류이다.

애착을 형성하고 유지하기 위한 인간 유아들의 생물학적인 욕망은 매우 오래된 영장류 공통 행동에 기반한다.[26] 수십 년 전 보울비의 동료인 메리 아인스워스(Mary Ainsworth)는 "애착 이론은 결코 유아의 애착 형성에 어머니의 민감한 반응이 필요하다는 것을 의미하지 않는다"고 지적했다.[27] 하지만 여전히 인간 아기는 촉각적인 접촉을 넘어 더 많은 것들을 필요로 하는 듯이 보인다. 어머니의 헌신을 계속 재확인할 수 있는 것들 말이다. 다른 유인원들의 진화사를 통틀어, 어미는 새끼와 계속 붙어있고자 하는 강한 동기를 가지고 곁에 있었다. 그렇지 않을 때는 어미가 움직이지도 못할 정도로 쇠약해지거나 아마도 사망한 경우였다. 이와 대조적으로 초기 인간의 유아가 맞닥뜨린 도전은 항상 더 복잡한 것이었다.

이러한 유산은 심지어 아기의 뇌가 완전히 발달하기 전, 언어를 습득할 수 있는 월령 전인 생후 첫 달에도 인간 아기가 초보적인 수준을 뛰어넘는 감식력을 가지고 보호자가 얼마나 잘 응해주는지에 대해 민감하게 반응하는 이유를 설명하는 데 도움이 된다. 인간 아기는 활기찬 눈, 생동감 있는 어조, 자신의 소리를 메아리처럼 되돌려주는 목소리에 이끌린다. 아울러 이런 반응을 서로 주고받는 속도, 자신의 내적 상태에 대한 어머니의 전반적인 조율, 어머니가 중얼거릴 때의 리듬처럼 두 존재 사이의 상호작용에서 일어나는 모든 리듬을 헌신의 표지로서 항상 주의를 기울이고 있다. 유아의 신호에 잘 반응하지 않는 우울한 어머니를 둔 신생아가 스트레스 상태를 나타내는 신경생리적 지표(높은 세로토닌과 도파민 수치)를 보인다는 것은 놀랄 일이 아니다. 이 아기들의 뇌파는 다른 아기들과 비교했을 때 오른쪽 전두엽에서 더 활성화되는 것이 특징이며(뇌전도를 추적하여 확인한다), 음악을 듣는 것으로 쉽게 진정되지 않는다(심박수 감소 지연으로 측정된다).[28]

보울비는 어머니의 세심함을 아기에 대한 어머니의 "존중"으로 해석했다. 하지만 어머니의 헌신이 보장되지 않는 종에서 태어난 유아가 찾고자 하는 메시지는 '어쨌든 너는 보살핌 받을 것이다'에 더 가깝다. 어머니와의 관계에서 서로 오고가고 주고받는 리듬에 아기가 관심을 기울이는 것은 아주 미묘한 의미가 있다.[29] 어머니의 호응성에 대한 이 끊임없는 시험은 처음부터 어미에 꼭 붙어 지내면서 결코 떨어지지 않았던 조상을 갖고 있는 유인원 새끼들에게는 필요하지 않다. 유인원 새끼들은 어미가 어디에 있는지, 또 어미의 의도가 무엇인지 살필 일도 더 적고 그 필요성도 더 적었다. 인간 아기들은 모두 '특별한 욕구'를 가지고 있는데, 이 책의 9장에서 그 취약성의 장기적 함의를 논의할 것이다.

▌어머니 휴식 시간의 결과

보울비의 초기 가설에 따르면, 어머니의 부재가 유아를 더 불안하고 집착하게 하지만 않는다면 유아의 마음을 성장하게 한다. 어머니의 반응이 일관적이지 않을수록 아기는 더 불안한 애착을 형성하는데, 노골적으로 불안해하지는 않을지라도 아기를 과민하게 만든다. 호미닌 어머니들이 '이 견과류를 깨는 동안 어머니에게 아기를 봐 달라고 할까?' 또는 '식량을 모으러 가는 길에 아기를 데리고 가야 할까, 아니면 이모에게 맡겨야 할까?' 아니면 '이 아이를 그냥 없애야 할까?' 하는 걱정을 하면 할수록 아기에 대한 감정은 점점 더 애증을 오가며, 자연 선택은 어머니의 헌신과 관련된 마음 상태를 보여주는 얼굴 표정이나 몸짓을 예의주시하고 눈치를 보는 아기들을 더 선호했을 것이다.

『어머니의 탄생』에서 나는 이처럼 양가감정을 가진 어머니들이 유아들에게 가하는 선택적 압력을 검토했다. 아울러 역사적으로 그리고 진화사적으로 오랜 기간 동안 어머니의 사회적 지원이 부족하거나, (어머니의 눈에) 아기가 부적합하다는 이유로 수많은 유아가 태어난 직후에 어머니로부터 버림받았다는 것을 알게 되었다. 왜 인간의 유아들이 그렇게 통통하게 태어나고(다른 유인원들과 비교해서), 왜 그렇게 '사랑스러운' 것인지, 다시 말해 인간 신생아는 '키울 가치가 있다'는 것을 증명하기 위해 어떤 특별한 선택 압력을 받았는지 같은 감정적이고 민감한 주제들을 다시 언급하기에는 지면이 충분하지 않다.[30] 여기서는 진화하는 동안 신생아들이 출산 이후 어머니의 헌신을 이끌어내야 하는 특별한 도전에 직면했다는 것을 감안한 채 훨씬 덜 극단적인 상황에서 아기들이 헌신적인 어머니와의 짧고 일상적인 분리에 어떻게 반응하는지 살펴볼 것이다.

심리학자들은 이미 어머니와 아기 사이에 직접적인 신체 접촉이 많을수록 서로 상대방의 얼굴을 들여다보는 시간이 더 적어지며, 보울비가 소설가 조지 엘리엇("버림받은 아이는, 갑자기 잠에서 깨어나 … 사랑의 눈을 더 이상 마주볼 수 없다는 것을 깨닫는다")을 인용하면서 언급한 "사랑의 눈"을 찾기 위한 행동이 줄어든다는 것을 알고 있었다.[31] 이 통찰은 다른 유인원들에게도 마찬가지이며, 다양한 문화의 인간 사회 전반에 걸쳐 적용된다.[32] 어머니와 유아의 눈맞춤에 대한 몇 안 되는 통제된 실험연구 중 하나를 수행한 심리학자 마누엘라 라벨리(Manuela Lavelli)와 앨런 포겔(Alan Fogel)은 어머니와 신체적으로 떨어져 있는 아기들이 더 많이 눈을 맞추고자 하는 것을 발견했다. 생후 1~3개월 사이의 아기들을 관찰한 라벨리와 포겔은 어머니와의 신체적 접촉이 떨어진 것(예를 들어 아기를 근처 소파에 눕혀 놓은 것)이 유아가 어머니를 더 많이 찾고, 어머니의 위치를 파악한 후, 어머니의 얼굴을 훨씬 더 오래 바라보도록 자극한다는 것을 발견했다.[33]

다른 유인원들 역시 신체 접촉이 줄어들면 다른 수단을 통해 유대를 재확립하려고 한다. 최근 킴 바드(Kim Bard)와 동료들은 어미 침팬지가 새끼를 가까이 안거나 털을 고르는 데 많은 시간을 할애할수록, 어미와 새끼가 서로의 얼굴을 바라보는 데 보내는 시간이 줄어든다는 것을 발견했다. 어미와의 신체적 접촉이 제한될수록, 이 작은 유인원들은 시각적 방법으로 접촉을 회복하기 위해 노력한다.[34]

자연스러운 상황이라면 비인간 영장류 새끼는 혼자서도 잽싸게 돌아다닐 수 있기 전까지는 어미에게서 결코 떨어지지 않는다. 이와 달리 현대 수렵채집사회의 아기는 스스로 돌아다닐 수 있기 한참 더 전부터 어머니와 떨어져 다른 사람들에게 맡겨진다. 이렇게 다른 사람

　　　　　　　　　　　　　　　4. 독특한 발달 과정

들과 함께 시간을 보내야 하는 아기들은 어머니가 어디 있는지 확인하기 위해 다양한 기술이 필요할 것이다. 어머니와의 접촉과 자애로운 대행 부모와의 접촉을 동시에 유지하기 위해 아기는 얼굴을 찾고, 응시하며, 거기서 드러나는 것을 읽으려고 애쓴다.

어머니와 떨어지게 된 유아는 다른 보호자로부터 위로나 즐거움, 또는 맛있는 간식을 얻을 수도 있고, 그저 업혀 있다가 손위 형제자매들에게 간식을 빼앗길 수도 있다. 어른들이 소리를 들을 수 있을 만큼 가까이 있으면 짓궂은 행동이 줄어들기는 하지만, 이러한 소소한 위협들을 완전히 막을 수는 없다. 태어나고 첫 몇 달 동안의 자극적인 접촉들—대부분 긍정적이지만, 항상 그렇지는 않다—은 매우 어린 나이부터 다른 사람의 의도에 기민하게 반응하는 감각 신경계를 갖춘 새로운 종류의 유인원을 위한 토대를 마련한다. 이 새로운 신경계는 대행 부모의 돌봄을 끌어내고, 유지하고, 조종하는 데 조금 더 나은 소질을 가지고 태어난 아이들이 생존에 유리했던 선택압에 노출된 결과일 것이다. 이런 방식으로 자연 선택은 유아가 타인의 감정, 정신 상태, 의도를 살피고 이에 영향을 미치도록 하는 인지적 경향의 진화로 이끌었을 것이다. 비록 신체적으로 떨어져 있을 때에도 아기들이 보호자와 연결될 수 있도록 도와준 특질은 연약한 유아가 살아남는 데도 도움이 되었다.

▍떨어져 있는 동안 연락하기

영장류를 통틀어서 아기들이 소리 내서 표현하는 것을

더 많이 하는 경우는 두 가지이다. 어미와 떨어져 있을 때, 그리고 어미와 신체적으로 붙어 있으면서 다른 누군가와 상호작용할 때.[35] 태어나고 3개월 동안 침팬지 새끼는 인간의 아기와 마찬가지로 자기에게 접근하는 대행 부모에게 반응을 보인다. 인간과 비인간 유인원 아기들은 다른 존재들이 보이는 자극에 오랫동안 쳐다보고 소리를 냄으로써 반응한다. 우리는 이를 인간의 손에 길러지는 침팬지에게서 확인할 수 있다. 이를테면 19주가 된 침팬지 새끼는 자신의 어미나 친숙한 인간 보육자보다 낯선 인간에게 반응할 가능성이 더 높았다.[36] 하지만 일반적인 자연 환경이라면 해당 월령의 침팬지는 대행 부모와 상호작용할 기회가 없다. 설령 다른 침팬지와 만난다 하더라도 새끼의 생존에 도움이 될 가능성은 거의 없다.

모든 유인원 새끼는 어미와 떨어지는 위급 상황에 처하면 소리 높여 칭얼대거나 애처로운 소리를 낸다. 그러나 인간 아기는 어머니의 몸에서 떨어지는 일이 자주 있기 때문에 이런 상황에 더 미묘하게 대처하는 것이 필요하다. 위급하지 않은 상황에서 소리로 표현하는 방법을 찾아야 하는 것이다. 말하자면 소리를 내어 표현해서 다른 사람들과 연결되고 관계를 유지하기 위한 어떤 새로운 방법 말이다. 이른바 옹알이(babbling)라고도 하는 아기들의 반복적이고 리드미컬한 발성은 매우 정교한 방식으로 이러한 목적을 달성한다.

아기들은 대략 7개월경에 옹알이를 시작한다.[37] 이 시기는 대개 아기들이 '젖니'가 나는 시기와 일치한다. 먼저 두 개의 자그마한 앞니가 아래 잇몸을 뚫고 나오고, 이어서 위에서 네 개, 그리고 점차 스무 개가 다 자라게 되는데, 이 작고 날카로운 이로 아기는 처음으로 접하는

4. 독특한 발달 과정

젖 이외의 음식들, 예를 들어 다른 사람이 주는 부드러운 과일이나 구근류, 그리고 고기를 씹을 수 있게 된다. 지금까지 알려진 바로는 다른 영장류 중에 유아가 옹알이 단계를 거치는 것으로 관찰된 종은 모두 비단원숭이과(*Callitrichidae*)에 속한 종이다. 인간과 함께, 이 마모셋과 타마린들은 돌봄과 부양을 공유하는 완전한 형태의 협동 번식을 하는 소수의 영장류 종이다.

비인간 영장류의 옹알이에 대한 것으로는 브라질의 난쟁이 마모셋 종을 다룬 척 스노든(Chuck Snowdon)과 마거릿 엘로슨(Margaret Elowson)의 연구가 특히 뛰어나다. 이 종의 새끼들은 태어난 지 얼마 되지 않아서도 성체의 의사소통에서 자주 쓰이는 소리와 비슷한 복잡한 발성을 시작한다. 옹알이가 시작되는 시기가 어미 이외의 보육자로부터 새끼가 보살핌 받기 시작하는 시점과 정확히 일치한다는 것은 의미심장하다. 왜냐하면 사육되든 야생에서든 항상 이러한 독특한 발성은 대행 어미의 관심을 끌기 때문이다. 그래서 스노든과 엘로슨은 실제로 돌보미의 관심을 끄는 것이 마모셋 옹알이의 '기능'이라는 가설을 세웠다.[38] 몇몇 비단원숭이 종은 이렇게 소리를 내서 실제로 대행 부모에게서 음식을 얻어낸다. 마모셋 연구자들은 이를 처음으로 기술한 척 스노든을 기리기 위해 이런 소리를 내는 것에 '척 콜'이라는 이름을 붙였다.[39]

밥을 주든 말든 유아들은 보육자와의 접촉 끝난 뒤에도 계속 옹알이를 하는데, 이는 옹알이가 부모와 대행 어미들과의 유대를 만들 뿐만 아니라 유지하는 데에도 역할을 한다는 것을 암시한다.[40] 스노든과 엘로슨이 옳다면 침팬지처럼 끊임없는 돌봄과 접촉을 유지하는 종에서 옹알이가 들리지 않는다는 사실은 전혀 놀라울 것이 없다. 이들 종은 옹알이를 위한 생리적 장치를 가지고 있지 않을지도 모른다.[41] 침팬지 유아는 단지 옹알이가 필요하지 않은 것뿐이다. 하지만 매우 다른 돌봄의 역사를 가진 인간에서는 옹알이가 보편적으로 나타난다.

최근 인류학자 딘 포크(Dean Falk)는 홍적세 시대의 양육에 대한 다소 다른 시나리오를 바탕으로 옹알이와 모성어를 설명하고자 했다. 포크에 따르면, 이 두 가지 의사소통 방법은 인간 계보에서 새롭게 나타난 두발걷기를 하는 털 없는 엄마들이 더 이상 자기들에게 매달려 있을 수 없는 유아들을 달래기 위해 진화한 것이다.[42] 포크의 '아기 내려놓기 가설'은 고인류 어머니들이 두 손이 자유로운 상태로 일하기 위해 아기를 바닥에 내려놓을 필요가 있었을 것이라고 제안했다. 포크는 이렇게 썼다. "베이비슬링(포대기)이 발명되기 전에 초기 호미닌 어머니들은 두 손을 자유롭게 하기 위해 아기를 빈번히 내려놓았을 것이다."[43] 하지만 원원류나 양털거미원숭이를 제외하고는 야생 영장류나 수렵채집사회 사람들이 아기를 그냥 내려놓는 일을 극히 드물다.[44] 포크는 우리의 고인류 선조가 대행 어미의 도움을 받을 수 없는 털 없는 침팬지와 유사했다는 가정에서 시작했던 것이다.

나는 유아의 옹알이와 마찬가지로 모성어가 유아를 안심시키고 곁에 있음을 알리는 소리라는 포크의 의견에 동의한다. 그러나 인간의 옹알이와 모성어는 어미 양털거미원숭이가 좀 더 자란 유아를 나뭇가지에 내려놓고 주변에서 먹이를 채집하는 동안 어미가 내는 혀 차는 소리와는 다른 기능이 있다고 생각한다.[45] 호미닌의 경우 옹알이와 모성어 모두 아기가 다른 사람들에게 안겨 있는 동안 아기와 어머니가

　　　　　　　　　　　　4. 독특한 발달 과정

접촉을 유지하기 위한 필요에 의해 진화했을 것이다. 모성어는 어머니가 어디에 있는지, 어떤 의도인지를 전달하며 아기를 안심시켰고, 옹알이는 어머니와 대행 어미 모두의 주의를 끌었다.

포크의 주장대로 일단 언어가 진화한 후에는(또는 다른 인간적 특성들과 공진화한 후에는) 아기가 성인의 소리를 따라하는 것은 언어를 습득하기 위한 유용한 연습이 되었을 것이다.[46] 그러나 내가 보기엔 인간 언어의 재귀적이고 구문론적인 정교함은 협동 번식이 진화하고 나서 오랜 시간이 지난 후에 생겨났고, 유아가 다른 사람들의 주의를 끌고 관계를 유지하기 위한 필요성은 이미 협동 번식과 함께 시작되었다. 옹알이의 힘은 수다를 떠는 재능보다 백만 년 이상 앞섰을 것으로 보인다.[47]

▌캐스팅을 많이 할수록, 이야기가 탄탄해진다

대부분의 영장류와 모든 유인원은 안정적인 애착을 형성하려는 기본적 욕구를 가지고 태어난다는 점에서는 동일하지만, 인간은 더 많은 확신을 필요로 한다. 왜 그래야 하는 걸까? 1950년대와 1960년대에 걸쳐 보울비와 그의 추종자들은 끊임없이 돌보고 붙어 있는 어미의 존재가 모든 영장류에게 동일하게 나타난다는 것을 기정사실로 받아들였고, 새롭게 쏟아진 돌봄 공유에 대한 정보에 거의 관심을 기울이지 않았다.[48] !쿵족을 자세하게 관찰해 처음으로 얻은 수렵채집인들의 육아 데이터는 보울비적 시각으로 해석되었다. 그러나 시간이 흐르면서 이와 같은 지배적 관점에 비판적인 사람들은 어머니

혼자 돌봄을 담당하는 모델을 '단일지향적(monotropic) 모델'로 보기 시작했다.[49]

보울비에게 공평하게 말하면, 그는 일부 비판자들 생각하는 것처럼 독단적으로 어머니 중심적인 이론에만 머물러 있지 않았다. 우간다 현장 연구에서 많은 영향을 받은 아인스워스의 자극으로 보울비는 어머니가 얼마나 많은 도움을 필요로 하는지 언급하고, 다양한 사람들로부터의 도움을 인정하기 시작했다. 보울비는 1980년에 강의 도입부에서 "(이러한 도움을 제공하는 사람은) 빈번히 다른 부모들이다. 많은 사회에서, 우리가 생각하는 것 이상으로, 할머니들이 이러한 도움을 제공한다. 도움을 주는 또 다른 사람들은 사춘기 소녀들과 젊은 여성들이다. 전 세계 대부분의 사회에서 이러한 사실들은 당연하게 여겨져 왔고, 사회는 이에 따라 조직되었다. 역설적으로 세계에서 가장 부유한 사회들에서만 이 기본적인 사실들이 무시되고 있다"고 언급했다.[50]

하지만 비판적으로 보면, 보울비의 유아 발달에 대한 견해는 근본적으로 어머니 중심적이었다. 애착 이론이 나오고 50여 년 동안, 모든 연구는 유아와 오직 한 사람의 관계에만 초점을 맞추었다. 그러나 진화론적 관점에서 어머니는 결코 이야기의 전부가 아니다. 어머니 이외의 다른 사람과의 애착에 대한 논의가 점차 등장하게 된 것은 대체로 20세기 후반 보육과 관련한 격렬하고도 양극화된 논쟁이 일어나면서였다.

특히 엄마가 집에서 돌보는 아이와 다양한 품질의 외부 보육시설에서 비혈연 관계의 보육자가 돌보는 아이들의 발달 결과를 비교하기 위한 연구가 진행되었다. 유아가 어머니와 형성한 애착이 얼마나 '안정'

적인지, 또는 '불안정'한지, 유아가 초기 아동기에 얼마나 잘 적응하고, 순응하는지 혹은 공격적으로 되는지 등등이 질문의 대상이었다. 이러한 연구들은 다수의 보육자들이 유아의 발달에 미치는 영향에 대한 정보를 거의 제공하지 않는다. 이 연구들은 단순히 보육시설의 유해성 여부만을 확인하기 위한 연구였기 때문이다.[51] 그러나 보육시설의 영향에 대한 첫 번째 대규모 경험적 연구 결과는 어머니가 혼자 전적으로 아기를 돌볼 때 가장 잘 발달한다고 확신했던 강경파 보울비 제자들을 깜짝 놀라게 만들었다.

20세기 말 미국 국립아동보건인간개발연구소(NICHD)는 6세 미만의 아동을 둔 미국 어머니들의 62퍼센트가 가정 밖에서 일을 하고 있고, 이들 대다수가 출산 후 3~4개월 이내에 일터로 돌아간다는 사실에 우려를 표하기 시작했다. 하지만 어머니 이외의 다른 사람이 돌보는 미취학 아동이 1,300만 명이 되고, 보육시설에 대한 논쟁이 뜨거워지는 와중에도 당시까지 보육시설의 영향에 대해 대규모의 세심하게 통제된 연구가 이루어진 적은 없었다. 1991년부터 미국 국립아동보건인간개발연구소는 최고의 심리학자들로 구성된 컨소시엄에 자금을 지원하여, 미국의 10개 지역에서 여러 형태의 보육 제도를 이용하는 인종과 경제적 배경이 다양한 1,364명의 아이들을 추적 조사했다.[52]

데이터가 쏟아져 들어오면서, 보육시설에 있는 어린이들의 발달에 영향을 미치는 많은 요인들이 있다는 것이 명백해졌다. 여기에는 가정에서 유아가 어머니와 맺은 관계의 질, 아이가 집 밖에서 얼마나 많은 시간을 보내는지, 보육자당 어린이의 수, 탁아소의 직원 이직률 등이 포함됐다. 하지만 가장 중요한 발견은 어머니와 대행 어머니의 아이의 욕구에 대한 민감성과 호응성이 실제로 어머니와 떨어져서 지낸 시간보다 자기 통제, 타인에 대한 존중, 사회적 준수와 같은 발달 결과를 가장 잘 예측한다는 것이다. 어머니가 신경을 못 쓰거나 육아에 소홀한 상황에서 아이들은 자신들의 욕구가 더 규칙적으로 또 예측 가능하게 충족되는 보육시설에서 더 잘 지냈다.

이 대규모의 연구는 많은 면에서 유익했다. 연구의 주된 메시지는 어머니의 존재가 아니라(물론 아이가 어머니와 맺은 애착의 질은 이론의 여지없이 중요하지만), 친숙하고 잘 응해주는 사람들이 돌봐주는 동안 유아가 얼마나 안정감을 느끼는지가 가장 중요하다는 것이다. 어머니들이 집 밖에서 일하는 것을 그만둘 수 없는 상황에서 곳곳에 있는 보육시설이 미국 아이들에게 나쁘지 않다는 뉴스는 현실적으로 정말 환영받을 만했다. 하지만 좋은 보육시설은 차치하고 적당한 보육시설조차 매우 드물고, 있다고 해도 비용이 높다는 점에서는 실망스러웠다. 심지어 좋은 시설에 뛰어난 보육사들이 있는 보육시설에서도 보육사들의 높은 이직률은 고질적인 문제였다. 유아와 오랜 시간 함께 보내며 유아의 특별한 기질이나 욕구를 잘 알고 있는 친족이나 유사친족들과 쌓는 신뢰와 친숙함을 대체하기는 어려웠던 것이다.[53]

보육시설에 대한 발견도 아동 발달에 대한 진화적 모델에 의문을 제기했다. 보울비와 초기 애착 이론가들이 주장한 대로 인류의 진화적 적응환경에서 어머니가 거의 전적으로 유아를 돌보았다면, 유아들은 왜 여러 명의 보육사들이 양육하는 환경에서도 잘 적응하는 것일까? 그리고 왜 양질의 어린이집에 다니는 아이들의 발달 결과는 대부분 아주 좋은 것일까?

▌애착 이론의 확장

미국 국립아동보건인간개발연구소의 대규모 연구 이전에는 여러 명의 보육자의 영향에 대한 체계적인 연구가 상대적으로 거의 없었으며, 더욱이 다중 애착에 대한 연구는 훨씬 적었다. 그럼에도 불구하고, 1970년대부터 소수의 심리학자들이 유아가 어머니 이외의 타인(특히 아버지)과 맺는 애착의 역할을 질문하기 시작했다. 마이클 램(Michael Lamb)은 이 선구자들 중 한 명이었다. 심리학자인 램은 애착 이론의 주요 개념들을 익혔고, 괴로운 상태의 아기가 우선적으로 어머니를 찾을 것을 의심하지 않았다. 하지만 램은 고전적 애착 이론에 내포된 어머니 중심적 가정들이 지나치게 좁다는 것을 발견했다.

애초 램은 그저 자기처럼 육아에 적극적인 아버지들에게 더 많은 관심을 기울이길 바랐을 뿐이었다. 유아와 '다른 사람들' 사이의 애착에 대한 첫 번째 연구 중 하나에서 나온 데이터를 분석하면서, 램은 (자신이 예상했던 바와 같이) 아기들이 어머니의 민감하고 예측 가능한 돌봄, 고음의 모성어, 만족스러운 유방에 매료되었고, 어머니에게 애착을 형성했다는 것을 발견했다. 그러나 연구에 참여한 아기들은 비교적 짧은 기간 동안의 노출 후에 아버지와도 감정적인 애착을 형성했다. [54] 아기들은 아버지와 짧고 강렬한 그리고 흥미진진한 놀이로 상호작용하는 경향이 있었다. (이 이야기를 들으니 남편이 아이들을 머리 위로 높이 던져 올렸다가 받는 모습을 지켜보던 일이 떠올랐다. 정확하게 받아냈고, 항상 확실히 신나고 기억에 남는 놀이였다.) 유아는 하루 1시간도 채

(위) 서구의 아버지들은 아이들과 함께 하는 시간이 적은 것을 자극적이고 신나는 놀이를 많이 함으로써 보충하려고 하는 것인지도 모른다. (아래) 수렵채집사회의 아버지들은 이렇게 아이들과 친밀하고, 평온하게 지내는 데 훨씬 더 많은 시간을 보낸다.

4. 독특한 발달 과정

안 되는 시간 동안 아기와 직접 접촉하는 미국의 전형적인 아버지와도 애착을 형성했다. 이는 대부분의 수렵채집사회 아버지들이 아기들과 보내는 시간보다 훨씬 더 짧은 시간이다.[55]

수렵채집인들은 서로 긴밀하게 연결된 무리에서 살며, 마을에서 많은 시간을 보내기 때문에, 아버지들은 자녀와 친밀한 관계를 맺는 경향이 있다. 컴퓨터, 텔레비전, 또는 아이팟이 없는 세상에서 어린아이들의 재롱은 어른들을 위한 황금시간대의 오락이다. 전 세계에서 보고된 평균적인 아버지와 유아의 직접적인 접촉 시간의 최고 기록은 중앙아프리카의 아카 수렵채집민들이다. 이는 아카족의 유아 돌봄에 대한 배리 휴렛의 집요한 관찰을 통해 나왔다. 생후 1~4개월 된 아기의 아버지는 24시간 중 절반 이상의 시간 동안 손이 닿을 정도로 아기와 가까운 거리에 머무르는데, 아버지가 마을에 머무르는 시간의 무려 22퍼센트에 달하는 시간 동안 입맞춤하고, 키스하고, 포옹하고, 또는 그냥 안고 있다. 심지어 아카족 부모는 숲에 사냥을 나갈 때도 아이가 떨어지지 않도록 조심하면서 꽤 어린 유아와 다른 아이들을 함께 데리고 간다. 거의 예외 없이 수렵채집사회의 아버지들은 대부분의 서구 사회의 아버지들보다 유아와 더 많은 시간을 함께 보내고, 농경사회의 아버지들보다 '훨씬' 더 많은 시간을 보낸다. 사실, 많은 농경사회에서 아버지는 아이를 전혀 안고 다니지 않는다. 그래도 아카족 아버지는 수렵채집사회 중에서도 특별한 사례이다.[56]

대행 어머니의 돌봄을 다룬 경험적 연구는 아버지에 초점을 맞추어 시작되었으나, 램 같은 심리학자들이 인류학자들과 자료를 비교할수록 유목 수렵채집민들의 삶에서 어머니 홀로 혹은 어머니가 대부분 아이를 돌보는 것은 종 보편적인 현상이 아니라 서구 관찰자들이 전통사회 사람들에게 투사한 거의 불가능한 이상이라는 것이 점점 더 명백해졌다. 1980년대 중반과 1990년대 초반에 이미 미국, 네덜란드, 이스라엘의 몇몇 연구자들은 애착 이론의 단일지향적 초점에 의문을 제기하기 시작했고, 여러 명의 양육자 효과가 유아 발달에 어떤 영향을 미치는지 질문하기 시작했다.[57]

이스라엘 심리학자 에이브러햄 사기(Abraham Sagi)와 동료 연구자인 네덜란드의 매리너스 반 아니젠도른(Marinus van IJzendoorn)은 주로 어머니가 돌보는 아이들과 어머니와 다른 어른들이 돌보는 아이

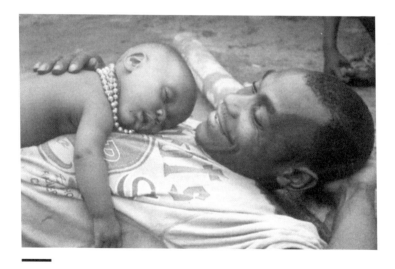

아카족 아버지들은 낮에는 보통 아기를 안고 다니고, 밤에는 아기 근처에서 잠을 자면서 대부분의 시간을 아기들이 부르는 소리를 들을 수 있을 정도의 거리에서 지낸다. 아카족 아버지는 서구의 아버지들이 하는 것처럼 집중적인 관심과 자극적인 놀이를 통해 헌신을 보여주는 것이 아니라 야영지에서나 가족들이 사냥을 위해 숲에 들어갈 때 말 그대로 아이들을 위해 '그곳에 존재하면서' 소통한다. 인류학자 베리 휴렛은 아카족 아버지 노릇에 대해 "아카족 아버지와 아이들의 친밀한 관계는 양질의 시간을 함께 보내기 때문이 아니라 아버지가 규칙적인 상호작용을 통해 자신의 아이를 유난히 잘 알기 때문이다"라고 적었다.

                                                     4. 독특한 발달 과정

들을 비교하기 위해 이스라엘과 네덜란드에서 야심 찬 일련의 연구를 시작했다. 이들의 연구결과는 "정기적으로 반복되는 상호작용에 따른 안정적인 관계만이" 어머니와 아기 사이에 조화로운 보울비적인 "짝"을 만들어낼 수 있다는 것에 대해 의문을 갖게 했다.[58]

수많은 애착 관련 연구들과 마찬가지로 반 아이젠도른, 사기, 그리고 이들의 동료 연구자들은 유아가 어머니에게 형성한 애착의 안정적인 정도가 "이후에 일어나는 사회정서적 발달"의 좋은 예측 변수라는 것을 알아냈다. 그러나 유아들은 다른 사람들과도 쉽게 애착을 형성했으며, 다른 개인과는 다른 종류의 애착을 만들었다. 예를 들어, 유아는 어머니와는 불안정하게 애착을 형성하면서, 이모나 할머니와는 안정적인 애착을 형성할 수 있었다.[59] 전반적으로 아이들은 세 개의 안정적 관계를 맺을 때 가장 잘 지내는 듯이 보였다. 세 개의 안정적 관계는 유아에게 '어떤 일이 있어도 보살펴줄 것'이라는 분명한 메시지를 전달한다. 이러한 발견을 바탕으로 반 아이젠도른과 사기는 "이후의 사회정서적 발달의 가장 강력한 예측자는 애착의 그물망 전체의 질을 포함한다"고 결론 내렸다. 그들은 이를 "통합 모델"이라고 이름 붙였다.[60]

이스라엘 키부츠 공동체는 유아들이 어떻게 다른 관계들을 통합하는지 연구하고, 아이의 수면 배치가 애착 형성에 어떻게 영향을 미치는지 배울 수 있는 자연 실험실을 제공한다. 태어나자마자 키부츠의 아기들은 특정 보육 그룹으로 배정된다. 이 집단에는 보통 두 명의 메타플릿(metapellet, 히브리어로 '돌봐 주는 사람'이란 뜻)이 여섯 명의 유아를 맡는다. 아기들은 생후 첫 3개월 동안 전적으로 어머니의 보살핌을 받으며, 아기들이 보육시설에서 시간을 보내기 시작하고 메타플릿과 알게 된 후에도 최소한 6개월까지는 어머니가 아기를 먹인다. 메타플롯(메타플릿의 복수형)은 대개 육아 숙련도가 높고 보육 관련 직업을 자진해서 선택한 대단히 열정 넘치는 여성들이다. 어머니가 직장에 복귀해 점점 더 긴 시간을 일하게 되면서, 메타플롯은 점차 일과시간 대부분의 육아를 담당한다. 이 점에서는 연구에 포함된 37개의 키부츠 공동체가 모두 상당히 비슷했다. 하지만 아기들이 밤을 보내는 장소에는 차이가 있었다. 아기들 각자는 낮잠을 자는 독립된 조용한 방에 자기만의 침대가 있었다. 하지만 사례는 아기가 매일 늦은 저녁에 집으로 돌아가 밤 동안 가족과 함께 집에 머물렀던 키부츠와 아기들이 늦은 저녁에 집으로 돌아갔다가 다시 공동 보육시설로 돌아와 상대적으로 덜 익숙한 순번제 야간 보육자들의 보살핌을 받으며 밤을 보내는 키부츠로 나뉘었다.

공동 보육시설에서 밤을 보내는 유아들은 어머니와 덜 안정적인 애착을 형성하는 경향이 있었고, 또한 전반적으로 보육자와 덜 안정적인 애착을 형성했다.[61] 영장류와 채집사회 전반에 걸친 비교 연구에서 나온 증거와 마찬가지로 어머니 근처에서 잠을 잘 때 더 큰 안정감을 얻는다고 해석할 수 있다. 휴렛의 표현대로, "인간은 밤에도 의사소통하며, 낮처럼 밤에도 신뢰와 확신이 있어야 한다." 아카족과 함께 지낸 경험을 바탕으로 휴렛은 함께 자는 것이 공유와 같은 다른 관계들의 빈도와 범위에 영향을 미치는 주요한 문화적 요소라고 간주한다.[62]

대부분의 영장류 육아에서 어머니와 유아는 함께 잠을 잔다. 높은 정도로 돌봄 공유를 하는 종에서도 밤이 되면 새끼들은 어미와 붙어

4. 독특한 발달 과정

있다. 마모셋을 생각해보자. 비록 새끼는 대부분의 낮 시간을 아비에게 매달려 보내지만, 밤에는 어미에게 매달려 있다. 마찬가지로 비디오로 녹화된 자료를 보면 밤에 아기들이 내는 소리에 잠에서 깰 가능성이 가장 높은 사람은 어머니였다.[63] 이는 거의 보편적으로 나타나기에, 유아들이 밤에 어두운 방에 혼자 있는 것을 괴로워하거나, 집 밖에서 잠을 자는 것에 어려움을 겪는 것을 충분히 이해할 수 있다. 이는 그들의 '최고의(primate. '영장류'라는 의미도 있다_옮긴이) 권리'이다.

▍다중 애착과 그 통합

지금까지는 돌봄 공유가 어떻게 자신의 마음을 다른 사람에게 대입시키는 정신적 능력을 향상시키는가에 초점을 맞추었다. 이 과정에서 다른 사람의 의도를 읽는 능력이 더 뛰어난 유아를 선호하는 방향으로 자연 선택이 일어나는 무대가 마련되었다. 동시에 정서적 현대 인류의 진화를 향한 중요한 첫걸음인 상호주관적인 의사소통을 촉진했다. 이제는 여러 명의 보육자와 관계를 맺는 것이 다른 인지적·사회정서적 발달에 어떤 영향을 미치는지 생각해 볼 때다.

이스라엘 키부츠 연구에서 가장 놀라운 발견 중 하나는 메타플롯과 안정적 애착을 맺은 유아는 몇 년 뒤 유치원에 들어갈 무렵에 더 자신감 있고, 사회적으로 세련되었다는 것이다.[64] 이러한 상관관계는 사기와 반 아이젠도른에게 이전에 심리 인류학자들이 케냐의 구시족 (Gusii) 원예농경 마을 주민들을 연구해 얻은 연구 결과를 상기시켰다. 구시족 아이들의 영양상태를 가장 잘 예측하는 요인은 어머니와의 애착의 안정성이었지만, 아이들의 인지적 수행 능력을 예측하는 데는 다른 보육자들과 맺은 애착의 안정성이 더 중요했다.[65] 자신들의 연구 결과와 아프리카 사례 연구 결과에 천착한 사기와 반 아이젠도른은 "확장된 네트워크가 이후의 고급 기능 발달의 가장 좋은 예측자"라고 결론지었다. 공감, 지배, 독립, 성취 지향성의 가장 강력한 예측 인자는 종종 부모 이외의 보육자들과의 강한 애착으로 드러났다. 연구자들은 아이들의 사회정서적 발달과 아이들이 부모와 형성한 애착의 질 사이에는 어떤 유의미한 연관성도 찾을 수 없었다.[66]

세심하고 신뢰성 있게 반응하는 한 사람, 바로 어머니가 아이들을 보살필 때 아이가 가장 잘 자란다는 서구의 전통적 지혜에 익숙한 사람에게는 이러한 결과들이 처음에는 놀랍거나 심지어 말도 안 되는 것으로 보일 수도 있다. 그러나 좀 더 자세히 살펴보면, 이스라엘, 네덜란드, 그리고 동아프리카 연구 결과들이 실제로 보여주는 것은 잘 응해주는 어머니가 중요하지 않다는 것이 아니라(당연히 중요하다), 여러 명의 보육자에 둘러싸여 양육된 유아가 단지 안정감을 느낄 뿐만 아니라, 더 잘 발달하고, 다채로운 관점에서 세상을 볼 수 있는 더 향상된 능력을 갖추고 성장한다는 것이다. 일찍이 램이 어머니와 아버지 모두에 애착을 형성한 유아에 대한 관찰에 근거하여 의심한 바와 같이, 어린 시절부터 다양한 관점을 인식하는 것은 아이를 더 공감적으로 만들 뿐만 아니라, 정신적·정서적 상태를 타인과 함께 나누는 데 필요한 정교한 능력 향상에 이바지한다.

다양한 관점들을 더 크게 통합할 수 있는 능력이 오늘날 많은 서구 어머니들이 이용할 수 있는 보육시설에서 항상 보장되는 것은 아니다.[67] 하지만 수렵채집사회의 몇 가지 특징들은 안정적인 보육 환경에 도움이 된다. 수렵채집 공동체는 가깝거나 먼 혈연관계에 있는 사람들 그리고 결혼으로 맺어진 친족들이 유연하게 결합한 것이다. 그러므로 모든 잠재적 보육자들은 유아와 친숙하다. 일반적으로 25~35명 정도의 집단 구성원들은 문화적으로 매우 동질적이고, 보수적일 것이다.

현대 사회를 특징짓는 급변하는 세계관과는 대조적으로, 수렵채집 사회에서 개개인의 세계관은 몇 세대 걸쳐 매우 안정적으로 유지된다. 개인들은 집단을 왔다 갔다 할 수 있고, 외부인이 가끔 유입되기도 하지만, 아이를 둘러싼 대가족과 사람들 마음속에 내재된 문화적 맥락은 극도로 예측가능하게 유지된다. 이는 현대 세계에서 아이들과 어른들이 모두 맞닥뜨린 빠른 속도의 문화적 변화와는 대조적이다. 아카족 같은 전통사회에서 육아 관습은 수직적으로 전승되고 모든 사람이 같은 관습을 따른다. 이는 아이 양육 관행이 매우 높은 수준으로 보존되고 양육자들 간의 일관성이 매우 크며, 더 나아가 아이가 보육자들에게 안정적인 애착을 형성할 수 있도록 돕는다.[68]

▌'베풀어주는' 곳으로서의 세계

동정심을 갖는 능력은 매우 인간적인 특성이다. 하지만 어떤 특정 개인에게 동정심이 발현되는지 여부는 각 개인의 유전적 기질과 발달 과정의 경험, 둘 다의 영향을 받는다. 생후 14개월이 되면, 100퍼센트 유전자를 공유하는 일란성 쌍둥이는 실험자가 클립보드에 손가락이 끼는 시늉을 하면서 '아야' 하고 소리를 낼 때, 유전자를 절반만 공유하는 이란성 쌍둥이들보다 더 비슷하게 반응한다.[69] 하지만 이런 공감 역시 경험을 통해 학습된 요소도 가지고 있다. 이는 다른 사람의 관점에서 세상을 보고 경험하는 법을 배우면서 얻는 것이다.

심리학자들은 아이들이 얼마나 이른 나이부터 다른 사람들과 관계를 맺고 싶어 하며, 다른 사람들과 연결되어 있다고 느끼고 싶어 하는지 깨닫고 점점 더 놀라고 있다. 아이들은 어머니뿐만 아니다 다양한 다른 사람들, 심지어 낯선 사람들도 돕고 나누고자 한다. 어머니나 친숙한 사람이 곁에 있고 자신이 안전하다고 느낀다면, 빠르면 두 살 무렵부터 아이들은 누군가 슬퍼하면 위로해주고자 하며, 힘들어하는 사람을 도와주고자 한다.[70] 그보다 더 이른 발달 단계에서부터 아이들은 다른 사람들이 자기들을 어떻게 생각하는지, 다른 사람들이 특정한 물건이나 까꿍 놀이 같은 게임에 어떻게 반응하는지 관심을 갖는다.[71] 이르면 4개월, 늦어도 첫 돌쯤 적당한 조건이 되면 아기들은 다른 사람의 허락을 구하거나, 확실한 칭찬을 받을 때, 다른 사람들의 반응을 충분히 인식한다. 또, 아기들은 다른 사람의 기대에 미치지 못했을 때 당혹스러워 하는 듯 보인다.[72] 이러한 반응들은 다른 사람과 구별되면서도 또 다른 사람들과 연결되어 있는 자의식을 필요로 한다.

이 자아 인식은 생에 초기에 다른 사람과의 경험을 통해 일어난다. 일반적으로 유아는 따로 교육받지 않는 한 다른 사람들을 믿고 의지하는 것에 익숙해진다. 언젠가 진화정신의학자 랜디 네스(Randy Nesse)는 나에게 이런 말을 해준 적이 있다. "우리가 사랑이 가능하지 않다고 확신하는 순간, 사랑은 불가능하게 된다." 신뢰도 마찬가지이다.[73] 보울비는 이 과정을 세상 그리고 그 안에 사는 사람들이 움직이는 방식에 대한 "내적 작동 모델"을 습득하는 것으로 개념화했다.[74] 중앙아프리카의 음부티족에서부터, 남인도의 나야카족, 말레이시아의 바텍족, 호주 원주민, 그리고 북아메리카의 크리족에 이르기까지 넓은 지역에 퍼져 있는 부족들을 망라하는 수렵채집민들의 세계관 중에서 특히 놀라운 공통점이 있다. 바로 자기들이 살고 있는 물리적 세상을 잘 나눠주고 관대한 누군가가 "베풀어주는" 곳으로 여긴다는 점이다.[75] 이들 부족은 물리적 세상을 자애로운 사회적 관계의 연장선으로 본다. 그래서 음부티족은 숲을 "부모처럼 먹을 음식, 편안한 안식처, 입을 옷을 베풀어주는" 장소라고 여긴다. 나야카족은 간단히, "숲은 부모와 같다"라고 말한다.[76]

세상과 자기 위치에 대한 확신이 있다고 해서 삶이 반드시 편안한 것은 아니다. 우리 수렵채집민 선조들의 삶은 때로 음식을 구하기가 힘들었고, 항상 포식자가 도사리고 있었다. 수많은 세대 동안 아이들은 형제자매나 사촌들 중 절반 이상이 어린 나이에 죽는 것을 안타깝게 지켜보았을 것이다. 하지만 살아남은 아이들은 확실히 주위에 돌보고 베풀어주는 다른 사람들이 있었기에 살아남을 수 있었다. 이는 물질적으로는 더 풍족하나 보살핌에서는 더 부족한 환경에서 자라는 현대인들과는 매우 다른 개인적 확신을 부여했다. 프랑스나 독일의 농경사회의 선조들은 낯선 사람을 조심하도록 배웠을 것이다. 우리는 흔히 '저 너머 밖에' 있는 가난한 과부, 잔인한 새엄마, 굶주린 고아들, 늑대와 마녀 같은 악한 것들이 돌아다니는 숲에 버려진 아이들에 대한 전래 동화를 들으며 잠자리에 들었다.[77] 음부티족 아이들에게 숲은 그렇게 위험한 곳이 아니며, 오히려 어머니 같은 대상으로 여겨진다. 그런 아이는 처음에는(반대의 정보를 접하기 전까지는) 외부인을 두려워하기보다는 호기심을 갖도록 배운다.

"채집민들은 대체로 다른 생존방식으로 살아가는 사람들보다 타인들과 자기 자신, 그리고 환경에 대해 신뢰와 확신을 가질 가능성이 더 높다"는 생각에 영감을 얻은 베리 휴렛(Barry Hewlett)과 마이클 램은 독일 심리학자 레옌데케르(Birgit Leyendecker)와 악셀 숄메리히(Axel Scholmerich)와 협력하여 이 같은 생각이 정말 사실인지 확인에 나섰다. 또 이들은 이것이 만약 사실이라면, 수렵채집민 사이에 나타나는 이 전형적인 신뢰의 세계관 기저에 깔린 특정 메커니즘(예를 들어 육아 방식 같은)이 무엇인지 밝히고자 했다.[78] 연구팀은 육아에 대한 기존의 비교문화적 보고서들을 심층적으로 조사한 다음, 중앙아프리카의 아카족 수렵민, 그 근처의 응간두족 농경민, 그리고 워싱턴 DC의 중산층 미국인에서 돌봄 패턴을 수치화하는 방식으로 생후 3~4개월 된 유아들의 일상 경험을 비교했다. 이를테면 얼마나 자주 아기가 안겨 있었는가? 누구에게 안겨 있었는가? 아기가 혼자 있는 시간은 얼마나 되는가? 등이었다.

휴렛과 동료들은 채집사회 간의 차이도 알고 있었고, 이런 시도가 처음으로 이루어지는 데 따른 한계점도 잘 알고 있었다. 하지만 이들은 채집사회의 아이들이 자라나는 정서적 환경의 동질성에 큰 인상을 받았다. 아카족 어린이들은 거의 항상 누군가에게 안겨 있었고, 근처의 응간두족 농경사회의 유아나 미국 중산층 아이들보다 더 자주 쓰다듬어지고, 더 자주 수유를 받았으며(때때로 한 명 이상의 사람에게), 더 든든하다는 느낌을 받았다. 연구자들은 이러한 생애 초기 경험은

4. 독특한 발달 과정

채집사회의 아이들이 세상을 "베풀어주는 곳"으로 생각하는 내적 작동 모델을 습득하게 되는 이유를 설명한다고 지적한다.[79] 그러나 농부들과 후기산업사회인들 사이에서도 여러 명의 보육자들이 익숙한 아이들은 커서 낯선 사람을 덜 무서워하는 경향이 있었다.[80]

물론, 사는 지역의 위험 요소에 따라 또 매우 다양한 생계 방식에 따라 육아 방식이 정해지고, 이 방식은 그 자체로 아동기 전반에 영향을 미친다. 밤에 돌아다니는 하이에나와 사자를 걱정하는 사바나 채집민들은 절대 아기를 혼자 두지 않을 것이다. 반면, 아이를 데리고 먼 들판에 일하러 갈 수도 없고, 아기를 맡길 사람도 없지만, 대신 어슬렁거리는 표범 걱정을 하지 않아도 되는 농부 어머니는 포대기에 싼 아기를 문 뒤에 매달아놓을 수도 있다. 그렇게 하면 적어도 아기가 불속으로 기어들어가거나 먹이를 찾아 돌아다니는 잡식성 돼지의 접근을 막을 수 있다.[81] 그러나 실제 환경적 위험이 어떻든 간에 휴렛의 조사가 의미하는 바는 아이들이 보육자와 상호작용하는 방식이 아이들의 소속감과 그들이 사는 환경에 대해 어떻게 느끼는지에 영향을 미친다는 것이다.

▎공감적, 또는 정서적 현대 인류로의 변화

심리학에서 발견한 보다 강력한 증거는 아이들이 생애 초기에 다른 사람과의 상호작용을 통해 다른 사람에게 자기 마음을 대입시킬 수 있는 정신적 능력을 배운다는 것이다. 다른 사람을 배려하기 위해서는 자의식뿐만 아니라 다른 사람을 그들만의 고유한 정신 상태와 감정을 가진 분리된 자아로 개념화할 수 있는 능력이 필요하다.

1994년에 나온 "마음 이론은 전염된다: 당신은 그것을 형제자매로부터 얻는다"는 제목의 고전적 논문에서 심리학자 조셉 페르너(Josef Perner) 연구팀은 네 살배기 아이들 중 형제자매가 더 많을수록 거짓 믿음 테스트에서 더 높은 점수를 받았다고 보고했다.[82] 당신이 알고 있는 것을 다른 누군가는 모를 수 있다는 것을 이해하기 위해서는 먼저 세상을 보는 관점이 서로 다를 수 있음을 이해해야 한다. 아이들이 하는 놀이는 이를 알아낼 수 있는 훌륭한 기회를 제공한다. 틀린 믿음 실험은 아이들을 즐겁게 해주기 위해 내가 가장 애용하는 접대용 게임이다. 아이들도(그리고 나도) 이 게임을 즐긴다. 방식은 이렇다. 쿠키를 테이블 위에 조심스럽게 놓으면서 엄마 무릎에 앉아있는 두 살배기에게 잘 지켜보라고 한다. 그런 다음 어머니에게 눈을 감으라고 부탁한다. 그리고 쿠키를 테이블 아래에 있는 당신 무릎 위로 숨긴다. 두 살배기에게 어머니(계속 눈을 감은 상태다)가 쿠키가 어디에 있을 거라고 생각하는지 물어본다. 3~4세가 안 된 아이들은 어머니가 상황을 자신과 다르게 이해할 수 있다는 것을 아는 '마음 이론'이 부족하다. 사실 어머니는 쿠키를 숨기는 것을 보지 못했기 때문에, 쿠키가 어디 있는지 모르는데도 아이는 거의 항상 어머니가 쿠키가 식탁 아래(실제로 쿠키가 있는 곳)에 있다고 생각한다고 이야기할 것이다. 4세는 거의 대부분 그리고 3세 아이들 중 몇몇은 쿠키가 여전히 식탁 위에 있을 거라고 어머니가 생각한다고 대답할 것이다.

세 살 무렵이 되면 아이들은 다른 사람의 느낌과 의도를 해석할 수 있고, 심지어 다른 사람이 되는 것이 어떤 것일지 상상할 수도 있다.[83]

       4. 독특한 발달 과정

네 살이 되면 아이들은 다른 사람의 자아상에 민감하게 반응하며, 다른 사람의 환심을 사기 위해 애쓰고, 아부를 하기 시작한다.[84] 아이에게 상호작용하는(그리고 아마도 짓궂게 구는) 손위 형제자매가 더 많을수록, 세상을 다른 사람들이 보는 방식으로 볼 수 있는 능력을 필요로 하는 테스트를 더 잘해냈다. 하지만 좀 더 자세히 분석해보니 전체 형제자매의 수는 손위 형제자매의 수만큼 중요하지 않은 것으로 나타났다. 이후 연구를 통해 실제로 중요한 요인은 아이가 더 나이가 많고, 경험이 풍부한 보육자들과 상호작용할 기회가 있는지 여부였다는 점

상호주관적인 관계를 맺기 위한 능력은 태어난 직후부터 바로 발달하기 시작하지만, 유아들이 자라 나이가 많은 다른 아이들과 더 많은 시간을 보낼수록 더 섬세해지고 확장된다. 하지만 아버지, 나이든 친척 여성들, 특히 어린 대행 어머니들은 또한 음식과 다른 자원들을 두고 직접적인 경쟁자가 되기도 한다. !쿵족 유아는 다양한 연령의 놀이 집단에서 시간을 보내면서 지위 추구, 가식, 속임수에 대해 배울 수 있는 새로운 기회를 얻는다. 이는 이전에 익힌 정서적 헌신을 읽고, 누가 관대하고 누가 인색한지 파악하는 능력을 심화 학습할 수 있는 기회도 제공한다.

을 알 수 있었다. 멘토나 후원자같이 심지어 혈연관계가 없는 사람들이라도 마찬가지였다.[85] 만약 이러한 연륜이 있는 사람들이 아이의 감정과 정신 상태에 관심을 표한다면 당연히 도움이 된다.[86]

친족과 유사 친족으로 구성된 대가족과 함께 살면서 자라는 아이들은 앞 장에서 자세히 설명한 물질적인 혜택을 누릴 뿐만 아니라 사회생활에서도 새로운 인지적 차원을 누린다. 당연히 다른 사람들과의 상호작용에 익숙한 아이들은 거짓 믿음 테스트와 겉으로 드러난 동기들의 행간을 읽는 것을 포함해서, 다른 사람의 마음 상태를 읽고 공감할 수 있는 능력이 요구되는 게임을 더 잘 수행한다.

돌보는 사람이 많은 아이들은 이러한 능력을 더 이른 나이부터 보인다. 어미뿐만 아니라 인간 대행 부모가 있는, 다시 말해 사람이 기른 침팬지가 마음 이론과 다른 누군가의 의도를 해석할 수 있는 능력이 필요한 과제를 더 잘 수행하는지를 비슷한 '전염' 과정으로 설명할 수 있다. 비록 인간은 대체로 다른 사람 역시 자신이 영향을 미칠 수 있는 정신 상태와 의도를 가진 존재라는 것을 인지하는 데서 다른 유인원들보다 월등하지만, 유인원들도 특정한 발달 조건하에서는(특히, 인간이 기른 경우에) 인간과 비슷한 수준으로 마음 읽기 능력이 활성화된다.[87]

한 살 무렵에 똑바로 서서 걸음마를 시작하고, 두 살 무렵에는 말을 시작하며, 생애 초기부터 다른 사람들에게 진지한 관심을 보이고, 자신의 마음 상태를 나누면서 즐거움을 느끼는 큰 두뇌를 가진 해부학적 현대인이 침팬지나 오랑우탄과 다르다는 것은 아무도 의심하지 않는다. "상냥하고 배려심 많은" 다른 더 성숙한 마음들과 상호작용하면

4. 독특한 발달 과정

서 아이는 다른 사람들도 마음을 가진 유기체라는 것을 인식하기 시작한다. 하지만 여기서 말하고자 하는 것은 우리 인류의 진화사에서 현대 인류와 다른 유인원들을 구분하는 정서적 특질, 특히 공감과 자의식의 발달이 합쳐진 마음 읽기 같은 특질들은 해부학적 현대인이 나타난 시점보다 더 먼저 출현했다는 것이다.[88] 초기 인류가 세대에 세대를 거치면서 생겨난 (이전의 그 어떤 유인원과도 다른) 아주 독특한 발달적 맥락은 상호주관적 능력의 출현에 결정적인 요인이었다.

현대 오랑우탄의 선조는 오직 어미와 함께 또는 어쩌면 한 명의 형제자매와 함께 자랐을 것이다. 침팬지의 조상은 생후 6개월 동안은 대부분 어미하고만 상호작용하고 무리의 다른 구성원과 마주칠 일이 거의 없었다. 그리고 더 중요하게도 다른 침팬지들에게 의존하는 일은 결코 없었을 것이다.[89]

유인원들도 성장해 가면서, 좀 더 자란 유아나 특히 청소년기에는 같이 함께할 놀이친구를 찾고 싶어 한다. 이는 연령대를 떠나서 또 사실 대부분의 종에서 통하는 이야기다. 이러한 놀이와 놀이 상대를 찾고자 하는 욕구는 인간을 다른 유인원들과 구분하는 특징이 아니다. 다른 유인원들과 인간의 조상을 구분하는 특징은 우리 인간의 조상은 생애 첫 날, 첫 달부터 다른 사람을 관찰하고 관계를 맺어야 했다는 점이다.

출발점부터 초기 인류는 더 복잡하고 더 도전적인 사회 세계에서 태어났을 것이다. 만약 공감이 다른 나이 든 동료들로부터 전달되는 전염성 있는 것이라면 오랑우탄이나 침팬지 같은 생활사를 가진 동물은 더 나중에야 이를 시작하는 것이다. 오랑우탄이나 침팬지는 인간처럼 공감에 필요한 신경 장치를 생애 초기에 '얻고' 이를 활용할 기회를 전혀 갖지 못했을 것이다. 침팬지와 오랑우탄의 선조들에게 어떤 마음 읽기의 잠재력이 있었든, 거의 발현될 기회가 없었다. 따라서 어머니 대자연이 마음 읽기 능력을 선호하고 다듬을 만한 어떤 기회나 사건도 없었다.

현대의 침팬지 혹은 600만 년 전에 살았던 인류와 유인원들의 공통조상과 비교했을 때, 오늘날의 사람들은 이들과는 다른 사회적 능력을 가지고 태어난다. 아울러 홍적세 초기에 살았던 (커다란 뇌와 함께 해부학적 현대 인류가 출현하기 훨씬 전부터 정서적 현대 인류였던) 우리 선조들도 마찬가지였을 것이라고 나는 확신한다.

사고 실험을 하나 해보자. 인지심리학자들이 시간을 거슬러가 우리의 호미닌 선조들 사이에서 유아가 어떻게 마음을 다른 사람에게 귀속하는 능력을 얻게 되었는지 확인하기 위한 실험을 수행한다고 가정해보자. 태어나서 돌이 막 되어가는 전인간단계의 유인원 아기 중 어머니가 독점적으로 양육한 아기와 여러 명의 보육자가 양육한 아기는 어떤 점이 다를까? 위에서 정리한 연구들로부터 우리가 알게 된 것을 바탕으로, 나는 우리가 어느 정도 확신을 가지고 다음과 같은 결과를 예측할 수 있다고 생각한다. 첫째, 다른 사람들에게 안겨 있던 유아는 어머니가 어디에 있는지, 어머니의 표정, 목소리, 기분이 어떤지 등에 더 주의를 기울일 것이다. 둘째, 여러 명의 보육자가 양육한 아기는 자기와 다른 사람의 구분을 더 명확하게 인지하고, 동종 개체의 정신 상태를 더 잘 읽고, 자기 자신과 다른 사람들―정말로, 어쩌면, 여러 명의 다른 사람들―의 의도에 관한 정보를 통합할 수 있을 것이다.

생후 4개월 된 트로브리안드 소녀가 어머니 무릎에 앉아있는데, 아기의 손위 형제 중 한 명이 어머니 뒤로 기어와 장난스럽게 눈을 마주친 뒤 아기 앞에서 손을 흔든다. 이 어린 소녀는 아마도 오빠가 무엇을 하고 있는지, 그리고 그의 의도를 궁금해 하고 있을 것이다. 손위 형제자매가 있는 아이들이 더 빨리 마음 이론을 발달시킬 수 있는 것은 당연하다. 그들은 그것을 필요로 한다.

태어나서 돌이 되기까지 여러 명의 보육자들에게 양육된 작은 유인원은 그 전까지 다른 어떤 어린 유인원도 접한 적 없는 수많은 도전에 직면했을 것이다. 이 엄청난 어려움에 처한 호미닌 유아들은 어미의 헌신에 대한 단서뿐만 아니라 자기들을 돌봐줄 수도 있는 다른 사람들의 어렴풋한 감정과 의도에 주의를 기울이고 읽을 수 있어야 했을 것이다. 이를 위한 최선의 방법이 무엇일까? 울기나 수줍어하기? 미소, 장난스러운 얼굴, 그리고 옹알거리기? 그것도 아니면, 즐거운 대화는 피하고, 분노를 표현하는 것으로 그들을 통제하는 것? 이 주제는 9장에서 다시 다룰 것이다. 초기 호미닌은 어미가 독점적으로 기르는 다른 유인원 친척들과 유전적으로는 거의 동일했다. 하지만 생애 초기 경험은 호미닌을 상당이 다른, 정서적으로 더 현대적인 유기체로 변화시켰다.

▎돌봄 공유의 심리학적 함의

　　　　　인간보다 무기력한 상태로 태어나거나 자랄 때까지 오랫동안 돌봐줘야 하는 동물은 거의 없다. 먼 과거의 어느 시점에 아이를 돌보고 부양하는 것을 대행 부모가 도와주면서 인간 어머니들은 이전까지의 다른 어떤 유인원보다 더 빠른 속도로 번식할 수 있었다. 몇몇 인류학자들은 이 변화의 시점을 180만 년 전쯤으로 추정한다. 비록 확실하다고 말할 수는 없지만, 내가 왜 이 견해에 동의하는지 9장에서 더 자세히 설명할 것이다. 일단 어머니들이 유별나게 크고, 천천히 자라며, 손이 많이 가고, 오랫동안 의존적인 자식을 낳는 진화적 과정에 휩쓸려 들어가게 되면, 다시 되돌릴 수 없다. 다른 사람들의 도움 없이는 그토록 의존적인 아이들이 생존할 수 없기 때문이다.

　인간 어머니와 아이들이 주변에서 받을 수 있는 사회적 지원이 어느 정도인지에 민감한 것은 당연하다. 새끼의 돌봄과 부양을 다른 개체에 의존하는 마모셋이나 타마린 어미들처럼, 호미닌 어머니들도 자식에게 정서적 헌신을 쏟기 전에 예상할 수 있는 대행 부모의 지원 정도를 고려했을 것이다. 비단원숭이들과 유사하게, 그러나 다른 유인원들과는 대조적으로, 초기 호미닌 아기들은 단지 영양 공급이나 보호의 측면에서뿐만 아니라 어머니가 완전히 자기에게 헌신하게 하려면 어머니 이외의 보육자들이 지극히 중요한 그런 세계에서 태어났다.

　하지만 이 호미닌 아기들은 또한 유인원이기도 했다. 모든 유인원은 다른 사람들과 상호작용하고 다른 사람의 마음을 다루기 위한 선천적인 재능을 타고난다. 이에 따라 영리하고, 사회적 지능이 뛰어난 어린 것들이 이 재능을 더 완전히 발달시킬 수 있는 무대가 마련된 것이다.

　　　　　　　　　　　　　　　　　　　　4. 독특한 발달 과정

사진과 같은 활발한 네 방향 상호작용을 조사하는 대부분의 방문 인류학자들은 이 사진 속에서 아이를 안고 있는 트로브리안제도의 성인 남성 두 명을 유아의 아버지라고 생각할 것이다. 사실, 아이블 아이베스펜트가 지적한 바와 같이, 사진의 두 남성 모두 대행 부모다. 오른쪽 남성이 유아들에게 악수를 권하며 인사를 시작하자, 좀 더 외향적인 10개월 유아가 앞에 있는 친구를 바라보며 미소를 짓고 즐거워하면서 입을 크게 벌린다. 생후 6개월 된 유아는 처음에는 대행 부모를, 그 다음에는 다른 아이를, 그 다음에는 근처에 있던 아버지를 바라본다. 약간 움츠러들면서 악수를 한 아이는 조심스럽게 손을 뒤로 빼고 대행 부모에게 몸을 더 밀착시킨다. 대행 부모들은 예의에 관한 유쾌한 연극놀이를 매우 즐기고 있는 듯이 보인다.

그 결과, 독특한 선택압에 노출된, 상당이 독특한 형태의 유인원이 출현하게 되었다. 도전에 맞닥뜨려 새로운 차원의 마음 읽기를 발달시켰던 개체들이 돌봄도 잘 받고, 먹이도 잘 공급받았을 것이다. 어쩌면 어머니의 생존 가능성도 더 높아졌을 것이다. 이 새로운 발달 맥락은 어린것들이 다른 개체와 관계 맺고자 하는 타고난 성향을 발달시키는 것이 즉각적으로 보상받을 수 있는 기회를 제공했다.

유아 사망률이 높은 환경에서는 대행 어미의 도움을 더 많이 받을수록 안정감과 즐거움을 더 많이 느낄 뿐만 아니라, 더 중요하게는 유아기와 아동기 동안 더 잘 보호받고 먹을 것도 더 잘 먹는 이익을 누렸을 것이다. 옛날 옛적에, "무시 받는 느낌"은 그저 "아이의 경험"으로 끝나지 않았을 것이다.[90] 다른 사람들이 얼마나 헌신하느냐는 죽느냐 사느냐의 문제였다. 우리 선조들이 대행 부모의 도움을 받기 시작한 것이 언제였든지 간에 이런 종류의 (유인원의 마음을 가진 생물체에게는 매우 독특한) 육아 방식은 확실히 아이의 발달에 심오한 함의를 지녔을 것이다. 자, 그러면 도대체 이 대행 부모들은 누구였을까? 그리고 왜 도왔을까?

5.
진짜 홍적세 가족 여러분, 앞으로 나와 주시겠어요?
—

인간의 잠재력은 인위적으로 만든 새로운 환경의 새
로운 용도를 찾아 진화적 시간을 거슬러 올라가는
데 있는 것 같다._마거릿 미드(1966)

초기 인류 가족 모습을 보여주는 전형적인 교과서 그림이나 박물관 전시물을 떠올려보자. 아마 툭 튀어나온 눈썹의 남성 원시인이 그의 짝을 보호하듯이 팔을 두르고 있을 것이다. 여성은 아기를 안고 있을 것이다. 아니면, 방금 잡은 영양 사냥감을 가지고 돌아온 남자들 그리고 툭 튀어나온 눈썹을 한 무리가 모닥불 주위에 모여 있는 그림일 수도 있다. 만약 그림에 아기가 있다면, 성인 여성, 아마도 젖가슴이 부푼 여성의 팔에 안겨 있을 것이다. 우리는 당연히 그녀가 아기의 어머니일 것이라고 여긴다. 자연 상태에서 살아가는 어머니는 누가 됐든 간에 다른 유인원이 그렇듯 자신의 아기와 계속해서 붙어있다고 생각하기 때문이다. 하지만 전형적인 석기시대 가족의 초상화와 실제로 채집과 사냥을 통해 살아가는 사람들을 처음으로 관찰한 바는 차이가

핵가족 형태로 묘사된 박물관 모형과 삽화는 오스트랄로피테쿠스속 어머니의 독점적인 돌봄을 암시한다.

있다. 아기를 안고 있는 사람은 종종 이모, 형제자매, 또는 할머니였다.

정치인들이 '가족의 쇠퇴'를 우려할 때, 출발점으로 염두에 두는 가족은 남성, 그의 부인, 그리고 이들의 생물학적 자녀들로 이루어진 핵가족이다. 하지만 이런 가족 형태는 100여 년 전, 길어야 빅토리아 시대에 나타난 형태일 뿐이다. 미국으로 보면 나 같은 베이비부머 세대

5. 진짜 홍적세 가족 여러분, 앞으로 나와 주시겠어요?

들이 한 가족만 사는 집에서 자랐던 1950년대로부터 그리 멀지 않은 시기에 나타난 가족 형태일 것이다. 문화적 고정관념에 따르면, 아버지가 직장에 있는 동안 어머니는 아이들을 돌봤다. 비록 외벌이로 보통의 가족을 안정적으로 부양할 수 있었던 시기는 눈 깜짝할 시간 동안이었지만, 집에서 양육을 담당하는 어머니와 직장에서 가족을 부양하는 핵가족에 대한 이 신화는 미국의 이상향이 되었다.[1]

내 서재에는 『아버지 없는 삶: 아버지 역할과 결혼이 아이들과 사회를 위해 필수적이라는 설득력 있는 증거』나 『아버지가 없는 미국: 우리 사회의 가장 시급한 문제』 같은 제목의 가족을 주제로 한 사회학자들의 책들로 채워져 있다. 이 책들은 어떤 역사적, 경제적, 사회적 조건에 대해서는 다루지 않고, "아이는 아버지와 어머니 양쪽 모두로부터 따뜻하고, 친밀하고, 계속적이고 영속적인 관계를 맺을 기회가 주어질 때야 가장 잘 발달할 수 있다"는 것을 기정사실로 받아들인다.[2] 아버지의 투자는 "아동과 사회의 복지에 필수적인 요소"이고, 아이를 기르는 가장 좋은 방법은 핵가족이며, "부성 확실성이 높은" 남성만이 아이를 돌볼 것이라는 전제가 일단 주어지면, 이 명제들은 공공정책에 영향을 미칠 뿐만 아니라, 연구자들의 질문에도 영향을 미친다.[3]

연구는 약속이라도 한 듯 어머니 혼자 기른 아이들과 부모가 함께 기른 아이들의 발달 결과를 비교한다. 결과는 항상 한부모 가정의 아이들이, 특히 이미 위험 요소를 가지고 있는 아이들의 경우, 과중한 부담을 진 한 명의 부모로부터 자란 아이들이 양부모가 함께 기른 아이들보다 더 잘하지 못하고, 자라서 문제를 일으키고, 학교를 중퇴하고,

이른 나이에 임신하고, 실업자가 되고, 교도소에 갈 확률이 높다는 것을 보여준다. 당연하게도 아이 하나를 기르기 위해서는 한 명의 사람보다 더 많은 사람들이 필요하다. 그러나 이 연구들은 두 번째 사람이 꼭 남성이어야 하는지, 그리고 유전적 부모여야 하는지를 밝히려고 했던 것이 아니다. 사회경제적 지위를 통제한 상태로, 어머니에 더해 조부모, 삼촌, 또는 손위 형제자매가 기른 아이들은 두 명의 부모가 있는 가정에서 자란 아이들과 비교해서 어떨까? 또는 돌봐주는 사람이 세 명이라면? 그리고 그들 중 아무도 생물학적 부모가 아니라면? 어떤 환경에서 아이와 유전적 관계가 없는 사람이 돌보는 것이 아이의 건강한 삶에 도움이 될까? 돌보는 사람이 여러 명인 것은 두 명이 돌보는 부모만큼이나 아니면 그보다 더 좋을까? 우리는 알지 못한다. 우리는 물어본 적이 없기 때문이다.[4]

"제 기능을 못 하는" 가정에서 자랐다고 주장하는 사람들조차 "제 기능을 잘하는" 가족이 어떤 모습이어야 하는지에 대한 사회적 고정관념에 갇혀 있다. 종교적 보수주의자들은 아담과 이브에게서 본보기를 끌어오고, 많은 과학자들을 포함한 세속주의자들조차 일부일처 핵가족을 "인간이라는 동물의 기관과 생리 조직에 뿌리를 둔 … 생물학적 현상"이라고 보는 경향이 있다.[5] "어머니뿐 아니라 아버지도 항상 관여해야 하는 자녀 양육의 생물학적 약속"에 뿌리를 둔 것이 핵가족이라는 생각이 한번 자리 잡으면, 다른 방면에서는 매우 사려 깊은 연구자들이라 하더라도 아이들이 잘 자라기 위해 필요한 것이 무엇인지에 대한 근본적 가정에 끊임없이 의문을 던져야 할 필요성을 등한시하기 쉽다.[6] 특히 연구자들은 엄청나게 다양한 다른 사람들의 사회적 삶의 방식 안에서 자라는 아이들에게 어떤 일이 발생하는지 질문하는 것을 잊어버렸다. 심지어 '가족의 붕괴'를 우려하는 정치인들은 적절한 관련 자료가 없음에도 불구하고 최적의 육아 방식은 어떠해야 하는지에 대해 확신에 차서 이야기한다.[7]

2003년 미국 대통령은 "연구에 따르면, 아이들이 자라기에 이상적인 장소는 한 남성과 한 여성이 결혼을 통해 이룬 가정"이라고 선언했다. 이에 따라 16억 달러가 육아프로그램 지원 사업이 아니라 사람들에게 일부일처 관계를 장기간 유지하는 법을 가이드해주는 결혼 지원 사업에 투입되었다.[8] 아이 양육에 최적인 가족 형태에 대한 비슷한 편견으로 인해 캘리포니아에서 14세 소녀가 기독교 학교에서 퇴학당했다. 소녀가 무슨 잘못을 저질러서가 아니라 단지 소녀의 부모가 모두 여성이라는 이유 때문이었다.[9] 이런 일이 일어난 해인 2005년 미국 대법원은 두 명의 동성애자 남성의 자녀 입양을 금지하는 플로리다 주법에 대한 이의제기를 받아들이지 않았다. 이는 판사들이 제11차 미국 순회 항소 법원에서 있었던 세 명의 재판관으로 구성된 패널이 이 법을 지지하는 데 사용한 근거에 동의했기 때문으로 보인다. 재판관들은 이렇게 표현했다. "수천 년 동안 인간의 경험을 통해 축적된 지혜"는 "자녀를 양육할 수 있는 최적의 가족 구조는 결혼한 어머니와 아버지가 있는 가정"이라는 것을 보여준다.[10] 인간 진화의 과정에서 대행 부모가 해온 역할을 생각할 때, 엄청나게 중요한 역할을 했던 후원자들이 왜 그렇게 오랫동안 인정받지 못했을까 하는 의문이 든다.

▎비싼 아이들을 키우기 위한 "섹스 계약"

세상에 어떤 생물도(어쩌면, 북극고래는 제외해야 할지도 모르겠다) 성숙하는 데 인간 아이보다 더 오랜 시간이 걸리지는 않는다. 자신이 소비하는 만큼 자원을 취득하거나 생산할 수 있을 정도로 자라는 데 인간만큼 오랫동안, 많은 것들을 필요로 하는 생물은 없다.[11] 이와 같은 부조화에 민감한 진화학자들은 아이들이 필요로 하는 것과 어머니 홀로 제공할 수 있는 것의 불일치를 메꾸기 위해 '누군가' 어머니를 도와야만 했을 것이란 올바른 결론을 내렸다. 애초부터 진화학자들에게 그 누군가는 정해져 있었다. 다윈 자신이 『인간의 유래와 성선택』(1871)에서 의견을 제시했듯 그 부양자는 바로 어머니의 짝이었다. 다윈은 느리게 자라는 아이들을 부양하는 것이 사냥꾼에게 이로웠다고, 그리고 이것이 우리의 큰 두뇌가 진화할 수 있었던 중요한 촉매제를 제공했다고 생각했다. 다윈은 이렇게 썼다. "가장 유능한 남자는 자신과 아내, 그리고 자식들을 가장 잘 보호하고 부양하는 사람이었다." 아마 살아남을 가능성이 가장 높았던 자식들은 "지적으로 뛰어나고 창의력 넘치는" 사냥꾼의 자손이었을 것이다.

이러한 논리에 따르면, 두뇌가 큰 남성은 아마도 더 뛰어난 사냥꾼이자 더 나은 부양자였으며, 또 짝을 더 잘 얻을 수 있었다. 따라서 더 나은 음식을 먹고 자라 살아남은 아이들을 통해서 부모의 유전자가 전수되었다. 고기는 더 큰 두뇌가 발달하기 위해서 필요한 긴 유년기를 가능하게 하고, 점차적으로 오스트랄로피테신의 뇌 크기에서 시작해 다윈 자신의 뇌 크기까지 두뇌의 팽창을 이끌었을 것이다. 이렇게 '사냥 가설'은 인류학에서 가장 오랫동안 지속되고 영향력 있는 모델

5. 진짜 홍적세 가족 여러분, 앞으로 나와 주시겠어요?

중 하나가 되었다.[12] 이후에 나온 모델은 초기 인류의 진화가 점차 두 발걷기를 하게 되고, 점점 더 효율적인 사냥꾼이 되면서 가속화된 "두 뇌 팽창과 물질문화의 직접적인 결과"였다고 하는 더 일관성 있는 시나리오들을 엮었다. 큰 두뇌 그리고 그로 인한 뛰어난 지능은 인간 기원의 필수조건으로 여겨졌다.[13]

이 모델의 핵심에는 자신의 짝을 부양하는 사냥꾼 그리고 그에게 성적인 정절로 보상하는 짝, 이 둘 사이의 합의가 있다. 그렇게 부양자는 자신이 투자한 아이들이 적어도 자기 유전자의 절반은 운반하고 있음을 확신할 수 있다. '섹스 계약'이 "초기 호미닌의 진화적 성공을 이끈 핵심 적응"이라는 것이 널리 받아들여졌던 것이다.[14]

시간이 흐르면서 아프리카 채집민들의 식단에서 채식성 음식의 중요성 같은 새로운 발견들을 수용하기 위해 약간의 수정이 이루어졌다. 몇몇 채집민들(!쿵족 같은)은 고기보다 식물성 음식을 통해 약간 더 많은 칼로리를 얻는다는 것이 명백해짐에 따라 연구자들은 여성의 기여에 좀 더 주목하기 시작했다.[15] 여성의 짝 선택에 대한 다윈의 개념이 이론적으로 재조명되고, 한 어머니와 다른 어머니 사이에 전생애적 번식 성공도가 얼마나 큰 변이를 보이는지 깨닫게 되면서, 과학자들은 여성의 번식 전략에 더 많은 관심을 기울이기 시작했다. 하지만 1세기 반이 지난 후에도 사냥 가설의 기저에 있는 중심 가정들은 여전히 지속되고 있다.

▌섹스 계약의 단점

　　대표적인 예로 2004년도의 한 교과서(공교롭게도 두 저자는 사냥 가설을 교육과정 중심에 놓았던 하버드대에 있다)에서 발췌한 다음과 같은 내용을 들 수 있다. 저자들은 "수렵채집사회에서 살아온 인류 역사의 대부분의 기간 동안 일부일처제의 짝-결속과 핵가족이 지배적인 형태였다"는 점을 당연시하고, 더 나아가 "일부일처제로의 이행에 대한 가장 단도직입적인 설명은 똑똑한 여성 호미니드가 아내와 자식들을 잘 부양할 수 있는 가장 영특한 사냥꾼을 선택함으로써, 차근차근, 여러 세대에 걸쳐 반복되는 짝 선택의 과정을 통해 침팬지 같은 남성 호미니드를 진정한 가족애를 지닌 사랑하는 남편과 아버지"로 만들었다고 주장했다.[16]

　이 '사랑하는 아버지'가 일런드 영양이 갑자기 다른 곳으로 이주해버려서, 아니면 그저 그날 운이 없어서, 또는 누군가에게 살해당하거나 새로운 여자를 얻는 바람에 자신의 짝과 아이들에게 남겨준 게 거의 없어서, 아니면 아예 가족을 떠나버려서 적절한 부양을 하지 못하게 되었을 때 어떤 일이 일어나는지에 대해서는 언급하지 않는다. 2003년 《뉴스위크》에는 이런 기사가 실렸다. "태초부터 … 여성은 가족을 부양할 수 있는 짝을 찾도록 프로그래밍되어 있다."[17] 그러고는 이 고대로부터의 유산은 왜 여성들이 오늘날에도 여전히 부자 남성을 찾아 헤매는지를 설명해준다고 쓰고 있다.[18]

　하지만 화석과 석기 도구를 분석하고, 현존하는 수렵채집인들의 생존 전략을 연구하기도 하는 새로운 분파의 고인류학자들은 그렇게 생각하지 않았다. 그들은 수렵채집민들이 지극히 평등주의적이라는 것

　　　　　　　　　　5. 진짜 홍적세 가족 여러분, 앞으로 나와 주시겠어요?

을 잘 알고 있었다. 이런 사람들에게 더 위계적인 사회의 집단 내 빈부 격차를 투영하는 것은 전혀 의미가 없다.

더 나아가 이 생태학적인 마음을 지닌 현장연구자들은 선신세-홍적세의 사냥꾼이 어떻게 자신의 짝과 자식들을 부양할 수 있었는지 알아보고자 했다. 물론 사냥꾼이 가족을 부양하려는 마음이 있었다는 가정 하에 말이다. 아프리카의 호모 에렉투스가 어떻게 고기를 획득했는지에 대한 새롭고도 더 나은 증거들은 현존하는 최고의 사냥꾼들도 큰 사냥감을 잡는 일이 정말 드물다는 더 현실적인 계산과 함께, 사냥 가설의 기저에 있는 가정들에 도전했다. 채집민들이 사냥감을 매우 공동체적인 방식으로 집단 전체와 나눈다는 것을 보여주는 새로운 자료들이 쏟아지면서, 가장 뛰어난 사냥꾼도 가장 운이 없는 사냥꾼보다 자신의 가족에게 가져오는 것이 더 많지 않다는 사실이 명백해졌다. 100년 넘도록 끓어올랐던 사냥 가설에 대한 비판이 끝을 향해 가고 있었다.[19] 사냥 가설은 20세기 말 새로운 분파의 행동·생태학자·고고학자 중 한 명인 제임스 오코넬이 말한 것처럼, "효과적으로 무너졌다."[20]

한창 자라는 다른 영장류와 마찬가지로 청소년기의 호모 에르가스터(아프리카 지역에 살던 호모 에렉투스의 분파)들은 '매일' 하루에 여러 끼를 먹어야 했을 것이다. 현대의 아이들처럼 이들도 젖을 떼고 몇 년간은 대부분 다른 사람들이 제공해주는 음식에 의존해야 했을 것이다. 사냥 가설은 이 음식 대부분을 초기 인간 남성이 제공했을 것으로 여긴다. 하지만 유사한 서식지에 살고 있는 전통적인 동아프리카 사냥꾼들은 매우 정교한 무기들을 가지고도 이러한 요구를 충족시키지 못한다. 고기는 가족의 연간 칼로리 섭취량의 상당 부분을 차지하지만, 아이들이 필요한 하루하루의 일상적 영양 공급을 충족시킬 만큼 꾸준히 얻을 수가 없다.[21]

호모 에렉투스가 등장하고 수십만 년이 지난 지금도 창, 활, 독화살로 무장한 !쿵족처럼 건조한 아프리카 서식지에서 사냥하는 남성들은 여전히 집단이 섭취하는 칼로리의 절반이 채 안 되는 양을 제공하고 있다. 심지어 사냥감이 풍부한 탄자니아 북서부 지역의 하드자족 사냥꾼들도 사냥에 성공하는 날이 사냥을 나가는 100일 중 거의 나흘 정도밖에 되지 않는다.[22] 사냥꾼들이 한참을 뒤쫓은 끝에 일런드 영양 혹은 크고 단백질이 풍부한 다른 사냥감을 잡는 데 성공한다 해도, 이 흔치 않은 행운은 집단의 전체 구성원들에게 나눠지며 사냥꾼의 아내나 아이들이 독점적으로 이용할 수 있는 식량이 아니다. 다음 끼니를 굶지 않기 위해서 견과류, 구근류, 열매들을 모으거나 거북같이 쉽게 잡을 수 있지만 높이 쳐주지는 않는 사냥감을 잡는 일은 여자들 몫이었다.[23]

사냥꾼이 자신의 가족을 충분히 부양하기 어렵다는 문제를 차치하고도, 섹스 계약 모델에는 또 다른 문제점이 있었다. 남성이 죽거나, 불구가 되거나, 다른 여성을 들여 음식을 빼돌릴 가능성이 있기 때문이다. 이런 면에서 우리의 수렵채집 선조의 상황은 오늘날 세계의 많은 곳에서 일어나는 것들과 그렇게 다르지 않았을 것이다. 아이들이 필요로 하는 것은 대부분의 아버지가 혼자 제공할 수 있거나, 기꺼이 제공하고자 하는 것을 넘어선다. 남성이 없이 여성 홀로 가정을 책임지고 있는 가구의 비율은 전 세계적으로 10~25퍼센트 사이이며, 이 비율은 점점 증가하고 있다.[24] 보츠와나, 스와질란드, 바베이도스, 그라나다, 그리고 캐리비안 지역의 어떤 곳은 아이들이 있는 가정의 40퍼센트가 아버지가 없다. 짐바브웨, 노르웨이, 독일, 미국의 경우 그 비율은 30퍼센트에 가깝다. 심지어 아버지가 있다고 해도 기여도가 다양하기 때문에, 과테말라, 케냐, 그리고 말라위 같은 나라에서는 여성이 가장인 가정의 아이들이 유전적 부모 양쪽 모두와 함께 사는 가정의 아이들보다 영양 섭취 면에서 더 낫기도 하다.[25]

아이를 갖게 해놓고 이를 아예 모르고 있거나 인정하지 않는 남성의 정확한 통계는 알 수가 없다. 다만 아버지와 자녀들 사이에 연락이 끊기는 일이 얼마나 되는지를 알 뿐이다. 미국처럼 산업화된 국가에서는 부모가 이혼한 아이들 중 절반에 가까운 아이들이 얼마 지나지 않아 곧 아버지와 연락이 끊긴다. 최근 10년간 이 비율은 3분의 2로 늘었다. 많은 이유로, 꼭 남성이 의도적으로 그런 것은 아닐지라도, 이혼한 어머니의 52퍼센트만이 양육비를 전액 지원받는다. 혼외 출생의 경우 지원을 받는 비율은 32퍼센트로 떨어진다.[26] 많은 남성들이 생계를 꾸리며 함께 지낼 생각으로 짝을 맺고 아이의 아버지가 되지만, 결국 자신이 그렇게 할 수 없다는 것을 알게 된다. 어떤 사람들은 다른 아내와 새로운 가족을 꾸린다. 일부는 아이들이 자라는 것을 지켜 볼만큼 여생이 더 남아있다는 비현실적인 전망을 갖기도 한다(84세에 한 아이의 아버지가 된 사울 벨로우를 생각해보라). 분명하게 말하면, 이들 아버지의 최우선 목표는 자기가 낳은 모든 아이들─혹은 일부라도─을 돌보는 것이 아니다. 이 때문에 아동 복지 발전을 위한 기관들이 원조를 지원할 때는 아버지가 아니라 어머니에게 지급하라고 권고한다. 그렇게 해야 원조금이 담배나 술, 또는 동료나 다른 여성에게 잘 보이기 위한 지위 상징을 소비하는 데 사용되지 않고 가정에 필요한 식량, 의약품, 학자금에 사용될 가능성을 높일 수 있다.[27]

아버지의 배신이 반드시 자본주의 경제, 세계화, 또는 제국주의 시대의 식민통치 이후 가족 제도의 붕괴로 인한 최근의 결과물이라고는 할 수 없다. 프랭크 말로위(Frank Marlowe)가 수렵채집생활을 하는 하드자족을 인터뷰했을 때, 단지 36퍼센트의 아이들만이 아버지가 같은 집단에서 살고 있었다.[28] 지구 반대편의 베네수엘라와 브라질의 외딴 지역에 살고 있는 야노마뫼 부족에서 열 살짜리 아이가 아버지, 어머니 모두와 함께 살 있을 확률은 셋 중 하나였다. 중앙아프리카 케냐의 아카족에서는 11~15세 사이의 아이가 친부모 양쪽과 함께 살 가능성은 약 58퍼센트 정도였다. 안타깝게도 안다만 제도의 온지 수렵민의 표본에서는 11~15세 아이 중 아무도 친부모와 함께 살고 있지 않았다.[29]

이와 같은 사실들이 아버지가 중요하지 않다는 것을 의미하는가? 그렇지 않다. 하지만 이러한 것들이 정말 의미하는 바는 어머니가 더디게 자라고 비용이 많이 드는 자식들을 낳는 것은 아버지의 도움에 기댈 수 있기 때문이 아니라는 것이다. 아버지의 헌신이 아이의 안녕에 미치는 영향은 지역적 조건에 따라 다르다. 또한 아이 주변에 도울 능력이 되고, 기꺼이 돕고자 하는 다른 누군가가 있는지에 따라서도 달라진다. 일부 환경에서는 아버지의 존재가 유아를 안전하게 보호하고 부양하는 데 완전히 필수적이다. 다른 지역에서는, 특히 대행 부모들이 있을 경우 아버지의 부재는 아이의 생존에 유의미한 영향을 미치지 않는다. 인류학자들이 검토한 15개 전통사회의 표본 중 8개 사회에서는 어머니 외에 다른 보육자들의 도움을 받을 수 있는 경우, 아버지의 존재나 부재가 5세까지의 유아의 생존에 뚜렷한 영향을 미치지 않았다.[30]

▌아버지가 가장 중요한 경우

동서고금을 막론하고 강과 호수 어귀, 울창한 숲, 또는 건조한 사바나에 사는 사람들에서 아버지가 가족을 부양하기 위해 제공할 수 있는 것들은 가변적이었다. 추운 기후의 북부 지역이나 남아메리카의 많은 지역에서 대부분의 칼로리는 사냥을 통해 얻는다. 육류가 식단의 많은 부분을 차지하는 남아메리카 수렵채집원예농경 사회에서 아버지의 중요성은 매우 자세히 연구된 바 있다. 숲에서 정착해 살지 않던(선교 지역 주변에 정착하기 전) 때의 아체족이나 20세기 대부분 동안 야노마뫼 부족 영토 중심부에 살던 많은 집단에서 볼 수 있듯 이들 집단의 특징은 폭력성의 수준이 높다는 것이다. 사람들이 점점 "진정한 의미의 가족 수준 사회보다 더 사회적으로 밀집되고 … (그리고) 단순히 다른 곳으로 이주하는 것으로는 더 이상 자원을 둘러싼 경쟁을 피할 수 없을 때" 가장 용감하고 가장 공격적인 남성은 "위험한 추방자가 아닌 가치 있는 동맹"으로 여겨지기 시작한다고, 인류학자 앨런 존슨(Allen Johnson)과 티모시 얼(Timothy Earl)은 우리에게 상기시킨다.[31] 놀라울 것도 없이, 다른 사람에 의한 살인은 아동과

남아메리카에서 채집-원예농업으로 생계를 영위 하는 야노마뫼족은 폭력성과 호전성이 강한 부족으로 널리 알려져 있다. 20세기에도 여성을 약탈하기 위한 습격을 감행하고, 때로는 경쟁자들의 아이들을 살해하기도 했다. 그러나 더 자세히 살펴보면 야노마뫼족의 기질은 그들이 어디에 사는지, 그리고 누구와 함께 사는지에 따라 매우 다양하다. 야노마뫼 부족 지역의 중심지인 저지대 숲에 사는 야노마뫼 사람들은 일부다처제 혼인 관계가 많고, 여성을 둘러싼 남성들 사이의 갈등으로 인해 많은 살인이 발생하는 것이 특징적이다. 그러나 이 핵심 지역의 외곽에 있는 인구 밀도가 낮은 고지 지역의 야노마뫼 사람들은 일부일처적이고 비교적 평화롭다. 인류학자 나폴레옹 샤농에 따르면, 이들은 더 자주 미소 짓는 경향이 있다. 사진에서 야노마뫼 아버지가 자신의 어린 딸을 즐겁게 어르고 있다. 두 지역 모두에서 아버지와 외삼촌은 그들의 어린 친족들을에게 매우 큰 애정을 쏟는다.

성인 모두에게 가장 큰 사망 원인이다.

다른 많은 영장류와 마찬가지로 어머니와 유아가 남성이 필요한 가장 긴급한 이유는 자기들을 보호하기 위해서이다. 단지 포식자뿐만 아니라, 동종 남성으로부터 말이다.[32] 부모가 혼인 관계를 유지하고 있는 아체족 아이들과 비교하면 부모가 이혼한 아체족 아이들은 사망률이 두 배에 가깝다. 아버지가 죽거나 사라져 없는 아이들이 아홉 살이 되기 전에 사망할 가능성은 3배로 증가했다.[33] 유아에게 양아버지가 미치는 영향은 잘 기록되어 있다. 아체족의 경우, 아버지가 없을 때의 생존 가능성은 너무나 희박해서, 과부가 된 임산부(특히 재혼을 할 것 같은 경우)는 가망 없는 사업에 계속 투자하기보다는 아버지 없이 태어난 아이를 출산 직후에 묻어버리기도 한다.[34]

육류 의존도가 높은 쿠비안족이나 아체족(연간 섭취 칼로리의 무려 87퍼센트를 사냥으로 얻는다)의 경우에 아버지가 없는 아이들은 특히 불리하다.[35] 아프리카 채집민들처럼 이 남아메리카 부족은 최고의 사냥꾼의 몫이 최악의 사냥꾼의 몫보다 크지 않게 하는 공동체적 규율을 가지고 있다. 고기는 "수시로 협력하고 완벽히 나눈다"는 엄격한 "방법론적" 윤리에 따라 나눈다. 참여자의 기여는 화살을 빌려주는 것이나 사냥감을 마지막으로 본 곳이 어디인지 알려주는 것으로도 충분하지만, 몫을 받기 위해서는 남성이 참여해야만 한다. 제 역할을 하지 않은 아버지는 몫을 받지 못하는데 이는 자식들도 마찬가지이다.[36]

아버지의 중요성이 매우 크다고 해서 아버지의 최우선 순위가 아이들 부양에 있는 것은 아니다. 산토끼 같은 작은 사냥감을 노리면 단백질을 더 안정적으로 획득할 수 있음에도 불구하고, 하드자족 사냥꾼들은 더 명예롭지만 더 잡기 어려운 대형 사냥감을 선호한다.[37] 명예를 극대화하는 것이 수익률을 극대화하는 것보다 더 중요한 우선순위를 차지한다. 그래서 인류학자 크리스틴 호크스는 큰 사냥감을 쫓는 것은 생활양식이라기보다는 운동경기에 더 가깝다고 여기며, 남성들이 다른 남성들에게 명성을 과시하고, 여성들에게 깊은 인상을 남기고 싶어하기 때문이라는 가설을 제안하였다. 지금은 "과시 가설"로도 알려져 있다.

남성이 혹은 남성들이 가져오는 고기가 전통 사회에서 중요하지 않다고 주장하는 사람은 없다. 사실, 훌륭한 사냥꾼이 그토록 존경받는 이유 중 하나는 고기가 그만큼 가치 있고 욕망하는 것이기 때문이며, 충분히 그럴 만하다. 먹을 수 있는 음식이 많을수록, 가임기에 있는 여성들이 더 모이고, 이는 양성 모두의 생식 기회뿐만이 아니라 영양상태가 더 좋은 아이들의 생존 기회도 증대시킨다. 따라서 프랭크 말로위가 채집사회의 전형적인 식단 구성을 분석했을 때, 여성의 출산율과 남성이 제공하는 식량의 양 사이에 중요한 상관관계를 발견한 것은 놀라운 게 아니었다.[38]

키우는 데 비용이 많이 드는 자식들을 낳는 어머니가 직면한 큰 도전은 남성이 제공하는 자원과 서비스가 중요치 않은 것이기 때문이 아니라, 오히려 부성 지원을 보장하는 확실한 방법이 없기 때문이다. 투자의 위험을 분산하기 위해 또 만성적으로 자원이 예측 불가능하거나 성인 사망률이 높은 사회에서 아이들을 위한 대안적인 지원을 마련하는 한 가지 방법으로 일부 어머니들은 '추가적인' 아버지를 둔다.

▌추가적 아버지, 또는 부분적인 아버지 두기

친자관계를 확신할 수 있는 남성들만 아이를 부양한다는 널리 알려진 학설과는 반대로, 전 세계에 퍼져 있는 오지에서는 부

5. 진짜 홍적세 가족 여러분, 앞으로 나와 주시겠어요?

성이 확실하다기보다는 단지 가능성이 있는 정도의 남성들로부터 어머니가 보살핌과 보호, 또는 도움을 받을 수 있도록 하는 관습과 믿음이 존재한다. 에스키모, 몬타그나스-나스카피, 그리고 다른 몇몇 북아메리카 인디언 부족뿐만 아니라, 중앙아메리카의 시리오노족과 남아메리카 아마존 지역의 많은 부족들, 또 바다 건너 식민 지배를 받거나 받지 않은 서부, 중부, 동부 아프리카에서 여성들은 남편의 친형제, 또는 의형제와 성관계를 갖는 것이 허용되거나 심지어 장려된다. 파푸아뉴기니의 루시족이나 폴리네시아 지역 사람들뿐만 아니라, 중국 남서부 지역에서 일본 중부 지역에 이르기까지 전통 사회에서 어머니가 추가적인 '아버지들'을 둘 수 있도록 하는 다양한 제도들이 존재한다.[39] 심지어 청조 시대의 중국이나 전통적인 인도 사회같이 가부장적인 가족 제도로 잘 알려져 있는 시대와 사회에서도 찢어지게 가난한 부모들은 때로는 추가적인 남성(보통 임금노동자가 선호된다)을 결혼 단위에 포함시킴으로써 생계를 유지하기도 했다.[40]

세계화가 점점 더 진행되면서 가진 것도 없고 또 생활도 불안정한 하층 계급이 급속도로 팽창하고, 남성이 가족을 부양하기에 충분한 돈을 벌기 어려우며, 젊어서 죽거나 사라질 위험이 높아졌다. 아프리카에서 캐리비안제도, 유럽과 미국의 내륙 도시에 이르기까지 어머니들은 종종 연속적 일처다부 관계를 맺는다. 이는 투자 위험을 분산하고, 자기 패를 향상시키기 위해서이다.[41] 이 여성들의 행동은 "난잡"하다기보다는 "부지런한 어머니"로 표현하는 것이 더 적절할 것이다.[42] 아마존 지역의 많은 부족들, 베네수엘라의 바리 채집원예농경민이나 파라과이의 아체족, 프랑스령 기나아의 와야노족, 페루의 마티스족, 볼

리비아의 타카나족, 브라질의 아라웨테, 쿨리나, 쿠이쿠루, 메히나쿠, 카넬라족 등은 남편이 친형제나 의형제에게 자신의 아내와 잠자리를 허락하는 것이 사회적으로 용인되거나 심지어 잠자리를 허락할 것을 기대한다.[43] 심지어 우두머리가 많은 아내를 두는 것으로 유명한 야노마뫼족에서도 많은 여성들이 일생에서 적어도 단기적으로는 일처다부적 혼인 상태로 지낸다.[44] 확률적으로 보면 여성의 공식적인 남편이 아이들의 아버지일 가능성이 높다. 하지만 반드시 그런 것은 아니다.

성적인 질투가 얼마나 강력한 감정인지에 비추어볼 때, 일처다부적 관계는 위험한 전략이며, 모든 측면에서 위험하다.[45] 하지만 "부분적 아버지(partible paternity)"에 대한 널리 퍼져 있는 믿음은 이러한 긴장을 어느 정도 완화시키는 데 도움이 된다. 이들 문화에서는 아기가 태어나기 몇 달 전부터 여성이 성관계를 가진 모든 남성의 정액은 태아가 성장하는 데 기여한다고 생각하며, 결과적으로 태어난 아이는 여러 명의 남성에 의해 잉태된 키메라적 특성을 갖는 것으로 간주한다. 각각의 가능성 있는 아버지는 그 후에 임신한 여성에게 음식을 선물하고 아이의 양육을 도울 것으로 생각한다.

만약 가능성 있는 아버지가 너무 많거나 어머니가 너무 문란하다고 여겨지면, 남성들이 도우고자 하는 마음이 사라질 것이고 그녀는 불행에 빠질 것이다. 그럼에도 불구하고 (우리가 가장 좋은 데이터를 가진 두 부족인) 아체족이나 바리족에서 지정된 '아버지' 둘을 가진 아이들이 더 영양상태가 좋고, 평균적으로 생존할 가능성이 더 높았다. 이들 부족의 사회적·생태적 조건에서 아버지는 두 명이 최적인 듯이 보였다.[46]

부분적 부성에 대한 신념체계 그리고 어머니 쪽에서 부성 정보를 쉽게 조작할 수 있도록 하는 기타 관습들은 성에 대한 태도나 자녀 양육의 선택지가 이미 어머니에게 유리하게 편향되어 있는 오랜 모계 전통을 가진 집단에서 더 두드러지는 경향이 있다. 이러한 사고방식은 오랫동안 자원이 부계를 통해 전달되어 온 역사로 인해, 남성이 유전적 부성에 몰두하고, 부성 확실성이 의심되는 아이들이 심각한 불이익을 받는 서구 사회와는 매우 다르다. 하지만 부분적 부성 사회에서는 한 명의 아버지에게만 의존하는 것은 일반적인 도박보다 더 큰 위험 부담을 감수해야 한다. 아버지를 여럿 갖는 것은 반대의 효과가 있다.

카넬라족이나 쿨리나족 같은 남아메리카 부족은 관습적 의례를 통해 어머니가 추가적인 부양자를 고를 수 있도록 공개적으로 허용하는데, 이런 관습적 의식의 궁극적인 목적은 아마도 위험한 조건 속에서 아이들의 생존율 향상일 것이다.[47] '고기에 굶주렸다'고 느끼면, 쿨리나 여성들은 남성들에게 사냥을 가도록 명령한다. 남성들이 돌아오면 여성들은 자기 남편이 아닌 다른 남성을 파트너로 선택한다. "하루가 저물 무렵, 남자들이 무리지어 마을로 돌아오면, 성인 여자들은 커다란 반원 모양으로 모여서 에로틱한 구애의 노래를 부른다. … 자기들의 '고기'를 요구하면서. 남자들은 과장된 몸짓 그리고 호탕한 미소와 함께 사냥감을 내던져 반원 가운데에 있는 커다란 융단에 자기들이 잡은 것을 떨어뜨린다. 그 후에 여자들이 흡족한 양을 잽싸게 잡아채기 위해 서로 앞 다투어 밀치며 한바탕 야단이 난다. 고기를 요리하고 식사를 마치고 나서, 여성들은 각자 파트너로 선택했던 남성과 함께 성적인 밀회를 갖기 위해 빠져나간다."[48]

여러 명의 파트너와 관계를 맺기 위해 성관계를 이용하는 의례가 규칙적으로 행해지면서, 사실상 모든 쿨리나 아이는 한 명의 이상의 아버지를 보장받는다. 의례적인 성관계를 통해 어머니는 자신과 아이들을 위한 추가적인 지원을 마련하고, 동시에 현재 남편이 배신하거나 죽는 것에 대비해 보험을 들어 두는 것이다. '추가적' 아버지는 사람들 사이에서 인지되고, 출산 전후에 산모의 공식적인 남편과 마찬가지로 동일한 식단 제한을 지킨다. 그럼에도 불구하고, 자기만의 복잡한 관계망을 가지고 있는 추가적인 아버지는 남편에 대한 예의로 신중하게, 눈에 띄지 않게 자중하고 있어야 한다.[49]

▍문화적으로 만들어진 키메라

유인원의 경우 사자, 치타, 들개, 프레리독, 들쥐와 같은 방식으로 다른 수컷들로부터 잉태된 한배새끼들이나 쌍둥이를 낳는 일이 극히 드물다. 수백만 년 동안 사자 같은 종들은 여러 수컷들에게 유전적 부성을 분산시키는 자궁과 배란기가 진화할 기회가 충분했지만, 유인원은 이에 해당되지 않는다. 따라서 인간은 일반적으로 여러 명의 아버지를 가진 쌍둥이를 낳지 않는다. 더욱이 협력 육아를 하는 종으로, 추가적인 아버지들의 조각을 조금씩 붙이는 마모셋의 경우처럼, 여러 남성의 유전 물질이 합쳐진 키메라적인 아기를 낳을 가능성은 더욱 낮다. 인간이 쌍둥이를 낳는 경우는 일반적이지 않고, 약 8퍼센트 정도의 쌍둥이와 21퍼센트의 세쌍둥이만이 아주 낮은 정도의

키메라증을 보인다. 완전히 다른 아버지를 가지는 인간 쌍둥이는 극히 드물다.[50]

인간은 협동 번식에서는 상대적으로 신참이기 때문에, 다른 방법을 통해 추가적인 남성으로부터 협력을 도출해내야 했다. 이에 대한 해결책은 생물학적이라기보다는 문화적으로 전수되었다. 한 명의 아버지로는 충분하지 않은 일부 지역에서는 부분적 부성에 대한 신념체계를 발명하고 유지한 계보가 생존에 가장 적응적이었고, 따라서 이러한 관습이 다음 세대로 이어졌다. 사람들은 협동적으로 번식하는 다른 동물들이 자연 선택을 통해 진화했던 생리적 해결책과 기능적으로 유사한 관념적 해결책을 진화시켜왔다. 여성은 실제로 유전적인 키메라를 낳지 않지만, 남성이 키메라라고 믿는 아이들을 낳는다.

키메라적인 부성은 서양인들에게 낯선 개념이다. 아버지가 된다는 것이 무엇을 의미하는지에 대한 우리의 생각은 우리의 진화적 역사에 의해서뿐만 아니라, 수백 년 동안의 부계 사회적 역사를 통해서 형성되었다. 또한 말할 것도 없이 유전에 대해 알게 된 과학적 진보에 의해서도 마찬가지다. 최근의 '미국의 유전자'는 새로운 DNA 부성 확인 키트를 포함한 발명품을 가지고 새로운 시장을 만들어 내고 있다.[51] 부성에 대한 정확한 정보가 좋은 아이디어인지 아닌지는 누가 질문하느냐에 따라 달렸다. 속았다는 느낌이 드는 남성인가? 더 많은 지원을 받을 권리가 있다고 느끼는 어머니인가? 그 또는 그녀의 정체성을 찾고자 하는 다 성장한 아이? 아니면, 제공자가 누구든 간에 더 많은 보살핌을 필요로 하는 성장기 아이일까?

부성에 대한 정확한 지식이 얼마나 전례가 없는 일인지를 생각하자, 또 부성이 아이들의 안녕에 얼마나 큰 영향을 미칠지 걱정이 되기 시작하자 나는 오래전에 북아메리카에 온 예수회 선교사의 비웃음을 샀던 나스카피 부족 남성이 떠올랐다. 나스카피 부족의 성적인 문란함과 부성 불확실성에 대해 신부가 경악하자 부족 남성은 이렇게 대꾸했다. "당신네는 잘 모를 거요. 당신들 프랑스 사람은 자기 자식만을 사랑합니다. 하지만 우리는 우리 부족의 모든 아이들을 사랑하지요."[52] 진정한 협동 번식을 하는 사람이 할 법한 말이다.

▌남성의 여러 가지 동기

모든 영장류 수컷은 자기 무리에 있는 암컷이 다른 수컷과 성관계를 맺고 있음을 감지했을 때, 관심을 보이고 다양한 정도의 동요를 보인다. 다윈 자신을 포함한 대부분의 다윈주의자들이 "우리의 초기 반인간(semi-human) 선조들"은 당연히 일처다부제가 아니었다고 생각했다. 왜냐하면 수컷이 "그렇게 성적 질투심이 없지" 않으며, 친자식임이 분명하지 않은 아이에게 기꺼이 투자할 리 없기 때문이다.[53]

성적 부정(不貞)에 내재한 파국적 영향이나 족벌주의적 충동의 힘을 부정할 수는 없다. 유전적 친자식과 의붓자식 중에 선택할 수 있는 남성은 친자식과 더 많은 시간을 보낼 가능성이 높다. 말로위는 하드자 족에서 공동체적으로 고기를 분배하는 것이 원칙임에도 불구하고 집단에 생물학적 아이들이 있는 남성이 더 사냥에 적극적이고, 친자식이라고 생각되는 아이들에게 고기를 더 가져다주는 경향이 있다는 것을

5. 진짜 홍적세 가족 여러분, 앞으로 나와 주시겠어요?

발견했다. 말로위의 표본에서 이례적으로 공평한 대접을 받은 한 의붓자식은 조카였다. 이 아이는 죽은 형의 자식이기도 했지만, 아이의 어머니가 아이를 입양한 사냥꾼과 결혼한 적이 있었던 아이였다.[54] 말로위의 평가는 특히나 적절하다. 왜냐하면, 채집사회에서 아이들에게 제공되는 대행 부모의 원조는 친족이 아닌 아이들보다는 대부분 사촌이나 조카에게로 향하기 때문이다. 이는 또한 비인간과 인간 영장류 수컷이 가능한 친자관계를 추측하는 데 얼마나 능숙한지 보여주는 새로운 연구 결과들과 일치한다.

많은 영장류와 마찬가지로 사바나개코원숭이 암컷은 여러 수컷과 짝짓기를 한다. 어미와 짝짓기를 한 번도 한 적이 없는 수컷은 적어도 아버지가 아니라는 것을 확신할 수 있기에 영아살해를 할 잠재적 가능성이 있다. 반대로, 어미와 짝짓기를 한 수컷은 그 후에 어미가 낳은 새끼를 위해 특별한 보호를 제공해줄 가능성이 높다.[55] 그러나 수컷의 부성에 대한 추정은 꽤 정확하지만, 결코 완벽하지는 않다. 따라서 개코원숭이 유아는 종종 한 마리 이상의 수컷 보호자를 두고 있다. 마모셋과 달리 개코원숭이의 실제 아비는 한 명뿐이지만 말이다.

어린 개코원숭이들은 성장하는 동안 엄마의 옛 친구들로부터 계속해서 도움을 얻는다. 케냐 암보셀리의 개코원숭이들―논란의 여지는 있지만 지구상에서 가장 잘 연구된 영장류―을 연구하는 진 알트만(Jeanne Altmann) 연구팀은 아비의 관심에 따른 장기적인 이익에 초점을 맞추고 있다. 딸의 경우, 같은 집단 안에 유전적 아비의 존재는 더 이른 성숙과 상관관계가 있었다. 이것은 아비가 주변에 있는 딸은 더 이른 나이에 번식을 시작하고, 생애 전반의 번식 성공도를 높일 수 있는 기회를 갖는다는 의미이다. 아비가 있는 아들도 마찬가지로 더 빨리 성숙했는데, 이는 아들이 태어났을 때 아비가 우위 수컷이어서 아이를 공격할 수도 있는 다른 수컷들을 지배할 수 있었던 경우에 한해서였다. 딸의 경우 아비의 서열은 덜 중요했는데, 이는 아마도 아비가 가장 낮은 서열의 수컷이라도 딸을 괴롭히거나 공격할 수 있는 어떤 암컷보다도 그룹 내에서 더 지배적인 위치에 있었기 때문일 것이다.[56]

정확히 어떤 단서들을 이용하는지는 아직 아무도 모르지만, 개코원숭이뿐만 아니라 남성들도 아이들이 실제로 친자식인지 아닌지 가늠하는 데 꽤 능숙하다. 인류학자 커마이트 앤더슨(Kermyt Anderson)은 전 세계의 다양한 집단을 대상으로 남성들이 친자관계가 잘못된 것을 알아차리는 비율을 확인하고자 했다. 앤더슨은 집단을 둘로 나누었다. 한 집단은 친자관계가 상당히 불확실하다고 느껴서 자식의 DNA 검사를 요청한 미심쩍은 아버지들이었다. 다른 집단은 부성 확실성은 의심할 여지가 없으나 다른 어떤 이유로 검사를 받는 아버지들로 구성되었다. 실제로 친자가 아닌 확률은 첫 번째 집단(30퍼센트 정도)이 두 번째 집단(2~3퍼센트)에 비해 훨씬 높았다.[57] 아마도, 남성이 친자를 인지하는 예리함의 정도는 부성을 정확히 식별하는 것이 중요한 수준에 맞추어져 있을 것이다. 하지만 그렇다고 해서 영장류 수컷이 자신과 실제로 친자관계가 확실하다고 판단되는 아이들만 돌본다는 뜻은 아니다. 육아를 혼자 해야 한다거나 너무 비용이 많이 드는 것이 아니라면, 확실한 친자관계는 수컷이 유아를 보호하거나, 부양하거나, 또는 사랑할지 그렇지 않을지에 영향을 미치는 다양한 요인들 중 하나일 뿐이다.

이 장 후반에는 수컷의 양육 경향에 영향을 미치는 다른 요소들을 살펴볼 것이다. 집단에 있는 아이들, 혹은 최근 관계를 맺은 여성에게서 태어난 아이를 보호하고자 태도, 혹은 '평판'에 대한 관심 그리고 자기들이 좋은 아빠임을 보여주고자 하는 열망 같은 것 말이다. 가장 중요한 요인 중 일부는 수컷이 특정한 유아와 과거에 어떤 경험이 있었는지와 관련이 있다. 유전적 부성에만 초점을 맞추는 것은 남성의 육아 경향에 영향을 주는 다양한 감정과 동기들을 흐릿하게 만든다. 또한 남성들이 아동의 생존에 미치는 영향도 모호하게 한다. 6장에서 보게 되겠지만, 이는 다른 동물들도 마찬가지이다. 그럼에도 불구하고, 여건에 따라 달라지고 믿을 수 없는 남성의 육아 참여는 복잡한 이론적 문제를 야기한다. 어떻게 이렇게 중요한 것에 이토록 제멋대로일 수가 있는가? 이 문제를 먼저 다룬 다음, 양육 충동에 관여하는 특수한 메커니즘을 살펴보기로 하자.

▌선택적인 아버지 노릇의 역설

남성을 제대로 보기 위해 잠시 한 발 뒤로 물러서서 전 세계의 5,400여 종의 포유류를 아우르는 광범위한 비교 관점에서 부성 행동을 생각해보자. 대부분의 포유류에서 아비는 영토를 지키고, 다른 수컷과 경쟁하고, 암컷과 짝짓기하는 일 이외에는 거의 하는 일이 없다. 수컷은 기이한 청각적이고 시각적인 과시(때로 특수하게 만든 무기를 가지고)를 하며 포효하기, 짖기, 으르렁거리기 등으로 경쟁자를 물리치기 위한 치열한 싸움을 한다. 그러고는 '퍽, 쾅, 부인 그럼 이만'(Slam, bam, thank you Ma'am: 잘 모르는 사람과의 진도 빠른 성교를 뜻하는 속어_옮긴이) 하며 정자기증자는 사라진다. 아주 일부의 포유류에서만 수컷의 육아 참여가 발견된다. 그에 비해 영장류 수컷은 매우 모범적인 양육자이다. 영장류 수컷이 어린것들에게 제공하는 보호와 심지어 직접적인 돌봄은 포유류 일반적인 특성이라고 할 수 없다.

대부분의 영장류에서 수컷은 짝짓기를 한 암컷과 1년 내내 같은 무리에 남아있다. 수컷이 직접 유아를 돌보지 않는 종에서도 수컷은 일반적으로 어린것들을 보호하는 역할을 맡는다. 수컷들은 어미 근처에 남아 다른 수컷들이 (이전의 그리고 미래의 짝을 포함한) 주변의 자원에 접근하지 못하도록 빈틈없이 방어한다. 이렇게 아이를 지키는 과정에서 수컷은 다른 경쟁 수컷의 공격을 막아내고 아버지가 될 수 있는 것이다. 영장류는 수유기간이 길기 때문에 후손을 남기고자 하는 수컷은 다른 수컷이 낳은 유아를 제거하는 것이 엄청나게 이득이 된다. 젖먹이를 죽이면 더 이상 수유를 하지 않는 어미가 다시 가임력을 갖게 된다. 이를 통해 새로운 수컷은 암컷의 한정된 번식 가능 기간에 번식할 수 있는 기회를 늘릴 수 있다. 아이러니하게도, 새끼의 장기적 의존성으로 인해 어미는 추가적인 도움이 절실하지만, 동시에 야비한 수컷간 경쟁에도 노출된다.[58]

수컷이 유아를 보호하는 것은 전반적 현상인데, 많은 종에서 수컷의 관심은 개코원숭이 수컷처럼 특정 유아의 곁에 머물면서 지켜봐주는 것뿐만 아니라 더욱 직접적인 돌봄(데리고 다니고, 구해주고, 체온을 따뜻하게 유지하기 위해 꼭 붙어있기)까지도 포함한다. 영장류 전체에서 많게는 40퍼센트의 종에서 이러한 행동이 나타난다. 더 광범위한 수

5. 진짜 홍적세 가족 여러분, 앞으로 나와 주시겠어요?

유인원 수컷은 새끼를 직접 돌보는 일이 거의 없다. 오랑우탄과 침팬지 아비들은 어린 새끼들 근처에서 시간을 보내지 않는다. 고릴라와 보노보 아비는 그냥 새끼들 가까이에 있는 정도다. 출산 후, 어미 고릴라는 자신의 집단을 보호하는 역할을 하는 우두머리 수컷을 찾고, 이 실버백 주변에 머물기도 한다. 일단 유아가 스스로 돌아다닐 수 있게 되면, 새끼는 어미를 따라 사진 속의 어린 고릴라가 하는 것처럼 아비 근처에 머물 수도 있다. 하지만, 수컷은 유아를 안고 있거나 데리고 다니지 않으며, 절대로 유아나 유아의 어미를 부양하지 않는다.

컷 돌봄은 특히나 원원류와 신세계원숭이들에서 진화할 가능성이 높았던 것 같다. 그리고 올빼미원숭이와 티티원숭이속 수컷은 실제로 자신의 유아를 부양한다.[59] 영장류 일반을 고려했을 때, 일부 수컷들이 보이는 육아 행동은 특별히 유별난 것이 아니다. 하지만 대형 유인원과 비교했을 때 수컷의 직접적인 돌봄은 사실 매우 이례적이다.

영장류가 진화해온 7천만 년 동안, 어미가 수컷으로부터 가장 필요했던 도움은 다른 수컷으로부터 새끼를 보호해주는 것이었다. 그러나 영장류 수컷이 어미와 유아 가까이에서 일 년 내내 머무른다는 점을 감안할 때, 단지 보호하는 것 이상을 하는 아비들이 자연 선택에서 선호될 기회가 무수히 많았다. 이로 인해 이따금씩 베이비시터를 하는(문자 그대로 아기 옆에 앉아있는) 개코원숭이부터 거의 의무적인(그렇지 않을 경우 유아가 생존할 수 없다는 점에서) 수컷 돌봄을 보이는 남아메리카의 다양한 티티원숭이, 올빼미원숭이, 그리고 마모셋에 이르는 각양각색의 수컷 행동이 진화하게 되었다. 우리 종족에서 아버지들은 때로 도움이 되긴하지만, 그렇게 예측 가능하지는 않다.

일부 남성들은 마모셋처럼 다른 어떤 영장류보다 더 긴 시간 동안 자식을 헌신적으로 양육하지만, 다른 남성들은 아이들의 존재에 무관심하다. 이런 상황을 곰곰이 생각하다 보면 가끔 다른 종의 남성들이 있는 것은 아닌지 자문하기도 한다. (혹시라도 궁금해 하는 독자들이 있을 것 같아 하는 말인데, 어떤 과학적 답변이나, 추측으로라도 할 수 있는 답변은 없다.) 어쨌든 간에 우리가 확실히 아는 것은 인간 아버지의 양육은 극히 마음가는 대로라는 것이다. 즉, 상황에 따라 달라지며 특정한 조건 하에서만 발현된다. 이러한 일반화는 우리가 아버지와 아이 사이의 주목할 만한 친밀함이나 아버지의 자식 양육을 고려할 때도 적용 가능하다.

대체로 농경사회나 목축사회 혹은 대부분의 후기 산업사회보다 채집사회에서 아버지와 자식 간 상호작용의 빈도가 더 잦다. 이는 우리 종의 역사와 부성 헌신의 진화와 관련된 다른 요소들에 대해 중요한 사실을 알려준다.[60] 수컷이 양육에 많이 참여하는 다른 포유류들처럼, 남성이 임신한 아내 그리고 새로 태어난 아기와 친밀한 관계로 시간을 보내는 것만으로도 생리적인 변화가 온다. 나는 이와 같은 사실이 오랜 시간 동안 남성 육아가 인간의 적응에 필수적인 요소가 되어 왔음을 암시한다고 생각한다. 남성의 육아 잠재력은 바로 우리 종의

DNA에 기록되어 있다. 그러나 다른 포유류와 달리 새끼를 키우는 데 엄청나게 많은 비용이 들고 그리하여 부모 양쪽의 양육이 거의 필수적인 인간 남성은 자식 양육에 조금 참여하거나 아주 많이 혹은 전혀 참여하지 않을 수도 있다. 세상 최고의 목표가 자신의 짝이 낳은 새끼 가까이 있는 것인 티티원숭이 수컷이나 호르몬이 가득 들어있는 태반을 먹어치우기 위해 막 산도(産道)에서 나오는 새끼를 먼저 잡으려고 짝과 경합을 벌이는 마모셋에 비하면, 남성의 부성 헌신은 결코 이 정도로 외골수적이지 않다. 자식 양육에 열심인 남자(심지어 자기 자식이 거의 확실하더라도)와 짝을 짓는 것은 어머니가 일반적으로 기대할 수 있는 특성이 아니다.

수컷들이 양육에 매우 열심히 참여하는 영장류도 있고, 비상시에만 양육에 참여하는 종도 있다. 수컷이 새끼를 전혀 돌보지 않는 종들도 있다. 이러한 종 사이의 변이 정도는 호모 사피엔스 한 종에서 보이는 어마어마한 변이에 비하면 빛이 바랜다. 남성의 물질적, 정서적 지원은 단지 정자만 제공하는 것에서부터 아이들과 가까이 있기 위해 무슨 일이라도 하는 〈미세스 다웃파이어〉의 집착에 가까운 헌신까지 다양하다. 문화에 따라, 또 개인차에 따라, 인간의 부성 투자 형태와 정도는 다른 모든 영장류를 합친 것보다도 더 변이가 크다.

이런 측면에서 보면 남성의 감정이 복잡하다고 말하는 것은 꽤나 절제된 표현이다. 남성에게 집단의 이상, 집단 안에서의 명예 추구는 중요하다. 여성에 대한 성적인 접근도 마찬가지이다. 그리고 집단의 가치를 넘어서는 어떤 감정, 즉 개인적인 애정이나 족벌주의적인 충동도 있을 수 있다. 하지만 당혹스러운 역설은 여전히 해결되지 않고 남는다. 만약 아이들에 대한 남성의 투자가 그렇게 중요하다면, 자연 선택은 왜 아버지들을 육아에 끔찍하게 헌신하는 티티원숭이, 캘리포니아생쥐, 난쟁이 햄스터처럼 만들지 않았을까? 그리고 남성의 육아 참여가 그토록 까다롭고 상황에 따라 가변적이라는 점을 감안했을 때, 혼자서 키울 수는 없는 자식을 낳는 어머니가 어떻게 자연 선택을 통해 진화할 수 있었을까? 왜 어떤 남성들은 친자식이 아닐 수도 있는 아이들을 자상하게 돌보는데, 또 다른 아버지들은 친자식이 확실한데도 전혀 돌보지 않는 것일까?

몇몇 구체적인 사례를 생각해보자. 비록 개개인이 얼마나 애정이 많은지는 차이가 있지만, 대부분의 인류학자들은 아카족 같은 사회의 남성들이 유난히 육아에 적극적으로 참여한다는 데 동의할 것이다. 왜 그런지 생각해보자.

아카족 부모는 양육에 거의 동등하게 책임이 있으며, 남성뿐만이 아니라 여성도 마을 사람들과 공동으로 하는 그물사냥에 함께한다. 아카족 아버지는 거주지에서 많은 시간을 보내는데 그 시간 중 무려 88퍼센트는 아기가 보이는 곳에서 머무른다. 이 아버지 근접성 평균 수치는 지금껏 알려진 어떤 인간 집단보다도 높다.[61] 아카족의 사례는 아기와 가까이에서 보낸 시간이 매우 중요한 요인이라는 배리 휴렛의 주장을 뒷받침한다. 아이와 가까이 있음으로 해서 많은(어쩌면 모든?) 남성들은 내재된 양육 잠재력을 일깨우고 양육에 참여할 수 있는 계기가 생긴다. 거주지에서 쉬며 보내는 시간이 많은 남성은 아기와 긍정적이고 친밀한 상호작용을 할 기회가 더 많다.[62] 하지만 부모가 어디에 살고 있고, 주변에 누가 있는지도 중요하다. 워싱턴 주립대학의 코트니 미한(Courtney Meehan)은 이러한 요인들이 얼마나 중요한지 정확히 확인해보기로 했다.

암컷 영장류가 친밀한 모계 친족들과 더불어 살고 있는지 여부는 어미가 다른 구성원들의 양육 지원 제안을 받아들일지 말지에 영향을 미치는 중요한 요인이다. 아프리카 수렵채집민들 중에서 어른이 되어 유별나게 기회가 될 때마다 빈번하게 이사를 다니는 사람들이 있다. 이들은 가족이 사는 곳을 방문하고, 물질적 자원뿐만 아니라 양질의 육아 지원이 가능한 무리를 따라 이주한다. 어머니 주변에는 많든 적든 간에 항시 모계 친족이 존재한다. 미한이 연구한 아카족 상황도 마찬가지였다. 어머니가 평생 한 집단에 머무는 경우는 거의 없었다. 이러한 상황은 부모가 어머니의 친족과 함께 살았는지, 아버지의 친족과 살았는지에 따라 자녀들이 얼마나 많은 보살핌을 받았는지를 비교할 수 있는 자연 실험이었다.

관습상 아카족 남편들은 한동안 아내 그리고 처갓집 식구들과 함께 산다. 새신랑은 하나 혹은 그 이상의 아이들이 태어날 때까지 몇 년 동안 사냥을 하며 식구들을 부양한다. 이를 "신부 서비스(bride service)"라고 한다. 이후 부부는 계속 처갓집에 머무르거나 자녀들과 함께 신랑의 친족이 있는 집단으로 돌아가거나 아예 완전히 다른 집단에 합류하기도 한다. 아이가 태어날 때까지 아내의 친족 근처에서 머무는 이 관행은 경험이 없는 젊은 어머니가 친족들과 함께 지낼 수 있도록 한다.

첫 아기를 낳을 때, 어머니와 첫째 아기는 특히 취약하다. 영장류를 통틀어 경험이 없는 초산의 어미에게서 태어난 유아가 높은 사망 위험에 직면하는 것은 다른 어떤 이유보다도 어미의 경험 부족과 미숙함 때문이다. 모든 초산의 영장류 어미와 마찬가지로, 아니 어쩌면 젊은 어머니에게는 어머니가 되기 위한 추가적인 지원과 가이드가 더 많이 필요하다.[63] 예상대로, 미한은 친정어머니 그리고 친정어머니의 친족들과 함께 거주하는(즉, '모거제'로 사는) 어머니가 실제로 대행 어미로부터 훨씬 더 많은 도움을 받는 것을 발견했다.

표본의 크기가 크지 않았음에도 미한이 분명한 패턴을 파악할 수 있을 정도로 차이가 컸다. 어머니가 모거제로 살고 있는 유아는 어머니가 아버지의 친족들과 살고 있는(부거제) 유아보다 거의 두 배 정도의 대행 부모 돌봄을 받았다. 손위 형제자매의 돌봄은 두 곳에서 모두 일정하게 나타났다. 다른 점은 유아의 모계 이모, 삼촌, 그리고 특히 외할머니가 주는 도움이었다. 아카족 어머니들에게 질문했을 때, 두 명을 제외한 모든 아카족 여성들은 친족의 도움을 받을 수 있기 때문에 나고 자란 마을에서 사는 것을 선호한다고 콕 집어서 언급했다.

하지만 놀랍게도, 두 상황에서 아이가 받는 돌봄의 총량은 큰 차이가 없었다. 심지어 엄마들 자신이 아기를 안고 있던 시간이 동일함에도 그랬다. 어떻게 그럴 수 있었을까? 이 질문은 우리의 관심을 다시 아버지에게 돌리도록 한다. 어머니의 친족이 주변에 없는 경우, 아버지가 더 많이 보살핌으로써 이 공백을 메웠다. 미한은 부거제의 아버지들이 육아를 거의 20퍼센트 이상 더 많이 한다는 것을 발견했다.[64] 이러한 유연성은 선택적인 아버지 노릇의 역설을 가능하게 한다. 돌봄은 대체 가능하다. 인간은 돌봄을 이끌어내고, 전략적으로 돌봄을 제공하고, 전용하고, 조정하고, 재고, 보충하는 데 유별나게 유연하고 편의

5. 진짜 홍적세 가족 여러분, 앞으로 나와 주시겠어요?

적이다.

　오랜 인류 진화의 시간 동안 아버지가 의무를 다하지 못하더라도, 대행 어미들이 —적어도 잠재적으로는— 아이들이 필요로 하는 것과 어머니 혼자서 제공할 수 있는 것 사이의 거대한 공백을 메울 수 있었을 것이다. 어떤 상황에서는 어머니의 짝의 죽음이나 배신이 자식의 운명을 파멸시킬 수도 있다. 의심의 여지없이, 많은 수의 아이들이 운명에 굴복했을 것이다. 그러나 인간이 협동 번식을 하는 종으로 진화했다면, 유연하게 대응할 수 있는 역동적인 시스템을 갖추고 있어야 한다. 만약, 아버지가 헌신적인 아빠가 아니라 그냥 여러 양육자들 중 한 명일 뿐이라고 판명이 나고, 심지어 아버지가 모두를 헌신짝처럼 버리고 다른 짝을 찾아 떠나버려도 자식들은 대행 부모의 도움을 받아 힘들게나마 생존할 수 있을 것이다. 결국 '비열한 남자'는 잘먹고 잘살고, 또 높은 번식 적합도까지 누리게 된다. 이 모든 이야기가 너무 냉소적으로 들릴지도 모르겠지만, 아버지의 심리와 대행 어미의 행동이 이러한 시나리오와 일치한다는 실증적인 증거들이 점점 더 늘어나고 있다. 유연성은 인간 가족을 특징짓는 것이었고, 지금도 그렇다.[65]

▎전략적 유연성

　　　하드자족 아버지들은 대부분 너그럽고, 아카족 아버지만큼이나 아이들에게 애정이 많다. 하지만 하드자족 아빠들이 아이들을 안고 있는 유일한 시간은 거주지에 있을 때뿐이고, 그 시간도 22퍼센트보다 훨씬 적은 7퍼센트 정도 되는 시간이다.[66] 그러나 인류학자

알리사 크리텐든과 프랭크 말로위는 심지어 하드자족에서도 미한이 아카족에서 기술한 것과 비슷한 패턴을 발견했다. 아버지가 있든 없든 간에 하드자족 유아에게 할당되는 직접적인 대행 부모의 돌봄은 다소 일정하게 유지되었다.[67]

다시 한 번 이는 하드자족이 얼마나 유연하고, 편의적인지, 그리고 그들을 필요로 하는 곳이나, 그들이 있어야 하는 곳으로 쉽게 이주할 수 있는지와 관련이 있다. 만약 아버지가 죽거나 배신한 경우, 하드자 할머니는 유아와 가까운 곳으로 거처를 옮기고 아버지를 잃은 손주를 안아주는 데 더 많은 시간을 보낸다.[68] 아버지가 멀쩡히 살아있고, 같은 집단에서 사는 경우, 아버지는 아기의 할머니가 안아주는 것보다 두 배나 자주 아기를 안아주며, 어머니를 제외한 나머지 사람들이 제공하는 총 돌봄의 4분의 1 정도의 몫을 한다. 하지만, 아버지가 없는 경우는 외할머니가 손주를 안고 있는 시간이 증가하는데, 어머니 이외의 사람들이 아이를 안고 있는 총 시간의 70퍼센트까지 올라간다. 만약 어머니가 재혼을 해 아이들이 양아버지와 살게 되면, 할머니들은 유아와 가까운 곳으로 이주해 또 다시 그 틈을 메꾼다. 이러한 상황에서, 유아가 할머니에게 안겨 있는 시간은 어머니 이외의 보육자들이 아기를 안고 있는 총 시간의 83퍼센트까지 높아졌다.[69]

다시 말해, 아버지의 부재에 따른 영향은 어머니 자신의 임기응변뿐만 아니라 친족, 특히 외할머니의 능동적이고 전략적인 임기응변을 통해 완화된다.[70] 우리는 어머니가 아이가 태어나기 전부터 한 명 이상의 아버지를 마련해 두기 위해 얼마나 전략적일 수 있는지 이미 확인한 바 있다. 하지만 어머니에게는 다른 선택지도 있다. 예를 들어 !쿵

5. 진짜 홍적세 가족 여러분, 앞으로 나와 주시겠어요?

족 여성 니사가 너무 많은 추가적인 아버지를 두려고 하자, 질투에 빠진 남편이 부시맨의 이혼 방법인 '그냥 떠나기'를 선택했을 때, 니사는 멀리 떨어져 있는 자신의 남동생에게 가기 위해 사막을 가로질러 갔다. 니사가 자식들의 양아버지가 될 새 짝을 찾는 동안, 아이들의 외삼촌과 함께 지냈다.[71] 물론, 조카들을 키우는 것을 기꺼이 도와주는 살아있는 남동생이 있는 상황이 남편이 있는 것보다 더 확실한 것은 아니다. 그리고 8장에서 보게 되겠지만, 할머니가 도와줄 수 있는지는 더욱 불확실하다.

사망 위험이 높을수록, 어머니나 천천히 자라는 아이들이 특정한 가족 구성에만 의존하기가 더 어렵고, 아이들과 부모 모두에게 융통성 있는 지원을 이끌어내는 것이 더욱 중요해진다. 만약 부모가 죽으면, 방계 친족이나 손위 형제자매가 보완하는 것이 그 어느 때보다도 중요하다. 그리고 증거에 따르면 그들을 종종(아마도, 항상은 아니지만) 그렇게 한다.

아동발달 전문가인 패트리샤 드레이퍼(Patricia Draper)는 인구통계학자 낸시 하웰(Nancy Howell)과 힘을 합쳐, 주/'호안시 사람들이 아직 유목채집민으로 살던 시기에 수집된 자료를 이용하여 아이들의 성장률을 연구했다. 비록 영양상태가 좋은 것은 아니었지만, 아이들은 부양해주는 친족들의 정확한 구성의 변동과는 상관없이 꽤 일정한 속도로 성장했다. 드레이퍼와 하웰은 이 원활한 식량 공급은 전형적인 수렵채집민의 공유 윤리와 부모 및 대행 부모의 주거 유연성이 더해져서 가능했을 것으로 추측했다.[72]

2005년, 로렌스 스기야마(Lawrence Sugiyama)와 리처드 샤콘

(Richard Chacon)은 페루 남동부의 수렵채집·원예농경 사회인 요라족에서 정확히 그런 패턴을 기록했다. 평균적으로, 젖을 뗀 아이들은 식사 시간의 약 40퍼센트를 자기 집이 아닌 다른 가정에서 먹었다. 하지만, 부모 중 한 명만 살아있는 아이들의 경우, 더 자주 대행 부모의 집에서 식사를 할 가능성이 높았다. 이는 아마도 부모의 부재를 완충하는 역할을 했을 것이다.[73] 이런 체계에서 아버지의 부재에 가장 취약한 아이들은 대행 부모가 부족한 아이들이다.

대부분의 수렵채집민들은 가깝고 친밀한 가족 단위로 산다. 이런 측면에서 우리 선조들의 가족 생활에 대한 전통적인 견해는 옳다. 하지만 이들 가족 구성은 시간에 따라 달라졌다. 우리가 이상적으로 생각하는 핵가족(아버지, 어머니, 그리고 아이들)은 단지 일시적 단계로 지나가는 경우가 흔했다. 또 부모 두 명으로는 여러 명의 아이들이 필요로 하는 것을 충족시킬 수 없기 때문에, 최적의 구성이라고 하기 어려울 것이다. 전형적이거나 자연스러운 홍적세 가족을 묘사할 때, 내가 선호하는 설명은 친족을 기반으로 하고, 아이를 중심으로 이루어진 집단으로 매우 편의적이고, 이동성이 높고, 아주 아주 유연하다는 것이다. 개인들은 적대적인 상황을 피해, 그리고 음식과 물이 있는 곳뿐만이 아니라 사회적 지원을 받을 수 있는 곳, 다른 가족 구성원의 도움이 필요하다고 생각하는 곳으로 모여든다. 이에 따라 육아 단위는 본질적으로 탄력적이고, 확장적이고, 또 수축적이다. 이러한 대행 부모의 안전망은 매우 가변적인 부성 헌신이 진화할 수 있었던 환경을 제공했다.

언뜻 보기에 역설적인 듯한, 즉 스스로 부양할 수 있는 것보다 더 많은 것을 필요로 하는 자식을 낳는 어머니가 부성 지원을 확신할 수 없는 아버지와 짝을 맺는 것은 사실 동전의 양면과 같다. 양쪽에서 똑같은 설명을 통해 역설이 풀린다. 두 성별 모두, 대행 부모가 종종 보완적인 지원을 제공하는 매우 유연한 시스템에서 진화했기 때문에, 어머니는 스스로의 부양 능력을 넘어서는 아이들을 낳을 수 있었고, 아버지는 다양한 행동을 취할 수 있었다.

▌아빠와 건달의 생물학적 기반

전작인 『어머니의 탄생』에서 나는 인간 부모 방정식 중 어머니 쪽의 사랑과 양가적인 감정을 분석했다. 여기서는 아버지 쪽에 초점을 맞춰, 아버지의 헌신이 천차만별이고, 임의적인 돌봄이 진화할 수 있도록 이끈 협동 번식에 초점을 두었다. 이제 남성이 아빠가 될지, 비열한 건달이 될지에 관한 생물학적 기제를 살펴볼 시간이다.

2007년 1월 3일 〈뉴욕타임스〉에는 4층 창문에서 떨어지는 소년을 보고 달려와 받아내 목숨을 구한 두 남성에 대한 기사가 보도되었다.[74] 둘 중 페드로 네바레즈라는 남성에게는 열아홉 살 된 양아들이 있었다. 인터뷰에서 그는 겸손하게 말했다. "저는 영웅이 아닙니다. 아버지라면 누구나 했을 일을 한 것뿐입니다. 만약 당신이 아버지라면, 당신의 아이든 아니든 그렇게 했을 거예요." 네바레스 씨는 관련 경험의 중요성을 정확히 지적하고 있었다. 개인적인 차이는 있지만, 어린아이들과 함께 살고 아이들을 사랑하는 남성은 아이들을 구하고자 하는 반사적 충동을 느낄 가능성이 더 크다. 그 아이가 자신과 유전자를 공유하고 있지 않더라도 말이다. 동시에, 아이가 자신의 친자임이 확실한 아버지라도 아이들의 안녕과 행복은 전혀 안중에도 없는 듯이 행동하는 경우도 헤아릴 수 없이 많다. 남성의 양육 충동이 극히 가변적이기 때문에 부성 헌신이 발현하는 사회적, 생태적, 그리고 경험적 조건들이 무엇인지 고려할 필요가 있다.

두 수렵채집사회, !쿵족과 아카족을 살펴보자. 둘 다 상대적으로 높은 부성 확실성 그리고 아이들에 대한 애정이 높은 것이 특징이다.[75] 그럼에도 불구하고 !쿵족 아버지들은 유아를 직접 돌보는 일은 많이 하지 않는다. 유아를 안아주는 시간은 2퍼센트 정도에 불과하다. 반면 아카족 아버지들은 그보다 열 배 정도 더 유아를 돌본다. 휴렛에 따르면, 이 차이는 남성과 유아가 가까이 있을 수 있는 기회의 차이로 설명할 수 있다. !쿵족 남성들은 사냥하는 동안 다른 남성들과 오랜

!쿵족 아버지는 비교적 짧은 시간 동안, 특히 야영지 있는 동안만 유아를 안고 있는 반면, 사진 속 아카족 아버지는 야영지에 머무는 시간뿐만 아니라 숲으로 사냥을 나갈 때도 아이를 안고 다니며 함께 한다.

5. 진짜 홍적세 가족 여러분, 앞으로 나와 주시겠어요?

시간 어울리는 반면, 아카족 남성들은 사냥감을 잡기 위해 그물을 이용하고, 아내, 아이들, 그리고 다른 사람들과 다 함께 사냥에 나간다. 아카족(그리고 에페족도) 남성은 야영지 주변에서 많은 시간을 보내고, 유아와 아이들과 함께 상호작용할 수 있는 여가시간이 더 많다. 확실히 아내 가까이서 많은 시간을 보내는 남편들은 일반적으로 부성 확실성을 더 강하게 느낄 것이다.

진화론자들은 남성의 행동을 해석할 때 강박적으로 부성 확실성에 초점을 맞추고 있다. 그러나 부성에 대한 확신은 아기에 대한 남성의 양육 반응에 영향을 주는 한 가지 요인일 뿐이다. 임신한 여성과 유아와 가까이서 시간을 보내고, 아기를 돌보는 행동을 하는 것은 그 자체로 남성—심지어 유전적 아버지가 아닌 남성이라도—을 더 양육적으로 만든다. 지금까지(3장과 4장에서), 나는 협동 번식이 어머니와 유아의 안녕에 미치는 영향에 더 관심을 기울였다. 이제 간략하게나마 남성에게 미치는 경험적, 내분비학적, 그리고 신경학적 영향을 살펴보자. 이는 성인 남성과 소년 모두에게 해당한다.

여성뿐만 아니라 남성도 아기를 만나면 생리적인 변화를 겪는다. 조류 암컷의 부화 행동이나 포유류의 수유 행동과 관련된 호르몬인 프로락틴이 좋은 사례다.[76] 임산부나 신생아와 친밀한 관계에 있는 남성의 프로락틴 수치는 그렇지 않은 남성보다 확연하게 높다. 코르티솔처럼 어머니의 유아에 대한 감수성과 연관된 다른 호르몬들도 임신한 어머니와 그 후에 태어난 신생아와 계속 함께 있었던 아버지들에게서 더 높게 나타났다. 반면에, 테스토스테론 수치는 낮아졌다.[77] 당연하게도 이러한 변화는 서로 관련되어 있다. 임신기 동안 더 관계되어 있었던 아버지들은 또한 생후 1년 동안 더 많이 아기를 돌보는 경향이 있었기 때문이다.[78] 이전에 육아 경험이 더 많은 남성일수록, 더 오랫동안 아기와 함께 있고, 아이에 더 공감하며, 유아의 욕구에 더 민감한 남성이 되고, 생리적 효과가 더 뚜렷하게 나타나는 경향이 있다.

신참 아버지의 더 높은 프로락틴 수치에 영향을 미치는 일부 단서는 신참 부모라면 익숙한 스트레스 요인인 수면 부족과 관련이 있다. 물론, 잠을 못 자는 것이 원인일 수도 있지만, 분명 그것 말고도 뭔가가 더 있다. 한 예비연구에서, 휴렛은 단지 15분 동안 아기를 안고 있는 것만으로도 남성의 혈액 속 프로락틴 수치가 측정 가능할 정도로 증가한다는 것을 발견했다.[79] 게다가 이러한 프로락틴 효과는 둘째 아기를 안고 있는 경험 많은 아버지들의 경우 경험이 적은 남성과 비교해서 더 두드러진다. 아마도 경험 많은 아버지들은 이미 민감한 상태이기 때문일 것이다. 이런 남성들은 또한 아기를 더 많이 안아주었다.[80]

이러한 상관관계는 부모 양쪽이 모두 육아에 참여하거나, 광범위한 돌봄 공유를 하거나, 완전한 협동 번식을 하는 종에서 가장 뚜렷하게 나타난다. 이는 암컷만 수유를 하는 포유류와 양성 모두 수유를 하지 않는 조류에서 모두 발견된다. 어치, 비둘기, 들쥐, 마모셋, 햄스터, 그리고 인간에서 더 높은 프로락틴 수치는 수컷의 양육 행동과 연관되어 있다. 물론 그 정도는 성별에 따라 다르다. 수유 중인 어머니의 프로락틴 수치는 특별히 높다. 그럼에도 불구하고, 프로락틴 수치와 양육 사이의 연관성은 새와 포유류, 남성과 여성, 부모나 대행 부모가 아닌 사람들, 어머니뿐만 아니라 대행 어머니 모두에게서 나타난다.[81]

이와 관련한 첫 번째 연구로, 캐나다의 동물학자인 캐서린 윈-에드워즈(Katherine Wynne-Edwards)와 심리학자 앤 스토레이(Anne Storey)는 뉴펀드랜드의 한 병원에서 산전 교육에 참여한 사람들 중 34쌍의 자원자를 모집했다. 연구진은 커플들의 집을 방문하여 혈액 샘플을 채취했다. 연구에 참여한 남성들은 임신 초기보다 출산 전 3주 동안 포로락틴과 코르티솔 수치가 높은 경향이 있었다. 게다가 두 번의 혈액 샘플을 채취하는 훌륭한 실험 설계 덕분에, 신생아 자극이 더 많은 변화를 야기한다는 것이 밝혀졌다.

첫 번째 혈액샘플은 연구자들이 방문한 직후에 채취되었다. 두 번째는 피험자들이 신생아의 냄새, 소리, 그리고 시각적 정보들에 노출된 후에 채취되었다. 연구자들은 남성들에게, 이미 아기가 태어난 후라면 자신의 아기를, 출산 전이라면 방금 전까지 신생아를 감쌌던(아직도 아기 냄새가 배어 있는) 담요로 감싼 아기 인형을 안고 있도록 요청했다. 그러고는 신생아의 울음소리를 녹음한 테이프를 들려줬다. 다음으로 신생아가 생애 처음으로 젖을 빨기 위해 고군분투하는 짧은 영상을 보여주었다. 그리고 남성들에게 아내의 임신에 대해 어떻게 느끼는지, 그리고 우는 아기에 대해 어떻게 생각하는지, 예를 들어 얼마나 아기를 위로하고 싶은지 물었다.

도움이 필요한 유아에 대한 강한 반응은 파트너가 임신한 동안 쿠바드 증상을 경험한 남성들에게서 불균형적으로 나타났다. 프랑스어로 '쿠버'(couver, 부화시키다)에서 유래한 이 용어는 아내가 임신 중일 때 남성이 행하는 다양한 문화적 관습 혹은 임신한 아내와 신체적으로 유사한 증상을 보이는 것을 지칭한다. 쿠바드 증상은 체중 증가와 피로감에서 입덧과 식욕 감소까지 다양하다. 짝의 임신에 가장 많은

영향을 받은 남성일수록, 프로락틴 수치가 가장 높았고, 테스토스테론은 가장 많이 감소했다.[82]

내분비학 연구자들은 남성의 육아 행동이 반드시 호르몬 변화만으로 유발되는 것은 아니라는 점을 지적하려고 애쓴다.[83] 호르몬 변화는 유아 울음소리나 다른 단서들에 대한 남성의 민감성을 강화한다. 하지만, 호르몬 수준의 변화 자체는 특정 행동과 과거 개인적 경험의 영향을 받는다. 이것은 토론토 대학의 심리학자 앨리슨 플레밍(Alison Fleming)의 연구 결과에서 얻은 가장 중요한 메시지 중 하나다. 플레밍과 동료들은 부모의 반응에 영향을 미치는 생물학적·사회적 요인 사이의 복잡한 상호작용을 구분하기 위해 수년에 걸친 연구를 해왔다.[84]

플레밍의 초기 연구는 어머니에게 초점을 맞췄지만, 이후 연구 영역을 넓혀 아버지의 반응도 살피면서 연구팀은 유사성, 그리고 차이점을 발견하였다. 이들 연구팀의 연구 결과는 "울음소리가 아버지의 호르몬 변화를 유발할 뿐만 아니라, 울음소리를 듣기 전에 아버지의 내분비학적인 상태가 울음소리에 어떻게 반응하는지와 관련이 있다"는 것을 보여준다. 기본 테스토스테론 수치가 낮은 아버지들은 더 공감적이고 더 큰 반응 욕구를 보인다. 어머니와 마찬가지로, 남성이 양육에 적극적으로 나오는 정도는 호르몬을 통해 연결된 과거의 경험과 실험적 단서의 영향을 받는다. 과거에 육아 경험이 있었던 남성들의 내분비학적 측정과 행동 관찰을 합치자, 플레밍은 이전에 돌봄 경험이 많을수록, 더 뚜렷한 호르몬 변화가 나타났다는 것을 발견했다.

다시 말하지만, 이것은 여성과 남성이 동일한 반응을 나타낸다는 말이 아니다. 어머니에게서 일어나는 변화는 훨씬 더 극적이다. 과학자

5. 진짜 홍적세 가족 여러분, 앞으로 나와 주시겠어요?

들은 두 성별에서 나타나는 호르몬 변화를 측정하기 위해 아예 다른 척도를 이용해야 한다. 그리고 남성은 임신과 출산 과정에서 일어나는 내적인 단서에 반응하는 것이 아니라, 산모나 유아와 관련된 아직 다 밝혀지지 않은 감각 단서에 의존해야만 한다. 게다가, 칭얼대는 유아에 반응하는 임계치는 신참 어머니가 신참 아버지보다 낮다.[85] 하지만, 모든 남성은 아닐지라도 일부 남성에게 양육 행동에 대한 생물학적인 잠재력이 내재해 있다는 것이 점점 더 명확해지고 있다. 이 잠재력이 항상 발현되는 것은 아니지만 말이다.[86]

현재까지 가장 많이 연구된 호르몬 효과는 임신한 여성과 가까운 관계로 사는 남성이나 갓 태어난 유아와 같이 사는 남성들에게서 보고된 테스토스테론 수치 감소이다.[87] 남성이 지속적으로 육아에 참여하면서 유아에게 더 많은 관심을 보일수록 테스토스테론 수치가 점점 더 떨어질 가능성이 높다. 나는 가끔 십대 소년들의 방에 신생아 향수를 뿌리는 상상을 한다.

▮ 마모셋, 그리고 남자

이 장의 앞부분에서 우리는 아카족이나 하드자족 남성들이 어떻게 과거의 경험이나 근처에 육아를 도와줄 대행 부모가 있는지에 따라 부성 투자의 수준을 조절하는지 보았다. 이 수렵채집민들은 해부학적·인지적 현대인이다. 천부적인 언어 능력이 있었고, 자기 행동의 비용과 결과를 의식적으로 계산할 수 있는 예측력이 있다. 그렇다면 어떤 논리로, 이백만 년 전에 살았던 두뇌도 작고 언어도 없으며, 훨씬 더 조악한 기술을 가지고 있던 호미닌이 비슷한 감정을 경험했고, 아버지나 대행 부모의 돌봄을 조정하고, 이런 방식으로 서로서로 협력했다고 주장할 수 있을까? 대답은 아주 간단하다. 모든 영장류는 사회적 편의주의자이기 때문이다. 인지능력이나 예측력, 도구, 또는 언어가 인간 수준에 전혀 근접하지 않은 영장류들조차 사회적으로 돌봄을 조율하는 데 능숙하다.

연구가 특별히 잘되어 있는 원숭이의 예를 들어보자. 만약 개코원숭이 암컷이 어미를 잃으면, 암컷은 자매들과의 관계를 강화하려고 한다. 그리고 만약 자매가 죽으면, 좀 더 먼 친척과의 관계를 돈독히 한다. 그것조차 여의치 않으면, 비친족에게 눈을 돌린다.[88] 협동 번식하는 영장류는(협동 번식하는 조류나, 영장목 이외의 포유류도 마찬가지로) 인간만큼, 어쩌면 그보다 더 유연하게 가변적인 가족 구성에 따라 돌봄 수준을 조절하는 것처럼 보인다.

임신한 암컷과 짝을 이룬 수컷 마모셋은 인간 남성과 마찬가지로 체중이 증가(마모셋 버전의 쿠바드)할 뿐만 아니라 새끼에 대한 반응 임계치를 낮추고, 좀 더 양육에 몰두하도록 만드는 엄청난 호르몬 변화를 경험한다.[89] 새끼의 냄새를 맡는 것만으로도 수컷 마모셋의 테스토스테론 혈중 수치가 떨어진다.[90]

지금까지, 수컷의 양육과 아주 밀접한 관계가 있는 프로락틴의 급증은 아기를 안고, 데리고 다니는 마모셋 같은 신세계원숭이들과 인간 남성들에게서만 보고되었다. 하지만 임신하거나 수유 중인 암컷과 친밀하게 붙어 지내는 수컷들에서 테스토스테론 수치가 감소하는 것은 야생올리브개코원숭이에서도 보고되었다. 이 종에서 수컷의 돌봄은 가까운 곳에 머물면서 보호해주는 정도에 그치고, 수컷은 대체로 유아를 데리고 다니지 않는데도 말이다.[91] 과학자들이 수컷 돌봄 유무에 따라 근연종들의 호르몬 변화를 비교한 몇몇 연구를 보면, 수컷의 돌봄이 없는 종에서는 출산 시점에 이렇게 확연한 호르몬 반응이 나타나지 않았다.[92]

우리가 비단원숭이들에 대해 알고 있는 대부분은 사육되는 개체들을 연구해서 얻은 것들이다. 하지만 정신생물학자 카렌 베일스(Karen Bales) 연구팀은 브라질 숲속에서 매우 희귀하고 멸종위기에 처한 황금사자타마린을 대상으로 부모의 보살핌이 달라지는 원인을 연구했다. 인간 수렵채집민들에 대한 연구와 마찬가지로, 타마린 집단에 대행 부모가 더 많을수록, 아비가 제공하는 도움은 더 줄어들었다. 아버지의 기여가 줄어들었음에도, 유아가 받는 돌봄의 총량은 거의 그대로 유지되었다.[93] 대체가능한 보육자가 주변에 없는 경우, 아비는 더많은 도움을 주었다. 비슷하게 비인간 영장류 어미도 지역적 보육 환경에 따라 유연하고 편의주의적으로 행동한다. 어미 자신의 상태도 양육 행동에 영향을 미친다. 신체적으로 건강한 상태(체중으로 측정한다)일 때, 그리고 에너지 자원이 풍족할 때 더 많은 투자를 한다. 베일스는 자신들의 발견을 이렇게 요약했다. 어미들은 "자기들이 꼭 해야 하거나 할 수 있을 때" 최소한으로 필요한 것보다는 더 많이 투자한다.[94]

오마하에 있는 제프 프렌치 비단원숭이연구소의 검은귀마모셋에서도 편의주의적인 어미와 많이(또는 적게) 투자하는 아비에 관한 보고가 있다.[95] 회백질이 10그램밖에 안 되는―해부학적으로 현대인 뇌의 125분의 1 크기의 헤이즐넛만 한 뇌를 가진―타마린과 마모셋은 자기들의 몸 상태, 번식 전망, 그리고 육아 지원을 받을 수 있는 역량, 가능성, 의지에 따라 부모와 대행 부모 활동을 적절히 조절한다. 미어캣처럼 협동하여 번식하는 비영장류 동물들도 역시 편의에 따라 또 상황에 따라 돕거나 돕지 않는다.[96]

부모와 대행 부모의 행동을 설명하면서 문화와 의식적 사고의 역할을 고려하기 전에, 개개인의 유아에 대한 반응에 의식적·무의식적으로 영향을 미치는 광범위한 환경적, 경험적, 내분비학적 변수들을 먼저 고려할 필요가 있다. 사반세기도 더 전에 연구자들이 새끼를 데리고 있는 수컷 마모셋에서 프로락틴 수치가 높아진다는 것을 처음으로 발견했을 때 호르몬의 중요성은 꽤 놀랍게 여겨졌다. 이러한 연구 결과들은 처음에는 회의론에 부딪혔지만, 그 이후에 몇 번이나 재확인되었다.[97] 하지만 짝이 출산을 할 때 수컷들이 호르몬 변화를 겪는다는 증거에도 불구하고, 윈-에드워즈와 스토레이가 남성에게서 유사한 호르몬 변화를 발견한 것은 2000년대에 들어서였다.

내가 보기에 이런 차이는 의심의 여지없이 인류학에서 남녀 사이의 섹스 계약이 호미닌 진화의 핵심이라고 여겼던 시대부터 오랫동안 존재해온 고정관념, 즉 양육하는 어머니와 부양하는 아버지라는 고정관념 때문이다. 심지어 지금도 내가 아버지의 호르몬 변화에 대해 이야기하면, 이 생각을 사실로 받아들이기에는 너무 이상한 탓인지 많은 사람들이 놀란다. 최근에 첫째아이 출산을 기다리고 있는 조카에게 이 이야기를 했더니 조카는 이렇게 소리쳤다. "저는 프로락틴이 여성 호르몬이라고 생각했어요!" 그러나 인간 육아에 대한 새로운 증거와 새로운 사고방식으로, '진짜'(그리고 매우 유연한) 홍적세 가족이 무대 앞으로 나오고 있다. 아울러 아이들이 필요로 하는 것이 무엇인지, 인류 진화의 긴 시간 동안 아이들이 그것을 어떻게 얻었는지에 대한 새로운 질문과 새로운 답이 떠오르고 있다.

이번 세기가 시작된 이후에야 비로소 과학자들이 인간에서 남성 헌신의 생리학적 기반을 실제로 연구하기 시작했고, 이러한 효과를 다른 동물들과 비교하기 시작했다. 연구가 진행되면서 이내 마모셋과 남자 사이에 지금까지 꿈에도 생각지 못했던 주목할 만한 유사점들이 존재한다는 것이 명백해졌다. 나는 이 유사점들이 분류학적으로는 상당히 먼, 하지만 협동 번식의 깊은 진화적 역사를 공유하는 영장류들 사이의 중요한 수렴을 드러낸다고 확신한다. 또한 이 새로운 생리학적 증거는 얼마전 사회복지부 직원들이 자녀를 돌보지 않는 아빠들이 전 세계적으로 만연한 현상에 대해 언급한 결론을 강조한다. 세상에는 거대한, 그러나 거의 개발되지 않은 남성 육아의 잠재력이 있다.

6.
대행 부모를 소개합니다

—

개미나 다른 사회적 곤충을 통해 우리는 인간 사회
와 별개로 진화한 매우 복잡한 사회를 관찰할 기회
를 얻을 수 있을 뿐만 아니라, 개미 사회를 형태 짓
고 만들어낸 자연 선택의 힘도 확인할 수 있다.
_E. O. 윌슨과 베르트 횔도블레르(2005)

우리 인간들은 자의식이 강하기 때문에, 우리는 우리의 마음 읽기 능력이나 주고자 하는 충동을 다른 인간적인 특징, 즉 큰 두뇌와 더 높은 지능 때문이라고 생각하기 쉽다. 침팬지나 까마귀 같은 동물들도 미래를 예상하고 미리 계획을 세운다는 징후가 있지만, 인간만큼 일상적이고, 창의적이며, 합리적으로 하지는 않는다. 다른 어떤 동물도 우리처럼 유별나게 잘 발달한 나누고 협력하고자 하는 충동과 "미래에 대한 예측"을 결합시키지 못했다. 또한 우리처럼 무한하게 확장 가능한 언어를 가지고 있지도 않다. 인간의 가장 특별한 능력으로 커다란 두뇌와 언어를 꼽는 것이 당연하게 여겨졌다.[1]

언뜻 보기에, 호모 사피엔스의 직계 조상인 홍적세 유인원들이 어린이들에 대한 돌봄을 공유했던 유일한 유인원이라는 주장도 큰 두뇌

255

와 발전된 육아 관행이 서로 관련되어 있기 때문인 듯 보인다. 하지만, 어린것들에 대한 돌봄 공유와 대행 부모의 전략적인 행동은 뇌가 전혀 크지 않은 다른 영장류에서도 발견된다. 작은 뇌를 가진 마모셋이나 타마린들은 돌봄을 공유하고 조정하는 데 탁월하다. 물론, 두뇌는 분명히 중요하다. 인간의 행동은 영리한 뇌의 진화와 관련된 광범위하고 복잡한 공진화 과정을 고려하지 않고는 이해할 수 없다. 그러나 인간성의 모든 측면을 커다란 두뇌로 다 설명할 수는 없다.

친족이나 비친족이 아이들을 잘 돌보고 부양하는 것에 반드시 똑똑한 두뇌가 필요하다고 단정할 수 있는 근거는 없다. 개인적으로는 협동 번식이 대뇌화보다 더 선행되어 일어났다고 보는 것이 타당하다고 생각한다. 협동 번식은 더 긴 유년기와 더 큰 상호주관성을 가진 유인원이 등장할 수 있는 무대를 마련했다. 그리고 이러한 특질들은 큰 두뇌를 지닌 해부학적 현대인이 진화할 수 있는 길을 닦은 것이다. 큰 두뇌가 있어야 돌봄이 이루어지는 것이 아니라 돌봄이 있었기에 큰 두뇌가 만들어진 것이다.

이 점을 강조하기 위해, 나는 이번 장에서 시야를 영장목(원숭이와 유인원이 포함되며, 몸집 크기에 비해 상대적으로 큰 뇌를 가지고 있다)을 넘어 분류학적으로 더 먼 종(늑대, 들개, 미어캣, 벌잡이새, 어치, 시클리드 물고기, 군거성 말벌, 그리고 많은 다른 종)에서 보이는 대행 부모 돌봄을 살펴볼 것이다. 이를 통해 내가 강조하고자 하는 바는 똑똑함, 또는 심지어 영장류적 사고조차 협동 번식에 필요한 상황 의존적인 의사결정에 필수적인 것은 아니라는 점이다. 전략적인 대행 부모 노릇을 위한 능력은 우리의 두개골이 확장되기 한참 전에 살았던 전인간 선조들도 충분히 가능했다. 이는 내가 협동 번식을 하는 비영장류가 포함되도록 충분히 넓은 관점에서 대행 부모를 소개하는 주된 이유다. 하지만 또 다른 이유도 있다.

우리는 홍적세로 돌아가 협력 육아를 했던 호미닌의 삶이 어땠는지 관찰할 수 있는 타임머신을 가지고 있지 않다. 초기 호미닌 어머니들이 어떻게 새로 태어난 아기에 대한 소유욕을 줄이고 독점적인 접근권을 포기하기 시작했는지, 또는 왜 다른 이들이 육아 부담을 지는 것을 받아들이게 됐는지 재구성하기 위한 증거를 직접 관찰하기는 불가능하다. 하지만, 지난 몇십 년간 사회생물학자들은 다양한 협동 번식 동물들을 연구해왔고, 그중 일부는 홍적세 호미닌이 맞닥뜨린 것과 비슷한 생태적, 사회적 조건 하에서 살고 있었다. 이러한 연구들은 협동 번식이 진화해온 과정을 이해하는 데 도움을 줄 수 있을 것이다.

애초 협동 번식에 대한 연구, 특히 다른 개체의 자손에 대한 이타주의를 설명하기 위한 이론적 노력은 사회생물학의 중점적인 연구 분야였다.[2] 현재는 사회적 곤충, 조류, 육식동물에서 대행 부모 돌봄과 부양의 진화를 밝히기 위한 방대한 양의 증거와 이론이 쌓였다. 멸종한 호미닌에 대해 알 수 있는 것보다 이 동물들의 행동, 생태, 그리고 유전적 관계에 대해 훨씬 더 많은 것을 알고 있다. 협동 번식을 하는 동물 종들 사이의 비교는 어떤 종류의 선택압이 개체들로 하여금 스스로 번식하기보다 다른 누군가의 자식을 기르는 것을 돕도록 유도했는지 이해할 수 있는 최선의 기회를 제공한다. 이렇게 얻은 통찰력은 2백만 년 전 아프리카에 살았던 고도로 사회적인 유인원 어머니들이 왜 오랫동안 고수해온 어머니 혼자 하는 육아 관행을 버렸는지 설명

6. 대행 부모를 소개합니다

하는 데 도움이 될 것이다.

▎ 조류와 유유상종, 왜 그들을 고려할 필요가 있는가

1935년 학술지 《바다쇠오리》에 "조류에서 둥지의 도우미"라는 제목의 논문이 처음 등장했을 때만 해도 아무도 협동 번식(이 용어는 당시에 존재하지도 않았다)의 진화에 대해 깊이 생각하지 않았다.[3] 1960년대에 이르러서야 영장류학자들이 어머니가 아닌 암컷들의 '이모 노릇'에 대해 보고했고, 곧이어 '공동 육아' 같은 용어가 설치류, 그리고 사자들 사이에서 나타나는 공동 어미 노릇을 묘사하기 위해 사용되었다.[4] 그러는 사이 진화이론가인 윌리엄 해밀턴(William D. Hamilton)은 한 세기 전에 다윈을 난감하게 했던 질문을 아직도 곰곰이 생각하고 있었다. '어떻게 그렇게 이타적으로 보이는 행동이 진화할 수 있었을까?'

1975년 에드워드 윌슨(Edward O. Wilson)의 『사회생물학: 새로운 종합』이 출간되면서 '협동 번식자'는 대행 부모의 돌봄과 부양이 존재하는 어떤 종에도 적용할 수 있는 포괄적 용어가 되었다.[5] 지금은 약 1만 종의 조류 중 9퍼센트 그리고 적어도 포유류 중 3퍼센트의 종을 포함하여, 분류학적으로 다양한 종류의 절지동물, 조류, 포유류가 협동 번식을 한다는 것이 밝혀졌다.[6]

협동 번식의 인구학적 결과는 놀랍지 않았다. 플로리다어치 같은 협동 번식 조류는 다른 어치들에게는 살기 힘든 노출된 서식지에서도 성공적으로 새끼를 길러낼 수 있다. 둥지를 보호해주는 대행 부모들 덕분에 플로리다어치들의 둥지는 포식자들로부터 덜 취약하다. 늑대, 코끼리, 사자(이 동물들은 한때 지금보다 훨씬 광범위하게 전 세계에 퍼져 있었다), 그리고 까마귀, 생쥐, 인간(현재까지도 유별나게 많은 개체 수가 널리 퍼져 있는 모든 종) 같은 다른 다양한 종들은 아프리카를 떠나 전 세계의 거의 모든 대륙으로 이주했다. 또 협동 번식을 하는 많은 새들의 경우 호주를 떠나 전 세계로 퍼져 나갔다. 협동 번식과 유연성 덕분에 다양한 서식지에서, 때로 생존에 불리한 환경에서도 성공적으로 새끼를 키울 수 있었다.[7]

대행 부모의 지원은 어미가 에너지를 보존하고, 영양을 더 잘 섭취하고, 포식이나 다른 위협으로부터 더 안전하며, 더 오랫동안 살아남는 것을 의미한다. 대행 부모의 도움을 받는 어미는 더 빨리 젖을 뗄

새끼 코끼리가 태어나면 어머니뿐만 아니라 이모와 외할머니의 보호를 받는다. 이 가까운 혈연관계의 대행 어미들은 유아에게 젖을 허락한다. 젖이 나오지 않는 아직 어린 형제자매나 사촌들은 '안정을 위한 빨기'를 제공할 수도 있다. 놀랄 것도 없이, 새끼 코끼리의 생존은 가족 집단에 있는 대행 어미의 수와 상관관계가 있다.

6. 대행 부모를 소개합니다

수 있기 때문에 많은 어미들이 더 빠른 속도로 번식한다. 이는 어미가 일생 동안 더 많은 새끼를 낳는다는 것을, 더 중요하게는 더 많은 새끼가 살아남을 수 있다는 것을 의미한다.[8]

집단 동료들의 너그러움을 충분히 신뢰할 수 있는 어미는 무력하고 심지어 좋은 먹잇감이 될 수도 있는 자식을 동료들에게 맡겨 놓고는 더 크고 많은 새끼를 낳는 데 에너지를 쏟을 수 있다. 종종 아비를 포함한 다른 개체들의 도움으로, 어미는 배를 곯지 않으면서도 자라는 데 시간이 걸리고, 체격도 더 튼실하며, 면역체계도 더 좋고 그리고 가끔은 더 큰 두뇌의 새끼를 부양할 수 있다. 아프리카들개, 회색늑대, 붉은여우, 사자, 몽구스, 그리고 미어캣처럼, 협동 번식을 하는 사회적 육식동물은 대행 부모가 새끼들을 보호할 뿐만 아니라 젖도 주고 고기도 준다. 마모셋처럼 임신 중인 어미 혹은 갓 태어난 새끼를 대행 부모가 부양하면 확실히 더 무거운 한배새끼들을 낳을 수 있다. 평균적으로 각각의 새끼는 협동 번식을 하지 않는 다른 근연종의 새끼에 비해 더 몸무게가 많이 나가고, 더 빨리 성장한다.[9] 조류와 포유류 전반에 걸쳐, 대행 부모의 수는 새끼의 생존과 상관관계가 있다.[10] 미어캣, 호주 사도새, 그리고 흰날개차우에서 새끼들은 대행 부모의 돌봄 없이는 생존할 수 없다.[11] 수렵채집생활을 했던 홍적세 선조들의 인구학적 특징은 높은 사망률이다. 이로 인해, 선조들 역시 "의무적" 대행 부모 돌봄이 유아의 생존에 필수적이었을 것이다.

찰스 다윈부터 에드워드 윌슨까지 위대한 자연학자들은 꿀벌과 인간에서 발견되는 극단적 수준의 협력과 노동 분업이 나타나는 사회들에 흥미를 가지고, 그 진화적 합리성을 찾기 위해 노력해왔다. 윌슨에 따르면, 이들 동물은 '초유기체'처럼 행동함으로써 다른 유기체들과의 경쟁에서 앞서고, 더 나은 생존율로 '사회적 진화의 정점'에 자리할 수 있었다. 그리고 그 결과, 전 세계로 퍼져 나가 엄청난 성공을 거두었다.[12] "가족의 진화 이론"이란 제목의 영향력 있는 논문에서 조류학자 스티브 에믈린(Steve Emlen)은 인간 가족과 아프리카 벌잡이새로 알려진 협동 번식 조류 사이의 유사점을 상세히 설명했다.

조류학 문헌을 보면 항상 '남편'과 '아내' 같은 의인화된 표현을 써서 조류의 행동을 묘사하는 것을 자주 볼 수 있는데 이는 우연적인 일이 아니다. 에믈린의 논문에도 '간통', '근친상간 회피', 또는 '수양부모'와 관련된 문제, 그리고 누가 번식할 것이지를 두고 일어나는 프로이드식의 부자 갈등 등 이와 비슷한 표현을 찾아볼 수 있다. 예를 들어 아비는 아들이 계속 가족을 위해 일하도록 하기 위해 아들의 짝이 될 만한 암컷을 쫓아버린다.[13] 하지만 최근까지도, 협동 번식을 연구하는 포유류 학자들은 커다란 두뇌에 두발걷기를 하는 인간 포유류에 대해서는 놀라울 정도로 입을 다물고 있었다. 협동 번식을 하는 포유류 목록을 작성할 때면, 인간은 거의 포함하지 않았다.[14]

하지만 20세기 말에 이르자 상황이 바뀌기 시작했다. 협동 번식에 대한 나의 연구는 모성 감정과 신생아의 욕구에 대한 관심으로 촉발되었다. 1999년에 나는 초기 호미닌 어머니들이 자라는 데 너무 오래 걸리고, 비용도 많이 드는 자식들을 돌보고 부양하기 위해 아버지와 대행 부모의 도움을 받을 수 없었다면, 인간이란 종은 진화하지 못했을 것이라고 주장한 바 있다.[15]

오늘날 연구자들은 협동 번식을 하는 포유류를 연구하는 이유로

6. 대행 부모를 소개합니다

인간과의 비교 연구를 많이 이야기한다. 이에 따라 윌슨이 제안한 고도로 전문화된 노동 분업이나 집단-수준 논쟁, 또는 에믈린의 복잡한 가족의 작동 원리에 초점을 맞출 수도 있다.[16] 그러나 '초유기체'적 관점, 어머니의 이해관계, 또는 유아의 안녕 측면에서 협동 번식에 접근하더라도, 동일한 진화적 수수께끼가 나타난다. 어떻게 자연 선택이 다른 누군가의 새끼를 돌보고 부양하는 대행 어미 행동을 하는 개체를 선호할 수 있었을까?

▍음식 나누기의 결정적 중요성

일각에서는 대행 어미의 돌봄이 어떻게 진화했는지를 설명하면서 돌봄 행위가 생각보다 항상 자기희생적인 것은 아니라는 점을 지적한다. 많은 경우에 새끼를 돌보는 것은 거의 대부분 동물들이 다른 할 일이 거의 없을 때 일어나는 경우가 많다. 음식 제공은 사실 증여자에게 딱히 음식이 필요 없을 때만 일어난다. 일생 동안 대행 어미는 비용을 줄이기 위해 도움을 전략적으로 조정하며, 도와주는 개체가 에너지를 나눌 여력이 있거나 자기들 스스로가 번식하기에는 너무 어리거나 상황이 여의치 않을 때만 도움을 준다.[17] 많은 영장류의 경우처럼, 부모가 되기 위한 연습이 중요한 동물들에게 다른 누군가의 자식을 돌보는 것은 값진 경험이 된다.[18] 하지만 대행 어미가 힘들게 얻은 음식을 주거나 그들의 생명을 희생하는 것처럼, 돌봄이 실제로 비용이 많이 드는 경우도 있다.

개나 다른 동물들에게 물리는 가장 쉬운 방법은 먹이를 건드리는 것이다. 하지만 대행 부모들은 일상적으로 음식을 나눠준다. 많은 협동 번식을 하는 동물들에서 대행 부모는 심지어 젖을 물리기도 한다. 신진대사의 측면에서 볼 때 젖은 포유류가 생산하는 가장 값비싼 물질이다. 젖은 너무나 소중하기 때문에, 양이나 바다코끼리 같은 초식 포유류들은 고아나 부모와 떨어진 새끼들이 '하얀 황금'을 도둑질하려고 하면 잔인하게 옆으로 밀쳐내며 젖 나누기를 완강히 거부한다. 한 동물이 위험을 감수하고 많은 노력을 들여 얻은 음식을, 특히 음식을 소화시켜 젖으로 바꾼 후, 이토록 힘들여 얻은 것을 다른 누군가의 자식에게 준다는 것은 얼마나 이상한 일인가. 그러나 인간과 마모셋 말고도 다른 대행 어미들도 친자식이 아닌 유아를 일상적으로 보호하고, 지키고, 온기를 나눠주고, 털을 골라주고, 데리고 다닐 뿐만 아니라, 먹이를 주거나 젖을 물리기까지 한다.

조류에서 거의 모든 대행 어미의 돌봄은 먹이 주는 것을 포함한다. 아직 스스로 번식을 시작하지 않은 코스타리카 까치어치는 가까운 둥지에서 아우성치며 먹이를 달라고 조르는 새끼들에게 부리를 가득 채울 정도의 먹이를 몇 번이고 준다. 때로는 조류 도우미들이 새끼들의 친부모보다 더 많은 먹이를 공급해 주기도 한다.

일부 대행 부모의 먹이 공급은 상호 호혜주의 협정을 따른다. 이는 특히 협동 수유를 하는 포유류에서 두드러진다. 협동 번식을 하는 쥐, 사자, 코끼리, 갈색하이에나에서 어미는 함께 지내는 다른 어미(아마도 자신의 자매거나 어미일 가능성이 높다)의 새끼에게 자신의 새끼와 함께 젖을 물린다. 이 덕분에 암컷이 돌아가면서 먹이를 구해오면서도, 새끼들의 수유 간격을 짧게 유지할 수 있다.[19]

집쥐의 경우, 자기 자매와 함께 같은 둥지에서 새끼를 기를 수 있는 암컷은 혈연관계가 없는 다른 암컷과 함께 새끼를 기르거나 혹은 혼자서 기르는 암컷보다 훨씬 더 높은 번식 성공을 누린다. 얼핏 협력적인 관계 같지만 때로 임신한 암컷은 파트너 암컷의 새끼들을 죽이기도 한다. 자신의 새끼가 태어났을 때 더 많은 수유를 받을 수 있게 하기 위해서이다. 두 암컷은 모두 협력을 통해 이익을 누리지만, 살해자는 파트너의 손해를 통해 더 많은 이익을 누리게 된다.[20]

이와 달리 도움이 일방적인 흐름으로 진행되는 경우도 있다. 한 번도 새끼를 밴 경험이 없는 늑대, 들개, 또는 미어캣의 하위 암컷은 복부와 유선이 부풀어 오르는 '유사 임신'을 겪는다. 그러고 나서 알파 암컷의 새끼가 태어나면, 미출산 암컷들은 실제로 젖이 나오며 젖 유모가 되어 알파 암컷의 새끼들에게 젖을 먹인다. 한 번도 새끼를 낳아 본 적 없는 어떤 들개는 알파 암컷의 새끼가 태어나고 10일 뒤부터 자연스럽게 젖을 물리기 시작했는데, 이 대행 어미는 새끼의 친어미보다 더 많은 수유를 했다.[21] 왜 이런 일이 일어났는지 알 수는 없지만, 하위 암컷은 젖 유모가 됨으로써 집단에서 용인될 가능성이 높아질 수 있다. 그리고 결국 하위 암컷은 새끼를 밸 기회를 갖게 될 것이다.

협동 번식을 하는 개과 동물들, 이를테면 늑대, 붉은여우, 은색등자칼, 세이멘여우, 인도들개, 또는 내가 개인적으로 가장 좋아하는 아프리카들개를 보면 대행 어미는 어미와 마찬가지로 먹이를 먹고 반쯤 소화시킨 다음 굴로 돌아온다. 그리고 이 특별한 '영양식'을 야단법석을 떠는 새끼들의 입에 게워낸다. 그 전까지는 완전히 모유에만 의지해서 영양분을 공급받던 새끼들은 대행 어미의 주둥이를 핥기 위해 달려

협동 번식을 하는 개과 동물인 아프리카들개는 사냥에서 돌아와 미리 소화시킨 고기를 게워내 새끼들의 입 속에 넣어준다.

나온다. 젖을 먹이는 어미도 게워낸 고기를 받아먹을 수 있다.[22] 밥맛이 좀 떨어지기는 하지만 마찬가지로 중요한 영양식은 벌거벗은 두더지쥐 대행 어미가 막 젖을 뗀 새끼를 위해 배설하는 반쯤 소화된 대변 덩어리이다. 새끼들은 전처리된 영양분과 함께 두더지쥐의 주식인 섬유질이 풍부한 땅 밑 구근류를 소화시키는 데 필요한 공생성 장내 세균총을 섭취한다.[23]

　매우 취약한 단계인 이유기에 식량 공급은 엄청나게 중요하다. 갓 젖을 뗀 미숙한 개체는 더 나이 많은 집단 구성원들과 식량을 두고 경쟁하기에는 너무 어리기 때문이다. 협동 번식을 하는 많은 종들에서 대행 어미는 어린것들이 깃털이 다 자라거나 이유기를 한참 지나서도 계속해서 식량을 공급해준다. 조류학자 톰 랭언(Tom Langen)은 협동 번식을 하는 조류에서 오랫동안 지속되는 의존성을 체계적으로 수치화한 첫 번째 연구자였다. 261종의 철새들에 대한 자료를 분석하면서, 랭언은 새들이 알을 품거나 날지 못하는 어린 새끼를 부양하는 기간이 다르지 않다는 것을 밝혀냈다. 하지만, 새끼들의 깃털이 다 자란 이후에도 부양이 지속되는 기간은 협동 번식을 하는 새(50일 남짓)의 경우 도움을 받지 못하는 새(20일)에 비해 2배 더 길었다. 가끔씩만 협동 번식을 하는 경우에는 새끼의 깃털이 난 후로 지속되는 부양 기간이 두 극단 값 사이에 깔끔하게 떨어졌다(30일).[24]

천천히 자라는 동물이 협동 번식을 할 가능성이 커지는지, 아니면 협동 부양을 하는 것이 장기간의 의존성과 더 긴 성인기 이전의 삶을 가능케 하는 것인지 아직 확실하지 않다.[25] 이러한 특성들은 공진화할 수 있기에, 아마도 둘 다일 가능성이 높다. 분명한 것은 협동 번식을 하는 부모들의 도움으로 배고픔에서 벗어난 어린것들은 천천히 자라는 호사를 누리고, 남는 시간을 복잡한 생존 기술을 습득하는 데 사용할 수 있다는 것이다. 생계를 꾸리는 법을 배우는 아이들처럼, 랭언이 연구한 볏집제비어치는 먹을 수 있는 적절한 곤충이나 열매가 무엇인지 식별하고 잡거나 채집하는 방법을 배워야 한다. 다시 말해, 이 매력적인 어치들은 자기들 방식대로 수렵채집가가 되는 방법을 학습해야 한다.[26]

협동 번식과 이유기 이후의 장기간의 의존성은 포유류에서는 조류에서처럼 잘 기록되어 있지 않다. 그럼에도 대행 어미의 부양은 확실히 소중한 학습 기회를 제공하는 동시에 미성숙한 개체들이 더 긴 학습 기간을 갖도록 돕는다.[27] 사자, 들개, 그리고 다른 사회성 육식동물의 어린것들은 빠르고, 눈에 잘 띄지 않으며, 심지어 종종 위험한 먹잇감의 뒤를 밟아 쓰러뜨리는 것에 서투르지만 점진적으로 숙련된다. 그동안에는 집단의 다른 성체들이 가져오는 사냥감에 의존한다. 아직 경험이 부족한 미숙한 개체가 이유기 이후 초기의 실수투성이 시기 동안 생존할 수 있는 이유는 어린것들이 사냥감을 먹도록 특별히 허락해 주는 무리의 다른 구성원들의 관대함 덕분이다.[28]

협동 번식을 하는 몇몇 동물들에서 대행 부모의 부양은 한 걸음 더 나아간다. 미숙한 어린것들이 생존 기술을 배울 수 있는 기회를 제공할 뿐만 아니라, 대행 어미는 실제로 멘토 역할을 하기도 한다. 익히 알려진 동물들의 교육 사례는 얼룩무늬꼬리치레, 개미의 한 종, 그리고 미어캣이다. 이들은 대행 어미의 보살핌은 많이 받지만, 뇌도 작고 전반적으로 배우는 것도 더 적다. 개미의 경우 멘토는 그저 반사적으로 어리숙한 둥지 동료들을 음식이 있는 곳으로 안내할 뿐이다. 미어캣 대행 어미는 실제로 새끼들이 연습할 수 있도록 사냥감을 미리 처리한 뒤 던져줌으로써 새끼들의 학습을 돕는다.

새끼들이 보채는 소리를 내면 미어캣 도우미들은 작은 사냥감을 가져온 다음 새끼들이 어떻게 저녁거리를 다루는지 감독하기 위해 근처에서 지켜본다. 가장 놀라운 사례는 전갈을 다루는 경우다. 전갈은 위험한 신경독소가 있는 침을 가지고 있지만, 미어캣 식단의 약 5퍼센트를 차지한다. 새끼들이 매우 어릴 때는 도우미들은 전갈을 죽인 다음 새끼에게 준다. 새끼들이 더 자라면 도우미는 살아있는 전갈을 넘겨주되, 미리 전갈의 침을 제거해서 안전하게 한 후에 새끼에게 준다. 점차 새끼들이 경험을 쌓으면, 도우미는 멀쩡한 전갈을 준다. 전갈이 도망가면, 도우미는 전갈을 다시 잡아서 새끼에게 갖다준다. 케임브리지 대학의 연구원 알렉스 손튼(Alex Thornton)과 캐서린 맥컬리프(Katherine McAuliffe)가 지적하듯이, 미어캣의 교육은 "다른 개체의 의도나 정신 상태를 인지할 수 있는 능력이 필요치 않은 단순한 메커니즘에 기반한 것으로 보인다."[29] 그럼에도 불구하고, 이 대행 부모들이 새끼의 요구에 응답하고자 하는 강력한 충동을 보이는 것은 의심의 여지가 없다. 일부 종에서 대행 어미의 헌신은 더 멀리까지 나아간다. 다른 개체의 자식을 키우기 위해 스스로의 번식을 포기하는 것이다.

▌폴 셔먼의 "진사회성의 연속선"

진사회성(진정한 사회성) 동물에서 대행 어미는 일상적으로 집단이나 벌집의 생존을 자신의 개인적 이익보다 우선시한다. 유기체가 진사회성의 요건을 만족시키기 위해서는 세 가지 기준을 충족해야 한다. ① 위아래로 세대가 겹친 집단을 구성하며 살아야 한다. ② 대행 부모의 돌봄이 있어야 한다. 아울러 ③ 번식하지 않는 대부분의 도우미들과 생식 노동 계급이 구분되어야 한다. 가장 극단적인 경우, 도우미들은 불임계급에 속한다.[30] 도우미들은 결코 번식하지 않을 뿐만 아니라, 해부학적으로 번식이 불가능하다.

코넬 대학교 동물학자인 폴 셔먼(Paul Sherman)에 따르면, 돌봄을 공유하는 동물들을 가장 잘 이해하는 방법은 연속선상에서 생각하는 것이다. 한쪽 끝에는 결국 많은 구성원들이 혹은 대부분의 구성원들이 번식하는 집단들이 있고, 다른 쪽 끝에는 여왕벌의 경우처럼 소수 암컷의 난소에 특정되어 번식이 집중된—또는 '치우친'—번식을 하는 집단이 있다. 이처럼 치우친 번식을 하는 집단에서는 번식을 하지 않는 개체들이 자기들의 번식적 이해를 집단의 번식 이해에 완전히 종속시킨다. 많은 곤충학자들은 진사회성을 별개의 범주로 여기지만, 나는 셔먼의 견해에 따라 진사회적 집단을 다양한 수준의 생식 치우침을 가진 연속선상의 한 점들로 논의할 것이다.[31]

개미, 흰개미, 그리고 더 고도로 조직화된 종인 꿀벌, 말벌 같은 사회적 곤충들은 포유류에서는 드문 경우인 벌거벗은두더지쥐와 함께 번식이 극단적으로 치우친 군집사회에서 살기 때문에 진사회성의 기준을 만족한다. 협동 번식을 하는 조류와는 달리 진사회적 대행 부모들은 모든 부양을 떠맡는다. 일개미들은 먹이를 가지고 개미집으로 되돌아와 무력한 유충들의 먹이 위에 다정하게 올려 둔다. 또 유충들이 머리를 흔들거나 춤을 추듯 신호를 보내면, 대행 부모들은 영양가가 풍부한 시럽을 유충의 목구멍 속으로 게워낸다. 벌 유충은 이런 방법으로 직접 받아먹거나, 머리 위에 특별히 제작된 꽃가루와 꿀로 가득 찬 밀랍 주머니에서 '젖병 수유'를 받기도 한다.[32]

극단적으로 치우친 번식을 하는 진사회성 종들은 보통 커다란 집단 규모 그리고 유별나게 엄격한(때로 일평생에 걸친) 노동분업으로 다른 협동 번식자들과 구별된다. 꿀벌 군락이 좋은 예다. 로열젤리라고도 불리는 특별한 혼합물을 먹은 유충은 여왕벌로 발달한다. 여왕벌은 군락의 거의 대부분, 또는 모든 자손을 낳는 데 일생을 바친다. 그러는 사이 열심히 일하는 비번식자들은 어린것들을 돌본다. 불개미

6. 대행 부모를 소개합니다

포유류의 악몽처럼 보이는 벌거벗은 두더지쥐(*Heterocephalus glaber*)의 털이 없고 주름진 가죽과 튀어나온 이빨은 사막의 딱딱한 지층을 뚫을 수 있도록 적응된 특질이다. 이들은 다른 어떤 포유류보다 진사회성 곤충과 비슷한 번식 편차가 특징이다. 5퍼센트 미만의 두더지쥐만이 번식할 기회를 갖는다. 집단의 다른 구성원들을 지배하면서 번식 지위를 획득한 암컷은 요추의 길이가 늘어나는 등 엄청난 형태학적 변화를 겪으며, 이를 통해 '여왕'(위에서 볼록하게 임신한 암컷)은 더 큰 새끼 무리를 낳을 수 있게 된다. 더욱 주목할 만한 것은 번식 지위를 획득한 수컷과 암컷 두더지쥐가 하위 개체들보다 훨씬 더 많은 뇌세포를, 특히 시상하부에서 발달시킨다는 점이다. 번식 암컷과 비번식 암컷 사이의 뇌 형태학적인 차이는 성별 간의 어떤 차이보다 더 뚜렷하다.

같은 일부 진사회성 곤충에서 일꾼은 영구적으로 불임이다. 다른 종에서는 소수의 일꾼들이 매우 오래 살거나, 아주 운이 좋다면 번식의 기회를 얻기도 한다. 하지만 진사회성 곤충의 두드러진 특징은 도우미들이 자기 스스로 번식할 수 있기 전에 불리한 조건 속에서 그저 시간을 때우거나 기다리고 있지 않는다는 것이다. 오히려 이들은 한 마리 또는 몇 마리의 초번식력을 가진 암컷—종종 그들의 어미나 자매—이 낳은 자손들을 돌보고 먹이는 데 평생을 보낸다. 실제로 헤아릴 수 없이 많은 개체들이 그러한 대의를 위해 목숨을 바친다. 군집을 방어하고 부양하는 비번식자 일꾼들의 사망률은 놀라울 정도다.[33]

이러한 엄격한 노동분업은 협동 번식을 하는 조류나 포유류에서 나타나는 대행 어미의 헌신을 훨씬 능가한다. 하지만 한 가지 예외가 있다. 바로 벌거벗은두더지쥐로 이들은 번식 계급이 있고, 계급에 따라 해부학적 차이가 있는 유일한 척추동물이다.[34] 사회성 곤충의 진사회성 수수께끼를 풀기 위한 노력은 협동 번식에 대한 최초의 엄밀한 이론적 설명으로 발전했다. 바로 혈연 선택 이론이다.

▎ 해밀턴 법칙은 혈연 선택을 넘어선다

반수배수성(haplodiploid) 곤충의 특이한 유전적 비대칭성 때문에, 다른 보통의 완전한 형제자매들이 2분의 1의 유전자를 공유하는 것과 달리, 개미, 꿀벌, 말벌의 완전한 형제자매들은 공통조상으로 유래한 유전자의 4분의 3을 공유한다. 일반적인 형제자매관계보다 더 가까운 이 유전적 근연도는 1964년 진화이론가이자 말벌 전문가인 윌리엄 해밀턴의 관심을 끌었다. 해밀턴은 꿀벌 같은 종에서 여왕과 그 자매들 간의 특이하게 높은 유전적 근연도로 인해 일꾼들이 스스로 생식을 포기하는 것이 특별한 이익이 될 수 있다는 가설을 세웠다. 왜냐하면 일꾼들은 직접 번식하는 것보다 초번식력을 지닌 자매의 자식에게 투자함으로써 간접적으로 다음 세대의 유전자 풀에서 그들의 유전자와 동일한 유전자를 늘릴 수 있기 때문이다. 스스로 번식하기보다 여왕을 도우면 어떨까? 여왕은 공통조상으로부터 유래한 같은 유전자를 보유하고 있을 뿐만 아니라, 그녀의 혈연들이 지켜주고 부양해주기만 한다면 벌집 안에 안전하게 남아서 특화된 해부학적 장

6. 대행 부모를 소개합니다

비를 이용하여 1분에 5~6개의 속도로 하루에 2,500개까지 알을 낳을 수 있다. 반면에, 혼자 힘으로 번식하려고 하는 외톨이 벌은 아예 번식하기조차 힘들고, 생존할 가능성이 높은 엄청난 수의 새끼를 낳을 가능성은 거의 없을 것이다.

이렇게 생각하면, 이타적인 일벌들은 벌집의 모든 구성원이 윈-윈할 수 있는 시나리오에 참여하는 것으로 볼 수 있다. 각각의 개체가 공통조상으로부터 물려받은 유전자를 높은 비율로 공유하는 혈연 개체의 번식 성공률을 높이기 위해 협력적으로 행동하는 것은 진화적 관점에 완벽하게 들어맞는다. 해밀턴은 동물의 행동이 자신의 번식 성공에 미치는 직접적인 영향과 가까운 혈연의 적합도에 미치는 간접적인 영향을 합쳐서 '포괄 적합도'라 이름 붙였다.

이러한 혈연 선택의 이면에 있는 논리는 개념적으로 간단하게 표현할 수 있다.

비용(C)<이익(B)×혈연관계지수(r).

해밀턴의 법칙으로 널리 알려진 바에 따르면, 도움을 제공하는 개체의 비용(C)이 그와 가까운 혈연관계(r)에 있는 개체가 도움을 받았을 때 생기는 적합도 이익(B)보다 적을 경우 항상 이타적인 도움이 진화할 수 있다.

해밀턴의 법칙은 오늘날 널리 받아들여진다. 거의 모든 진화생물학자들은 충분히 가까운 유전적 근연도와 적절한 비용 대비 편익 비율을 만족시키지 않는다면, 도우미 자신의 번식 성공률을 증가시키지 않는 돌봄이나 다른 협력적인 경향들은 진화하지 않았을 것이라고 가정한다. 반수배수성 사회성 곤충이나 키메라증이 있는 마모셋에서 찾을 수 있는 도우미와 도움을 받는 개체 간의 특별히 가까운 근연도는 진화의 과정에서 높은 수준의 협력이 유지될 수 있도록 문턱을 낮춘 특별한 상황인 것은 사실이다. 하지만 그렇다고 해서 가까운 근연도가 협력의 유지에 필수적인 조건은 아니다.[35] 일례로, 많은 사회성 생물들은 반수배수성이나 키메라증을 보이지 않는다. 흰개미가 대표적인 예다. 흰개미는 일꾼들이 여왕과 근연도가 낮아도 진사회성을 보인다. 가까운 혈연관계는 우리가 처음에 생각했던 것보다 덜 필수적일 뿐만 아니라, '도움을 주는 행동' 그 자체가 처음 생각처럼 항상 그렇게 이타적인 것만은 아니다.

비록 혈연관계가 협력 유지에 필수적인 것은 아니지만, 중요한 것만은 분명하다. 도와주는 행동의 신경생리학적 기반은 처음에 어머니와 유아 관계의 맥락에서 진화했고, 이후 가까운 혈연관계의 동물들로 이루어진 집단의 다른 개체에까지 확장되었다. 혈연관계 정도는 종종 도우미가 도움을 줄지 말지 여부뿐만 아니라, 어디까지 도움을 줄 것인지에도 차이를 유발한다. 대행 어미의 지원이 적합도에 중요할수록 혈연관계에 따라 대행 부모의 지원 수준이 달라질 가능성이 높다.[36]

바위종다리라는 별 특징 없는 갈색 새에 대한 연구는 가장 잘 기록된 예시 중 하나다. 협동 번식을 하는 다른 많은 조류처럼(그리고 전통적인 인간 사회와 유사하게), 바위종다리는 아주 유연한 번식 체계를 가지고 있다. 암컷은 한 마리의 수컷과 번식하거나, 여러 마리의 수컷들과 번식할 수 있다. 수컷도 마찬가지다. 일생 동안, 동일한 개체가 이렇게 다양한 선택지를 섞어서 사용할 수 있지만, 돌봄에 관한 한, 혈연관계지수는 여전히 중요하다. 암컷이 여러 마리 수컷과 짝을 짓게 되면,

가능성 있는 아비들이 새끼들에게 가져오는 먹이의 양은 그들이 얼마나 자주 암컷과 교미했는가, 즉 수컷의 부성 확률과 상관관계가 있다.[37] 수컷의 이런 경향은 아프리카 호사찌르레기에서(물론 인간 사회에서도) 보고된 바와 같이, 협동 번식을 하는 암컷이 수컷의 기여가 부족하다고 느낄 때, 집단의 다른 수컷과 추가적인 교미를 하는 이유를 설명하는 데 도움이 된다.[38]

바위종다리든 갈색하이에나든 하드자 채집민이든, 도우미들이 더 가까운 혈연이라고 느끼는 유아에게 더 많은 음식을 제공할 것이라는 데 판돈을 거는 것이 현명하다.[39] 그러나 해밀턴 이론이 나왔던 초창기에는 혈연의 중요성을 너무 강력하게 생각한 나머지 다른 고려 사항들을 놓치고 말았다. 이제는 연구 자료가 더 많이 쌓이면서, 일단 도와주는 행동의 신경생리학적 기반이 자리잡게 되면, 도우미가 반드시 가까운 혈연일 필요는 없다는 것이 점점 더 명백해지고 있다. 연구자들은 유전적 근연도 이외에 도우미가 왜 특정 상황에서 돕는지를 설명하는 다른 이유들에 대해 더 많은 관심을 기울이고 있다. 근연관계가 불확실한 새끼의 양육을 돕는 호주의 멋진요정굴뚝새 수컷은 이 주제에 딱 들어맞는 완벽한 예시를 제공한다.

작은 몸집에 꼬리를 흔들고 다니며 벌레를 잡아먹고 사는 새인 멋진요정굴뚝새는 끊임없이 땅 위에서는 깡총거리고, 여기저기로 날아다니기 때문에 자세히 관찰하기 어렵다. 그래도 푸른모포나비처럼 눈길을 사로잡는 반짝이는 빛깔의 깃털이 난 놀랍도록 빛나는 푸른색 수컷을 발견한다면 그냥 지나치기 힘들 것이다. 멋진요정굴뚝새(정말로 요정 같다)의 전형적인 집단은 한 마리에서 네 마리 사이의 수컷들의 도움을 받는 번식 암컷 한 마리로 구성된다. 수컷 중 한 마리는 영역의 주인이고 나머지 더 어린 수컷들은 때로 번식 암컷의 자식이다. 이들은 영역를 지키는 것뿐만 아니라 새끼들을 보호하고 부양하는 것을 돕는다. 영토는 매우 부족하고, 요정굴뚝새는 영토 없이 오랫동안 살아남기 어렵기 때문에, 어미에 의해 태어난 집단에서 쫓겨난 암컷은 가장 훌륭하고 빛나는 짝을 찾기 위해 기다리기보다는 첫 번째로 짝짓기를 제안한 수컷과 맺어질 수밖에 없다. 하지만 상관없다. 밝혀진 것처럼 암컷이 짝을 맺은 영토의 주인은 암컷의 새끼 중 극히 일부만의 아비이기 때문이다.

DNA 테스트가 조류 연구 방법의 표준으로 자리잡으면서 이 방법으로 연구하던 연구원들은 대부분(75퍼센트 이상)의 요정굴뚝새 새끼가 외부 수컷에 의해 수정되었다는 것을 발견하고 깜짝 놀랐다. 암컷의 문란함에도 불구하고, 어미와 같은 집단의 수컷들은 도맡아서 새끼들을 돌본다. 호주 조류학자인 마이클 더블(Michael Double)과 앤드루 콕번(Andrew Cockburn)은 암컷에게 매우 작은 무선 송신기를 부착했다. 그러고는 해가 뜨기 직전에 가임기의 암컷들이 짧은 밀회를 위해 비행했다가 재빨리 다시 원래의 짝과 다른 도우미들이 있는 영역로 돌아온다는 것을 발견했다.[40] "이른 새벽의 정사: 멋진요정굴뚝새 암컷은 추가적인 짝짓기를 통제한다"는 이 매력적인 제목의 논문에서 더블과 콕번은 암컷이 영역을 선택할 때 구미에 맞는 수컷을 고를 수 없는 경우에 더 자주 밀회를 가질 것이라는 가설을 세웠다. 암컷의 짝은 자신의 아내가 불륜을 저지르더라도 새끼를 기르는 것을 최대한 도와준다. 어쨌든 암컷의 자식 중 일부는 자신에 의해 수정되었을 것

6. 대행 부모를 소개합니다

이다.

바위종다리와 호사찌르레기처럼 협동 번식을 하는 조류는 자기 친자식일 가능성이 큰(알이 수정된 기간에 얼마나 자주 암컷과 교미했는지에 따라) 새끼들에게 더 많은 음식을 주면서 새끼들을 차별한다. 하지만 멋진요정굴뚝새 수컷은 이런 식으로 친자식을 편애하지는 않는 것으로 보인다.[41] 그렇다면 수컷들의 동기는 무엇일까? 어린 수컷 도우미들의 경우 동기는 복잡하긴 하지만, 두려움도 그중 하나임에는 틀림없다. 게으름부리는 도우미는 영역의 주인에게 공격받는다.[42] 수컷이 생전에 자식을 낳을 기회가 얼마나 적은지 생각해볼 때, 우두머리 수컷은 부성 확실성이 떨어지는 새끼를 키우는 것을 도울 뿐만 아니라 하위 수컷들이 육아를 돕도록 압력을 넣는다. 이렇게 볼 때, 요정굴뚝새 영역 주인이 선택할 수 있는 옵션은 5장에서 설명한 바리족이나 아체족 남편들이 맞닥뜨린 상황과 별반 다를 바가 없다. 가혹한 조건과 예측 불가능한 자원, 그리고 높은 사망률 때문에 그들 역시 짝의 잦은 부정을 용인하는 대가로 적어도 소수의 자손을 남길 수 있는 기회를 얻는다.[43]

▌돕지 않는 것이 더 비용이 큰 경우

아이를 돌보는 것의 시작은 혈연관계가 필수적이라는 데에는 의심의 여지가 없다. 하지만 우리가 관찰할 수 있는 모든 대행 어미의 돌봄 사례를 혈연관계지수만으로 설명하기에는 부족하다. 해밀턴의 유명한 공식에서 비용·편익 요소는 처음에 생각했던 것보다 협동 번식을 설명하는 데 훨씬 더 큰 역할을 한다. 여기에는 적당한 서식지가 이미 다 찬 경우, 집단의 영역에 남아있음으로써 누리는 이익뿐만 아니라, 집단으로부터 공격받거나 배척되는 비용까지 포함된다.[44] 이 '생태적 제한 가설'과 부합하게도 높은 성체 생존율은 종종 낮은 성체 간 분산과 상관관계가 있다. 새로운 번식 기회가 없는 상태에서 비번식 개체들은 태어난 집단에 남아서 우두머리 번식 개체가 낳은 새끼를 양육하는 것을 도울 수 있다.[45]

하지만 이 협동 번식 개체들의 협력은 보이는 것처럼 항상 자발적인 것은 아니다. 자세하게 연구한 결과 혈연을 돕고자 하는 공공심을 가진 이타주의자들의 유토피아적 집단으로 여겨졌던 군집들 중 적지 않은 수가 사실은 우두머리 번식 개체가 집단 동료들을 통제하는 경찰국가와 더 유사하다는 것이 밝혀졌다. 2세대 해밀턴 곤충학자인 데이비드 퀄러(David Queller)는 최근에 현재 상황을 다음과 같이 요약했다. "혈연관계는 이타주의의 비용과 편익의 차이보다 덜 중요할 수 있다."[46]

곤충학자 메리 제인 웨스트-에버하드(Mary Jane West-Eberhard)가 했던 것처럼, 종이말벌 여왕의 허리 둘레에 얇은 필라멘트를 묶어 여왕을 꼼짝 못하게 하면 어떻게 될까? 번식 암컷이 더 이상 혈연 일꾼들이 빈 유충 부화방에 접근하는 것을 막을 수 없게 되자, 일꾼들은 자신들의 알로 부화방을 채우기 시작했다.[47] 종이말벌 여왕은 대체로 배신의 위험에 민감하게 대처하여 게으름 피우거나 빈 부화 방에 너무 가까이 접근하는 일꾼들을 응징한다. 말벌 뇌의 뉴런이 얼마나 적은지 감안할 때, 여왕이 자기들을 처벌할지 처벌하지 않을지를 예측하는 일꾼들의 정확성은 놀라울 정도이다. 실험자들이 여왕의 체온을 낮춰 '차갑게' 하자, 일꾼들은(자기들의 체온은 영향을 받지 않았음에도) 마치 여왕이 아무것도 하지 못한다는 것을 감지한 듯이 게으름을 피웠다.[48]

벌거벗은두더지쥐의 지하 굴에서는 또 무슨 일이 일어나고 있는지 보자. 이 사랑스러운 못생긴 포유류를 보면, 번식력이 매우 강한 암컷 한 마리가 수컷 1~3마리와 짝짓기를 한다. 수컷들은 후에 여왕과 둥지 동료들을 방어하고, 군집을 유지하는 것을 돕는다. 문제는 일부 일꾼들이 스스로 번식하고자 열망한다는 것이다. 그 목적을 달성하기 위해 이들은 출산에 필요한 필수적인 신체 에너지를 아끼려고 한다. 생물학자 허드슨 리브(Hudson Reeve)가《네이처》에 게재한 논문 제목처럼 이는 "진사회성 벌거벗은두더지쥐의 군락에서 게으른 일꾼에 대한 여왕의 처벌"이 있어야 하는 이유다. 게으름 부리거나 자신의 난소를 사용하고자 하는 암컷이 있으면, 여왕은 밀치고 위협적인 소리를 내면서 공격한다. 여왕이 없으면 일꾼들은 일을 덜 한다. 특히 번식 가능성이 더 높은 건장한 일꾼, 혹은 여왕과 혈연관계가 먼 일꾼일수록 이러한 경향이 더욱 두드러진다. 하버드 의대의 학장이었던 래리 서머스(Larry Summers)가 언급했듯이, "(강력한) 누군가 지켜보고 있다는 것을 아는 것이 곧 의식이다." 두려움은 오랜 시간 동안 각 개체의 협력을 유도하는 효과적인 방법이었다.

조류보다 뇌가 더 크지도 않고, 종이말벌보다 뉴런이 더 많지도 않으며, 두더지쥐보다 더 공감적이지 않은, 심지어 심장(또는 위장) 기관조차 없는 동물들도 적절한 단서에 반응하여 협동적인 팀 플레이어로서 행동할 수 있다. 호주의 흰날개붉은부리까마귀를 보면, 도우미는 둥지로 돌아와 보채는 새끼들의 활짝 벌린 입 속에 음식을 넣어준다. 하지만 부모가 지켜보고 있지 않을 때는 새끼에게서 다시 음식을 낚아채 자기가 꿀꺽 삼켜버린다.[49]

왜 도우미들이 돕는지를 놓고 이타주의 이외에 또 다른 설명이 가능하다. 바로 머물러 있을 구실의 필요성이다. 이 새들은 진정으로 이타주의적으로 행동하는 것이 아니라, 머물러 있기 위한 비용을 지불하는 것뿐이다. 그리고 이들은 종종 비용을 내는 척만 한다. 사실, 심지어 불임계급이 있는 진사회성 곤충 같은 고도의 '협동적인 번식' 개체들도 다른 둥지 구성원들의 감시를 받지 않으면 으레 속임수를 쓴다. 예를 들어 잎가위개미를 보면, 몇몇 아비는 더 크게 자라는, 다시 말해 군락의 지정된 번식 개체가 될 가능성 높은 애벌레를 수정시킨다.[50]

임대료를 착실히 지불하고 속임수를 간파해내는 것으로 가장 잘 연구된 사례의 주인공은 따뜻한 심장을 가진 생물과는 거리가 멀다. 비늘이 있고, 냉혈동물인 물고기를 생각해보자. 이 생물체들은 너무나 둔감해서 수 세기 동안 낚시꾼들이 물고기가 아무 고통도 못 느낀다고 확신했다(이는 틀렸다). 하지만 뇌 스캔을 통해 물고기가 실제로 고통을 인지한다는 것이 밝혀졌을 뿐만 아니라, 협동 번식을 하는 물고기는 마모셋, 두더지쥐, 미어캣, 사람에서 기록된 것과 동일한 비용·편익 계산과 일치하는 방식으로 행동한다. 에믈린이 처음부터 강조했듯이, 새든, 사람이든, 물고기든 간에 "자연 선택은 의사결정 과정 그 자체에 작용할 수 있다."[51]

6. 대행 부모를 소개합니다

먹이 공급은 하지 않는 대행 부모 돌봄은 8종의 어류에서 보고되었으며, 이들은 거의 대부분 시클리드족(cichlidae)에 속한다. 시클리드족은 부모가 광범위하게 새끼를 돌보는 고도로 사회적인 어족이다.[52] 비록 온혈동물인 포유류가 더 껴안고, 더 애정이 많고, 더 촉각적인 접촉에 관심을 가지는 것은 분명하지만, 월트 디즈니의 〈니모를 찾아서〉와 같이 강박적으로 돌보는 아빠와 공감할 줄 아는 물고기 이야기는 사실 생각했던 것만큼 마냥 터무니없는 것만은 아니다. 왜 그렇지 않은지 알아보기 위해 나와 함께 동아프리카 탕가니아 호수의 맑은 물속으로 여행을 떠나보자. 이 호수는 입 속에서 알을 부화하는 많은 시클리드 종의 보금자리이다.

델펴딜 시클리드(*Neolamprologus pulcher*)는 생물학자 랠프 버그뮬러(Ralph Bergmuller)와 마이클 타보스키(Michael Taborsky)가 번식 개체가 어떤 도우미를 용인하거나 또는 추방하는지를 어떻게 "결정"하는지 알아보기 위해 선택한 종이다. 시클리드 도우미는 알과 막 부화한 새끼들을 기생충으로부터 보호하기 위해 꼬리를 이용해 부채질하면서 부지런히 새끼들을 돌본다. 대행 부모들은 또한 쓰레기를 걷어내고 모래가 알 위에 쌓이는 것을 방지하며 집을 청소한다. 심지어 번식자와 그리 가까운 혈연관계가 아닌 일부 대행 부모 역시 보초를 서면서 포식자를 쫓아내며, 영토의 소유자가 새로운 개체로 대체되더라도 도우미들은 계속해서 도움을 준다.

어린 물고기들은 무리 지어 있음으로써 포식자로부터 안전해질 뿐만 아니라 계속 성장하면서 자기들의 자리를 보존할 수 있다. 오랫동안 생존한다면 영토와 번식 기회까지 물려받을 수도 있다. 그러나 이 이야기에는 확실한 반전이 있다. 도우미가 일정 크기까지 자라면, 부모는 세입자에게 좀 야박해져서 부모의 생식 주기에서 실제로 도움이 필요한 시기에만 곁에 머무르도록 허락한다. 게다가 일꾼들이 게으름 피우면(버그뮬러와 타보스키가 실험을 위해 일꾼들의 임무 수행을 방해했을 때), 영역의 주인들은 더 이상 관용을 베풀지 않고, 게으름뱅이들을 쫓아낸다.[53]

또한 우리는 간신히 번식에 성공한 열위 개체들을 기다리고 있는 불행을 간과해선 안 된다. 협동 번식을 하는 포유류에 대한 가장 야심 찬 장기 현장 연구 중 하나를 수행한 케임브리지 대학의 팀 클루튼-브록 연구팀은 남아프리카 노스케이프에서 13개 집단으로 서식하는 거의 200마리의 미어캣(*Suricata suricatta*)을 관찰했다. 이들 중 몇몇 집단은 텔레비전 시리즈인 〈미어캣 마노(Meerkat Manor)〉에 출연해 스타덤에 올랐다. 사회적인 몽구스들은 3~50개체로 이루어진 집단으로 서식하기는 하지만, 보통 태어난 새끼의 약 80퍼센트가 우두머리 암컷 한 마리의 자식이다. 이 드라마는 '미어캣 왕조'라고 제목을 붙여도 손색이 없다.

일단 상위 암컷으로 승진하면, 미어캣은 에스트로겐 및 프로테스테론과 관련해 주목할 만한 빠른 성장을 겪는다. 우두머리 암컷은 문자 그대로 자신의 새로운 역할에 맞게 성장한다. 새로 지위가 상승한 벌거숭이두더지쥐의 알파 암컷이 몸통의 길이가 늘어나고, 뇌세포가 확연히 증가하는 것처럼, 미어캣 알파 암컷도 체중의 6퍼센트가 증가하고, 머리가 부풀어 오른다(3퍼센트 확대).[54] 이렇게 변화함으로써 알파 암컷은 번식 개체로서의 새로운 역할을 맡을 준비를 한다. 그녀는 한

6. 대행 부모를 소개합니다

배에 3~8마리의 새끼를, 일 년에 네 번 정도 낳게 될 것이다. 몸집이 클수록, 더 많은 수의 새끼를 낳는다. 만약 그 집단에서 더 작은, 하위 암컷(보통 알파의 딸)이 짝짓기를 하고 임신을 한다면, 알파 암컷은 고분고분하지 않은 번식 개체를 무리에서 쫓아낼 것이다. 알파 암컷이 임신 중일 때는 특히 더 그렇다. 심지어 군림하고 있는 알파 암컷이 임신한 하위 암컷을 머무르도록 허락한다고 해도(아마도 당시에 도움이 부족하기 때문인 듯하다), 알파 암컷은 대행 부모의 지원을 나누기보다는 하위 암컷이 낳은 새끼를 죽이고 잡아먹을 것이다.[55] 하지만, 여기에는 흥미로운 미어캣식 눈에는 눈, 이에는 이 전략(tit-for-tat)이 있다. 임신한 딸 역시 기회가 생기면 어미의 새끼를 죽이는 것이다.

▌선량한 도움은 찾기 힘들다

연구자들에 의해 목격된 미어캣 영아살해는 땅 위에서 일어났던 십여 번뿐이다. 따라서 베이비시터 이용권을 두고 일어나는 이 볼썽사나운 가족 다툼 와중에 얼마나 많은 새끼들을 잃었는지 정확히 수치화하기란 불가능하다. 하지만 살해당한 새끼들이 많은 것만은 분명하다. 땅 위에서 영아살해가 한 번이라도 관찰된 후에는 땅 밑에 있는 나머지 한배새끼들은 다시는 보이지 않았다. 팀 클루턴-브록(Tim Clutton-Brock)은 동료 앤드루 영(Andrew Young)과 함께 이러한 영아살해가 새끼 사망의 주된 원인이라고 생각한다. 우두머리 암컷이 한배새끼들을 잃은 16건 중 13건에서 살해 동기와 기회를 모두 가진 임신한 하위 암컷이 집단에 남아 있었다. 우두머리 암컷이 미리 임신한 딸을 추방하는 것은 아마도 이러한 치명적인 "죽음의 이모"를 미연에 방지하기 위해서일 것이다.[56] 따라서 미어캣 모계 가족은 알파 암컷의 손자를 영구적으로 죽임으로써 앞으로 태어날 알파 암컷의 새끼들의 생존 가능성을 높인다.

혈연관계가 있더라도, 알파 미어캣은 결코 친절하지 않다. 또한 알파 미어캣은 하위 개체가 낳은 새끼를 죽이는 유일한 협동 번식자가 아니다. 마모셋뿐만 아니라, 들개, 딩고, 갈색하이에나도 마찬가지로 유사한 치명적인 성향을 보인다. 특히 알파가 임신 말기에 있거나 갓 태어난 새끼들이 있는 경우 특히 더 그렇다.[57] 영아 사망은 알파 암컷이 직접적으로 해코지해서일 수도 있고, 알파 암컷이 하위 암컷으로 하여금 자신의 새끼를 돌보게 하고 하위 암컷의 새끼는 방치하도록 하기 때문일 수도 있다. 아프리카들개의 경우, 영아살해를 하는 알파는 반역자의 새끼 중 한 마리 이상을 살려 두는 것으로 알려져 있다. 반역자는 계속 젖을 생산하고, 자신의 새끼보다 더 많은 수의 알파 암컷 새끼들에게 젖을 제공한다. 알파 암컷은 하위 암컷을 젖 유모로 이용하는 것이다.[58]

영아살해의 실질적인 위협은 왜 하위 개체들이 임신 포기를 선택하는지 설명해준다. 마모셋에서 몽구스까지, 하위 암컷들은 장래가 어두운 도박에 자원을 낭비하기보다는 스스로 배란을 억제함으로써 지배에 반응한다. 마모셋, 미어캣, 늑대, 들개들의 가족생활에서 나타나는 번식 억제는 너무나 놀라웠기에 많은 포유류학자들이 처음에는 협동 번식의 필수적인 요소로 간주하고 정의의 일부로 받아들였다.[59] 하지만 지금은 하위 개체가 스스로 자기들의 번식을 억제하도록 하는

6. 대행 부모를 소개합니다

지배 개체의 간섭은 단지 일부 어미들이 자기 자식의 돌봄을 확실히 하기 위한 여러 가지 가능한 전술 중 하나일 뿐이라는 것이 분명해 보인다. 하위 개체의 자식을 제거함으로써 친척들로부터 도움을 이끌어 내고, 외부자가 집단에 머무는 것을 용인하고, 게으름뱅이들을 처벌하고, 또는 (8장에서 보게 되겠지만) 폐경 후의 할머니나 이모할머니를 활용할 수 있도록 번식 연령이 지난 후에도 오랫동안 사는 암컷이 진화하는 것은 모두 같은 목적의 다른 경로일 뿐이다. 이는 모두 유아와 도우미의 최적 비율을 유지하기 위해서이다. 도움이 정말로 부족할 경우, 일부 협동 번식자들은 다른 집단에서 보모를 영입하거나 납치하기까지 한다.

충분한 도움 없이 번식을 시도하는 흰날개붉은부리까마귀 한 쌍은 실패하기 쉽다. 아마도 이 때문에 집단 크기가 일정 수준 이하로 떨어지면, 집단 구성원들(종종 번식 개체 이외의 도우미를 포함하여)은 더 작은 이웃 집단을 습격해서, 최근 막 깃털이 난 어린것들을 납치한다. 며칠 동안, 이웃 집단은 공격받고 괴롭힘 당한다. 때로는 자기들 알이 파괴되기도 한다. 그러고 나서, 약한 그룹의 성체 까마귀들이 방어적인 교전으로 방향을 바꾸면, 공격자들 중 몇몇은 어린 까마귀들을 자기들 영역으로 몰고간다. 유괴범들은 납치한 어린 새들이 완전히 성장할 때까지 부양하는데, 이렇게 성장한 새들은 새로운 무리에서 새끼들을 기르는 것을 돕는다(이 시점에서 그들에게는 다른 대안이 거의 없다).[60]

집단 멤버십의 혜택

협동 번식을 하는 동물들에 대한 이상의 간략한 조사는 대행 부모의 도움이 반드시 가까운 혈연일 필요는 없다는 것을 보여준다. 심지어 작고 약한 집단에서 납치되거나 입양된 비혈연 개체일지라도 이류 시민으로 남아 있는 것이 취약한 부랑자의 삶보다 더 나을 수 있다. 게다가 남아있음으로써 번식 기회가 생길 가능성은 항상 존재한다. 일부 도우미들은 자기들만의 특별한 장점을 광고하기 위해 자기들 상황을 이용한다. 달리 말해, 많은 대행 부모들이 집단에 남아 있는 이유는 더 나은 선택권이 부족하거나 처벌을 피하기 위해서 혹은 집단으로부터의 배척이라는 더 나쁜 상황을 두려워하기 때문이다. 사회적 동물들에게 무리에서 떨어져 사는 것은 (심지어 일시적으로 이동하는 중이라도) 몹시 위험한 상황이라는 것을 의미한다. 대행 부모 입장에서는 덜 억압적인 동료를 찾아 떠나는 것보다 그대로 머물러 있을 만한 이유가 많다.

친숙하고 적합한 거주지에서는 지역 자원에 접근할 방법이나 포식자로부터 탈출할 수 있는 경로를 알고 있기 때문에 남아있는 것이 이득이 된다. 자기가 태어난 집단에 남아있는 것(유소성: philopatry)에 따른 이익은 지역의 서식지가 포화상태인 경우 그리고 생존과 번식에 적합한 장소가 모자란 경우 혹은 지역 자원에 대한 접근권이 세대를 거쳐 전해지면서 보존할 만한 가치가 있을 때 더 커진다.[61] 캘리포니아 참나무 숲에 살고 있는 도토리딱다구리는 (인간을 제외하고) 축적된 자원의 상속 가능성에 따라 유소성과 가족간 단합이 어떻게 발생하는지를 보여주는 가장 적절한 사례이다.

6. 대행 부모를 소개합니다

이 글을 쓰고 있는 지금 이 순간 잘생긴 붉은왕관딱따구리 한 마리가 내 창문 밖에 있는 참나무에 열심히 구멍을 뚫고 있다. 도토리딱따구리는 이렇게 조심스럽게 간격을 두고 줄지어 구멍을 뚫은 다음, 하나씩 모은 도토리로 각각의 구멍을 채우는데, 다람쥐와 다른 행인들이 도토리를 빼내는 것을 막기 위해 구멍에 꽉 끼워 놓는다. 이렇게 숨겨둔 도토리는 식량이 부족할 때 딱따구리를 구해줄 비상식량이다. 딱따구리 무리가 커다란 경우에는 이러한 노동 집약적 식량창고에 저장된 수만 개의 도토리가 매우 유동적이고 예측불가능한 식량 공급에 대한 보험으로 세대에 세대를 걸쳐 전달된다.[62]

동물들은 물질적 자원뿐만 아니라 자기들이 나고자란 집단의 사회적 자원도 누린다. 대체로 피는 물보다 진하기 때문이다. 혈연관계망은 동물들이 가능하면 태어난 집단에 머무르려는 큰 이유이다. 성숙한 아들에게, 유소성은 가장 신뢰할 수 있는 동맹이 될 가능성이 높은 수컷인 자기 아버지와 형제들 곁에 머무르는 것을 의미한다. 유소성의 단점은 태어날 때부터 친숙한 수컷과는 번식하지 않으려고 하는 암컷이 무리의 수컷과 짝짓기 하기를 거부해 집에 남아있는 수컷을 불리하게 만든다는 것이다. 근친번식에 대한 방어기제로 암컷은 새로운 또는 익숙하지 않은 수컷을 선호한다. 그렇기 때문에 많은 종에서─영장류에서는 다수가─자기들이 나고자란 집단에 남은 암컷이 외부에서 온 수컷과 합류하는 동안 수컷은 이주의 위험을 감수하며 움직이는 것이다.

암컷들에게 유소성의 가장 큰 혜택은 모계 혈연의 도움을 받을 수 있다는 점이다. 이는 생애 첫 출산을 하는 영장류에게 특히 중요하다.

경험이 없는 어린 암컷은 유능한 어머니가 되기 위해 배워야 할 것이 너무나 많은데다 가뜩이나 미숙한 첫 아이를 키우려면 많은 사회적 지원이 필요하다.[63] 고래나 코끼리, 그리고 일부 영장류같이 상대적으로 수명이 긴 포유류의 경우, 근처에 있는 모계 혈연은 다음 세대로 지역 자원과 육아에 대한 지식을 전달한다.[64] 그러나 수명이 긴 대형 유인원들은 포유류에서 널리 퍼져 있는 암컷 유소성 패턴의 예외다. 많은 종의 새들과 마찬가지로 대체로 암컷보다는 수컷이 태어난 집단에 남는다. 대형 유인원 암컷은 번식 연령에 가까워지면 대개는 쫓겨나지만, 알려진 것처럼 중요한 예외가 있다. 힘이 세거나 연줄이 든든한 침팬지 암컷은 태어난 집단에 남는 것이다(이는 8장에서 더 논의할 것이다).

다시 영장류로 돌아가기에 앞서, 두 가지 점을 염두에 둘 필요가 있다. 영장목의 거의 모든 개체들에게 생존 가능한 집단에서 사는 것은 극도로 중요하다. 아울러 다른 조건이 동일하다면, 어미는 가까운 혈연과 같은 집단에 있는 것이 유리한다. 자세히 연구된 암보셀리의 사바나개코원숭이들보다 이 원칙을 더 잘 보여주는 예는 없을 것이다. 이 집단의 장기적인 행동적·인구학적·유전적 데이터를 분석해보면, 더 사교적이고 더 많은 사회적 교류를 하는 암컷일수록 자손이 생존할 가능성이 컸다. 그리고 사회적 관계를 유지하는 데 가까운 혈연들과 함께 사는 것보다 더 좋은 방법은 없다.[65] 정확히 측정하는 것이 결코 쉬운 일은 아니지만, 그럼에도 해밀턴 법칙의 비용·편익 요소는 곳곳에 산재해 있다. 근연도가 이야기의 전부는 아니지만, 거의 항상 혈연관계는 도움을 주는 방향으로 비용·편익 비율이 기울어지도록 하는 데 어느 정도 역할을 한다.

6. 대행 부모를 소개합니다

한번 미숙한 개체를 돕는 관행이 시작되면, 번식 적합도 상의 직접적·간접적 이익이 협동 번식을 지속 가능하게 한다. 특히 돕지 않는 집단 구성원에게 비용이 가해지는 상황에서는 더욱 그렇다.[66] 그렇다면 맨 처음에는 어떻게 대행 부모 돌봄이 시작될 수 있었을까? 이 질문은 유소성을 촉진하는 요인들, 말하자면 안정적으로 유지되는 집단 구성원, 긴 수명과 같은 생태적 요인과 오랜 진화적 시간에 걸쳐 동물의 뇌 구조를 형성한 행동적 요인을 모두 고려해야 한다. 먼저 생태적 요인부터 살펴보자.

▎협동 번식 진화의 생태적 요인

조류학자들이 협동 번식이 독립적으로 진화하거나 재진화한 조류 계통을 조사한 결과 세 가지 조건이 중요한 것으로 나타났다. 첫째, 성장하는 데 오랜 시간이 걸리고 수명이 긴, 말하자면 상대적으로 느린 생애사를 갖는 새들에서 협동 번식이 진화하는 경향이 있었다. 둘째, 일 년 내내 같은 지역을 점유하는 것이 유리한 생태 조건에서 진화한 종들이 협동 번식을 하는 경향이 있다.[67] 이는 계절성 기후에서는 일찍 독립하거나 겨울 동안 다른 지역으로 이주하지 않는 어린것들은 굶주리게 되기 때문일 것이다. 한 해 내내 같은 지역을 점유하는 것은 매우 중요하다. 또한 협동 번식을 쉽게 진화시켰던 많은 조류들이 왜 아프리카, 호주, 그리고 남반구의 다른 지역에서 유래했는지 설명하는 데 도움이 된다.[68] 예를 들어 아프리카 열대지역에서는 협동 번식을 하는 조류 종 비중이 15퍼센트까지 치솟는다. 이는 협동 번식을 하는 조류가 전 세계 조류의 약 9퍼센트를 차지하는 것에 비해 높은 수치다.[69] 공교롭게도 가장 잘 알려진 협동 번식의 사례들 중 상당수가 호주에서 유래한 까마귀과에 속한다.

호주에 기원을 둔 협동 번식 개체로는 미국어치, 까치어치, 그리고 자기 자식 외에 혈연관계가 없는 다른 개체의 자식에게도 먹이를 열심히 갖다 주는 것으로 유명한 갈까마귀 같은 다른 까마귀들이 있다. 까마귀 종들은 협동 번식이 진화하는 데 전(前)적응된 것처럼 보일 뿐만 아니라 창의적인 방법으로 환경을 다루는 데 엄청나게 뛰어나다.[70] 이들 까마귀의 비할 데 없는 문제해결 능력과 간단한 도구를 만들고 사용하는 독창성(이 쇼의 스타는 도구 만드는 뉴칼레도니아 까마귀다) 때문에 한때 인지심리학자 네이선 에머리(Nathan Emery)는 까마귀를 "깃털 달린 유인원"으로 간주해야 한다는 도발적인 질문을 하기도 했다. 협동 번식의 유구한 역사 그리고 다른 개체로부터 학습하고, 물리적·사회적 환경을 조작하는 데 능숙한 자손들 사이에는 어떤 상관관계가 있는 걸까?

협동 번식의 진화에 도움이 되는 세 번째 요소는 예측할 수 없는 강우량이나 식량 공급의 변동성과 같은 환경의 문제와 관련이 있다. 이러한 어려움은 어린것들을 부양하고 먹이는 것을 특히 더 어렵게 만든다.[71] 한 해 내내 같은 지역에 남아 있더라도, 계절적인 식량 부족과 혹독한 환경 조건들로 인해 딱따구리가 저장해둔 도토리 같은 일부 지역 자원은 특별히 방어할 가치가 생긴다. 그러한 자원이 세대를 거쳐 전해질 때, 유소성의 가치는 더욱 커진다.

수렵채집민들은 이리저리 떠돌아다니며 생활하지만 때로 특정 사

6. 대행 부모를 소개합니다

냥 구역 그리고 특히 물웅덩이에 대한 관습적인 권리를 세대에 세대를 거쳐 전승한다.[72] 설사 다른 사람들과 함께 사용하는 자원이라도 상속할 수 있는 경우에는 여전히 지킬 만한 가치가 있으며, 유소성을 더 가치 있게 하고, 생존 가능한 집단 규모를 유지하는 데 도움이 된다. 홍적세 호미닌이 일 년 내내 열대 아프리카의 동일한 사냥 구역을 점유했던 것, 그리고 식량 자원의 심각한 변동성을 의미하는 홍적세의 예측 불가능한 강우량은 협동 번식이 진화하는 데 도움이 되는 생태학적 요인들에 해당된다. 이 모든 요인들은 유소성, 주변의 육아 도우미 그리고 대행 부모의 지원을 특히 매력적으로 만들었을 것이다.

초기 호미닌이 협동 번식을 하도록 진화하게 만든 생태학적 조건에 맞닥뜨렸다고 하자. 그렇다면 행동적인 수준에서는 어떤 일이 벌어진 것일까? 이전까지 어린것들을 돌보고 부양하는 것을 함께하지 않았던 유인원들에서 협동 번식이 진화하는 동안 펼쳐진 장면들은 무엇이었을까? 여전히 현존하는 협동 번식 개체들의 경우, 우리는 다양한 집단의 계통에 대해 많은 것을 알고 있을 뿐만 아니라 각 개체의 행동 결과를 관찰하고 측정할 수 있다. 따라서 다시 한번, 깃털 달린 새들이 유용한 비교 모델을 제공한다.

▎협동 번식 진화의 행동적 요인

협동 번식 행동의 기원에 대한 설명 중 현재까지 가장 설득력 있는 가설은 '잘못 배정된 부모 돌봄 가설'(misplaced-parental-care hypothesis)로 알려져 있다. 데이비드 리건(David Ligon)과 브렌트 버트(Brent Burt), 이 두 명의 조류학자는 이 가설의 2단계 과정을 제안했다. 먼저 유난히 천천히 성숙하는 새끼를 낳는 종에부터 시작한다. 부모 돌봄의 긴 역사가 있는 종에서 부모는 이 손이 많이 가는 미숙한 새끼들의 반응을 세심히 살펴야 한다. 리건과 버트에 따르면, 이렇게 무력한 새끼를 낳는 종에서 비번식 개체들이 태어난 집단에 남아있는 경우 먹이를 달라고 보채는 새끼들하고 가까이 있으면 진화한 부모 돌봄 특질들이 발현되어 대행 부모 돌봄 행동이 나타날 가능성이 있다.[73]

협동 번식이 진화할 가능성이 조숙성(곧 스스로 독립하는) 새끼를 낳는 종보다 만숙성(무력한) 새끼를 낳는 종에서 거의 세 배나 높다는 최근의 발견은 이 가설과 일치한다.[74] 리건과 버트 말마따나 "도움 행동의 유전적 기반은 이전까지 예상했던 것보다 훨씬 더 오래된 것이다. … 오랫동안 태어난 집단에 남아있고, 만숙성 새끼를 키우는 계통에서 군집생활의 단순한 부산물로 다른 새끼에게도 부모 돌봄 행동이 잘못 나타나는 것이 도움 행동의 기원이다."[75]

이 가설을 가장 잘 뒷받침하는 연구 사례로는 탁란(托卵)이 있는데, 탁란은 속아 넘어간 새들에게는 적응적 행동이라고 할 수 없는 대행 부모 양육의 한 유형이다. 대부분의 탁란에서 부모들은 다른 종의 새가 둥지에 두고 간 알(그리고 나중에는 새끼들)을 차별하지 않기 때문에, 둥지 주인의 자식에게 갈 자원이 탁란을 하는 새의 자식에게 돌아간다. 이는 대행 부모 자신의 번식 적합도에 종종 재앙과 같은 결과를 야기한다. 보통 뻐꾸기는 개개비의 둥지에 알을 낳는다. 속은 개개비는 꼼짝없이 대행 부모를 하는 실수를 저지르고 만다. 일단 뻐꾸기 알이 부화하면, 이 덩치 큰 새끼 뻐꾸기는 자신의 몸을 이용하여 숙주의 알을 들어올려 둥지 밖으로 밀어낸다. 혼자 차지한 둥지에서 아무 혈연 관계도 없는 새끼 뻐꾸기는 숙주의 새끼들을 흉내 내는 큰 소리와 선명하고, 활짝 벌어진 노란 입으로 먹이를 달라고 아우성친다. 속은 부모들은 이 초자극에 반응하여 뻐꾸기 새끼의 요구를 만족시키고자 하는 욕구를 참지 못한다. 이들은 새끼들의 요구를 너무 열심히 오랫동안 일하며 받아주는 데, 사기꾼은 숙주 크기의 8배까지도 자란다.[76]

많은 세대를 거치면서 빈번하게 기생에 노출되는 종은 결국 적응하게 된다. 예를 들어, 자연 선택은 눈이 밝은 부모나 둥지가 침입당한 것을 발견한 즉시 둥지를 버리고 떠나는 부모를 선호할 것이다. 하지만 우리가 볼 수 있는 동물들은 기생의 위협을 받은 종 중에서 현재까지 살아남은 종들 뿐이다. 아마도 더 많은 종들이 대행 부모의 부주의함으로 인해 멸종했을 것이다.

우리가 관찰할 수 있을 만큼 오랫동안 생존한 생물 종 중 부적응적 양육으로 '다윈상'을 받을 만한 종은 입으로 알을 부화시키는 시클리드다. 이 어미들은 알이 다른 개체의 입속에 들어가는 것을 막기 위해 자신의 입속에서 보호한다. 시클리드는 자기의 모든 알을 안전하게 보관하려고 입속에 넣는 도중 근처의 기생 메기알을 같이 입에 넣는다. 수컷 시클리드가 암컷의 알을 수정시킨 뒤에 메기는 재빨리 달려가 시클리드 암컷이 같이 삼키도록 시클리드 알 바로 옆에 자신의 수정란을 둔다. 자연 선택은 또 다시 부모 돌봄 행동이 발현되는 기준점을 낮게 설정했다. 비록 다른 개체의 새끼도 구분 없이 보호하지만, 이는 자신의 알이 바로 포식자에게 노출되는 것보다는 나은 선택이다.

새들은 먹이를 먹이는 반응이 일어나도록 강력하게 배선되어 있다. 한 종이 다른 종에게 먹이를 먹이는 일도 드물지 않다. 심지어 뻐꾸기에서는 이를 이용하는 탁란이 진화했다. 대행 부모 돌봄이 나타나지 않는 종에서도, 가짜로 만들어진 새끼 모형이 음식을 달라고 하면 부모의 먹이 주는 행동이 촉발된다. 웰티와 뱁티스타의 고전적인 텍스트인 『새들의 삶』에 실린 위 사진 속의 홍관조는 금붕어의 벌어진 입에 반응하고 있다.

 안타깝게도 처음에는 훨씬 더 작았던 기생 메기 알은 빠르게 자신의 노른자에 저장된 영양분을 소진시킨다. 성미 급하고, 매우 작고, 대식가인 이 뒤바뀐 아이가 성숙해져 부화하면, 육아 방에 있는 다른 알들의 노른자를 물어뜯고 소화시키는데, 메기 치어는 입으로 부화시키는 숙주의 알 전부를 삼켜버릴 수 있을 때까지 계속 커진다. 입속 친구들을 다 먹어버린 포식자는 양어머니에게 자기들을 내보내 달라고 신호를 보낸다. 그렇게 먹이를 찾아 나갔다가 위험이 닥치면 친절한 시

6. 대행 부모를 소개합니다

크리드 어미의 벌린 입속으로 돌아온다. 지옥에서 온 손님이랄까. 뻐꾸기에 의해 계속해서 탁란을 당하는 새들은 사기꾼으로부터 자신의 알을 구별할 수 있는 개체가 선택될 것이다. 하지만 불쌍한 어미 시클리드는 그렇게 하지 않는 것처럼 보인다. 어떻게 그럴 수 있을까? 탕가니아 호수의 포식 압력이 너무나 강력해서, 입안에서 알을 부화시키는 어미가 잠깐이라도 망설이는 것은 어쨌든 자신의 알이 다 먹혀버릴 것이라는 점을 의미한다.

'잘못 배정된 부모 돌봄 가설'은 어린것들을 양육하기 위한 고대의 유산이 수컷과 암컷 모두에게 존재한다고 가정한다. 또한 부모가 아닐지라도 돌봄을 유발하는 어린것들에 반응하는 것이 자연 선택으로 진화할 기회가 있었다고 여긴다. 협동 번식과 관련된 행동을 활성화시키기 위해서는 어린것들에게 반복적으로 노출되는 사회적·생태적 조건들이 필요하다. 이는 유소성이 협동 번식의 진화에 그토록 중요한 한 가지 이유이다.

음식 공유는 어미에게 엄청난 부담을 주지 않으면서도 유아가 의존적으로 남아있을 수 있게 하기 때문에 매우 중요하다. 도움을 위한 정확한 공식은 종마다 다르지만, 대행 부모 돌봄의 유무는 어미가 어느 정도까지 스스로 부양해야 하는지 기준을 설정한다. 멋진요정굴뚝새처럼 협동 번식을 하는 새들은 어미가 더 많은 도움을 받을수록, 어미 스스로 부양해야 하는 양이 적어진다. 이는 어미가 영양분이 조금밖에 없는 더 작은 알을 낳는다는 것을 의미한다. 작은 알을 낳는다는 것은 조류에게는 빠른 이유(離乳)와 마찬가지이다.[77] 마모셋 같은 상황에서는 좋은 대행 부모 도움은 어미가 더 크고, 많은, 또는 더 짧은 간격으로 새끼를 낳을 수 있음을 의미한다.

'잘못 배정된 부모 돌봄 가설'은 이론적 측면에서도 유망하며, 자연사와도 많은 면에서 부합한다. 하지만 실제로 기계적인 유전자 수준에서 이런 방식으로 작동하는 것이 가능할까? 진사회성 곤충에 대한 비교유전학적 연구에서 나온 새로운 증거는 어미의 행동과 돌봄 공유의 진화가 연관되어 있다는 이 가설과 꽤 만족스럽게 일치한다. 일리노이 대학 생물유전학 연구소의 곤충학과 연구팀은 분자 수준에서 이뤄지는 진화의 기초적 과정을 이해하기 위한 첫걸음을 내딛었다.

곤충학자들은 원시적 진사회성을 보이는 쌍살벌(Polistes metricus)에 속하는 다양한 개체들 유전자를 분석했다. 군집을 만들기 시작하는 단계에서 아직까지 애벌레를 부양할 딸이 없는 여왕은 모든 것을 자기가 한다. 여왕은 알을 낳고, 부양하는 일 둘 다 한다. 군락이 만들어지고 나서 여왕이 대행 부모 지원을 받을 수 있게 되면, 여왕벌은 부양을 그만두고 알을 생산하는 데 에너지를 쏟는다. 연구자들이 둥지를 건설하는 외로운 여왕과 일꾼 딸들의 유전자를 조사해보니 아직까지 알을 생산하고, 알을 보살피기도 하는 창립자의 유전자 발현은 일꾼들의 유전자 발현과 매우 유사했다. 하지만, 창립자가 일꾼 군락을 건설하고 나서 알을 부양하는 것을 그만두면, 이 번식자들에게서 나타나는 유전자 발현은 일꾼들과 확연히 달라진다.[78]

이런 차이는 새로운 돌연변이가 나타났기 때문이 아니다. 특정 특질에 대한 유전자가 언제 발현될 것인지, 또는 어떤 상황에서 발현될 것인지를 결정하는 DNA 분자 조절기에서 자연 선택이 작동한 것이다. 군락 건설을 마친 여왕의 경우, 부양과 관련된 특질을 발현하는 유전

6. 대행 부모를 소개합니다

적 지침은 그냥 건너뛰고 더 이상 발현되지 않는다.

알의 생산, 양육 그리고 부양의 행동을 결정하는 유전자가 (외로운 창립자의 경우처럼) 함께 발현될 수도 있고, (두 업무를 서로 나눈 여왕과 일꾼의 경우처럼) 따로 발현될 수도 있다. 이는 유기체의 발달과정에서 환경에 따라 유전자가 유연하게 발현되는 것, 다른 말로 하면, 표현형 가소성이 중요함을 보여준다. 설사 새로운 돌연변이가 없더라도, 발달과정 동안 다르게 발현되는 유전자는 자연 선택이 작용할 수 있는 새로운 표현형을 만들어낼 수 있다. 메리 제인 웨스트-에버하드(Mary Jane West-Eberhard)는 이를 "선택 가능한 다양성을 만들어내는 발달의 역동적 역할"이라는 용어로 표현했다. 그리고 이는 협동 번식의 인지적·감정적 영향에 대해 이 책에서 발전시킨 논지의 주된 개념이기도 하다.

이와 같은 분자유전학적 발견이 있기 5년 전, 표현형 가소성의 역할에 관심을 가진 웨스트-에버하드는 역할 특질을 잃는 것은 대행 부모 돌봄과 진사회성 번식 체계의 진화에 영향을 미쳤을 것으로 예상했다.[79] 그녀는 이렇게 썼다. "스스로는 알을 낳지 않는 일꾼이 알을 돌보는 것은 하위 암컷이 굶주린 애벌레(비록 그 애벌레가 자기 자식이 아니더라도)를 마주하면서 자극을 받기 때문일 수 있다. 이는 하위 암컷의 정상적인 재생산 주기를 건너뛰게 하고, 난소 발달 단계를 생략하도록 만든다. 만약 이와 같은 행동이 유리하다면(예를 들어, 배고픈 애벌레가 유적적 혈연인 경우), 자연 선택은 새로운 맥락에서 이처럼 변형된 행동 순서를 유지하는 것을 선호할 수 있다."[80] 어미가 아니더라도 돌보는 행동이 적합도를 증진시킨다는 전제 하에, 이러한 시나리오는 어떻게 대행 어미 부양이 처음 시작되었고, 지속적으로 선택되었는지를 설명할 수 있다.

▌ 인간에게도 불임계급과 동일하게 여길 만한 것이 있는가?

미어캣, 마모셋, 그리고 들개의 알파 암컷은 종종 자신의 딸이기도 한 하위 개체와 잔인한 계약을 맺는다. 이를테면 이런 식이다. "지금 자식을 낳으면, 나는 너의 자식을 죽일 것이다. 하지만 네가 나의 자식들을 키우는 것을 도와주고 심지어 내 자식들에게 젖을 물려주면, 나는 너에게 관용을 베풀 것이다. 그리고 언젠가 너 스스로 번식할 수 있는 기회를 갖게 될 수도 있다."

여기까지 읽은 독자들은 번식 편차가 심하고 자기 새끼를 위해 자원을 독점하려는 어미들이 전면적으로, 심지어 살인적으로 경쟁하는 다른 협동 번식자들과 수렵채집민들 간의 불일치를 느낄지도 모른다. 수렵민들과 채집민들의 민족지 문헌 어디에도 한 명의 지배적인 여성이 번식 기회를 독점한다거나 하위 개체들의 번식이 억제된다는 기록은 존재하지 않는다. 아프리카 채집민들 사이에서도 영아살해를 하는 협동 번식 어머니들을 결코 찾을 수 없다. 이는 인류학자들이 자신의 연구대상을 바라보는 관점에 어떤 편견을 가지고 있기 때문일까? 아니면, 인간과 다른 많은 비인간 협동 번식자들 간에는 진정한 차이가 있는 것일까?

인간이 협동 번식자로 진화했을 것이라는 인식은 비교적 새로운 생각이다. 그리고 현재까지 대부분의 연구는 대행 부모의 이익에 초점

6. 대행 부모를 소개합니다

을 맞추고 있다. 대행 어머니와 어머니 사이의 경쟁과 간섭을 다루는 연구는 훨씬 더 적다.[81] 나는 대행 부모들 사이의 경쟁뿐만 아니라 어머니들, 그리고 자녀들 사이에서 자원을 두고 벌이는 경쟁에 대해서도 알아야 할 것이 아직 훨씬 더 많을 것으로 생각한다. 그렇다고 몇 세대에 걸친 민족지학자들의 기록을 무시해도 된다고 생각하는 것은 아니다. 게다가 관찰자의 편견으로 인해 어머니들 간의 경쟁이나 부모들 사이의 속임수에 대한 민족지적 기록에 작은 빈틈이 생겼다고 해도, 우리는 왜 훈련받은 관찰자들조차 혼동할 정도로 이기적인 행동이 교묘하게 이루어지는지 분명히 밝혀야 한다.

유럽인들이 수렵채집으로 생계를 삼는 아프리카인들을 처음 대면했을 때, 거의 모든 수렵채집민들이 집단의 평등주의적 성격을 유지하기 위해 엄청나게 노력한다는 점이 드러났다. 이들은 망나니, 거짓말쟁이, 구두쇠라고 여겨지는 사람을 제재하고, 사회계층 그리고 번식과 자원 접근의 편차가 최소 수준으로 유지되도록 노력했다. 남자들은 침팬지처럼 군림하려는 경향을 억누르기 위해 사회화되었는데, 이는 아마 여성들에게도 마찬가지였을 것이다. 남아프리카의 !쿵족, 동아프리카의 하드자족, 그리고 중앙아프리카의 수렵민들은 생활방식과 유전적 역사 두 가지 측면에서 우리 조상들의 사회생활을 엿볼 수 있는 가장 좋은 기회이다.

소규모 채집 집단을 이루며 사는 사람들의 경우 여성이 다른 여성의 아기를 수유하는 것은 드문 일이 아니다. 이들 집단에서 젖물림은 자발적이고, 때로는 상호 호혜적으로 이뤄지는 것처럼 보인다. 다른 형태의 공유된 돌봄 역시 자발적인 것으로 보인다. 하지만, 젊은 인류학자 애덤 보예트(Adam Boyette)는 최근 아카족 어린이들에게 만약 자기들이 어린 동생이나, 조카, 또는 사촌을 돌보지 않는다고 할 때 무슨 일이 생기는지 물어보았다. 그러자 57퍼센트의 어린이들은 아마도 어머니가 자기들에게 음식을 주지 않을 것이라고 대답했고, 30퍼센트는 '맞을 것'이라고 답했으며, 23퍼센트는 혼이 날 것이라고 했다. 사실, 보예트는 어머니가 음식을 주지 않거나, 때려서 처벌한다는 그 어떤 증거도 실제로 목격한 적은 없었다(수렵채집민들에서 이런 일은 매우 드물다). 요점은 아이들이 도와야 한다는 사회적 압력을 느꼈다는 것이다. 아이들에게 누가 그렇게 알려주었냐고 물었을 때, 대부분의 아이들은 자기들 엄마가 그랬다고 대답했다. 유아를 돌봐주러 불려가는 아이들이 항상 가까운 혈연인 것은 아니다. 또 다른 젊은 인류학자 앨리사 크리텐든(Alyssa Crittenden)은 '투덜대는 다른 집 여자애'한테 자기 아이를 포대기로 업혀주는 하드자족 엄마에 대해 묘사했다. 그 엄마는 소녀를 나무라면서 아이를 떠넘기다시피 하고는 그냥 가버렸다. 만약 소녀가 아이를 돌보지 않는다면 마을사람들이 가만있지 않을 것이다. 다른 마을에서 입양된 고아든 아니면 먼 친척이든 거의 강제적으로 아이를 돌봐야 한다고 생각한다.[82]

언젠가 나는 부계 거주를 하는 에페족 사람들과 일하는 파울라 아이비 헨리(Paula Ivey Henry)에게 콕 집어서 왜 여성들 사이에 경쟁이 그토록 드문지 물어본 적이 있다. 파울라는 자기도 똑같은 것을 궁금해하고 있었다고 답했다. 무리에 새로 들어온 여성들은 희소하고 찾기 어려운 자원을 두고 경쟁할까? 과일나무나 야생 구근류가 많은 지역을 차지하기 위해 밀치락달치락하면서? 만약 어떤 여성이 마을 사람들과 공동으로 물고기를 잡으러 갔는데 일은 덜하면서 여전히 자기 몫을 요구하면 무슨 일이 벌어질까? 파울라에 따르면, 채집에 나간 여성들이 "채집하는 곳에 자리잡는 방식에는 흥미로운 위계가 있다. … 집단에서 더 유력한 여성일수록, 종종 더 좋은 자리를 차지한다. 또 나뭇가지에 있는 열매를 채집하도록 자기 아이들을(많을수록 더 좋다!) 보낼 수 있었다." 자원이 부족하면 경쟁이 있을 수도 있지만, 대부분의 식량 자원은 누구든 가서 채집하고 따서 가져가기만 하면 되는 것들이었다. 그리고 (8장과 9장에서 설명하는 이유로) 거의 항상 충분한 베이비시터들이 돌아다녔다.[83]

협동 번식자 중 번식 편차가 큰 동물들에서 발견되는 강압 그리고 번식적 착취와 멀게나마 비교할 수 있는 보고서를 찾으려면, 우리는 수렵채집민 대신 정주생활을 하고, 더 계층화된 인간 집단에서 나온 고고학적인 자료 특히 문서화된 기록으로 눈을 돌려야 한다. 지금까지 알려진 바로는 이와 같은 사회 체계는 유난히 젊은 우리 종의 역사에서도 상대적으로 최근인 약 1만 년 전 이내에 나타났다. 사회 규모가 훨씬 더 큰 경우에만, 사람들이 높은 인구 밀도를 유지하며 살고, 이로 인해 자원에 대한 압력이 더 커진다. 그리고 일부 개인이 자원을 독점할 수 있는 기회가 생기면, 고대 중국, 일본, 근동 지역, 초기 하와이, 아프리카, 또는 중세와 근대 초기 유럽에서처럼 계층화된 사회를 확인할 수 있다.[84] 이러한 사회들에서는 권력자의 자식을 기르기 위해 하위 대행 어머니를 고용하는 미어캣에 버금가는 증거들이 넘치도록 나온다.

고대 로마의 고전시대부터 유럽의 중세시대 내내, 그리고 17~18세기 프랑스, 이탈리아, 스페인, 러시아에서(이런 현상은 절정에 달했다) 사회적으로 더 유복하고 권력을 가진 수십만 명의 여성들이 자신들의 극단적으로 높은 수준의 가임 능력을 유지하기 위해 노예나 하녀, 또는 형편없는 돈을 받고 거의 반강제적으로 일하는 유모(乳母)와 보모들의 도움을 받았나. 다른 여성이 대신 자기 아기에게 젖을 주도록 함으로써, 유력 여성들은 적어도 일정 기간 동안, 자식들의 생존을 위험에 빠뜨리지 않으면서도, 거의 일 년 간격으로 아기를 낳을 수 있었다. 반면 유모의 아기는 모유를 먹지 못해서 죽을 가능성이 컸다. 이와 더불어 유모 자신의 후속 배란도 연장된 수유에 의해 억제되었다. 몇 년동안 연속적으로 젖을 물린 유모들은 수십 년 동안 젖을 생산하는 경우도 있었으며, 이는 효과적으로 그들을 불임계급으로 변화시켰다. 기원전 1700년에 함무라비 법전의 저자들이 유모가 한 번에 한 명의 아기(아마도 자신의 아기를 포함해서)만 맡도록 법으로 제정할 필요가 있다고 여긴 것은 아마도 대행 보모의 속임수가 문제가 되기 때문이었을 것이다.[85]

강요된 유모와 개과, 미어캣, 그리고 다른 협동 번식 개체들에서 찾을 수 있는 유모, 또는 진사회성 곤충의 불임계급 사이에는 기가 막힌 유사점이 존재한다. 그럼에도 불구하고, 강요된 유모 사례는 우리 조상들이 작은 규모의 수렵채집 집단으로 살았던 시기에 뒤이은 후기 신석기 시대에 들어서야 나타난 문화적 (그리고 어쩌면 생물학적) 적응이다. 정서적 현대 인류 출현 이후에 일어난 일들인 것이다. 수렵채집민의 생태학적·인구학적 삶을 고려하면, 협동 번식 초기에 상위 여성이 하위 여성들에게 번식을 포기하고 상위 여성의 아이를 키우는 데

6. 대행 부모를 소개합니다

삶을 바치도록 강요하는 커다란 번식 편차는 일반적이거나 종 보편적이지 않았을 것이다.

최근의 인류 역사에서 충분한 권력을 가진 사람이 타인을 무자비하게 착취할 수 있다는 많은 증거가 있음에도 불구하고, 인간이 불임계급을 진화시켰다는 증거는 없다. 오히려, 유모는 계속 수유를 하도록 강요되었기 때문에 불임상태가 되었고, 강력한 통치자의 하렘을 지키는 내시들은 외과적 거세를 통해 불임이 되었다. 두 방법 모두 사회성 곤충에서 진화한 불임계급에 필적하는 생리적 적응은 아니다. 배란은 하지만 임신하지 않은 여성은 더 지배적인 여성이 낳은 아기에게 젖을 물리기 위해 개과 동물에서 나타나는 것처럼 저절로 유사 임신 증상을 겪거나 젖 분비를 하지 않는다. 그러나 어머니 대자연이 협동 번식을 위해 우리 종에게 마련해준 장비는 바로 (생명공학적으로 편리한) 여성의 번식기 전후의 긴 삶의 단계(초경 전과 폐경 후)다. 이는 인간 생애사의 주요 특징이기도 하다. 인간 종의 이 유별난 특징으로 인해 돌봄을 필요로 하는 아이당 보육자의 비율은 효과적으로 증가한다.

일부 진화생물학자들은 폐경 이후의 여성들이 다른 방식으로 번식을 억제하는 불임계급에 해당하는 것 아닐까 하는 추측을 했다. 실제로, 케빈 포스터(Kevin Foster)와 래트닉스(L. W. Ratnieks)는 인간도 벌거숭이두더지쥐처럼 대행 부모의 돌봄에 의존하고, 여러 세대로 구성된 사회에서 살고 있으며, 폐경 이후의 여성이라는 특별한 불임계급 도우미가 있기 때문에 진사회성 포유류로 여겨야 한다고 제안하기까지 했다. 더 나아가 영국의 생물학자 마이클 캔트(Michael Cant)와 루퍼스 존스톤(Rufus Johnstone)은 여성의 이른 번식 중단은 "과거에 있었던 번식 경쟁의 유령"을 반영하는 것이란 가설을 세웠다. 또한, 여성의 이른 배란 중단은 "세대 간의 번식 중첩의 정도를 줄이고, 더 젊은 여성에게 더 나이 든 여성과의 번식 경쟁에서 결정적인 이점을 부여한다"고 지적했다.[86]

하지만 내가 보기에 이는 순서가 잘못된 것 같다. 다른 영장류에서도 암컷은 나이가 들면서 번식을 중단한다. 즉, 낡아버린 난소는 선행 조건이다. 인간이 다른 점은 그 이후의 수명이 더 길다는 것이다. 길어진 수명과 같은 파생 형질이 진화하기 위해 협동 번식이 선행되어야 한다는 논의는 9장에서 더 자세히 다룰 것이다. 하지만 우선 우리는 애초에 잘못 배정된 부모 돌봄에 너무나 취약해서 돌봄 공유가 진화하기 쉬운 영장류적 속성들을 살펴볼 필요가 있다.

아무튼 다수의 영장류들은 어떤 형태로든 부모 양쪽이나 대행 부모의 돌봄을 보여준다. 영장류의 약 20퍼센트가 돌봄 공유뿐만 아니라 새끼의 부양도 공유하도록 진화했다는 사실은 놀랄 일이 아니다. 새들 사이에서 발견되는 협동 번식 종 비율의 거의 두 배에 달하는 것이다. 높은 사회적 본능과 비싼 새끼들로 인해 영장목은 협동 번식의 진화에 매우 개방적이다. 이 점을 염두에 두고, 영장류에서 돌봄 공유가 쉽게 진화할 수 있도록 만든 특별한 특질들을 살펴볼 것이다. 돌봄 공유는 영장류에서는 널리 존재하지만, 유인원에서는 나타나지 않는다. 그렇다면 돌봄 공유가 사람속의 조상이 된 유인원 계보의 어머니에게 가능하고 선호할 만한 선택지가 되기 위해서 어떤 조건이 바뀌어야 했을지 생각해보자.

6. 대행 부모를 소개합니다

7.
감각을 사로잡는 아기들

—

자연 선택이 할 수 없는 것은 어떤 종의 구조를 그 종에게는 어떤 이로운 점도 없이 다른 종의 이익에 부합하도록 수정하는 것이다. 자연의 역사 속에서 발견할 수 있을지도 모르지만, 나는 이에 반하는 어떤 증거도 찾지 못했다._찰스 다윈(1859)

찰스 다윈은 만약 어떤 동물이 순전히 다른 종의 이익을 위해 무언가를 한다면, 이는 자신의 이론 전체를 궤멸시킬 수 있을 것으로 확신했다. 하지만 놀랍게도 많은 조류와 포유류들이 혈연관계가 없는 새끼뿐만 아니라, 심지어 다른 종의 새끼들의 매력에도 어쩔 줄 모른다. 이는 언뜻 다윈의 주장과 모순되는 것처럼 보인다. 얼마전, 안드로클리즈(로마 신화에 나오는 노예로, 경기장에서 사자에게 죽을 뻔했지만, 예전에 사자의 발에 박힌 가시를 뽑아준 덕분에 목숨을 구했다_옮긴이)를 도와준 전설적인 사자를 떠올리게 하는 사건이 있었다. 중북부 케냐에서 카무니악이라고 불리는 진짜 암사자가 새끼 영양을 잡아먹지 않고 입양하더니, 계속해서 모두 5마리의 새끼 영양을 입양했다. 그중 한 마리는 결국 그 암사자가 잡아먹었지만 말이다. 하지만, 다른 네 마리는 굶주림으로 결국 죽거나, 필사적인 어미 영양이 새끼를 다시 되찾아갈 때까지 이 무차별적인 모성애를 발휘하는 암사자에 의해 자상하게 양육되었다. 나이로비에서 돌아온 유네스코 관리자는 놀라움을 금치 못하며, 그 암사자는 "분명히 정신적인 문제가 있을 것"이라고 말했다.[1]

비슷한 시기에, 어미 표범이 개코원숭이를 죽인 다음 사냥감에 매달려 있는 아기원숭이를 발견한 또 다른 이야기가 들려왔다. "그 작은 개코원숭이는 울부짖었고, 우리는 곧 크게 와그작거리는 소리와 함께 표범이 입맛을 다시는 소리가 들릴 거라고 생각했다. 하지만 대신, 아기 개코원숭이가 발을 내디뎌 표범을 향해 걸어왔다. … (표범은) 아기원숭이의 목덜미를 살며시 입에 물고, 나무 위로 새끼를 데려갔다." 그 양어머니는 밤새 새끼를 지켰지만, 다음날 아침 새끼는 이미 죽어 있었다. 아마도 굶주림 때문이었을 것이다. 하지만 표범은 여전히 죽은 새끼를 지키고 있었다. 영화제작자는 "자연이 완전히 거꾸로 뒤집어진 것 같았다"고 감탄했다.[2]

물론 영화제작자는 포유류, 이를테면 수컷 쥐가 새끼를 마주치면 무시하거나 잡아먹는 경우를 알고 있었다. 하지만 사실, 다른 동물의 새끼가 보내는 신호에 반응하는 것은 그렇게 드문 일은 아니다. 카무니악의 경우가 특별했던 것은 잘못 배정된 모성애의 수혜자가 보통의 경우였다면 어미의 점심 식사였을 것이라는 점이었다. 무차별적인 어머니 노릇(mothering)은 지금은 광범위한 생물 종에서 보고되고 있다. 특히 영장류, 개과, 고양잇과같이 자기들 계통에서 돌봄 공유가 존재하는 동물들은 다른 새끼들에게도 반응하기가 더 쉬운 것으로 나타났다. 심지어 자신의 새끼가 있는 어미들도 종종 또 다른 새끼를 받

　　　　　　　　　　　　　　7. 감각을 사로잡는 아기들

사진 속에서 현지 삼부루 유목민들의 언어로 '축복받은 자'라는 뜻을 가진 카무니악이 다리가 휘청거리는 입양아 한 마리와 함께 있다. (사진: 로이터).

아들이기도 한다. 하지만, 자신의 새끼를 오랜 기간 동안 키워야 하는 혹은 돌보는 데 손이 많이 가는 경우에는 그런 일이 드물다.

농장에서 키우는 암탉들은 초양육적이라고 할 수 있는데, 무차별적으로 주위의 병아리들을 포란반 아래로 불러들여 따뜻하게 해준다. 암탉은 거위, 오리, 심지어 고양이 새끼들까지도 품는다. 근처에 있기만 하면 품어주는 것이다. 이웃집의 잭러셀테리어 암컷은 유사 임신을 겪더니, 어미 고양이를 쫓아 버리고, 동시에 고아가 된 새끼 고양이들에게 줄 젖을 생산하기 시작했다. 그러고는 고양이들이 다 자랄 때까지 길렀다. AP통신은 최근 로트와일러 종의 신생아를 입양함으로써 개과에게 은혜를 갚은 어미 고양이 이야기를 기사로 실었다.[3] 존재의 대사슬 한참 아래쪽에 있는 몇몇 시클리드 물고기 종에서는 알의 4분

306

의 1 정도가 다른 종의 물고기들에게 입양된다.[4] 모양과 크기가 알맞기만 하면 '알'은 보호를 이끌어낸다. 심지어 진짜 알이 아닐지라도 그렇다. 집게벌레 종의 어미들은 자신의 알과 같은 크기의 왁스로 만든 공에도 모성 돌봄이 촉발되어 보호한다.[5] 새들도 마찬가지로 새끼의 신호에 반응하기 쉽다. 6장에서 본 홍관조도 금붕어의 벌어진 입속에 음식을 넣어주고 싶은 충동을 참지 못했다. 동물의 왕국 전체에서, 특히 어미가 많이 돌봐야 하는 종에서(이를테면 새끼 영장류) 움직이지도 못하는 완전히 무력한 새끼는 강력한 신호를 발산하여 마음 약한 존재들을 사로잡는다. 혈연이든 그렇지 않든 간에 유아는 강력한 감각의 덫을 놓을 수 있다.

이와 같은 민감함은 어떻게 다윈적인 논리와 통합할 수 있을까? 하지만 무차별적인 어머니 노릇은 다윈의 이론을 반증하기보다는 거의 예외 없이 다윈의 큰 규칙을 확인시켜준다. 진화의 시간 동안, 이 잘못 배정된 모성애의 수혜자들은 혈연관계일 가능성이 높았다. 유전학적으로 말해서, 대행 어미가 과하게 반응하는 편이 반응하지 않는 것보다 나았다. 반응의 기준점은 꽤 낮게 설정되었다. 너무 낮아서 가끔 부모 돌봄이 다른 누군가의 새끼까지 뻗칠 수 있을 정도다.

하지만 이 논리는 과거 유기체의 진화적 역사에서 잘못 배정된 부모 돌봄의 위험이 그렇게 흔한 것은 아니었다는 전제 하에 성립한다. 혈연관계가 아닌 어미의 젖꼭지까지 접근하기 쉬운 매우 이동성이 큰 새끼를 낳고, 무리 지어 사는 동물들처럼, 만약 잘못 배정된 돌봄의 위험이 매우 큰 경우 이를 막는 안전장치가 진화했다. 어미를 놓치고 근처에 있는 다른 암양의 젖꼭지에서 젖을 훔치려고 시도하는 새끼

7. 감각을 사로잡는 아기들

양은 거칠게 들이받히기에 십상이다. 어미 양은 출산 직후에 어미에게 각인된 냄새가 나는 새끼를 제외한 다른 모든 새끼를 거부할 것이다. 하지만, 다른 많은 동물들에서, 특히 스스로 잘 움직이지 못하는 새끼를 낳는 종에서(대부분의 영장류와 많은 둥지 새들을 포함하여), 모성애는 더 유연한 채로 남아있다. 배고픈 어린 새들의 목구멍과 비슷한 물고기의 벌어진 입이나, 온기가 떨어진 새끼가 내는 초음파 울음소리 등등의 신호는 수신자의 반응을 유도한다.

무력한 새끼를 낳는 동물들의 뇌는 유아의 욕구 신호를 인식하도록 배선되어 있다. 이들 동물의 내분비계는 발빠르게 대처하도록 조정되고, 신경계의 보상체계는 이러한 양육 행동을 강화하도록 설계된다. 근처에 아기가 있는 것, 또는 인간 어머니의 경우 아기를 가까이 끌어안는 것은 거의 중독적인 기쁨을 준다. 돌보는 부모를 선호하는 자연선택은 처음에 공이 굴러가도록 만드는 데 필수적이다. 그러나 일단 부모 돌봄이 진행되면, 혈연 선택이 더 일반적인 돌봄을 선호하는 선택압을 심화시킨다. 이 과정에서 양육 반응을 선호하는 선택은 스스로의 길을 가기 시작한다. 일단 집단 구성원들이 유아의 신호에 도움으로 반응하도록 선택되면, 돌보미가 가까운 친척에게만 반응할 필요는 없다. 협동 번식의 무대가 마련된 것이다. 그리고 이로 인해 오릭스 영양을 입양한 사자 카무니악처럼 깜짝 놀랄 만한 사례가 나타날 수 있다.

█ 유아에 대한 본능적인 반응

가장 판돈이 많이 걸린 동물일수록 새끼에게 반응하는

문턱이 가장 낮다. 개체가 어린 혈연을 만날 가능성이 가장 높은 삶의 단계에서 반응 문턱은 더욱 낮게 설정된다. 암컷 포유류에서 유아의 신호에 대한 민감성은 산후기에 특히 예민하다. 새로운 어미는 임신 중 호르몬 변화를 통해 준비가 되며, 새끼가 태어날 때 신경펩타이드 옥시토신이 급증하면서 더욱 강화된다. 어미들은 새끼의 모습, 울음소리, 냄새에 고도로 적응된다. 가까이 있는 그 작은 생명체가 그녀의 젖꼭지를 빨고 자극하면, 어미의 양육 촉진 호르몬인 프로락틴 순환 순치가 치솟는다.

아기로 인한 기쁨을 '중독적'이라고 묘사하는 것은 시적인 표현이 아니다. 수유하는 쥐를 이용한 실험은 새끼가 젖꼭지를 빠는 것을 즐겁게 느끼도록 만드는 것과 똑같은 도파민 기반의 보상 시스템이 일부 동물들에서 약물 중독에 취약하게 만들기도 한다는 것을 보여준다. 실험에서는 새끼들을 가까이하고 젖을 먹인 암컷과 코카인을 섭취한 암컷 모두 동일한 행동을 다시 반복하기를 열망했다. 새끼들은 너무나 강력한 보상 자극이어서, 실험자가 어미 쥐에게 코카인이 투여되는 레버와 어미 우리에 새끼들이 하나씩 밀어 넣어지는 다른 레버 중 하나를 선택할 수 있도록 했을 때, 어미 쥐는 우리를 새끼들로 가득 채웠다.[6]

뇌 속의 유아-활성화 보상 시스템에 대한 대부분의 연구는 실험용 쥐, 생쥐, 들쥐를 이용하여 이루어진다. 그러나 레서스마카크원숭이도 비슷한 보상 체계를 가지고 있는 것으로 알려졌다. 실제로, 케임브리지 대학 에릭 케버른 연구소의 연구원들이 내생성 오피오이드의 작용을 화학적으로 차단했을 때, 유아에 대한 모성 반응이 줄어들었다.[7] 유아는 인간 어머니에게도 비슷한 보상 효과를 가진다. MRI를 이용한

      7. 감각을 사로잡는 아기들

연구에서, 첫째 아이를 낳은 어머니들이 웃고 있는 자기 아기 사진을 볼 때 도파민과 연관된 보상센터 활성화가 발견되는 것은 놀라운 일이 아니다.[8] 빨기, 부드러운 옹알이, 친숙한 아기의 웃음, 자신의 아기 두피 정수리에서 나는 매력적인 냄새 등등 어떤 단서라도 비슷한 효과를 낼 것이다.

잘못 배정된 부모 돌봄 가설의 중요한 가정은 대행 어미가 다른 유아에게도 마찬가지로 반응한다는 것이다. 하지만 신경생리학적 연구 대부분은 어머니를 대상으로만 이루어졌다. 그럼에도 불구하고, 예비적인 단계의 증거는 도파민 그리고 옥시토신과 연관된 보상 시스템이 대행 부모 돌봄과도 관련되어 있다는 것을 암시한다. 어미는 유아의 신호에 초민감하다. 하지만 돌봄 공유를 많이 하는 특징이 있는 포유류에서는 아직 한 번도 임신하거나 새끼를 낳아본 적 없는 청소년이나 거의 다 자란 암컷들 역시 새끼를 둘러싸고, 따뜻하게 감싸주면서 절로 유아에게 반응한다. 랑구르원숭이같이 유아를 공유하는 영장류에서 이 암컷들은 새로 태어난 새끼를 냄새 맡고, 만지고, 껴안고, 계속 안고 데리고 다니고 싶은 참을 수 없는 욕구를 보인다. 마모셋이나 타마린의 경우는 수컷(특히 이전에 돌봄 경험이 있는 수컷)이 유아의 목소리와 다른 신호에 반응하고자 열성적이다. 이들은 새끼를 돌보는 데 암컷보다 더 열심이다.[9]

모성 반응과 대행 부모 반응을 위한 뇌의 기저 조직은 아마도 거의 동일할 것이다. 하지만, 대행 부모 돌봄이 있는 영장류 종과 그렇지 않은 다른 영장류 종을 분석하는 연구들은 몇 가지 흥미로운 신경내분비학적 차이점을 밝혀내기 시작하고 있다. 마모셋과 인간 모두에서 양육을 많이 하는 수컷일수록 그렇지 않은 수컷보다 프로락틴 수치가 더 높다. 수컷의 양육 참여가 특징적인 다른 종들은 캘리포니아생쥐, 몽골쥐, 아프리카미어캣, 난쟁이햄스터 등이 있다.[10] 아기를 보살피려는 성향은 고대로부터 이어내려온 것이고 꽤 보편적인 생리 시스템이며, 일반적으로 어머니에게서만 작동한다. 하지만 이들 종에서는 수컷에게도 양육 모드의 스위치가 켜진다. 고도로 보수적인 모성 체계에 더하여(아니 어쩌면 모성 체계 대신에?) 자연 선택이 특별히 어머니 이외의 보육자들에게 별개의 신경계가 진화하는 것을 선호했을 가능성도 있다. 이런 점에서 마모셋은 완벽한 사례이다.

많은 포유류가 그렇듯 출산이 임박한 원숭이들은 종종 새끼들에게 유별난 관심을 갖는다. 예를 들어, 다른 암컷의 유아를 안고 데리고 다니고 싶어 가장 안달하는 랑구르원숭이는 육아 경험이 부족한 어린 암컷들이고 그다음이 임신 말기 암컷이다. 가장 확실한 설명은 임신 말기 암컷들이 어미 노릇을 하기 위한 호르몬상의 준비가 됐기 때문이다. 하지만, 이 패턴이 모든 원숭이들에게서 나타나는 것은 아니다. 개체간 번식 편차가 큰 종에서는 임신한 암컷이 다른 암컷의 새끼에게 반응하는 양상이 매우 다르게 나타날 수 있다. 번식 암컷 자리를 차지하기 위한, 또는 가용할 수 있는 대행 부모 돌봄을 차지하기 위한 암컷들 간의 경쟁 때문이다. 일반적인 원숭이들 모습과는 대조적으로 임신 말기의 보통 마모셋은 돌봄이나 양육과는 거리가 멀다. 사실, 완전히 치명적인 대행 어미가 될 수 있다. 임신 말기의 마모셋이 다른 암컷의 새끼를 발견하면 공격적으로 변할 가능성이 크다. 다른 새끼들을 공격하고, 종종 말 그대로 머리를 물어뜯으며, 자신이 곧 낳게 될 새끼

7. 감각을 사로잡는 아기들

들과 경쟁할지도 모르는 어린것들을 제거한다.[11]

지금까지 대부분의 신경생리학 연구는 유아가 부모에게 어떻게 반응하는지에 초점을 맞춰왔다. 드물긴 하지만 아버지가 어떻게 아기에게 반응하는지를 살피는 연구도 있었다. 하지만 그에 비해 대행 부모들이 어떻게 유아에게 반응하는지에 대한 신경생리적 작용은 큰 주목을 받지 못했다. 실험실의 과학자들이 이들 보육자들이 인류 진화에서 어떤 중요한 일을 했는지 점점 더 깨닫게 됨에 따라 머지않아 연구 경향이 바뀔 것으로 기대한다.[12] 대행 부모 돌봄 유무에 따라 설치류 종들을 비교 분석한 과학자들은 돌봄 공유를 하는 초원쥐가 계통적으로는 가깝지만 새끼들을 암수가 같이 돌보지 않는 들쥐보다 뇌의 특정 부위(측좌핵: the nucleus accumbens)에서 옥시토신 수용체의 밀도가 높다는 사실을 밝혀냈다. 게다가 같은 종 내에서도 개체들 간의 변이가 상당하다. 예를 들어, 누구보다 새끼를 잘 살피면서 계속해서 핥아주고 털을 골라주는 암컷 초원쥐는 옥시토신 수용체의 농도가 가장 높은 개체로 드러났다.[13]

그렇다면 잠재적인 보육자의 뇌는 처음부터 다를 수 있다. 이러한 차이는 돌봄 기회, 생애 경험, 그리고 특정 행동의 차이에 의해 더욱 확대될 가능성이 있다. 태반 섭취로 알려진 행동이 대표적인 예다.

▌태반 섭취에 대한 의문

태반은 여러 종류의 스테로이드를 포함한 다양한 호르몬을 합성하는 내분비 기관이다. 출산할 때 '태반'과 함께 나오는 양

312

막의 체액에는 아편과 비슷한 성질의 진통제가 넘쳐난다. 일부 과학자들은 새끼를 낳는 어미가 분만 과정에서 짧은 휴식 시간 동안 각 새끼의 양막를 열심히 핥고 간 같은 태반을 섭취하는 것은 자가치료 방법이라고 추측한다. 이는 단지 집(더 정확하게는 둥지)을 청소하는 정도의 문제가 아니다. 태반의 진통제 칵테일은 출산의 고통을 덜어주고, 어미가 침착하게 끝까지 일을 마칠 수 있도록 돕는다. 비록 인간의 출산만큼은 아니지만, 다른 포유류들의 출산도 여전히 고통스럽다. 예를 들어 개는 새끼 한 마리 한 마리를 낳을 때마다 작은 비명을 지르기도 한다. 모성 행동에 영향을 주는 뇌의 동일한 부분이 어미가 출산 후에 태반을 섭취할지 말지에 영향을 미친다.

태반을 먹는 행동은 모성 행동의 시작을 가속화할 수 있다.[14] 이 때문에 누가 이 태반을 먹는지 주목할 필요가 있다. 마모셋이나 일부 햄스터처럼 어미가 아닌 개체가 많이 돌보는 종에서는 암컷뿐만 아니라 수컷도, 그리고 어떤 경우에는 아직 번식을 시작하기 전의 두 성별 모두가 어미처럼 태반을 먹고 싶어 한다. 이들은 출산의 고통을 덜 필요도 없는데도 말이다. 나는 영장류학자 제프 프렌치(Jeff French)가 보여준 브라질 맨귀마모셋(*Callithrix argentata*)의 출산 영상을 보고 놀라워했던 기억이 아직까지 생생하다. 처음엔 야단법석을 떠는 마모셋들이 무슨 행동을 하고 있는 건지 이해하지 못해서 애를 먹었다. 첫 번째 새끼가 어미의 산도에서 나오자 새로 태어난 새끼를 두고 어미와 다른 성체 수컷 사이에 치열한 줄다리기가 벌어졌다. 그리고 두 번째 새끼가 태어난 후에 태반이 나오자 수컷은 태반을 두고도 어미와 경쟁을 벌였다. 수컷은 태반을 한 입이라도 먹기 위해 안달이었다.[15]

태반 섭취는 캐나다 생물학자 캐서린 윈-에드워즈가 몽골에서 자신의 실험실로 데려온 난쟁이햄스터(*Phodopus campbelli*)에서 특히 잘 연구되어 있다. 이 햄스터 종은 수컷 그리고 아직 번식을 시작하지 않은 청소년들도 종종 산파 역할을 하며, 암컷이 출산을 할 때 도움을 준다. 이 산파들은 태반을 손에 넣으면 게걸스럽게 먹어치운다. 이와 달리 대행 어미의 돌봄이 존재하지 않는 양 같은 경우에는 다른 개체의 양수 냄새에 거부감을 느끼고, 자기들이 방금 막 출산을 한 것이 아닌 이상은 태반 근처에도 가지 않는다. 막 출산한 어미 양만 마법처럼 출산 직후 아주 짧은 기간 동안 태반과 양수의 냄새와 맛에 강력히 이끌린다.

다시 말해서, 감각의 덫이 될 수 있는 것은 아기들만이 아니다. 아기와 함께 세상 밖으로 나오는 화학 물질을 섭취하면 양육 반응이 더욱 촉진된다. 이는 어느 모로 보나 아주 강력한 신호가 될 수 있다.[16] 낙타류와 해양 포유류 같은 소수의 예외를 제외하면, 어미의 태반 섭취는 육식과 초식 포유류 모두에서 보편적으로 나타난다. 하지만, 영장류 전반, 특히 대형 유인원에서는 어미가 항상 태반을 먹지는 않는다. 새로 어미가 된 침팬지나 고릴라는 가끔 출산 직후 옆에 누워있는 아기를 들어보기도 전에 태반부터 먹기도 한다. 또 어떤 때는 어미가 태반을 무시하고, 새끼를 출산한 임시 둥지에 그대로 버리고 가거나 신생아의 탯줄에 아직도 붙어있는 태반을 뒤에 질질 끌고 다닌다.

비인간 유인원 어미들은 생쥐나 개와 같은 다른 포유류에서 볼 수 있는 고정 행동이 나타나지 않는다. 심지어 인간에서는 반응이 훨씬 덜 자동적이다. 산모가 으레 태반을 먹는 전통사회는 사실상 없다. 고기라면 뭐든 귀하게 여기는 뉴기니 고원의 에이포족이나 호주 원주민의 경우처럼 제아무리 단백질에 굶주린 사람들이라도 태반은 먹지 않는다. 대개 태반은 땅에 묻거나 또는 다른 방식으로 버려지는데, 때로 특별한 의식이나 의례에 쓰이기도 한다. 역설적이게도 인간의 태반 섭취는 대부분 뉴에이지 운동에 심취한 부모들에게서 보고된 것이다. 이들은 자기들이 더 전통적 혹은 더 '자연적인' 출산으로 되돌아간다고 잘못 생각하고 있다.[17] 하지만 분명히 그러한 행동은 인간이 인간의 조상보다 더 전(前)인간 상태였을 때를 모방하는 경우에만 자연스러운 것이다.

▎아기의 가치

태반을 먹든 그렇지 않든 간에 많은 영장류들은 유아의 신호에 민감하고, 새끼들의 안녕에 신경을 곤두세운다. 제아무리 냉담한 수컷이라도 위험에 빠진 새끼를 구하기 위해 달려갈 것이다. 그렇다고 집단 구성원들이 모두 똑같은 정도로 도움의 손길을 내밀거나 실제로 새끼를 안으려고 하는 것은 아니다. 다음 장에서 다룰 랑구르원숭이는 어미의 손위 혈연 암컷이 가장 용맹하고 단호하게 새끼를 보호한다. 하지만 이 나이 많은 암컷들은 자기들이 보호하고자 하는 새끼를 안아주는 것에는 별 관심을 보이지 않는다. 오히려, 어미가 되기 전에 연습할 새끼가 필요한 번식기 이전의 청소년이나 아직 완전히 성체가 되지 않은 암컷들이 유아를 만지고, 돌보고, 안아보는 데 가장 열성적이다. 이들 어린 암컷들이 아기를 달래고 돌보는 데 가장 열심

7. 감각을 사로잡는 아기들

이다. 더 경험이 많은 성인 암컷들은 이따금씩 새끼를 맡거나 잠시 동안만 안고 있다. 그리고 새끼의 불만에 그다지 신경 쓰지 않는 것 같다. 더 어리고 아직 번식을 시작하지 않은 암컷들은 자기들이 데리고 있는 새끼의 울음소리가 다른 대행 어미 경쟁자를 끌어들이지 않도록 신경 쓰고, 주의를 기울인다. 미성숙한 암컷들은 자기들이 맡은 새끼를 독차지하고, 가장 오랫동안 새끼를 안고 있으려고 애를 쓴다.[18] 말하자면 사실상 모든 영장류 암컷이 적어도 처음에는 새끼가 매력적이라 생각하고, 더 가까이에서 보려고 열심이다.

사바나개코원숭이들 사이에서는 확실히 그렇다. 개코원숭이 어미는 생후 첫 주 동안은 새끼를 배타적으로 돌보는데, 항상 새끼를 데리고 다니며 돌본다. 그럼에도 불구하고, 신생아는 다른 암컷들의 집중적인 관심을 끈다. 청소년, 미성체, 그리고 성체 할 것 없이 이 원숭이들은 새로운 새끼의 냄새를 맡고, 들여다보고, 그리고 여건이 되기라도 하면 만져보려고 한다. 이들은 개코원숭이 어미가 새끼에 집착하며 돌보고 있어도 계속 관심을 갖는다. 어미가 취하는 태도는, "만약 네가 꼭 만져봐야겠다면, 만져봐, 네가 나보다 훨씬, 훨씬 더 서열이 높다면 말이야" 정도로 요약할 수 있다. 암보셀리의 개코원숭이 연구자 진 알트만(Jeanne Altmann)의 말마따나 이 규칙의 유일한 예외는 "부모 권리"를 항상 주장할 수 없는 낮은 서열의 어미들이다. 이러한 상황에서는 지배적인 서열의 개체가 강제로 새끼를 납치할 수도 있으며, 이후에 돌려줄 수도 있고, 그렇지 않을 수도 있다.[19]

엄격한 지배 서열이 있는 긴꼬리원숭이들에서 젖이 나오지 않는 암컷이 새끼를 돌려주지 않을 경우, 유괴는 재앙적인 결과를 초래할 수

316

있다. 몇몇 사례에서 실제로 새끼들이 굶어 죽었다. 유괴의 위험은 암컷 간에 엄격한 지배 서열이 있는 종(개코원숭이나 레서스마카크원숭이)에서 어미가 그토록 새끼를 넘겨주지 않으려고 하는 이유 중 하나다. 랑구르처럼 보다 완화된 위계질서를 가진 종에서는 집단 내 유괴가 일어나지 않는다. 어미는 항상 새끼를 돌려받을 수 있다.[20]

아프리카 사바나에서 멕시코 남부의 밀림에 이르기까지 새끼 원숭이는 매우 매력적이어서 개코원숭이와 거미원숭이 새끼들은 떠들썩한 원숭이 시장에서 상품성이 있다. 영장류학자 피터 헨지(Peter Henzi)와 루이스 바렛(Louise Barrett)에 따르면 암컷들은 새끼를 만져보기 위해 거래를 한다. 자기 새끼가 없는 성체 암컷 개코원숭이는 다른 암컷이 낳은 생후 3개월 이하의 새끼를 잠시라도 만져보기 위해 상호호혜적이지 않은 털고르기를 오랜 시간 제공한다. 더 어린 유아일수록, 당시 그 집단에 다른 유아가 적을수록, 특정 유아가 더 인기가 많다. 시장 수요와 공급의 전통적인 원칙대로 새끼가 희소할수록, 새끼에 접근하기 위해서는 더 오랫동안 털고르기를 해야 한다. (털고르기는 거의 하지 않는 대신 껴안기를 하는 신세계거미원숭이는 털고르기 대신 사회적 마사지를 더 많이 한다.) 헨지와 바렛의 표현대로, "털고르기의 지속시간(새끼 개코원숭이를 만져보기 위한 '가격')은 현재 집단에 있는 유아의 숫자와 반비례했다."[21]

왜 그렇게 유아에게 다가가고자 하는 걸까? 한 가지 답변은 경험의 필요성이다. 아이를 잘 돌보는 것은 자동으로 발현되는 것이 아니라 연습이 필요하다. 우리가 자료를 가지고 있는 모든 영장류 종에서 경험 부족은 첫 번째로 출산한 새끼의 사망률이 극도로 높은 원인 중

7. 감각을 사로잡는 아기들

하나다.[22] 첫 번째 새끼의 사망률은 어미 이외의 개체가 유아를 '만지는 것은 되지만, 데려가는 것은 안되는' 종에서 특히 높다. 암보셀리의 사바나개코원숭이를 오랫동안 연구한 자료를 보면 초산인 어미의 새끼의 생존 가능성은 29퍼센트인 데 비해 경험 있는 어미의 새끼의 생존 가능성은 63퍼센트로 2배 이상 높다.[23]

랑구르원숭이처럼 새끼를 공유하는 종에서 어미는 13개월 미만의 어린 암컷에게는 새끼를 넘겨주려고 하지 않는다. 하지만 점차 나이를 먹으면서 유아를 잘 돌보게 되면, 번식을 시작하지 않은 암컷은 새끼에게 더 많이 접근할 수 있다. 발달 연령은 분명히 능숙함의 한 요소이지만, 연습도 마찬가지로 중요하다. 이는 이전에 출산 경험이 있는 암컷에게도 마찬가지이다. 심지어 경험 있는 어미조차도 다른 암컷의 새끼를 이용해 짧은 복습을 하고 이익을 얻는다. 특히 새로운 새끼가 태어나면 즉시 적절하게 대응할 수 있도록 약간의 준비를 해야 하는 임신한 암컷들에게 더욱 유용하다.[24]

유아 공유를 하는 종에서 새끼에게 접근하고 새끼를 안는 연습을 할 기회는 성숙한 암컷 생활의 일부다. 이런 경험을 통해 암컷은 첫 번째 출산을 할 때쯤에는 새끼를 어떻게 안고, 편안하게 해주며, 만족스럽게 하기 위해서 어떻게 해야 하는지 알게 된다.[25] 연습이 너무나 중요하기 때문에 경험이 없는 어린 암컷은 새끼에 대한 욕망이 너무나 커서 집단에 새로운 새끼가 없는 경우 이웃 집단에서 새끼를 훔쳐오는 위험천만한 일을 벌이기도 한다. 대부분은 이렇게 덤벼들어 침입한 원숭이는 쫓겨나지만, 아주 아주 이따금씩 랑구르원숭이가 다른 집단 암컷의 신생아를 데려오는 데 성공하기도 한다.

갓난아기의 엄청난 매력은 특히 새끼들이 희소한 가운데 새로운 새끼가 등장할 때, 경험 없는 어린 랑구르 대행 어미들 사이에 경쟁을 부추긴다. 한 대행 어미는 한 팔로 새끼를 안고, 세 다리로 도망가면서, 자주 멈춰 서서 새끼의 울음소리를 줄이기 위해 쓰다듬고 달랬다. 마치 새끼의 울음소리가 다른 경쟁 보육자들의 눈길을 끌 수도 있음을 알고 있는 것처럼 말이다. 이들을 보면 '보물'을 지독할 정도로 꽉 붙들고 있는 『반지의 제왕』의 골룸이 떠오른다.

신생아의 매력

일단 자연 선택이 새끼에게 반응하는 부모와 대행 부모를 선호하기 시작하면, 유아가 맞닥뜨리는 환경 자체가 바뀌게 된다. 가장 많은 관심을 끄는 아기가 가장 생존 가능성이 커지면, 자연 선택은 훨씬 더 눈길을 끄는 신호를 보내거나 더 멀리까지 매력적인 신호를 보내는 아기를 선호하게 된다. 결국, 유아도 대행 부모의 관심을 받기 위해 마찬가지로 경쟁하게 된다. 어미 또는 대행 부모는 가장 어리고, 가장 연약한 유아를 선호한다. 이러한 편향으로 인해 미성숙한 유아에게서 더 귀엽고, 더 껴안고 싶고, 또 보호하고 싶게 만드는 "아기다운" 특질들이 더 강조되도록 선택된다.

자기 강화하는 진화적 과정은 유아적인 신호에 민감한 부모와 대행 부모를 만들고, 다시 이러한 신호를 더 잘 발산하는 아기를 만든다. 최근 옥스퍼드 대학의 신경생리학 연구에서 증명되었듯이, 자기 강화의 과정은 확실히 인간에서 작동하고 있다. 실험에서 12명의 성인들에게

7. 감각을 사로잡는 아기들

낯선 유아의 사진을 보여주었다. 그들 중 세 명은 아이가 있는 부모였고, 아홉 명은 아이가 없었다. 7분의 1초도 되지 않아 뇌 스캔 영상에서 뇌의 전두엽 내피질, 즉 보상 경험을 모니터링하고, 학습하고, 기억하는 뇌의 부위에서 특정한 신경 신호가 감지되었다.[26] 이 반응은 동일한 참여자들이 다른 어른들의 얼굴을 볼 때 생성되는 신호와는 상당히 다른 반응이었다. 그리고 의식적이라고 하기에는 너무나 빠르게 일어났다.

매스컴은 열광했다. 어떤 기사의 제목은 "부모 본성의 신경적 기반을 찾았다"였다. 하지만 피험자들 중 오직 세 명만이 실제 부모였다. 부모가 아닌 나머지 9명의 자기뇌파 사진에서도 마찬가지로 동일하게 고도의 뇌 활성 반응이 나타났다. 아기 얼굴에 대한 거의 즉각적인 반응은 부모와 부모가 아닌 사람들 모두에게서 발견되는 일반적인 반응이었다. 나는 다른 영장류들도 유아적 특질에 노출될 경우 유사한 신경 신호가 발견될 것이라고 예상한다. 대신 그때에는 헤드라인에 이렇게 쓰길 바란다. "대행 부모 반응의 신경적 기반이 확인되었다."

대부분의 영장류는 성체와는 매우 다른 모습을 하고 태어난다. 심지어 어미가 집단의 다른 구성원들이 새끼를 데려가도록 허락하지 않는 레서스마카크원숭이나 사바나개코원숭이들도 새끼들은 귀, 발, 엉덩이에 밝은 분홍색 피부로 장식된 까만색 신생아 외피를 입고 있다. 마치 '진짜 갓난아기' 브랜드를 홍보하는 것처럼 말이다. (나는 심지어 여성들은 분홍색을 선호하고, 남성들은 그렇지 않다는 최근의 보도가 영장류의 유아 빛깔에 대한 모성 반응의 잔재가 아닐까 하는 의문을 품고 있다.)[27] 유아를 공유하는 종에서는 번식 시기가 특정 계절에 몰려 있기 때문에 여러 마리의 새끼가 동시에 있을 수 있다. 그러면 새끼들 사이에서 보육자들의 관심을 끌기 위해 치열한 경쟁이 벌어질 것이다. 그결과 놀라운 장관이 벌어진다.[28]

일부 유아를 공유하는 종에서 대행 부모의 돌봄이 어미에게 이익이 되고, 새끼들이 비슷한 시기에 태어난 다른 새끼들과 대행 부모 돌봄을 두고 경쟁하는 경우, 갓난아기임을 표시해주는 신생아의 외피는 단지 구별되는 것 이상을 하도록 진화했다. 갓난아기의 외피는 매우 밝고 화려해서 멀리서도 돌보미 지원자들의 눈에 띈다. 하지만 종종 수상생활을 하는 원숭이의 가장 큰 포식자인 맹금류는 뛰어난 색시력을 가지고 있기 때문에 화려한 배내옷은 포식자의 눈길을 끌기도 한다. 숲 위 높은 곳에서 이 포식자들은 '새로 태어난 아기가 여기 있어요' 하는 메시지를 금세 눈치챌 수 있다. 따라서 유아가 돌보미들에게 더 매력적으로 보이는 것의 이점이 포식자에 대한 위험을 상쇄할만큼 충분히 더 컸음을 암시한다.

널리 분포된 콜로부스원숭이 아과에서 아프리카, 아시아, 동남아시아, 보르네오, 수마트라 등 전 지역에 걸쳐 있는 유아 공유 종들은 다양한 모양의 신생아 외피를 진화시켰다. 자바의 에보니랑구르원숭이, 말라위의 안경랑구르원숭이, 그리고 은빛잎원숭이들은 모두 밝은 오렌지색으로 태어나서 황금처럼 햇빛을 반사시킨다. 수마트라 흰잎원숭이는 어깨 너머로 교차하는 까만색 줄무늬가 있는 흰색으로 태어나고, 보르네오의 코주부원숭이는 울새 알처럼 푸른 얼굴과 위로 올라간 독특한 파란색 코를 가지고 태어난다. 아프리카의 흑백콜로부스원숭이 새끼는 눈처럼 하얀 털로 덮인 채로 태어난다. 자기는 우중충한

7. 감각을 사로잡는 아기들

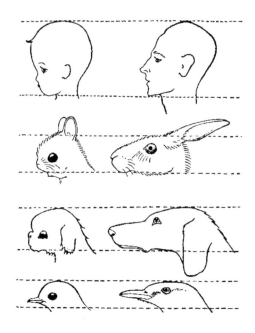

다른 영장류들처럼, 인간도 아기에게서 거부할 수 없는 매력을 느낀다. 인간이 유아적 특징에 선천적
으로 끌린다는 발견은 초기 생태학의 업적 중 하나였다. 또한, 이러한 매력은 월트 디즈니와 미국 광고
업계의 중요한 수입원이다. 1950년대 초, 콘라트 로렌츠는 유아들을 사랑스럽다고 인식하는 데 기여
하는 일련의 특징들을 확인했는데, 그는 이를 '아기다움'(kindchenschemma)이라고 불렀다. 이들 특
질에는 상대적으로 큰 머리, 크고 아래쪽에 있는 눈, 그리고 포동포동한 뺨 등이 있다. 이러한 유아적
특징은 짧고 굵은 팔다리, 어설프고 통통거리는 움직임과 함께 새끼 동물을 거부할 수 없을 정도로
감미롭고 매력적으로 만든다. 유형화된 개 품종(들창코의 페키니즈 종처럼)과 공장에서 만들어진 아기
인형은 사람들의 본능적인 반응을 이용한다. 비록 사람들은 일반적으로 유아적 단서에 반응하긴 하
지만, 반응의 문턱은 단서를 받는 사람의 나이, 성별, 그리고 (과거와 최근의) 아기에 대한 경험에 따라
다르다. 로렌츠가 이 그림을 발표하고 나서 30년이 지난 후, 생태학자인 토머스 앨리(Thomas Alley)
는 자녀가 없는 120명의 학부생들에게 크기와 비율이 다른 아이들의 그림을 평가하도록 했다. 남녀
모두 어린이의 나이가 많은 것처럼 보일수록 그림 속 아이를 '껴안고 싶은 정도'가 낮아졌지만, 동생
들이 있는 참여자들은 가장 높은 반응을 나타냈다. 여성이 남성보다 평균적으로 훨씬 더 보호적이었
음에도 불구하고, 두 성 모두 장기간 유아에게 노출되면서 유아에 더 반응하게 되었다. 그러한 성향
을 고려할 때, 우리 종의 많은 구성원들이 강아지와 아기 같은 특징을 가진 다른 애완동물들에게 애
착을 갖게 된 것은 놀라운 일이 아닐지도 모른다. 미국의 애완동물 주인들은 자기들의 개, 고양이, 그
리고 다른 수많은 애완동물을 구매하고, 치장하고, 재우고, 먹이고, 수의사의 관리를 받는 데 매년 약
410억 달러를 지출한다. 2004년 미국 애완동물 제품제조협회의 조사에 따르면, 이러한 작은 동물들
의 주인 중 3분의 1은 애완동물을 어린 가족 구성원으로 여긴다고 말한다.

청바지를 입으면서 아이들에게는 디자이너 브랜드의 밝은색 의상을 입히는 하버드광장의 부모들과 이 원숭이들이 정말 그렇게 다를까?

각각의 지역마다 어머니 대자연은 이미 가지고 있는 유전적 물질들을 이용해야 했지만, 어느 곳에서든 신생아 외피의 이익이 비용을 넘어서기만 하면, 자연 선택은 진짜 갓 태어난 아기라는 자신의 지위를 광고하는 유아를 선호했고, 이는 유아가 보살핌 받도록 도와주었다. 화려한 신생아 외피가 진화하는 데 걸린 수십만 년 동안, 대행 어미의 관심을 끄는 것은 포식 위험 증가에 따른 불이익을 상쇄하고도 남을 만큼 부모의 번식 성공에 충분히 긍정적인 영향을 미쳤음이 틀림없다.

하지만 잠깐, 영장류에 박식한 일부 독자들은 이렇게 말할지도 모르겠다. 비단원숭이들에서 대행 부모가 얼마나 중요한지를 고려할 때, 왜 마모셋이나 타마린 유아는 성체인 부모와 똑같은 외피를 가지고 태어날까? 예를 들어 새끼 황금사자타마린은 부모와 똑같은 색으로 태어나는데, 이마 가운데 있는 대조적인 검은 줄무늬만으로 구별된다. 이런 밋밋한 겉모습은 돌봄 공유가 화려한 신생아 외피의 진화를 선호한다는 가설에 도전하는 것으로 보인다. 생존이 절대적으로 대행 어미의 관심에 달려 있는 이 유아들은 자신의 신생아스러움을 광고하기보다는 자기가 매달릴 성체의 털과 섞여서 잘 눈에 띄지 않는 유니폼을 입는다. 한 가지 가능한 설명은 마모셋 새끼들이 대행 부모의 관심을 끌기 위해 그렇게까지 경쟁할 필요가 없다는 점이다. 왜냐하면 한 번에 단 한 마리의 어미만 새끼를 낳기 때문이다. 다른 설명도 가능하다. 일반적이지 않은 이러한 사례들은 과거 진화 과정에 따른 자연 선택의 제약 조건을 상기시켜주는 것일 수 있다. 늙은 어머니 대자

7. 감각을 사로잡는 아기들

일부 유아 공유 원숭이 종에서는 멀리서도 볼 수 있는 독특한 신생아 외피를 진화시켜 대행 어머니의 관심을 끄는 유아의 선택이 존재했다. 사진 속의 흑백 콜로부스원숭이에서 새끼들은 눈처럼 하얀 외피를 가지고 세상에 태어나서, 생후 몇 달 동안 점차 어른들의 흑백 외피로 변한다. 대행 어머니에게 는 새끼가 어릴수록 더 강력한 자극이 된다. 신생아 외피가 점점 사라질수록 대행 어머니의 관심이 감소한다.

연은 가능한 가장 효율적인 방법으로 완벽한 해결책을 고안한다기보다는 자신의 수중에 이미 있는 찬장 안에 남은 재료로 대처해야 한다. 이는 이전 단계의 창조물, 즉 계통발생학적인 문제다.

공교롭게도 비단원숭이들은 콜로부스원숭이와 같은 방식으로 색을 인식하지 않는다. 유인원들과 구세계원숭이들의 망막이 세 종류의 원뿔형 광수용체(trichromacy)를 가지고 있다면, 마모셋과 타마린은 많은 신세계 영장류와 같이 원뿔형 광수용체가 없다.[29] 따라서 화려한 빛깔을 가진 비단원숭이 새끼는 주요 포식자인 맹금류의 눈에 띄지만, 자기를 도와줄 가능성이 있는 동종 개체에게는 화려한 색깔이 전혀 전달되지 않다. 비용만 들고 이익은 전혀 없는 장사다. 게다가 매, 독수리, 팰컨 등이 모두 5천만~8천만 년 전 사이에 남아메리카에서 처음으로 진화했기 때문에 신세계원숭이들은 맹금류의 포식압에 훨씬 더 오랫동안 노출되어 있었다. 이러한 상황에서 어머니 대자연이 위장술을 선택한 것은 어쩌면 당연한 일일지도 모른다.

화려한 신생아 외피가 항상 유리한 것도 아니고, 항상 진화할 수 있는 것도 아니다. 아무튼 신생아의 겉모습은 치명적인 위험은 없으면서도 갓난(natal) 매력이어야 한다. 하지만, 색채 시력을 가진 종에서 대행 부모의 관심이 실제로 미숙한 개체의 생존에 조금이라도 도움이 된다면, 눈길을 끄는 배내옷의 잠재적인 진화적 이점은 수세대를 지나는 동안 엄청나게 커진다. 새끼의 독특한 신생아 외피가 부모의 번식 성공도를 높였기 때문에 자연 선택을 통해 진화한 생물학적 특성이라고 추정할 만한 이유는 충분하다. 하지만 유아를 공유하지 않는 유인원들과 최근까지 공통 조상을 공유했던 인간은 형형색색의 아기를 만들어내기 위한 원재료가 있지 않았거나, 어쩌면 그럴 시간도 부족했을 것이다. 아니면 인간 아기들은 다른 방법을 통해, 즉 뛰어난 표현력과 유난히 포동포동한 모습으로 관심을 끄는 것일 수도 있다. 인간은 다른 유인원들보다 훨씬 더 뚱뚱하게 태어나는데, 아기는 이런 방식으로 자기들이 열 달을 다 채우고 태어난 아이로 키울 가치가 있다고 광고한다.[30]

비록 털 색깔과 같은 신체적인 특질이 진화하기 위해서는 많은 세대가 걸리지만, 새로운 행동은 더 빨리 나타날 수 있다. 인간의 경우, 양육 반응을 촉진하는 기제는 엄마가 아기에게 하는 행동을 통해 문화적으로 도입될 수도 있다. 아마도 엄마들은 '잘 차려입은' 아기들이

7. 감각을 사로잡는 아기들

더 잘 생존했다는 것을 알았을 것이다. 협동 번식 모델이 인간에게도 도입될 수 있다는 점이 명확해지자, 다양한 사회에서 사람들이 아기에게 하는 의문스러운 행동들을 인류학자들이 해석하는 방식도 바뀌고 있다. 함께 살펴보자.

▮ 인기를 끄는 옷 입히기

유아를 공유하는 원숭이들과 달리, 인간 아기는 화려한 배내옷을 입고 태어나지 않는다. 아기의 매력은 큰 머리, 통통한 몸, 그리고 때때로 미소와 깔깔거림으로 전달된다. 아기들의 아가다운 매력은 자기들을 안고 있는 사람의 눈에 들도록 만들어졌다. 아기들이 주는 메시지는 일차적으로 아주 근거리에서 효과를 발휘하도록 만들어진 것이다. 일차적인 목적은 유별나게 까다로운 자신의 어머니에게 잘 보이는 것이다.[31] 하지만, 다른 유인원보다 훨씬 통통한 것 외에는 인간 아기는 오랑우탄이나 침팬지 새끼보다 별반 더 화려할 것 없는 모습으로 태어난다. 아마도 인간과 다른 유인원들의 공통조상 유아 역시 꽤 충충했을 것이다. 하지만 인간 어머니는 행동을 통해서, 유아 공유 원숭이들이 신체적 특질의 진화를 통해 번식과 보육 문제를 해결했던 것과 동일한 해결책에 도달할 수 있었다. 다른 보육자들에게 아기가 멋지고 매력적으로 보이도록 어머니들은 스스로 아기를 꾸미고, 단장하고, 훈련시켰다.

문화인류학자 알마 고틀립(Alma Gottlieb)은 서아프리카 뱅(Beng)족 마을의 "유아기의 문화"에 대한 치밀한 연구에서 언뜻 보기에 혼란스러운 보육 관행을 묘사하고 있다. 벵족이 아기들은 다루는 방법이 너무 터무니없어 보인다고 생각한 고틀립은 벵족의 육아 방식은 이들의 독특한 상징체계 안에서만 이해할 수 있다고 믿었다. 많은 문화인류학자들처럼 그녀는 진화적 맥락이나 적응적 기능을 고려해야 할 필요성을 거의 찾지 못했다.

적응적 설명을 고려할 필요가 없다는 고틀립의 생각은 언뜻 보기에 충분히 근거가 있어 보인다. 벵족 어머니들은 분명히 반직관적이고, 부적응적으로 보이는 행동을 하기 때문이다. 이들은 아기에게 젖을 주기 전에 먼저 아기가 물을 마시게 한다. 또한 하루에도 몇 번씩 아기에게 약초 관장을 하고, 아기의 얼굴과 몸을 보호 문양 그림으로 장식한다. 이 문양들은 건강과 성장을 촉진한다고 생각하는데, 부족민의 지위와 정체성을 광고하는 효과도 있다. 고틀립은 벵족의 육아 관행이 독특한 믿음 체계에서 비롯된 것이라고 보았다. 벵족은 물을 신성하게 여기고, 새로 태어난 아기가 조상의 환생이라고 믿는다. 벵족의 육아 관행은 이러한 독특한 세계관의 맥락 안에서만 이해될 수 있다.

언뜻 보기에 벵족의 육아 관행은 상식에도 어긋나고 어떤 기능적인 의미도 없는 것 같다. 관장이나 몸에 그리는 그림이 아기를 더 건강하게 해주거나 아기의 생존력을 높이는 데 무슨 도움이 되겠는가? 분명이들의 관행은 적응적 행동에 대한 이론으로 도저히 설명할 수 없을 것처럼 보인다. 상징적인 장식은 아기를 더 빨리 자라게 하거나 더 건강하게 하지 않는다. 또한 아기의 목구멍으로 넘어간 기생충과 박테리아가 우글거리는 물은 설사를 유발해서 오히려 건강을 해칠 수 있다. 게다가 이 부족의 큰 문제 중 하나가 영양실조인데, 배설을 촉진하는

7. 감각을 사로잡는 아기들

관장이 도대체 무슨 소용이 있겠는가? 벵족 어린이들이 직면한 다른 모든 경제적·환경적 문제(단백질 부족, 질병, 육아와 등골 빠지도록 과중한 노동을 병행해야 하는 어머니들)가 합쳐져 거의 모든 아이들이 영양실조를 겪고, 20퍼센트 이상의 아이들이 5세가 되기 전에 죽음을 맞는 것은 놀랄 일이 아니다.[32]

하지만 좀 더 넓은 비교 관점에서 벵족 어머니들의 관행을 살펴보자. 과중한 생계부양 일과와 사망률 높은 유아를 돌보는 일 사이에서 어미가 맞닥뜨린 딜레마는 영장류 보편적이다. 이 어머니들은 다른 사람들의 도움 없이는 자기 아이를 키울 수 없다. 다음으로 협동 번식자로 진화한 종 맥락에서 벵족을 고려해보자. 고틀립은 벵족 어머니가 해야 하는 '어마어마한 노동량'을 거듭하여 언급한다. 어머니들은 하

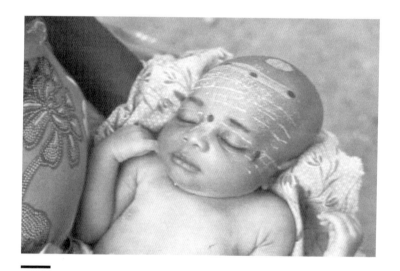

벵족 어머니들이 아이브로우 펜슬, 밝은 오렌지 콜라 견과류 페이스트, 녹색 성장선으로 아기들을 장식하는 이유 중 하나는 대행 어머니들에게 아기를 더 매력적으로 보이기 위해서이다. 이는 일종의 문화적으로 도입된 화려한 신생아 외피라고 할 수 있다.

루 종일 농사를 짓고, 장작을 패고, 물을 길어오고, 빨래를 하고, 노동 집약적 방식으로 음식을 준비한다.[33] 여러 자녀를 둔 영양 부족 상태의 여성 혼자서는 육아를 도와줄 친척들과 다른 마을 사람들 없이 이러한 일들을 해낼 수 없을 것이다. 밝혀진 바에 따르면, 위에서 언급한 쓸모없어 보이는 각각의 문화적 관행이 우연찮게도 아기를 대행 어머니들에게 더 매력적으로 보이게 만든다. 고틀립은 이렇게 썼다.

"모든 벵족 어머니는 아기가 태어났을 때부터 배변훈련을 시켜서 아이를 돌볼 수 있는 보육자가 더럽혀질 염려 없이 그 일을 맡을 수 있도록 많은 노력을 기울인다. 목표는 아기가 목욕시간 동안에만 하루에 한두 번 배변을 하는 것이다. 그래서 목욕시간 외에는 특히 안고 다니는 동안은 누구도 더럽히지 않게 된다."[34] 또 근처에 수유를 해줄 수 있는 사람이 아무도 없을 경우 물만 먹여도 되도록 일찍부터 (그리고 강제적으로) 가르침으로써 젖이 없는 대행 어머니라도 아기를 돌보기 쉽게 한다. 어머니가 아기에게 전통 문양을 그려서 아름답게 꾸미는 것은 특히 유아를 보육자들에게 더 매력적으로 만든다. "만약 아기가 정말 예쁘다면, 누군가가 이 아기를 몇 시간 동안이라도 데려가려 할 것이고, 어머니는 자기가 해야 할 일들을 마칠 수 있다."[35] 문화적인 관행은 무한히 다양할 수 있고, 또 많은 관습들이 스스로의 생명력을 가지고 정교하고 기이한 관행들을 파생시킨다. 하지만 호모 속의 어머니들은 아이들과 함께 여전히 많은 도움을 필요로 한다. 마을마다 기이한 관행이 다를 수는 있지만, 우리는 그 속에서 보편성을 찾을 수 있다.

▌돌봄 공유를 위한 유망한 지원자

　　　　　새끼 영장류들은 모두 만숙성으로 태어난다. 생존하기 위해서는 매우 많은 보살핌이 필요하다는 의미이다. 아울러 새끼들은 집단의 다른 구성원들의 관심을 자석처럼 끌어당기는 매력이 있다. 설상가상으로, 일부 영장류 어미들은 자기들이 보살피는 새끼가 친자식인지 아닌지에 특이할 정도로 무심한 듯한 태도를 보인다. 이런 이유로 일부 현장연구자들은 영장류들이 친자식과 다른 개체의 자식을 구별할 능력이 있는지조차 의심하기도 했다. 물론 최소한 인간은 그럴 수 있다는 증거가 있기는 하지만 말이다. 그럼에도 최근 《영장류》에서 묘사된 놀라울 정도로 차별 없이 새끼들을 대하는 어미들을 생각해 보자.

　브라질의 미나스 제라이스 숲에서 북부 양털거미원숭이를 연구하는 연구자들은 이미 여러 번 새끼를 낳은 적이 있는 경험 많은 어미 두 마리가 나무에서 내려와 물을 마시는 것을 지켜보았다. 각각 8일 전에 태어난 수컷과 4일 전에 태어난 암컷 새끼를 안고 있었다. 그런데 어찌 된 일인지 나무 아래 땅에 내려와 지내는 동안 더 어린 새끼의 어미가 둘을 함께 젖을 먹였다. 더 자란 새끼의 어미는 36시간이 지나서야 새끼를 찾으러 왔다가 새끼를 잘못 데리고 갔다. 자기 아들이 아니라 더 어린 암컷 새끼를 데려간 것이다. 뒤바뀐 새끼들은 이후로도 계속 각각의 양어머니에게서 양육되었다. 만약 새끼들이 성별이 다르지 않았다면, 그리고 연구자들이 이 둘이 태어났을 때부터 알지 못했다면, 연구자들은 결코 새끼들이 뒤바뀐 것을 감지하지 못했을 것이다. 두 어미 원숭이들 역시 알아채지 못한 듯 보였다.[36]

이 상황은 특별히 잘 관찰된 편이긴 하지만, 이 양털거미원숭이들의 뒤바뀜이 유일무이한 사건은 아니다. 드물지만 고아가 된 새끼를 우연히 발견한 야생 꼬리감는원숭이 암컷이 새끼를 데려간 사례가 있다. 한 번은 야생 거미원숭이가 알 수 없는 이유로 숲속에 버려진 새끼 고함원숭이를 데려간 적도 있다.[37] 새끼를 잃은 어미 원숭이는 종종 다른 암컷의 새끼를 훔쳐서 입양하기도 한다. 심지어 가장 무관심한 듯보이는 수컷 침팬지도 고아가 된 형제자매를 입양해서 잘 키울 수 있다(유아가 젖을 뗐다는 전제하에 말이다). 이런 이야기를 듣다보면 사람들을 피해 살던 늙은 은둔자 사일러스 마너(조지 엘리엇의 동명 소설 주인공, 친구에게 배신당하고 구두쇠가 되지만, 어린 에피로 인해 온정을 되찾는다_옮긴이)가 버려진 아기, 에피의 금발 머리카락에 매료되었던 것이 떠오른다. 아기들의 호소력은 일상적 차별의 힘을 압도한다.

잘못 배정된 부모 돌봄, 그리고 그와 더불어 돌봄 공유, 나아가 협동 번식의 진화에 필요한 원재료는 확실히 원숭이와 유인원에게도 존재한다. 뻐꾸기의 탁란에 당하는 딱새나 다른 새들처럼, 영장류들도 모든 유아에게 끌린다. 심지어 친자식이 아닐지라도 마찬가지다. 원숭이나 유인원이 얼마나 갓 난 새끼를 받아들이는지 잘 알려져 있기에 영장류를 사육·관리하는 전문가들은 종종 교차 입양(어미의 새끼 대신 다른 어미의 새끼를 키우게 하는 것)을 추천한다. 이는 큰 혼란 없이 번식 군락에서 근친교배가 너무 강해지지 않도록 새로운 '피'를 섞는 방법이다.

만약 사육사가 이방인 성체를 무리 안에 풀어놓으면 암수를 불문하고 공격받기 십상이고, 야생에서와 마찬가지로 무리의 다른 개체들

7. 감각을 사로잡는 아기들

에게 받아들여지기 전까지 무리 바깥으로 도망가거나 숨어 지낸다. 하지만 만약 이방인이 새끼인 경우, 이 새로운 구성원은 곧 집단 내 암컷이 거두어 데리고 다니면서 다른 구성원들에게 소개한다. 이렇게 새끼는 성체 수컷들에게도 마찬가지로 받아들여질 것이다. 이는 잠재적인 대혼란을 피할 수 있는 방법이다.

뒤바뀐 새끼를 가리지 않고 받아들이는 암컷들의 경향을 사육사에게 전해 들은 연구자들은 이제 행동 실험의 도구로 교차 입양을 이용한다. 예를 들어 다른 종의 새끼를 또 다른 종의 어미에게 입양시키고, 그 결과를 관찰할 수도 있다. 이것은 '본성'과 '양육'을 구분하고, 유전적 지시와 양육 환경 사이의 상호작용을 연구하기 위한 선택적 연구 방법이 되었다.

유아에 대한 타고난 영장류적 반응은 인간에서도 유사하게 나타난다. 사람들은 입양된 아기들, 특히 갓난아기를 흔쾌히 받아들이고 애착을 형성한다.[38] 미국에서 매년 약 12만 건의 합법적인 입양이 발생한다. 위탁 돌봄의 경우 이보다 네다섯 배는 더 많다.[39] 인구수에 대비해서, 입양은 아마도 전통사회에서 더 흔했다. 비록 이 경우에 입양된 아이는 보통 친척이고, 족벌주의가 크게 영향을 주었을 것이다.[40] 입양된 아이들은 고아일 수도 있고, 아이가 너무 많은 집에서 부담을 덜기 위해, 또는 아이들이 더 나은 기회를 얻을 거라는 부모의 희망에 의해 보내질 수도 있다.

다른 협동 번식자들과 마찬가지로, 이들 입양아 대다수는 "머무는 비용을 지불하기 위해" 입양 가정에서 다양한 일을 돕는다. 물론 입양 아들이 반드시 좋은 대우를 받는 것은 아니다. 영장류 전반에 걸쳐,

유아가 동종의 비혈연 구성원에 의해 살해당할 위험에 처해 있고, 인간에서는 입양 아동과 의붓 아동들이 차별, 착취, 학대당할 위험이 훨씬 더 크다는 것은 더 이상 의심의 여지가 없다.[41] 수년 전 나는 동료들에게 이를 설득시키기 위해 애를 먹었다. 오늘날 진자는 정반대방향으로 움직였다. 유전적 근연도가 너무 단순하고 독단적으로 언급되면서, 진화론자들은 아이들을 돌보고자 하는 인간의 강력한 충동을 간과했다. 다른 동물들과 마찬가지로, 유전적 근연도와 이기심만이 "낯선 이에 대한 친절"을 설명하는 것은 아니다. 5장에서 보았던 것처럼, 많은 것들이 개인의 상황, 과거 경험, 그리고 어디서 어떻게 아기를 마주쳤는지에 따라 달라질 수 있다.

선천적으로 아기에게 끌리는 것은 원숭이와 유인원 대부분에 존재하는 영장류 보편적인 특성이다. 신생아에게 끌리는 신경기제가 대형 유인원과 인간의 공통 조상에게, 특히 암컷에게 존재했음이 거의 확실하다. 양부모나 계부모가 유아를 입양한 시기나 상황이 혈연관계가 없는 유아를 어떻게 대할지에 중요한 영향을 미친다. 모든 영장류처럼 인간은 유아에게 자석처럼 끌릴 수 있고, 입양 부모들이 곧잘 이야기하듯 어떤 사람들은 그저 아기와 "사랑에 빠졌다"는 이유로 입양한다.

아기가 보내는 신호에 대한 일반적인 반응은 영장류에서 너무나 보편적이다. 이는 돌봄을 공유하는 영장류가 어떻게 진화할 수 있었는지를 설명하는 유력한 후보다. 도움이 필요한 미숙한 개체에 반응하는 신경기제와 내분비학적 기반이 이미 자리하고 있을 뿐만 아니라, 다른 상황들도 마찬가지로 돌봄 공유를 선호했을 것이다. 다른 많은 영장류와 같이 아프리카 대형 유인원은 고도로 사회적이고, 상대적으로 느린 생애사가 특징이다. 고생물학적 증거와 현존하는 유인원 종들 간의 비교행동학적 증거는 우리의 선조들 역시 매우 사교적이고, 여러 연령 집단으로 구성된 집단에서 천천히 자라는 유아와 함께 살았다는 것을 암시한다. 아기들은 극도로 무력하게 태어나서, 자라는 데 수년이 걸렸을 것이다. 아이를 기르는 어머니에게는 집단에 소속되어 있는 것이 필수적이었을 것이며, 집단 동료들은 아기들이 뿜어내는 신호에 지속적으로 노출되었을 것이다.

우리는 또한 모든 아프리카 유인원들이 후기 선신세-홍적세의 예측 불가능한 기후 변화와 반복되는 식량 부족 시기를 겪었다는 것을 알고 있다. 이런 상황에서 어미는 식량을 조달하기 위해서 다른 개체들의 도움을 받을 수밖에 없게 되었다. 이 조건들은 다른 동물들에서, 완전한 협동 번식의 진화까지는 아니더라도 돌봄 공유를 촉진했던 조건들과 정확히 일치한다. 그렇지만 비인간 영장류 중 다른 많은 종에서 돌봄 공유가 진화하고 비단원숭이과에서는 협동 번식이 진화했음에도 불구하고, 야생에서 자연상태로 살고있는 대형 유인원들 중 아무도 돌봄 공유를 보이지 않는다. 왜 그럴까?

다시 한번, 우리는 같은 질문으로 돌아왔다. 1장에서 나는 마음 읽기와 상호주관적 관계에 대한 욕구가 다른 유인원들보다 인간에서 훨씬 더 발달했다는 점을 지적했다. 2장에서는 우리의 선조들이 왜 이러한 방향으로 진화했는지, 그리고 왜 다른 유인원들은 그렇지 않았는지 물었다. 다른 유인원들 역시 향상된 사회적 학습이나 집단 내 협력을 통해 비슷한 혹은 더 큰 이익을 누릴 수 있었을 것이다. 3장과 5장에서는 부양을 포함하는 대행 어머니 돌봄이 선조 인류의 유아와 아이들 생존에 필수적이었음을 보였다. 아울러 돌봄 공유는 어머니와 다른 사람들에게 더 많은 관심을 기울이는 유아가 다른 사람들의 의도를 제대로 파악하고, 그들의 마음을 사로잡아 이익을 얻을 수 있는 발달 환경을 조성한다. 이러한 것들을 잘하는 아이들은 더 잘 살아남았고, 또한 인지적 그리고 정서적 변화를 겪었다.

4장에서는 돌봄과 부양의 공유가 어떻게 유아들이 어머니와 다른 사람들을 관찰하는 능력을 발달시키는 데 도움이 되는지 설명했다. 마음 읽기에 뛰어난 어린것들을 선호하는 다윈적 선택에 의해 타인의 감정과 의도에 대한 관심은 더욱 증가하였다. 이로 인해 시간이 갈수록 호모속에서는 상호주관적 관계가 점점 더 중요해졌다. 6장에서는 독자들을 데리고 영장목 이외의 협동 번식 종에 대한 비교 견학을 다녀오고, 왜 대행 부모가 다른 개체의 새끼를 기꺼이 돌보려고 하는지에 대한 가장 중요한 설명 이론을 요약했다. 또, 애초에 협동 번식이 어떻게 진화했으며, 어떻게 유지되는지 논의했다. 마지막으로, 이 장에서는 특히 영장류 사례로 돌아와서, 영장류가 유아에게 얼마나 반응적인지, 그리고 그들이 돌봄 공유의 진화에 얼마나 전적응되었는지 강조했다.

만약 돌봄 공유가 정말 상호주관성이 진화하는 데 결정적인 전제 조건이었다면, 그리고 모든 영장류가 돌봄 공유의 진화에 어느 정도 전적응되어 있었다면, 왜 다른 유인원들에게서는 돌봄 공유가 나타나지 않은 것일까? 이렇게 우리는 다시 첫 번째 질문으로 되돌아온다. 왜 그들이 아니라 우리인가? 우리는 왜 우리 조상들이 다른 사람들의 정신상태, 감정, 그리고 의도에 민감하게 만드는 진화적 경로를 걸었는

7. 감각을 사로잡는 아기들

지 설명할 수 있지만(그들이 협동 번식자로 시작했기 때문이다), 왜 유독 이 계보의 유인원들만이 애초에 이런 형태의 유아 돌봄과 육아 방식을 채택했는지는 설명하지 않았다. 다른 유인원들 또한 극도로 명석한 사회적 전략가들이다. 예를 들어, 우리가 침팬지에 대해 더 많이 알게 될수록, 특히 인간 대행 부모에게 노출된 '문화화된' 침팬지는 다른 이들이 무엇을 알고 있으며, 의도가 무엇인지를 대략적이나마 파악하고 있다는 것이 명확해졌다. 게다가 보통 침팬지 집단에서의 삶이 얼마나 경쟁적인지 고려했을 때, 아마도 이들 침팬지의 조상 역시 인간과 마찬가지로 집단 내 협력을 높이는 특질들로부터 이익을 얻을 수 있었을 것이다.

이 모든 것은 그저 의문점만 더 커지게 할 뿐이다. 다른 유인원들이 어미 독점적인 육아 방식에서 빠져나오지 못하는 동안, 한 계통의 유인원이 대행 어미의 돌봄에 깊이 의존하도록 진화할 수 있었던 이유는 무엇인가? 다음 장에서 이에 대한 대답을 살펴볼 것이다. 그리고 이는 누가 도움을 줄 수 있는지, 그리고 어떤 대행 어머니가 아이들의 돌봄뿐만 아니라 식량 부양까지 도와줄 수 있는지와 관련이 있다.

8.
그중에서도
할머니
—

새로운 세기를 사는 모든 사람들에게 필요한 것은
인터넷과 할머니에 연결되는 것이다._작자 미상(파
머, 2000에서 인용)

만약 대행 어미의 지원이 어미의 적합도에 미치는 이익이 그토록 크다
면, 왜 모든 유인원 어미가 도움을 청하지 않는 것일까? 이는 분명히
대행 어미 지원자들의 관심 부족 때문은 아니다. 유인원 대부분은 새
끼에게 열광적이다. 방금 본 것처럼, 아기다움(kindchenschema)에 반
응하는 신경 기반은 이미 마련되어 있다. 유인원들도 예외가 아니다.
오히려, 돌봄 공유의 주요 장애물은 유인원 어미가 주변 개체들을 신
뢰하지 않는 것이다. 어미 이외에는 아무도 새끼를 안지 못할 정도로
야생의 어미 유인원은 새끼가 어떻게 될까 봐 항상 불안해한다. 솔직
히, 내가 어미 침팬지였더라도 그랬을 것이다.

영장류 어미는 낯선 수컷을 경계해야 한다. 침팬지와 고릴라에서 수
컷에 의한 영아살해는 유아 사망의 주요 원인이다. 또한, 암컷이 출생

집단을 떠나 다른 집단으로 이주해서 번식하는 것이 일반적이기 때문에 어미는 혈연관계가 아닌 다른 암컷들에 의한 영아살해도 걱정해야 한다. 특히 새끼 가젤이나 콜로부스원숭이를 잡아먹기도 하는 잡식성 보통 침팬지의 경우에는 더욱 그렇다. 새끼 침팬지는 단백질과 지방질을 얻을 수 있는 맛 좋은 영양원이다. 게다가 침팬지의 주요 식단은 잘 익은 과일이기 때문에 경쟁 어미의 새끼를 제거하면 살해자의 새끼가 한정된 주변의 자원에 더 많이 접근할 수 있다.[1]

만약 특별한 부상 없이 잡을 수 있다면 새끼 침팬지는 좋은 먹잇감이다. 하지만 어미 입장에서는 다행스럽게도 경쟁 암컷들의 체구는 자기와 비슷하고, 수컷처럼 위험을 감수하려고 하는 암컷들은 거의 없다. 젖먹이가 없어지면 수컷에게는 가임기 암컷을 수정시킬 수 있는

대형 유인원 어미들은 새끼에 대한 소유욕이 높기로 유명하다. 제인 구달의 곰베 침팬지 중 하나인 플로가 어린 플린트를 낳았을 때, 플린트의 누나인 피피(왼쪽)는 분명히 관심을 보였고, 데려 가고 싶어했지만, 플로가 허락하지 않았다. 이 사진에서 피피는 체념한 듯이 남동생을 바라보고 있다.

흔치 않은 기회가 생긴다. 하지만, 영아살해를 한 암컷은 한끼 식사를 얻거나 성체가 될 때까지 생존할 가능성도 확실치 않은 조그만 라이벌은 없애는 것뿐이다. 따라서 아기를 데리고 있는 어미를 공격해서 얻는 게 그리 많지는 않다. 놀랄 것도 없이 암컷 침팬지가 영아살해를 한 경우를 처음 관찰한 사례는 새끼의 어미가 질병이나 손목 마비로 약한 상태거나, 극단적으로 서열이 낮은 어미, 즉 보복이 어려운 어미의 새끼였다.[2] 새로운 무리에 합류하려는 이방인 암컷의 새끼는 특히 취약하다. 무리의 암컷들이 어미에게 단체로 덤벼들 수 있기 때문이다.

2006년 2월 어느 날, 우간다 부동고 숲에서 침팬지를 연구하던 영장류 학자팀은 다른 집단에서 이주한 낯선 암컷을 발견했다. 암컷은 일반적으로 번식을 시작할 무렵 다른 집단으로 이주하지만, 이 신참 암컷은 이미 생후 일주일 된 새끼를 데리고 있었다. 어미와 새끼는 곧 원래 거주하던 암컷 여섯 마리에게 공격을 받았다. 이 중 다섯 마리는 자신의 새끼를 데리고 있었다. 거주자 암컷들이 공격하는 동안 새끼들은 어미의 몸에 찰싹 붙어있었다. 비명과 피가 난무한 가운데, 이방인 암컷은 결코 외부인 혐오 집단의 상대가 되지 않았다. 공격자들이 이방인 암컷을 붙잡아 등을 때리자 그녀는 새끼를 보호하기 위해 바닥에 몸을 웅크렸다. 그곳에 사는 수컷 세 마리가 다가왔다. 수컷들도 마찬가지로 소리를 지르고, 시끄럽게 나무줄기를 뛰어다녔지만 아무도 공격하지는 않았다. 나이 든 수컷 하나가 공격하는 암컷들을 뜯어말리는 듯 보였으나 별 소용이 없었다. 알파 암컷이 새끼를 잡아챘으나 곧 다른 암컷이 이를 다시 낚아채 새끼의 목덜미를 물어뜯었다.[3]

침팬지 무리 구성원의 성질을 생각해보면 어미가 왜 좋은 의도를 가지고 접근하는 손위 형제자매에게조차 새끼를 안아보게 허락하지 않는지 이해할 수 있다. 누이가 아무리 자상하고 세심한 의도를 가지고 있더라도 미숙하거나 더 지배적인 다른 암컷의 공격을 막아내지 못할 수도 있다. 유인원 어미가 항상 새끼를 데리고 다니려고 하는 것은 새끼와 끊임없이 접촉하고자 하는 본능 때문이 아니다. 가능한 대안이 충분히 안전하지 않기 때문이다.

내가 처음으로 이를 깨달았던 사건을 아직도 생생히 기억하고 있다. 네덜란드의 동물원에서 보노보 무리를 관찰하고 있을 때였다. 유인원들은 여러 개의 우리가 문으로 연결된 겨울 숙소에서 지내고 있었다. 주변에 있는 유일한 사람은 방금 자기들이 가장 좋아하는 사탕수수 먹이를 공급해준, 그리고 나를 초대하기도 한 젊은 과학자뿐이었다. 우두머리 암컷과 나머지 집단은 어미와 새끼한테서 약간 떨어진 우리에 있었다. 꽤 안전하다고 느낀 듯한 어미는 새끼가 양손으로 자유롭게 먹을 수 있도록 아래로 내려놓았다.

싱가포르동물원의 보통 침팬지에서도 비슷한 현상이 관찰되었다. 어미는 같은 우리를 쓰는 동료가 생후 3개월 된 새끼를 안도록 허락했다.[4] 하지만 내가 알고 있는 한, 야생 유인원 어미가 자발적으로 다른 암컷이 신생아를 안는 것뿐만이 아니라 입양까지 하도록 허락한 사건을 기록한 출판물은 단 하나밖에 없다. 저자는 이를 "비정상적인 사건"으로 묘사했다. 가이아라는 이름의 열세 살 된 곰베 침팬지는 어쩌다 보니 첫 출산을 할 무렵 어미와 같은 집단에서 살고 있었다. 더 서열이 높은 모계 혈통의 암컷들이 다가와 새끼를 살펴보려고 하자, 할머니(그렘린)는 미숙한 딸에게서 새끼를 데려와 "다른 암컷들로부터 등을 돌려" 보호했다. 그 후 할머니는 가이아의 새끼가 생후 5개월에 사망할 때까지 두 살 난 아들과 손자를 함께 돌봤다.[5]

야생에서 고아 침팬지가 다른 집단 구성원(일반적으로 가까운 혈연)에 의해 입양된 사례는 12건 이상이다. 가이아의 사례에서 전례가 없었던 것은 친어미가 아직 살아있었다는 점이다. 새끼에 대한 어미의 독점적 소유욕이 사라진 것으로 보고된 다른 모든 사례는 사육되는 초산 어미들에게서 일어났다. 특히 믿음직스러운 친구 마츠자와 테츠로가 신생아에게 접근하도록 허락한 침팬지 아이(Ai)의 사례가 있다. 그전까지 어미가 자발적으로 과학자에게 접근을 허락한 적은 한 번도 없었다. 또 다른 사례로는 첫 출산이라 경험이 없는 고릴라가 자신의 어미에게 새끼를 안는 것을 허용한 샌디에이고 동물원의 사례가 있다.

일반적으로 야생 고릴라는 첫 출산보다 훨씬 이른 시기에 출생 집단을 떠난다. 그렇기 때문에 곰베 침팬지의 사례와 마찬가지로, 11살 된 고릴라 암컷이 어미와 함께 사는 경우는 드물다. 첫 아기를 잃었던

이 희귀한 사진에서 할머니는 15초 동안 (여기 보이는) 딸의 얼굴 아래 갓 난 새끼를 들고 있다가 마침내 젊고 경험이 없는 어머니에게 새끼 고릴라를 살며시 들이밀었다.

8. 그중에서도 할머니

이 신참 어미는 아직 경험이 부족했고, 첫 출산을 한 대부분의 영장류 어미처럼 무엇을 해야 하는지 잘 모르는 듯이 보였다. 어미는 신생아를 바닥에 그대로 두었다. 당시 샌디에이고에서 일하던 일본 영장류학자 나카미치 마사유키가 걱정스럽게 지켜보고 있는 사이, 할머니가 다가와 새끼를 집어 들고 딸의 얼굴 가까이 내밀었다. 이는 마치 딸에게 무엇을 해야 하는지 보여주는 것처럼 보였다. 그리고 할머니는 새끼를 어미에게 넘겨주었고, 어미는 마침내 새끼를 돌보는 법을 배웠다.[6]

경험과 능력이 부족한 딸에게서 새끼에 대한 보호와 양육권을 가져온 걱정 많은 할머니에 가까운 곰베의 사례를 제외하면, 대형 유인원에서 어미의 배타적 돌봄의 예외가 관찰된 사례는 근처에 포식자나 새끼를 죽일 수도 있는 동종 개체가 없는 사육장에서 일어났다. 하지만 더욱 중요한 것은 이 모든 사례가 어미가 익숙하고 유능하며 신뢰할 수 있는 성체 개체와 단둘이 함께 있는 특이한 상황에서 일어났다는 점이다. 이러한 사건들은 극히 드물지만, 중요한 사실을 드러낸다. 물리적·사회적 환경이 괜찮다고 충분히 확신할 수 있는 경우에는 고릴라, 침팬지, 또는 보노보 어미조차도 돌봄을 공유할 수 있다.

그렇다면 일상적으로 돌봄을 공유하는 수렵채집민들은 이러한 측면에서 다른 유인원들과 어떻게 다른가? 다른 유인원과 달리 아기를 낳은 여성에게는 다른 사람을 신뢰하도록 촉진하는 신경화학적 차이라도 있는 것일까? 마카크속의 원숭이 종들은 어미가 지배 암컷이 유아를 납치하고 돌려주지 않을 것이 두려운 나머지 새끼에게 접근하는 것을 결코 허용하지 않는 공격적이고 위계서열이 엄격한 레서스마카크와 돼지꼬리마카크에서부터 자유롭게 돌봄을 공유하는 유별나게 관대하고 훨씬 덜 경쟁적인 바바리마카크와 톤키안마카크에 이르기까지 다양하다. 이러한 종 특이적 행동의 차이는 신경생리학적 차이와 관련이 있다. 어미의 소유욕이 강한 레서스마카크와 돼지꼬리마카크 어미는 더 관대하고 유아를 공유하는 바바리나 톤키안마카크 어미에 비해 세로토닌 활동이 감소하는 것으로 보고되었다.[7]

출산과 수유 모두 관용과 신뢰를 촉진하는 신경전달물질인 옥시토신이 평소보다 높은 수준으로 나타나기 때문에 출산 후 옥시토신 같은 신경전달물질에 대한 반응에서 인간 어머니와 다른 유인원 사이에 생리적 차이가 있는지 밝히는 일은 매우 흥미로울 것이다. 이와 같은 생리적 차이가 '친화성'과 신뢰를 촉진하는 호르몬 수용체에 영향을 미칠 수 있을까?[8] 모든 유인원 게놈의 완전한 분석을 통해 언젠가는 현재 가까운 계통의 진사회성 곤충 종들 간에 진행되고 있는 수준의 비교분석이 가능할 것이다. 하지만 현재까지는 유인원의 모성 행동에 대해 비교신경생물학적으로 알려진 바가 거의 없다. 따라서 아직 우리는 출산 후 생리적인 차이를 확인할 수도 배제할 수도 없다. 예를 들어 비인간 유인원 어미가 종종 출산 직후 태반을 먹어야 한다고 느끼는 반면, 다른 유인원보다 더 잡식성인 인간 여성이 이 강력한 추가적 호르몬 복용을 꺼리는 이유는 아무도 모른다. 여성은 이미 옥시토신에 더 잘 반응하고 출산 후 사회적 접촉에 대한 불안감이 적기 때문에, 양육 반응을 촉진하는 진통제 칵테일의 필요성이 더 적은 것일까?

다른 포유류에 대한 연구에 따르면, 성체 동물에게 옥시토신을 투여하면 실제로 더 신뢰성이 높아지고 친화적이 된다.[9] 유아기 초기에 더 높은 수준의 옥시토신에 노출된 들쥐는 다른 개체와 유대감을 형성할 가능성이 높고, 나중에 유아를 더 잘 돌보는 경향이 있다.[10] 또한, 초원쥐처럼 부모가 새끼를 돌보기 위해 다른 개체의 도움을 받는 종은 양육을 위한 짝결합이나 대행 부모의 돌봄을 허용하지 않는 다른 가까운 종보다 특정 뇌 영역에 더 많은 옥시토신 수용체를 가지고 있다. 초원쥐 어미는 쉽게 도움을 받아들이는 반면, 다른 들쥐 어미는 새끼에게 접근하는 개체는 누구든 공격한다.[11]

인간과 다른 유인원 사이의 신경학적 차이가 산모의 산후 행동방식에 영향을 미칠 가능성이 충분히 있다. 하지만 이를 확인한 연구는 아직까지는 없다. 만약 신경학적 차이가 발견되더라도, 유아 공유가 충분히 보편적으로 일어난 다음에야 출산 후에 다른 개체에 더 관용적이되도록 만드는 생리기전을 가진 유인원 계통이 자연 선택으로 선호될 수 있다. 따라서 어떻게 유아 공유가 보편화 되었는지 먼저 설명해야 한다. 아직 잘 밝혀지지 않은 유인원과 인간의 비교생리학에서 눈을 돌려, 다양한 상황에 놓인 어머니들이 보이는 행동학적 증거들은 무엇인지 살펴보자.

과잉보호적인 홍적세 호미닌이 다른 개체가 자신의 아이에게 접근하는 것을 자발적으로 허용하려면, 능숙하고 믿을 수 있는 동료들이 주변에 있어야 한다. 태어날 때부터 친숙하며, 성숙하고 경험 많은 보육자, 바로 자신의 어머니 같은 동료들과 함께 있어야 한다. 최근까지 대부분의 진화론자들은 호미닌 암컷에게 그와 같은 동료 후보가 없었을 것으로 단정지었다. 하지만 이 가정을 재고하도록 하는 새로운 증거들이 나오고 있다. 새로운 증거들은 호미닌 어머니가 모계 친족 근처에서 출산했을 가능성을 고려하게 만든다. 홍적세 어머니의 주변 동료들에 대한 새로운 관점으로 인해 유인원 계통에서 돌봄 공유가 진화하는 것이 이론적으로 가능해진다.

이 장에서 나는 대형 유인원과 수렵채집민의 거주 패턴에 대한 새로운 발견들을 설명하면서, 이들이 이전에 생각했던 것보다 더 융통성이 있으며, 유인원의 조상이 모계 친족 근처에서 출산하는 것이 불가능하지 않았음을 보여주고자 한다. 홍적세 채집민은 대행 부모의 돌봄이 가능한 환경에서 살고 있었을 뿐만 아니라, 생존과 성공적인 육아를 위해 음식 공유 또한 점점 더 중요해지는 환경에서 살고 있었다고 믿을 만한 이유가 있다. 나는 마지막으로 다양한 종류의 보육자, 즉 손위 형제자매, 사촌, 공동 어머니, 아버지, 아버지일 가능성이 있는 남성, 그리고 특히 할머니들의 다양한 자격 요건과 가용성에 대해 논의할 것이다. 이들이 아동의 생존에 미치는 영향을 연구한 것은 극히 최근이지만, 이미 놀라운 반전을 일으키고 있다.

▍혈연 근처에서 출산하는 것의 중요성

영장류 사회 조직은 매우 다양하다. 하지만 다양한 종에 걸쳐, 두 가지 일반적인 경향이 상당히 잘 유지된다. 첫째, 혈연들과 함께 사는 암컷은 출생 집단을 떠나 비친족 사이에서 먹이를 찾고 번식하는 암컷보다 자신의 이익을 더 잘 방어할 수 있다. 둘째, 어미는 새끼가 아무 탈없이 무사히 자기 품으로 돌아올 수 있다고 확신할 때 유아를 공유하는 경향이 가장 높다.

하지만 최근까지 호미닌 여성은 다른 유인원들과 마찬가지로 출생 집단을 떠나 다른 집단으로 이주해 첫 출산을 했으며, 도와줄 의사가 거의 없는 비혈연 경쟁 여성들 사이에서 유아를 길렀을 것으로 생각했다. 초기 인류가 모거제 사회구조로 살았다는 제안은 모권제 사회나 여신 숭배자들을 떠올리게 했으며, 인간 진화의 모계 단계에 대한 주장은 진화론자들 사이에서 시대에 뒤떨어진 이단적 후퇴로 치부되었다.[12] 여기에는 두 가지 이유가 있다. 첫 번째 이유는 모든 사람과 (科) 유인원(대형 유인원들, 오스트랄로피테신, 그리고 인간이 포함됨)의 부거제 성향에 대한 견고한 가정과 관련되어 있다. 두 번째 이유는 그보다 더 나중에야 나타난 가부장적 속성을 초기 구석기 시대의 조상들에게 투영하려는 경향 때문이다.

여기서 '가부장적'이란, 부거제 거주 패턴, 부계 상속, 그리고 부계 이익에 편향된 사회제도를 가진 사회를 의미한다. 이러한 정의에 따르면, 아직 원예농경을 하지 않은 대부분의 열대 수렵채집사회는 가부장적인 것과는 거리가 멀다. 그러나 어찌 된 일인지, 부거제 생활 방식, 그리고 심지어 부거제와 관련된 정교한 가부장적 관행들까지 통상적으로 인류 보편적인 것으로 간주되며, 시간을 거슬러 올라가 우리의 초기 홍적세 선조들에게까지 투영된다.[13] 아프리카 대형 유인원들과의 비교는 부거제가 고대로부터 이어진 속성이라는 가정을 더욱 강화한다. 고릴라와 침팬지 둘 다 암컷이 번식을 위해 비혈연 집단으로 이주하는 부거제 경향을 뚜렷하게 보이기 때문이다. 이러한 견고한 가정 때문에 호미닌 진화 역사에서 돌봄 공유가 진화할 만큼 충분히 모거제 경향이 있었다고 상상하기 어려웠다.

널리 퍼져 있는 '남성 사냥꾼·섹스 계약 패러다임'(이 가설에는 핵가족 그리고 돌봄은 어머니 몫이라는 고정관념이 동반한다)은 또 다른 장애물이었다. 포유류 연구자들 사이에서 으레 협동 번식은 한 마리의 우두머리 암컷이 집단의 번식을 독점하는 것으로 생각했던 습관도 마찬가지였다. 마모셋 같은 생식 억제가 수렵채집민들에서 보고된 적은 한 번도 없었기 때문에, 이러한 기준을 적용할 경우 초기 인간은 협동 번식자에서 제외된다.[14] 하지만 인간이 돌봄 공유와 함께 진화했을 수 있다는 생각을 가로막는 가장 견고한 장애물은 거주 패턴과 관련이 있었다.

남성 유소성이 호미닌 보편적이었음을 가리키는 증거로 세 가지가 널리 받아들여진다. 첫째, 아프리카 대형 유인원의 행동학적 증거를 보면 초기부터 항상 암컷이 출생 집단을 떠나서 번식했다. 둘째, 보노보의 특별한 섹스로(보노보는 암컷 간에도 성행위를 통해 유대를 맺는다_옮긴이) 이뤄진 동맹을 제외하고, 대형 유인원 중 어떤 종도 모거제적인 종의 전형적 특성인 강력한 암컷-암컷 연대를 보이지 않는다.[15] 마지막, 그리고 가장 강력한 증거는 인간에게도 부거제가 일반적임을 보여주는 듯한 조지 피터 머독의 고전적 횡문화적 비교 문헌이었다. '지역별 인간관계 자료'와 '민족지 지도'(Ethnographic Atlas)에 분명하게 코드화된 전 세계 862개의 대표적 문화에 대한 민족지적 정보를 이용해 머독이 분석한 바로는 대다수의 인간 문화가 부거제라는 것을 가리켰다. 여기에는 수렵채집사회도 포함되었는데 머독에 따르면, 이들 중 62퍼센트가 부거제였다.[16] 따라서 유인원과 인간의 공통 조상 역시 남성 혈연 집단에서 살았을 것으로 가정하는 것이 논리적으로 맞아떨어지는 듯 보였다.[17]

8. 그중에서도 할머니

진화론자들은 이 지식에 반론을 제기할 필요성을 거의 느끼지 못했다. 부거제 거주 패턴의 보편성에 대한 가정은 널리 받아들여졌던 또 다른 가정인 짝과 영토를 방어하고 사냥하기 위해 아버지와 형제들이 동맹을 형성하는 '남성 연대 집단'이나 우두머리 수컷 가정과 일치했다. 더욱이 남성들이 출생집단에 머물며 딸과 여자 형제를 다른 집단과 교환하는 것은 아버지와 형제들에게 과도한 근친교배를 피하는 동시에 다른 집단과의 동맹을 형성하는 적응적 방식으로 보였다. 그리고 이는 초기 인간 사회 조직의 중요한 구성 요소로 여겨졌다. 그 당시 주로 남성이 조직하는 교환에서 자매와 딸은 본질적으로 수동적인 하위 구성원으로 간주되었다.[18]

부거제 거주는 20세기 생물인류학자들이 재구성한 호미닌 가족생활의 필수적인 특징이 되었다. 이러한 가정은 이후 초기 사회생물학과 진화심리학 전반에도 영향을 미쳤다. 1980년대 초에 들어서야 소수의 인류학자들이 여성의 이해관계와 전략이 간과되고 있음을 지적했다.[19] 1980년대 후반이 되자, 수렵채집민을 연구하는 인간행동생태학자들은 특히 번식기가 끝난 여성이 왜 그렇게 열심히 일하는지 의문을 가지기 시작했다. 그리고 1990년대에 들어서, 크리스틴 호크스와 동료들은 모계 할머니의 도움이 초기 호미닌 진화에 결정적 역할을 했다고 주장했다. 하지만 이러한 가설은 곧 상당한 회의론에 부딪혔다.[20] 가장 주된 반론은 나이 든 모계 혈연이 도움을 줄 수 있을 정도로 오랫동안 생존한다고 해도, 나이 든 여성은 도움이 필요한 딸(신참 어머니) 근처에서 살지 않았을 것이라는 점이다.

사진을 보면 하드자족 소년이 증조할머니와 그녀의 여동생(오른쪽)과 함께 앉아 있다. 익히 알다시피 '열심히 일하는' 하드자족 할머니들은 채집에 나설 채비를 하기 위해 땅 파는 막대기를 힘차게 깎고 있다. 호크스와 동료들은 사진 속 소년의 어머니처럼, 하드자족 어머니가 새 아기를 낳았을 때, 먼저 태어난 아이들의 영양 상태가 나이 든 친척 여성들이 얼마나 많은 시간 동안 채집을 했는지와 상관관계가 있다는 것을 발견했다.

　　생물학자와 인류학자들은(초창기에는 대부분 남성이었다) 오랫동안 당연히 여성의 기능은 남성의 자녀를 낳고 양육하는 것이라고 여겼다. 가임기가 지난 여성은 이론적인 관심을 가질 필요가 없는 존재로 여겨졌다. 이러한 편견으로 인해 민족지적 기술에서 나이 든 여성은 종종 "신체적으로 상당히 혐오스러운" 또는 "성가신 존재"로 그려졌다. 그들은 조롱의 대상이었고, "늙은 쭈그렁 할망구"의 행동은 연구할 가치가 없는 듯이 보였다.[21] 이런 관점은 우리의 진화적 과거에서 폐경기가 지난 여성은 너무 쇠약하거나 수명이 짧아서 쓸모가 없었다고 당연하게 여겼기 때문이다. 그렇지 않다는 것을 암시하는 인구학적 그리고 고고학적 증거는 무시되었다.[22]

　　그러나 세심한 인구통계학적 분석을 통해 밝혀진 바로는 15세까지 생존한 수렵채집민이 45세까지 살 가능성은 약 60퍼센트였다. 그리고

중년까지 생존한 수렵채집가 여성들은 번식 가능 연령이 지나서도 살아남을 가능성이 상당히 높다. 사진 속의 !쿵족 할머니처럼, 이들은 자기 자식, 손자 손녀들과 사랑스런 교류를 이어간다.

45세를 넘긴 사람들은 노년기까지 생존할 가능성이 상당히 컸다.[23] 여전히 수렵채집생활을 하며 살던 시기의 !쿵족을 생각해보자. 평균 수명은 30세에 불과했다. 하지만 유년기에 살아남은 사람들의 경우 생존 가능성이 높아졌다. 15세까지 살아남은 소녀 중 대다수(62.5퍼센트)는 45세까지 생존했다. 인구의 약 8퍼센트가 60세 이상까지 살았다.[24] 오늘날 인구학적 인류학자, 진화론적 역사학자, 그리고 영장류 전반의 생애사 패턴을 연구하는 인간 생물학자들 사이에 놀라운 의견 일치가 일어나고 있다. 바로 호모 사피엔스의 몸은 약 72년 동안 지속되도록 "설계"되었다는 것이다.[25]

행동생태학자들이 상당수 여성들이 폐경기 이후 수십 년 동안 효율적으로 음식을 모으고 가공하며 장수하고 있다는 사실을 깨닫자 그 후에는 더 이상 다음 세대의 유전자 풀에 직접적인 기여를 할 수 없는 존재가 왜 그런 행동을 하는지 설명하는 것이 중요해졌다. '할머니 가설'의 초기 버전에서 진화생물학자인 조지 윌리엄스와 윌리엄 해밀턴은 어머니가 계속 생존해 있는 것이 막내 자식의 생존 가능성을 향상시키기 때문에 폐경기 이후의 긴 수명이 선호되었다고 제안했다.[26] '사려 깊은' 어머니는 막내가 독립하기 전에 죽을 수가 없었을 것이다. 나이 든 여성들이 얼마나 열심히 일하는지에 충격을 받은 호크스는 할머니 가설의 대안 버전을 제안했다. 호크스는 여성이 다른 유인원보다 배란을 중단한 이후에 더 오랫동안 사는 이유가 '손주'들에게 미치는 영향과 관련 있다고 주장했다. 그러나 할머니들의 장수와 생산성에 대한 설득력 있는 증거에도 불구하고, 극복할 수 없어 보이는 장애물이 남아 있었다. 살아있더라도, 수렵채집민 여성의 어머니는 자신의 딸과 같은 집단에서 살 가능성이 낮다(혹은 낮다고 생각되었다)는 점이다.[27]

▍ 헬렌 알바레즈의 정정

20세기 말이 되어서야 야생의 대형 유인원에 대한 장기 연구에서 얻은 정보가 축적되었고, 영장류학자들은 기존의 가정을 재고하게 되었다. 현장 관찰은 이전에 생각했던 것보다 침팬지와 고릴라의 번식 체계가 더 유연하고, 유인원들이 더 편의적으로 행동할 수 있다는 것을 보여주었다.

출생지에 남아서도 여전히 안전하고 충분한 먹이를 찾을 수 있으면, 일부 암컷들은(그렘린의 딸 가이아처럼) 출생지에 남았다. 제인 구달의 유명한 침팬지 여장부 '늙은 플로'의 딸인 피피가 좋은 예가 될 수 있다. 우두머리 어미의 딸로 태어난 피피는 어머니와 형제들의 세력권 내의 비교적 안전하고 먹이가 풍부한 출생지 근처에 남았다. 이러한 유산을 물려받은 피피는 야생 침팬지에서 사상 최고 기록인 9마리의 새끼를 낳았는데 거의 대부분이 생존했다. 2004년 피피는 막내딸과 함께 사라진 뒤 죽은 것으로 추정되었다. 하지만 피피의 딸 몇과 아들 모두는 여전히 곰베에서 어미와 할머니가 살던 집단에서 살았다.[28] 플로의 딸 여럿과 손녀 몇몇은 계속해서 출생지 근처에서 살았으며, 사회생물학자들이 '유소성의 이점'이라고 부르는 혜택을 누렸다.

현장 연구 외에도 새로운 DNA 증거에 따르면 이웃 수컷들에 대항하여 집단을 함께 방어하는 동일 집단의 수컷들이 반드시 가까운 혈연이 아니라는 사실이 밝혀졌다. 따라서, 암컷이 수컷보다 다른 집단으로 이주할 가능성이 더 크기는 하지만, 집단의 수컷들, 심지어 밀접한 동맹을 맺고 있는 수컷들조차도 평균적으로는 암컷들보다 더 가까운 혈연관계가 아니었다.[29] 고릴라 역시 암컷과 수컷 모두 일상적으로 (대체로 한 번 이상) 집단을 옮기며, 거주 패턴이 더 유연한 것으로 밝혀졌다.[30] 그 후 다시 분석된 수렵채집민에 대한 민족지적 증거들은 수렵채집민 역시 마찬가지로 이전에 생각했던 것보다 거주 패턴이 더 유연함을 시사했다.

머독의 노력으로 더 많은 증거 기반의 문화간 비교와 통계적 분석이 가능해졌으며 이는 분명 대단한 진보였다. 1960년대부터 머독과 그를 따르던 연구자들은 '인간 행동 과학'의 실증적 기반을 마련하기 위해 노력했다. 하지만 악마는 디테일에 있었다. 매우 불완전한 출판 기록과 까다로운 번역 작업을 하면서 사람들의 복잡한 거주 패턴을 단순한 코드로 정확히 반영하기란 쉽지 않은 일이었다. 유타 대학의 인류학자 헬렌 알바레즈(Helen Alvarez)는 머독이 수렵채집민의 거주 패턴을 어떻게 구분했는지 확인하기 위해 민족지 원본을 일일이 대조하며 힘겨운 재검토 작업을 했다. 알바레즈의 재검토 결과는 충격적이었다.

머독은 각각의 문화를 특정한 거주 형태로 구분하기 위해 엄격한 기준을 설정했다. 예를 들어 일정 비율의 부부가 특정한 거주 방식으로 거주해야지만 부거제, 양거제(선택적으로 남편이나 아내의 부모님과 거주할 수 있거나 왔다 갔다 할 수 있는 거주 형태), 또는 모거제 사회로 기록했다. 그러나 알바레즈는 원래의 민족지들을 다시 검토했을 때, 머독의 기준을 충족하는 데 필요한 인구조사 자료가 거의 없다는 것을 깨달았다. 머독의 정확하고 명시적인 해설에도 불구하고, 거주 패턴은 종종 연구자들의 직감에 따라 결정되었다. 알바레즈는 민족지들 중에 실제로 거주 패턴에 대한 실증적인 증거가 있는 48개의 수렵채집사회만으로 다시 코드화 작업을 수행했다. 그 결과 48개 사회 중 오직 6개(12.5퍼센트) 사회만이 부거제 사회였다. 대부분의 사회, 즉 48개 중 26개(54퍼센트)의 사회는 양거제였다.[31]

"전통적인 사회에서 아들은 가족 근처에 남고 딸은 멀리 떠나기 때문에" 인간은 "부거제로 사는 경향"이 있다고 교조적으로 선언되었으나 인간 본성에 대한 이 근본 가정은 실제 수렵채집민으로 살아가는 사람들로부터 얻은 증거에 기반한 것이 아니었다.[32] 대부분의 수렵

8. 그중에서도 할머니

채집사회는 자연적으로 부거제 형태를 띤다기보다는 부부 양쪽의 출생 집단 사이에서 놀랍도록 유연하고 편의주의적인 거주 패턴을 갖는다.[33] 더욱이 다양한 관습들을 보면 여성이 첫 출산을 할 당시에 모계 혈연이 근처에 있을 가능성이 컸다. !쿵족과 동일한 관습을 멀리 떨어진 대륙에 있는 북부 캘리포니아의 포모 인디언 같은 양거제 수렵채집민들에서 발견할 수 있다. 이들 부족의 "결혼한 부부는 한쪽 가족에서 다른 가족으로 계속 이사를 다닌다. … [하지만] 아이를 낳을 때는 항상 아내의 가족과 함께 살았다."[34]

심지어 북부 캘리포니아의 마이두 수렵채집민 같은 확실한 부거제 사회를 관찰한 민족지학자는 구체적으로 다음과 같이 기록했다. "결혼한 부부는 남편 마을에 영구적으로 정착하기 전에 아내의 가족과 일정 기간 함께 살았다. 그리고 새신랑은 음식을 제공함으로써 아내의 가족에게 봉사했다."[35] 그럼에도 머독과 초기 민족지학자들은 이러한 관습에 대해 '모-부거제'(matri-patrilocal)라는 이름까지 붙였다.

▌ 만약 딸에게 근처의 어머니가 있었다면, 그 이후에는…

채 10년이 지나지 않아 여전히 수렵과 채집으로 살아가는(적어도 부분적으로는) 사회를 연구하는 진화론적 인류학자들의 초기 가정이 바뀌었다. 이제 현장연구자들은 인간이 협동 번식자로 진화했다는 제안을 진지하게 받아들인다. 인구조사에 주변에 이용할 수 있는 대행 부모들에 대한 정보를 넣고, 아동의 생존에 대행 부모의 존재가 미치는 영향을 기록한다. 최근에 다시 브룩 셸저(Brooke Scelza)

와 레베카 블리지 버드(Rebecca Bliege Bird)는 여전히 야생에서 먹거리를 사냥하고 채집하는(비록 요즘에는 트럭을 이용하기도 하고 정부의 식량 보조금을 받기도 하지만) 마르두족을 찾아갔다. 연구자들은 여성들에게 구체적으로 아이를 키울 때 모계 친족의 도움을 얼마나 받을 수 있는지 물었다. 아프리카의 아카족이나 하드자족을 연구한 연구자들의 선례를 따라 셀저와 버드는 할머니와 자매들이 도움이 필요할 때 곁에 있기 위해 얼마나 빈틈없이 계획을 짜는지도 확인하고자 했다.

마르두족은 많은 호주 원주민들과 마찬가지로 전통적으로 부거제 형태를 띠지만, 여성들은 여전히 모계 친족의 도움을 받을 수 있었다. 특히 여성들은 남편에게 친족 여성을 두 번째, 또는 세 번째 아내로 삼도록 부추긴다. 예전부터 그랬듯이, 남성이 아내의 자매와 결혼하는 형태의 자매혼 일부다처제가 선호되는 결혼 형태였다. 아내의 사촌과 결혼하는 일도 흔했다. 51퍼센트의 여성이 일부다처혼을 통해 가까운 친족과 공동 부인이 되었다.

일반적으로 한 명 이상의 아내와 결혼하는 일부다처혼은 남편의 생식적 이익에 부합한다. 하지만 아내 여럿이 자신의 아이들을 낳을지라도, 제한된 가족의 자원을 두고 벌어지는 아내들 사이의 경쟁은 아이들의 안녕에 해가 될 수 있다. 아내들이 서로 친척인 경우 이러한 경쟁이 완화된다. 이 논리에 따라 호주의 또 다른 지역인 아넘랜드 원주민들 사이에서 아동이 5세까지 생존할 가능성은 공동 부인들이 가까운 친족관계인 일부다처 가정에서 훨씬 더 높았다. 사회적 지원과 도움을 확보하기 위해 원주민 부인들은 적극적으로 남편에게 자신의 자매들과 결혼하도록 설득하며, 평화를 위해 (그리고 어쩌면 아이들의 안녕을

8. 그중에서도 할머니

위해서도) 남편은 이에 따른다.[36]

마르두족에서 일부다처혼을 한 여성의 68퍼센트는 자매혼이었다. 또한 마르두 어머니는 친정어머니로부터도 도움을 얻었다. 친정어머니는 종종, 특히 딸이 일부일처혼을 해서 조언과 도움을 줄 공동 부인이 없는 경우 가임기의 딸 근처로 거주지를 옮겼다. 어머니들은 특히 딸들이 같은 남성과 결혼한 경우 더욱 열성적으로 딸과 함께하려고 했다. 전통적으로 부거제든 그렇지 않든 14~40세 사이의 결혼한 마르두 여성의 절반 정도가 어머니와 같은 집단에서 살았다. 별 관계없는 시어머니에서 혈연관계인 공동 부인들에 이르기까지 한 집단 안에서 여성들 간의 평균 혈연관계지수는 높은 편이다. 여성들은 평균적으로 사촌지간만큼 유전적으로 가까우며, 공통조상으로부터 유전자를 공유할 가능성이 11퍼센트이다. 이 정도의 평균 혈연관계지수는 랑구르원숭이처럼 유아 공유를 하는 모거제 원숭이들에서 나타나는 것과 거의 동일한 수준이다.[37]

수렵채집민이었던 선조들도 이처럼 모계 친족이 근처에 있었을까? 확실히 알 수는 없지만, 알바레즈 이후 모계 친족의 도움이 가능하다는 생각을 막고 있던 오랜 장벽이 무너졌다. 횡문화적으로 널리 퍼져 있는 부거제는 진화사적으로 불변하는 인류 보편적인 경향이라기보다, 홍적세 이후 사냥꾼들이 여성이 더 이상 야생 식물을 일 년 내내 채집할 수 없는 추운 기후의 북쪽으로 이주함에 따라서 혹은 제한된 지역에서 정주생활을 함에 따라 보다 더 최근에 발생한 적응인 듯 보인다. 중동에서는 사람들이 가축 사육과 작물 재배에 점점 더 의존하면서 잉여물을 저장하고 재산을 축적하게 되었다. 집단의 크기가 커지고 인구밀도가 높아지면서 사람들은 새로운 인구구조, 식단, 감염병, 그리고 사회적 현실에 맞게 행동을 조정했다.

정주생활을 하는 사람들의 경우 출산 간격이 짧아지고, 빠르게 인구가 증가하며, 자원의 축적과 함께 사회적 계층이 발생한다. 이에 따라 아내와 아이들뿐만 아니라 가축과 경작지까지 방어해야 할 필요가 생겼다. 이런 귀중한 자원을 지키는 것이 이웃 집단과 정답고 호혜적인 교류를 유지하는 것보다 더욱 중요해졌다. 외부로부터의 침략이 일상화됨에 따라 남성은 신뢰할 수 있는 동맹이 필요했다. 가까운 남성 친족보다 더 의지할 만한 사람이 누가 있겠는가? 남성들은 점점 더 아버지와 형제들 근처에 머물며, 다른 집단으로부터 아내를 얻고자 했다. 지난 1만 년 동안 씨족 간 전쟁이 인간의 삶에 필수적인 부분이 되었다. 이에 따라 부거제 거주 형태가 필요했고, 그 과정에서 아이들을 기르는 방식에 변화가 생겼다.

모든 영장류와 마찬가지로 모계 친족으로부터 지원을 받을 수 없는 어머니는 일정 부분 자율성을 잃었다. 그리고 부계의 생식적 이익이 점점 더 우선시되었다. 부거제 생활 환경과 짧은 출산 간격으로 인해, 이용 가능한 대행 부모는 외할머니나 큰이모에서 유아의 손위 형제자매로 바뀌었다. 이는 아이들에게 다양한 결과를 초래했는데, 항상 좋은 것만은 아니었다.

▎그리 멀지 않은 과거의 거주 형태에 대한 유전학적 증거

목축과 원예농경이 도입되고 사회적 계층화가 이루어진

이후 수천 년 동안의 유전학적 증거를 보면 전 세계적으로 많은 지역에서 여성이 결혼을 하면서 집단을 떠나고 집단 간 이주를 한 것으로 보인다. 하지만 아직까지 유전자는 완전히 수렵과 채집만으로 생계를 유지했던 구석기 시대의 거주 패턴에 대해서는 많은 것을 알려주지 않는다. 이에 대해서는 설명이 필요하다.

아버지에게서 아들로만 전달되는 Y염색체와 어머니에게서 딸과 아들로 전달되는 미토콘드리아 DNA 빈도의 비교 분석은 지난 5천여 년 동안 여성이 남성보다 인구집단 간 이동이 더 많았다는 것을 암시한다. 거주 형태가 부거제인 경우, 부계 씨족에서 사는 남성들은 외부인으로부터 짝을 더 단속하는 경향이 있기 때문에 번식 행동이 더 엄격하게 규제되었을 것이라 예상할 수 있다. 이러한 번식 통제는 부거제 인구집단 사이의 유전자 흐름이 여성에게만 국한된 이유를 설명해준다.[38]

아프리카와 중동 지역 사이에서 일어났던 최근의 이주는 극단적이지만 매우 확실한 사례다. Y염색체 자료에 의해 입증된 바로는 약 2천5백 년 전에 사하라 사막 이남의 아프리카에서 예멘 주변 지역으로 남성을 매개로 한 유전자 흐름은 거의 없었다. 반면에 미토콘드리아 DNA는 이 시기에 아프리카 출신의 가임 여성이 예멘 지역으로 엄청나게 유입되었음을 나타낸다. 이 유전학적 정보는 역사적 기록과 함께 납치되거나 노예가 된 아프리카 여성이 중동 아랍 남성의 아이를 낳았음을 보여준다. 아프리카 남성들은 중동 지역으로 끌려가지 않았거나, 만약 끌려갔더라도 그곳에서 자식을 남기지 못했다.[39] 여성을 확보하기 위한 정복은 세계의 다른 지역에서도 유전적 기록에 확실하게 새겨져 있다. 가장 유명한 사례로는 칭기즈칸과 연관된 특정 부계 혈통의 유전자가 급속히 확산되었음을 가리키는 Y염색체 상의 특정 대립 유전자가 있다. 이 유전자가 급속히 확산된 시점은 칭기즈칸의 군대가 태평양에서 카스피해까지 아시아 전역을 정복한 시기와 일치한다.[40]

이렇게 치우쳐 있는 번식 패턴은 누가 누구와 번식하는지에 대해 규제가 덜한 모거제 사회의 패턴과 대조적이다. 모거제 사회에서는 양성 모두 거주지를 자주 옮기지만, 대체로 남성이 조금 더 많이 돌아다닌다. 지난 1만 년 동안 확장주의자, 부계 사회의 이웃들과 침략자들의 압박으로 점점 더 많은 모거제, 그리고 모계 사회가 사라지고 있다. 유럽, 아프리카, 아시아, 그리고 남아메리카에 걸쳐 이러한 정복 패턴에 대한 기록은 널려 있다.[41]

유전자는 정복 패턴에 대해 놀랍도록 많은 것을 알려준다. 유전자는 심지어 사람들이 언제부터 도시에 살기 시작했고, 유제품을 먹고 살았으며, 다양한 질병에 시달리기 시작했는지 알려준다. 아마 개와 고양이가 언제부터 가축화되었는지도 밝혀낼 수 있을 것이다. 머릿니와 옷에 사는 이의 유전적 역사를 비교하여 인간이 언제부터 옷을 입기 시작했는지도 추측할 수 있다.[42] 그러나 유전적 증거는 수만 년 전 남성과 여성의 거주 패턴에 대해서는 우리에게 거의 아무것도 알려주지 않는다. 물론 여기에는 한 가지 예외가 있다.

2000년에 인간게놈프로젝트에 참여한 과학자들은 정자 생산에 관여하는 유전자가 다른 유전자보다 비정상적으로 빠른 속도로 진화했다고 보고했다. 이 흥미로운 발견은 우리의 호미닌 선조들에게 정자 경쟁을 위한 선택압이 있었음을 시사한다. 정자 경쟁을 위해 많은 양

8. 그중에서도 할머니

의 정자를 생산하는 것은 암컷이 한 마리 이상의 수컷들과 짝짓기를 하는 영장류에서 수컷의 번식 성공에 중요한 영향을 미치는 특성이다.[43] 일처다부적 짝짓기는 여성에 대한 생식이 엄격하게 감시되는 부계 씨족 사이에서 납치 혹은 교환되는 여성과는 전혀 맞지 않는다. 하지만 이따금 발생하는 일처다부적 짝짓기는 협력 번식 개체들에서 종종 발견되는 일부일처제, 일처다부제, 또는 일부다처제 사이를 오가는 더 유연한 번식 조합들과는 완벽하게 일치한다.

설사 이와 같은 정자경쟁 관련 유전자에 관한 추측성 해석이 받아들여진다 해도, 유전적 증거로는 180만 년 전 아프리카 호모 에렉투스 어머니가 자식을 키울 때 모계 친족이 도움이 되었는지 그렇지 않았는지 여부는 여전히 알 수 없다. 하지만 유전적 증거가 분명히 하는 것은 인간이 고릴라(암컷들이 한 마리의 알파 수컷과 짝짓기를 하며, 정자경쟁은 거의 없다)와 침팬지 및 보노보(암컷들이 여러 마리의 수컷과 짝짓기를 하며, 정자 경쟁은 생식 적합도에 중요한 역할을 한다)와 공통조상을 마지막으로 공유한 이후 얼마나 많은 진화가 진행되었는지 상기시켜 준다. 각각의 유인원 종들은 서로 다르며, 오늘날 여성처럼 번식하는 유인원은 없다.

침팬지 암컷은 배란기 즈음에 커다란 붉은 성적 붓기와 함께 배란을 광고한다. 그리고 배란 주기의 중간 시점에만 교미한다. 이와 달리 보노보는 성적 붓기가 몇 주 동안 지속되며 배란 주기의 거의 대부분을 여러 마리의 파트너와 교미하며 보낸다. 고릴라, 오랑우탄, 그리고 여성은 눈에 띄는 붓기를 통해 배란을 광고하지 않는다.[44] 다시 말해, 침팬지의 성적인 붓기 같은 번식 특성은 매우 빠르게 진화할 수 있다.

주로 부거제를 보이는 아프리카 대형 유인원들과 인간이 공통조상을 마지막으로 공유한 이래로 500~1,000만 년이 흘렀다. 이것이 내가 알바레즈에게 동의하는 가장 큰 이유이다. 주거 패턴에 관한 한, 우리가 할 수 있는 최선은 여전히 유목 수렵채집민으로 살아가는 사람들에 대한 처음 기록으로부터 추측하는 것이다.

물론 현대 수렵채집민들의 주거 패턴은 최초의 해부학적 현대인과 비슷할 수도 있고, 아닐 수도 있다. 인간이 더 높은 수준의 도구와 무기, 음식을 조리할 수 있는 불, 의사소통을 위한 언어로 무장하고 현대적으로 행동하면서 초기 홍적세 수렵채집민들의 생존 전략과 달라졌을 것이다. 수렵채집민들의 생활 방식은 신석기 시대 이후의 목축민들, 이웃의 농부들, 그리고 인류학자들과의 접촉으로 인해 더욱 바뀌었을 것이다. 하지만 이 수렵채집민들에 대한 민족지적 증거를 통해 밝혀진 바로는 부모와 대행 어미의 행동, 관습, 그리고 전략적 묘안들 덕분에 매우 기동성 높은 수렵채집민들이 유별나게 손이 많이 가고 천천히 자라는 아이들을 기를 수 있었다. 수렵채집민들이 번식에 성공하기 위해서는 짝을 찾고 거주지를 정하는 데 있어 편의적이고 융통성이 있어야 했으며, 또 실제로 그랬다.

헬렌 알바레즈의 수정된 해석이 옳다면 외할머니와 다른 모계 친족이 초기 호미닌 어머니가 자식을 키우는 것을 도왔다는 가설을 진지하게 받아들이는 것을 막는 마지막 장벽이 사라진다. 하지만 어머니 곁에 손위 모계 친족들이 있었다 하더라도 이 친족들이 자발적으로 도와주고자 했을까?

8. 그중에서도 할머니

▎나이 든 암컷의 이타주의에 대하여

　　　　　나이가 들어감에 따라 암컷 영장류는 젊은 암컷들과는 다르게 행동한다. 만약 아직 번식 중이라면, 어미는 유아와 직접 붙어 지내면서 더 많은 시간을 보내고, 젊은 어미들보다 늦게 젖을 뗀다. 일반적으로, 나이가 많은 어미는 평생의 번식 성공에 대한 이 마지막 지분에 더 헌신적이다. 나이 든 어미가 더 긴 출산 간격을 갖는 이유는 난소가 노령화된 이유도 있겠으나 양육에 과도하게 투자하기 때문이기도 하다.[45] 번식 가능 연령의 마지막 또는 거의 끝에 있는 암컷이 이렇게 '자신을 내주는' 경향은 암컷 친족이 낳은 자손을 용감하게 보호하는 데까지 미친다.

　대부분의 구세계원숭이와 마찬가지로 랑구르원숭이의 최대 수명은 약 30년이다. 이 연령에 가까워지면 암컷은 집단의 일에서 차츰 손을 떼고, 다른 동물과의 경쟁을 피하며, 심지어 (일상적으로 유아 공유를 하는 모거제 종임에도) 유아를 데리고 다니는 일도 거의 없다. 그러나 이 사회적으로 소외된 늙은 노부인들은 이웃 집단으로부터 먹이 영역권을 방어해야 하는 비상 상황에서는 가장 적극적으로 나선다. 또한 영아살해자 수컷의 공격을 받는 유아를 보호하는 데도 가장 용감하게 나선다. 랑구르, 수티망가베이, 그리고 사바나개코원숭이에서 이 20~30살 사이의 암컷이 위험에 처한 유아를 보호하기 위해 유아의 어미보다도 더 큰 위험을 무릅쓴다.[46]

　그런 사례가 흔한 것은 아니지만, 영웅은 잊히지 않는 법이다. 얼마 전 보츠와나의 모레미에서 개코원숭이를 관찰하던 과학자들은 새로운 수컷이 무리에 들어오는 것을 지켜보았다. 얼마 지나지 않아 수컷은 전임자의 새끼를 공격했다. 새로 들어온 수컷은 7개월 된 암컷을 쫓아가 쓰러뜨리고 땅바닥에 질질 끌더니 공중으로 2미터 정도 던져버렸다. 근처에 있던 무리 구성원들이 소리를 지르며 앞으로 달려 나왔지만 소용없었다. 수컷은 다시 기절한 유아의 "머리, 사타구니, 배를 물며" 공격했다. 이때 암컷 여러 마리가 수컷을 말리기 위해 돌진했다. 이 중에는 유아의 어미와 할머니도 함께 있었다. 할머니는 늙고, 체구도 작았으며, 근육질의 젊은 수컷보다 몸무게도 훨씬 덜 나갔음에도 불구하고 가장 대담했다. "할머니는 … 특히 끈질기게 공격했다." 수컷은 결국 이 늙은 암컷의 머리에 깊은 상처를 입혔다. 상처에도 불구하고 할머니는 수컷을 계속해서 공격했고, 수컷이 다시 공격하기 전에 잠시 동안 그를 붙잡아두었다. 하지만 결국 수컷은 유아를 잡아끌고 배와 옆구리를 물었다. 22분 후에 새끼는 죽었다.[47]

영웅적인 노부인에 대한 또 다른 사례는 내가 연구했던 라자스탄의 아부 산에 사는 랑구르원숭이들 중에 있었다. 왕좌를 찬탈한 수컷이 젊은 어미와 새끼를 며칠 동안이나 스토킹하고 있었다. 몇 번의 시도가 수포로 돌아가자 수컷은 잠시 멈추었다가 다시 괴롭히기 시작했다. 수컷을 피하기 위해 어미가 자카란타 나무의 바깥쪽 가지 위로 후퇴했을 때, 갑자기 유아가 떨어졌다(어미는 떨어지지 않았다). 이 한 쌍에게 시선을 박고 있던 수컷은 즉시 땅으로 튀어가 떨어진 유아에게 제일 먼저 다가갔다. 몇 초 뒤 무리에서 가장 나이 든 암컷 두 마리가 그를 쫓아갔다. 이 둘은 치열한 몸싸움 끝에 경미한 부상을 입은 유아를 되찾아 어미에게 돌려보냈다. 둘 중 더 나이가 많은 암컷은 너무나 많은 시간을 무리에서 소외된 채로 보내서 내가 '솔'이라고 부르던 외

(위) 살짝 다친 영아를 수컷에게서 구해낸 뒤, 얼굴을 찡그린 솔이 계속 수컷을 공격했다. 솔은 수컷의 얼굴을 때리고 털을 잡아당기면서 다른 한 손으로 수컷이 무는 것을 막았다. 내가 보기에 이 폐경이 지난 노파는 분명한 신호를 보내고 있었다. '이 아기를 한 번 더 공격하면, 대가를 치르게 될 것이다.' (아래) 그럼에도 불구하고, 나흘 후 수컷은 다시 유아를 낚아채는 데 성공했다. (수컷의 주둥이에서 새끼의 몸이 헝겊처럼 흔들리는 것이 보인다.) 솔과 다른 늙은 암컷이 함께 다시 구조에 나섰다. 비록 유아를 되찾는 데 성공했지만, 새끼는 머리와 사타구니에 깊은 상처를 입는 끔찍한 부상을 당했다.

톨이었다. 솔은 계속해서 수컷을 괴롭혔다.

이 암컷은 생리를 멈추고 더 이상 새끼를 낳지 않았다. 솔은 무리를 곁돌면서 먹이를 찾으며 하루를 보냈으며, 유아를 안아주거나 데리고 있으려고 한 적이 결코 없었다. 솔이 다른 암컷들과 마주치는 경우는 대부분 먹이가 있는 곳에서 다른 암컷들이 솔을 밀어낼 때 뿐이었다. 그럴 때면 솔은 그저 양보한다. 얼핏 보기에 솔은 죽기 전까지 시간을 때우고 있었다. 그러나 놀랍게도 솔은 갑자기 슈퍼 히어로로 변신했다. 이 광경을 지켜볼 당시 스물여섯의 젊은 여성에 아이도 없었던 나는 이 닳아 빠진 이빨의 늙은 암컷이 자신보다 두 배는 더 무게가 나가고 단검처럼 날카로운 송곳니를 가진 수컷과 대적하는 것을 보고 놀라고 또 놀랐을 뿐이었다.

일반적으로 원숭이들은 혹시 다칠까 싶어 공격하기 전에 신중하게 상대의 크기를 재고 주의를 기울인다. 나는 솔의 대담함에 경탄했다. 랑구르 집단의 번식 구조를 생각했을 때 솔은 보호하려고 했던 새끼의 할머니나 이모할머니가 거의 확실했다.[48] 나이 든 암컷의 진화론적 중요성에 대한 나의 관심을 처음으로 불러일으킨 것은 바로 솔의 비범한 이타심이었다.

그 사건 이후 다양한 종들을 체계적으로 관찰해보니 어미의 존재는 딸을 더 안전하게 만든다는 것을 알 수 있었다. 위계서열이 매우 엄격한 구세계 긴꼬리원숭이과에서 버빗원숭이, 개코원숭이, 마카크원숭이 암컷은 어미로부터 서열을 물려받는다. 이들 종에서 할머니가 근처에 있는 것은 젊은 엄마의 육아 성공에 큰 영향을 미친다. 이는 할머니가 여전히 가임 능력이 있고, 본인 스스로 낳은 유아를 데리고 있더라도 마찬가지다. 할머니의 존재만으로도 딸이나 손녀의 안전이 어느 정도 향상된다. 버빗원숭이의 경우 자신의 어미 근처에서 함께 먹이를 찾을 때는 다른 때보다 새끼가 주변을 더 자유롭게 돌아다니도록 허락한다. 이러한 독립 덕분에 외할머니가 있는 생후 2개월 된 버빗원숭

이는 할머니의 지원을 받지 못한 3개월짜리 버빗원숭이와 비슷했다.[49]

특히 어미가 어리고 경험이 없는 경우에는 그 차이가 더 커진다. 실험을 위해 버빗원숭이 할머니들을 다른 곳으로 옮기자, 4~6세 딸의 생존 및 출산율이 현저하게 떨어졌다. 자신의 어미와 동일 집단에서 사는 버빗원숭이 암컷은 경쟁 암컷들로부터 위협이나 공격을 덜 받았으며, 자신이 낳은 새끼의 생존율도 더 높았다. 마찬가지로 일본마카크원숭이 암컷은 가임기가 지난 어미가 근처에 있는 경우, 첫 출산 연령이 낮아지고, 출산 간격도 짧아진다.[50] 서열이 높은 암컷일수록 더 이른 나이에 첫 출산을 하고 더 많은 자손이 성체가 될 때까지 생존한다. 따라서 여러 세대에 걸쳐 어미의 지원을 통해 얻은 서열의 누적적 영향은 잠재적으로 엄청날 수 있다.

나이 든 암컷에게 같은 집단에 사는 딸이 둘 이상 있을 수 있다. 그런 경우 암컷은 막내 딸이나 가장 육아 경험이 부족한 딸, 즉 나이 든 암컷의 지원이 절실한 딸 근처에서 더 많은 시간을 보낸다.[51] 랑구르의 경우, 더 이상 다음 세대의 유전자 풀에 직접적으로 기여할 가능성이 거의 없는(즉, 생식력이 거의 없는) 나이 든 암컷은 자신과 유전자를 일부 공유하고 있는 혈연이 낳은 자손을 보호하기 위해 더 열심이었다.[52] 솔이나 모레미 개코원숭이 할머니 같은 늙은 암컷은 단지 집단 구성원을 보호한 것뿐이며, 이는 '어떤' 성체 암컷이라도 할 수 있는 행동이라는 반론이 제기될 수 있다.[53] 그러나 그 자리에 있던 다른 성체 암컷 누구도, 심지어 유아의 어미조차도 연장자들이 감수한 정도의 위험을 무릅쓰지는 않았다.

영장류 어미가 사회적 지원을 받으면 더 성공적으로 번식한다는 일반화를 뒷받침하는 가장 강력한 증거는 암보셀리의 개코원숭이들이다. 5개의 다른 집단에서 가장 서열이 높은 어미의 새끼는 사회적으로 가장 잘 적응했다. 가장 성공적인 암컷들은 모두 약 6마리 정도의 가까운 암컷 동맹들이 있었다.[54] 나이가 들어감에 따라 "주고자 하는 충동"이 증가한다는 사실을 감안하면, 이러한 이타적인 동맹을 이용하기 위해 출생 집단에 남아있는 것이 왜 젊은 암컷들에게 이익이 되는지 쉽게 이해할 수 있다.[55]

그러나 근처에 모계 친족이 있는 어미 유인원은 소수에 불과하다. 대부분의 사회적 포유류 그리고 많은 원숭이가 모거제를 띠지만, 대형 유인원은 그렇지 않다. 이전에 생각했던 것보다는 대형 유인원들의 거주 패턴이 다소 유연하지만 말이다. 그러나 우리가 알바레즈의 수정을 받아들인다면, 수렵채집민 어머니는(이들은 특히 유인원들과는 다른 종류의 식사를 하기에) 다른 유인원들의 패턴에서 벗어나는데, 이런 측면에서 구세계원숭이들의 패턴과 더 비슷하다.

그럼 도대체 어떤 조건의 변화로 인해 호모 사피엔스에 이르는 계통에서 딸이 번식할 때 어머니 근처에 있는 것이 더 이득이 되고, 또 가능해졌던 걸까? 초기 호미닌에서 젊은 암컷이 친족 근처에 남는 것의 효용·비용 균형을 바꾼 것은 무엇일까? 또는 반대로, 어떻게 나이든 암컷이 그들의 도움이 필요한 암컷 친족 근처로 이주할 수 있었을까? 그리고 자연 선택이 더 길어진 폐경기 이후의 수명을 선호하기 시작할 정도로 근처에 나이 든 친족이 있는 것의 이점이 증가한 이유는 무엇일까? 이러한 일들이 일어나기 위해서는 먼저 세 가지 조건이 충족되어야 했다.

첫째, 할머니나 이모할머니가 도움이 필요한 친족 근처에서 살기 위해 이주할 수 있을 만큼 충분히 자유로워야 했다. 다시 말해, 도와줄 기회가 있어야 했다. 둘째, 도울 수 있는 능력이나 이타심이 높아진 나이 든 영장류 암컷이 이를 친족에게 발휘할 수 있는 동기가 필요했다. 마지막으로 이 늙은 노부인들이 도움을 줄 수 있는 어떤 방법을 찾아냈어야 했다. 어린 친족의 번식 성공을 향상시키고, 자기가 쓰는 것보다 더 많이 가져다 주는 일상적으로 매우 유용한 방법은 무엇이었을까?

▎이제 음식에 대해 이야기할 시간이다

우리가 아는 오스트랄로피테신에 관한 보잘것없는 지식에 따르면, 비록 두 다리로 걷기는 했지만 조그만 뇌에 36킬로그램 정도밖에 안 나가는 이 유인원은 침팬지와 매우 유사했다. 250만 년 전에 나타난 호모 하빌리스는 똑바로 서서 걷고, 도구를 이용한다는 면에서 좀 더 인간과 비슷해졌다. 호모 하빌리스 중 일부가 더 무겁고 큰 체구, 더 긴 다리, 더 긴 얼굴, 그리고 더 큰 뇌를 가진 호모 에렉투스로 진화하게 된 이유를 확실하게 아는 사람은 아무도 없다.[56] 다음 장에서 보게 되듯이, 다양한 요인들이 관련되어 있었겠지만 한 가지는 분명해 보인다. 아무튼 호모 에렉투스는 더 커진 몸과 특히 에너지를 많이 소비하는 더 커다란 뇌를 감당하기 위해서 음식을 찾고, 가공하고, 소화시키는 새로운 방법을 찾았던 것이 확실하다.[57] 현재까지 가장 그럴듯한 시나리오는 인류학자 제임스 오코넬, 크리스틴 호크스, 니콜라스 블러튼 존스가 제시한 시나리오이다. 이들 버전의 할머니 가설에 따르면 친족을 도울 수 있는 새로운 기회로 인해 폐경기 이후의 여성들 사이에서 더 긴 수명을 선호하는 선택압이 발생했다. 하지만 그 새로운 기회는 도대체 무엇이었을까?

오코넬과 동료들은 최신세 말에 일어난 점점 더 선선하고 건조해지는 장기적 기후 변화로 인해 호모 에렉투스의 선조는 과일 이외의 다른 주식을 추가적으로 찾아야만 했을 것이라고 제안했다. 약 200만 년 전에는 사냥이 점점 더 중요해졌지만, 항상 사냥에 성공할 수 있는 것은 아니었다. 사냥을 하는 남성과 채집을 하는 여성 사이의 노동 분업도 더욱 더 중요해졌다. 오코넬과 다른 연구자들은 고기나 견과류 같은 영양가 많은 식물성 음식을 구할 수 없었을 때, 우리 선조들은 대안으로 땅속에 묻혀 있는 커다란 구근류에 의존했다고 주장했다. 건조한 지역의 식물들은 구근을 이용해 탄수화물을 비축한다.

이 저장 기관은 사바나 전역에 지천으로 있지만, 내리쬐는 햇빛에 바짝 마른 땅속 깊이 묻혀 있기 때문에 캐내기가 힘들다. 사바나에 서식하는 개코원숭이는 더 얕은 뿌리줄기와 구근에 접근하기도 하고, 사바나 서식지에서 연구된 유일한 침팬지 개체군은 얕은 땅 밑에 있는 구근을 파내기 위해 나뭇조각을 사용하기도 한다. 오스트랄로피테쿠스도 어쩌면 그렇게 했을지도 모른다.[58] 하지만 더 크고 더 깊이 묻혀 있는 구근을 파내기 위해서는 특별한 장비가 필요하다. 이 때문에 삽 모양의 앞니를 장착한 두더지쥐와 같은 몇몇 포유류를 제외하고는 이 지천으로 널린, 하지만 접근하기 어려운 음식원을 이용하는 영장류는 인간이 유일하다.[59]

구근은 캐기 어려울 뿐만 아니라, 섬유질이 많고 소화하기 어려워,

8. 그중에서도 할머니

어린이들에게 이상적인 음식은 아니다. 견과류와 마찬가지로 미리 으깨든가 다른 방식으로 가공해야 한다. 젖을 막 뗀 아이들이 이걸 먹으려면 나이든 사람들이 옆에서 먹여줘야 한다. 그럼에도 불구하고 녹말이 잔뜩 든 구근류가 우리 선조들의 중요한 대체 식품이었다는 증거가 점점 더 늘고 있다. 2007년 《네이처 제네틱스》에 게재된 논문은 하드자족처럼 뿌리식물과 구근류를 먹고사는 사람들은 특정 유전자의 사본들을 추가적으로 가지고 있다고 발표했다. 이 유전자 사본은 전분을 소화시키는 데 유용한 침 속 아밀라아제 효소와 양의 상관관계가 있었다. 이러한 사본은 시베리아 야쿠트 목동처럼 식단에 전분이 거의 없는 다른 사람들에게서는 발견되지 않았다. 이 유전자의 사본은 희귀한 사바나 개체군을 제외하고는 구근류를 먹지 않는 침팬지보다 전분이 많은 구근류에 의존하는 수렵채집민들에서 세 배나 더 많이 발견되었다.[60]

사바나에 거주하는 수렵채집민들은 전분 소화에 특히 적합한 타액 효소를 가지고 있었을 뿐만 아니라, 아프리카 호모 에렉투스의 이빨도 이에 적합한 형태를 띠었다. 편평하고 두꺼운 에나멜 어금니의 동위원소분석은 땅속 뿌리식물이 포함된 식단과 일치하는 결과를 보였다.[61] 이르면 80만 년 전쯤 호모 에렉투스가 불을 다룰 수 있게 되면서, 거칠고 섬유질이 많은 구근을 익혀서 더 소화가 잘되고 더 유용한 식량으로 만들었을 것이다.[62]

불로 요리하기 이전에도 여성이 채집한 다른 식물성 식품에 구근류가 추가되면서 사냥꾼과 채집가들이 서로 음식을 공유하게 하는 새로운 자극이 되었을 것이다. 아울러 번식 연령이 지난 여성이 친족의 생존을 향상시킬 새로운 기회도 생겼을 것이다. 구근이 어디에 있는지 알고 있고, 거리가 멀지라도 기꺼이 가서 단단한 땅을 파 캔 다음 마을로 가지고 돌아오는 여성들에게 구근은 특별히 맛있지는 않더라도 다른 음식이 부족한 시기에 쉽게 손에 넣을 수 있는 영양원이었다.[63]

나이 든 여성의 경험과 근면함은 다른 맥락에서도 유용했을 것이다. 오늘날 아프리카의 많은 지역에서 견과류는 침팬지와 인간 모두에게 단백질이 풍부한 주요 식품이다. 그러나 딱딱한 껍질을 깨는 기술을 익히려면 수년이 걸린다.[64] 또한 모든 채집가들이 식물학자(식용 가능한 식물과 독성 식물을 식별하고 그 가용성을 예측하는 전문가)라면, 나이가 더 많은 여성은 달인급니다. 파울라 아이비 헨리는 한 나이 든 에페족 여성의 기묘한 능력을 묘사한 바 있다. 노파는 약용 식물과 흉년이 아니면 거의 먹지 않는 식물이 자라는 곳을 꿰고 있었다. 자식들을 다 여의고 홀로 사는 이 노파는 기근이 들 때면 너무 희귀하고 찾기 어려워 다른 여성들은 엄두도 내지 못하거나, 심지어 기억도 못하는 생선, 조개류, 견과류, 과일, 그리고 뿌리식물을 채집하며 숲에서 시간을 보냈다.[65]

만성적 영양부족 상태에 있는 지역에서 아이들의 안녕에 민속식물학적 지식이 얼마나 중요한지는 이제 막 연구되기 시작한 상태다. 2007년에 아마존 볼리비아의 수렵채집·원예농경민인 치마네(Tsimane)족을 연구하는 미국과 스페인 인류학자들은 어머니가 지역 식물의 가짓수와 사용법을 많이 알고 있을수록 자녀들의 영양상태와 건강이 좋은 경향이 있다고 보고했다. 이러한 경향은 가구 소득이나 학업 기간 같은 다른 변인을 통제해도 마찬가지였다.[66] 연구자들이 어머니들이

8. 그중에서도 할머니

어떻게 그 특별한 지식을 습득했는지 언급하지는 않았지만, 아마도 여성에게서 여성으로 전수된 것일 가능성이 크다.

다른 형태의 전통 지식—주변 환경의 위험에 관한 지식이나 질병 혹은 멀리 떨어진 지역에 사는 사람들에 관한 지식 등—은 성별에 따라 다를 가능성이 적다. 영장류에서 나이 든 암컷과 나이 든 수컷은 세대간 지식을 전달하는 데 중요한 저장소 역할을 한다. 망토개코원숭이든, 수렵채집민이든, 가뭄이 들어 평상시에 이용하던 수원지가 말라버리면 물을 어디서 찾을 수 있는지 알고 있는 것은 집단에서 가장 나이 많은 사람이었다. 그러나 인간을 제외하고 정보와 기술의 전달은 교육이나 의도적인 지식 공유보다는 주로 시연을 통해 전수된다. 이를테면 침팬지는 설사에 시달리면 장내 기생충을 제거하는 특정한 식물을 찾는다. 하지만 내가 아는 한 침팬지는 자기 혼자서 치료한다. 호모속의 새 식량원을 이용하기 위해서는 숙련된 기술이 필요했고, 나눔과 교육이 더욱 중요해졌다. 이로 인해 나이 든 친족이 아랫세대를 도울 수 있는 새로운 가능성이 열리고 나이 든 구성원이 집단에 미치는 비용·편익 비율이 바뀌었다.[67]

▋ 할머니 만들기

우리는 진화론자들과 인류학자들이 모두 생식연령이 지난 여성을 무시했던 시대로부터 먼 길을 왔다. 오늘날에는 폐경기 여성의 존재 혹은 부재, 장수 여부, 효율성, 그리고 친족에 대한 헌신과 같은 주제는 타당한 연구 주제가 되었다. 내가 2002년에 독일 델멘호

스트에 있는 한세고등연구소(Hanse Institute for Advanced Study)에 서 열린 "인생 후반기의 심리적, 사회적, 생식적 중요성"에 대한 최초의 국제 심포지엄에 참석했을 때는 이미 생식연령을 넘긴 여성의 중요성 에 대해서 매우 많은 증거가 쌓여 있었다.

20세기의 마지막 사반세기 동안 사회생물학자들(나를 포함한 여성 학자 대부분)은 양성 모두에게 작용했던 선택압을 포함하도록 진화론 을 확장하기 위해 열심히 노력했다. 다른 현장연구자들과 함께, 나 역 시도 어머니와 나이 든 여성을 포함한 대행 어머니가 유아의 복지에 기여하는 바에 대해 연구해왔다.[68] 하지만 2002년 회의는 특별히 할 머니의 영향을 논의하기 위해 전 세계에서 연구자들이 소집된 첫 번 째 회의였다.[69] 당시 폐경을 훌쩍 넘어 손주를 갈망하던 나는 결코 사 심이 없는 객관적인 참여자가 아니었다.

루스 메이스와 크리스틴 호크스도 거기 있었다. 이 둘은 이미 2년 전에 만딘카족에서 외할머니의 존재가 아동 사망률을 절반으로 떨어 뜨린다는 것을 보고한 바 있었다. 독일 영장류학자 안드레아스 파울 (Andreas Paul)은 인간만 폐경기가 있는 것으로 간주할 수 없으며, 충 분히 오래 산다면 다른 영장류도 죽기 전에 월경을 멈추고 어린 피붙 이를 돕고자 하는 강한 충동을 보인다는 많은 증거를 보여주었다. 파 울은 인간의 독특한 점은 여성의 난소에 있는 난포가 40세쯤 없어진 다는 것이 아니라 여성이 그 이후에 오랫동안 장수한다는 점이라고 강조했다.[70] 폐경 이후의 장수가 왜 유용한지는 인류학자 도나 레오네 티(Donna Leonetti) 연구팀이 인도 북동부 메갈라야 지역의 카시족에 게서 배운 것을 바탕으로 설명했다.

8. 그중에서도 할머니

카시족은 전통적인 삶의 방식을 유지하는 몇 안 되는 모계 민족 중 하나다. 딸, 특히 막내딸은 자식을 낳은 후에도 계속 어머니와 함께 산다. 그리고 이 거주 패턴은 아동의 생존율을 높인다. 카시족 어머니의 12퍼센트는 10세 이전에 사망한 자녀가 한 명 이상 있었지만, 할머니가 같이 살지 않는 경우 아이가 사망할 가능성은 그보다 74퍼센트 더 높았다.[71]

모거제 사회에 거주하지 않는 젊은 여성이라도 첫 출산을 앞두고서는 친정 어머니에게로 돌아갈 수 있다. 바이에른의 의료인류학자 불프 쉬펜회벨(Wulf Schiefenhövel)은 이렇게 친정으로 가는 관습의 가치를 강조했다. 출산 중에 도움을 받을 뿐만 아니라, 엄마가 자식이 독립하기 전에 죽거나 자식을 기르지 않기로 선택하면 모계 친족이 도움을 줄 수 있다. 쉬펜회벨이 연구한 트로브리안드 섬 주민 사례를 보면 특히 첫째인 경우 27퍼센트의 아동이 이유기 이후에 곧 입양되어 대행 어머니에게 양육된다. 이러한 경우 입양한 사람은 약 3분의 1이 할머니였다.[72]

수많은 사회에서 할머니는 친족의 번식 성공에 영향을 미치는 것으로 나타났다. 문서로 남은 기록이 있는 유럽이나 북미 지역의 농경사회의 경우, 도움받을 수 있는 할머니가 있는 어머니의 생애 번식 성공도가 증가하는 것을 수 세대 동안 추적할 수 있었다.[73] 궁핍한 소작농에서 태어나 자식의 40퍼센트를 잃을 운명이었던 핀란드 여성 500명과 캐나다 여성 2,400명에 대한 출생 및 사망 기록은 만약 이 어머니들이 같은 지역사회에 자신의 어머니가 여전히 생존해 있다면 훨씬 더 적은 수의 자녀를 잃은 것으로 나타났다. 두 사례 모두에서 여성이 마지막 자식을 낳은 시점에서부터 사망에 이른 시간이 길수록 생존한 손주의 수가 많았다. 생식연령이 지난 여성은 마지막 출산을 마치고 10년을 더 살 때마다 대략 2명의 손주를 더 얻었다.[74] 그러나 이러한 영향은 처음 세 손주의 경우에만 중요했다. 이는 어머니가 경험이 많아졌기 때문이거나 먼저 태어난 아이들의 도움이 할머니의 쇠약이나 부재를 보상하고 있음을 시사한다.

하드자족의 근면한 폐경 후 여성과 만딘카 원예농경민 할머니가 아동 생존율에 미치는 놀라운 영향(3장에서 논의한 바 있다)에 대한 소식은 인류학자들 사이에 빠르게 퍼졌다. 페루 고원, 세네갈, 에티오피아 시골, 인도 최북단, 서호주의 사막에서 일하던 연구원들은 새로운 질문을 하기 시작했다. 다른 사람들은 유럽, 북미, 그리고 일본의 기록보관소를 샅샅이 뒤졌다. 그리고 모두 폐경 후 이타주의의 중요성을 확인했다.[75] 평균적으로 높은 아동 사망률을 보이는 인구집단에서는 모두 할머니가(있기만 하다면) 아동 생존율에 영향을 미쳤다.

새로운 발견에 고무된 레베카 시어와 루스 메이스는 우리가 이미 상당히 자세한 인구통계학적 정보를 가지고 있는 28곳의 전통사회에 대한 증거를 검토하기 시작했다. 모든 사회에서 아이가 태어나고 채 두 돌도 안 되어 어머니가 죽으면 아이들에게 재앙과 같다는 것이 판명되었다. 아마도 모유와 어머니의 돌봄을 대체할 수 있는 것이 너무 없기 때문일 것이다. 하지만 어머니를 잃는 것의 치명적인 영향은 아동의 나이가 증가할수록 감소했다. 그리고 5개의 사회에서 어머니가 없는 아동이 두 돌까지 살아남았다면, 그 이후에는 어머니가 죽지 않은 아이와 비슷한 정도로 성인기까지 생존했다. 두 살짜리 아이는 여전히

8. 그중에서도 할머니

자립하려면 멀었기 때문에 다른 양육자가 개입해야만 했다. 할머니는 누구보다도 아이의 생존에 가장 강력한 영향을 미쳤다. 관련된 데이터 가 기록된 12개 사회 모두에서 할머니의 존재는 더 높은 아동 생존율 과 상관이 있었다.[76]

▌언제, 그리고 정확히 어떻게 할머니들이 도와주는 걸까?

모든 대행 부모 중에서도 할머니가 가장 확실히 도움이 되는 것으로 밝혀졌다. 수렵채집사회에서 사냥감이 부족한 시기에는 할머니의 존재가 아버지보다 유아 생존에 더 큰 영향을 미쳤다. 할머 니가 가장 유용한 또 다른 경우는 어머니가 어리고 경험이 부족하거 나 어머니를 도울 수 있는 다른 자녀가 부족할 때이다.[77] 아이들의 나 이도 중요한 요소인데, 왜냐하면 통상적으로 이유기를 맞는 시기에 아 이들이 할머니로부터 가장 큰 혜택을 받기 때문이다.[78] 어떤 아이들은 젖을 떼는 데 큰 거부감 없이 스스로 젖을 떼기도 하지만, 많은 경우 어린 원숭이나 (인간 아이들을 포함한) 유인원은 어미가 젖 주기를 거부 하는 것에 상당한 스트레스를 받는다. 어린것들은 빨기를 통해 얻던 정서적 안정감을 더 이상 누릴 수 없게 될 뿐만 아니라 이제부터는 집 단의 더 큰 구성원들과 먹이를 두고 경쟁해야 한다. 또 어미의 품을 차 지한 동생을 보며 엄청난 질투심에 시달릴 수 있다. 젖떼기가 가끔은 사형 선고처럼 느껴지는 것도 당연하다. 이미 영양실조 상태에 있고 면역력도 약한 일부 유아에게는 실제로 그럴 수도 있다.[79]

!쿵족 여성 니사는 유년 시절을 회상하면서 새로 태어난 남동생이

어머니의 가슴에서 자신을 밀어냈을 때 얼마나 질투심이 났는지 이야기했다. 니사와 어머니 사이의 긴장은 남동생이 젖을 먹을 때마다 터졌다. 그렇다면 니사는 어떻게 했을까? "저는 외할머니가 사는 마을로 갔어요. 그러고는 할머니와 함께 살겠다고 다짐했어요. 제가 할머니의 오두막에 갔을 때 할머니는 먹을 것을 만들고 있었어요. 저는 먹고, 또 먹고, 또 먹었어요. 할머니 곁에서 잤고, 한동안 거기서 살았어요." 나중에 할머니는 니사를 부모에게 돌려보냈고, 니사를 잘해주기는커녕 왜 혼을 내느냐며 딸을 나무랐다. 니사는 그렇게 막강한 동맹이 있다는 사실에 위로를 받았다.[80]

자애로운 할머니는 오랜 문화적 고정관념이다. 하지만 할머니의 자애로움이 주는 스트레스 감소 효과에 초점을 맞춘 연구는 이제 막 시작되었다. 대행 어미가 어머니의 번식 성공에 미치는 영향을 조사하기 위해 트리니다드로 떠났던 마크 플린(Mark Flinn)은 17년이 지난 후인 2006년까지 그곳 남아 연구 중이었다. 그리고 플린은 대행 어미의 지원이 주는 생리학적 이점에 대한 논문을 발표했다. 예상대로, 위협을 받거나 부모 사이의 싸움을 목격하는 등의 트라우마적인 사건으로 인해 타액 속의 코르티솔 수치가 100~2000퍼센트까지 증가했다. 하지만 유년기의 사회적 트라우마의 부정적인 영향(코르티솔 수치로 측정)은 할머니가 있는 아이들을 포함해 대행 어미의 지원을 받는 아이들의 경우 완화되었다.[81]

이러한 인구통계학적 상황은 매우 중요하다. 어머니가 경험이 부족할수록, 또는 도와줄 수 있는 큰 아이들(자신의 아이든 사촌이든 간에)이 주변에 없을수록 할머니나 이모할머니가 더 중요했다.[82] 우연의 일치로, 높은 아동 사망률은 할머니의 도움을 매우 중요하게 만드는 동시에, 할머니의 도움을 두고 경쟁하는 직계 후손의 수를 줄인다. 할머니는 또한 자신의 도움이 가장 필요한 사람들을 우선으로 도울 수 있다.[83] 하지만 인구통계학적 사항들은 차치하고, 할머니가 '누구의' 어머니인지도 못지않게 중요하다.

어머니의 어머니 vs. 아버지의 어머니

분명히 할머니는 다양한 측면에서 유익한 영향을 끼친다. 심지어 어떤 경우에는 아동 사망률을 극적으로 떨어뜨리기도 한다. 하지만 이런 효과는 근처에 있는 할머니가 어머니의 어머니인지, 아버지의 어머니인지에 따라 달라질 수 있다. 전통적인 사회 대부분에서 외할머니는 손주가 잘 자라는 데 도움이 될 가능성이 더 높은 반면, 친할머니는 출산아 수의 증가, 이른 출산, 그리고 짧은 출산 간격과 관련 있을 가능성이 더 높다.[84] 이렇게 증가한 어머니의 출산력은 남편의 번식 성공에 도움이 될 수 있다. 하지만 짧은 출산 간격으로 잇달아 태어나 가족의 자원을 두고 형제자매와 경쟁해야 하는 아이들의 복지가 반드시 증가하는 것은 아니다. 게다가 '모든' 할머니가 자애로운 것은 결코 아니다. 어떤 상황에서는 할머니의 원조가 더할 나위 없이 해로울 수도 있다.

우리는 인류 사회에서 더 계층화되고 고도로 가부장적인 사회에서 보이는 사례들을 살펴볼 필요가 있다. 그런 경우에 할머니들의 개입은 마모셋과 미어캣 할머니처럼 무시무시한 "지옥에서 온 할머니"를 연상시킨다. 예를 들어 세계 일부 지역에서 나타나는 특정 가족 구성에 대한 오랜 선호, 특히 남아선호는 부계 할머니가 앞장서서 원치 않는 손녀를 버리도록 만들 수 있다. 나는 아직도 동료로부터 받았던 파키스탄 어머니에게서 태어난 남녀 쌍둥이 한 쌍을 찍은 사진이 뇌리에서 떠나지 않는다. 몹시 선호되는 아들은 어머니에게 남아 모유 수유를 받고 있었고, 건강하고 튼튼했다. 반면에 딸은 태어난 직후부터 부계 할머니가 데려가 형편없는 가루 분유와 끓이지 않은 물로 젖병 수유를 받았고, 쇠약하고 축 처져 있었다. 사진을 찍고 얼마 지나지 않아 그 작은 소녀는 만성적인 설사와 영양실조로 숨을 거두었다.[85]

할머니 효과보다는 시어머니 효과라고 하는 게 나을 듯한 또 다른 사례는 에카르트 볼란드(Eckart Voland)와 얀 베이즈(Jan Beise)가 재구성한 18세기와 19세기의 독일 크럼혼 지역 가족 기록에서 찾을 수 있다. 예상대로, 폐경이 지난 보육자가 아내의 어머니인 경우 아동의 생존율이 더 높았다.[86] 남편의 어머니가 같은 집에 살았을 때, 가장 두드러진 영향은 며느리의 출산 간격이 짧아지고, 전반적인 출산율이 높아졌다는 것이다. 어쩌면 이러한 높은 출산율이 전반적인 번식 성공을 높였을 것으로 기대할 수도 있겠지만, 그렇지 않았다. 함께 사는 시어머니는 상당히 더 높은 사산율 및 신생아 사망률과 관계가 있었다.[87] 볼란드와 베이즈에 따르면 이러한 불행한 결과는 임신한 아내가 자신의 원가족과 분리되어 억압적이고, 아마도 상당히 스트레스가 높은 시어머니의 감시를 받으며 살았던, 음울하고 엄격한 칼뱅주의 사회의 산물이었다.

분명히 부계 할머니가 손주의 생존에 미치는 영향은 모계 할머니의 영향만큼 항상 유익한 것은 아니다. 몇몇 저자들은 부성을 둘러싼 불확실성 수준에 대한 우려의 차이 때문으로 보았다. "자신의 친아버지가 누군지 아는 아이가 현명한 아이"라면, 아들의 친자를 구별해낼 정도로 상황을 비상하게 파악할 수 있는 할머니는 더욱 현명하다고 할 수 있다. 부계 할머니는 자신의 친손주일 수도, 아닐 수도 있는 손주에게 정서적으로 애정을 덜 느낄 수 있다.[88] 물론 두 여성이 단순히 서로를 좋아하지 않는 것일 수도 있다.

이유가 어찌 되었든 간에 독일 소작농들에게서 보고된 것과 유사한 부계 할머니와 모계 할머니의 반대 효과는 20세기 중반 서아프리카와 18~19세기 퀘벡의 부계 사회에서도 기록되었다.[89] 벼농사를 짓던 17~19세기 일본의 도쿠가와 시대에도 마찬가지로 동일한 패턴이 확인되었지만, 약간 추가적인 복선이 있었다. 이 부거제, 부계, 극단적으로 가부장적인 사회에서 어머니가 딸과 함께 사는 일은 매우 이례적이었다. 그러나 극히 드물지만 함께 사는 경우 모계 할머니의 존재는 손녀와 손자 모두의 생존률 향상과 관련이 있었다. 하지만 일반적으로는 부계 할머니와 한집에서 살았는데, 부계 할머니는 손녀에게는 아무런 영향이 없었지만, 손자의 생존에는 치명적이었다.[90] 한 가지 가능성은 이 엄격한 부계 시스템 하에서 부계 할머니에게 토지의 상속을 두고 경쟁하는 상속자의 수를 줄이는 것이 나을 수 있다는 점이다.[91]

할머니가 수행하던 역할은 거주 패턴은 말할 것도 없고, 지역의 생계 조건, 가족의 사회경제적 지위, 가족 구성 및 상속 패턴 등 다양한 요인에 따라 달라진다. 이러한 요인은 소유재산이 거의 없는 수렵채집민보다는 정착민들에게서 훨씬 더 중요하다.[92] 레오네티와 동료들은 이 다양한 요인들을 서로 추려내기 위한 첫 번째 연구에 착수했다. 연구진은 인도 북동부 메갈라야주에 있는 모계 중심적인 카시족 사회와 이웃 아쌈주에 있는 부계, 부거제 벵갈족 사회에서의 육아 패턴을 비교했다. 가부장적인 벵갈에서 남성은 여성의 움직임을 감시하고 통제하려 했으며, 어머니와 자녀 모두 자원에 직접적으로 접근하기가 힘들어서 고통받았다.

또한 농지가 부계를 통해 상속되는 것이 중요하기 때문에 여성의 정절은 벵갈인들에게 엄청난 관심사이다. 항상 아내는 전형적인 시어머니의 감시 하에 있으며, (18세기 독일 소작농들의 경우와 마찬가지로) 시어머니의 존재는 짧은 출산 간격과 출산아 수 증가(일부 여성들은 11명의 자녀가 있기도 했다)와 관련이 있었다. 그럼에도 불구하고(그리고 이 부분이 독일 사례와 다른 점인데) 부계 할머니의 존재는 유아의 생존에 해가 될 때보다는 도움이 되는 경우가 더 많았다. 빠른 출산 속도가 어머니에게는 부담이 되었지만 말이다.[93]

벵갈족 어머니들과는 대조적으로, 카시족 어머니들은 자기 소유의 재산이 있고, 훨씬 더 자유롭게 이동할 수 있으며, 모계 친족이 근처에 있는 혜택을 누린다. 특히 모계 할머니는 어머니와 손주들이 건강하고 좋은 영양 상태를 유지하는 데 가장 큰 우선순위를 둔다. 당연히 할머니의 노동력은 아이들의 몸무게와 양의 상관관계가 있으며, 할머니가 있는 아이들은 같은 연령대의 뱅갈 아이들의 평균치보다 훨씬 더 많이 나갔다. 두 집단의 사회경제적 지위는 거의 비슷함에도 불구하고 (둘 다 잘 사는 형편은 아니다), 평균적으로 카시족 어머니들이 유년기, 그리고 성인기까지도 잘 먹지 못한 뱅갈족 어머니들보다 키가 더 크

　　　　　　　　　　　　　8. 그중에서도 할머니

고, 영양상태가 좋으며, 몸무게가 더 많이 나갔다.[94] 이 연구에 포함된 2,666명의 카시족 유아들 중 모계 할머니가 있는 유아들은 할머니가 없는 유아에 비해 10세까지 생존할 가능성이 더 높았다.[95]

그렇다면 모계 친족이 항상 좋은 걸까? 반드시 그런 것은 아니다. 모거제 사회에서도 인구 밀도가 높아지면 모계를 통해 상속되는 자원을 두고 친족 간에 경쟁이 증가한다. 근처에 외할머니나 이모들이 있는 것이 아동의 생존에 해가 되는 것으로 밝혀진 현대 말라위 지역의 경우가 이에 해당한다. 말라위의 경우, 어머니가 가족을 부양하기 위해 필요한 농경지가 부족한 데서 비롯한 상황으로 보인다. 셔먼의 '진사회성의 연속선' 개념으로 표현하면, 더 많은 땅을 가진 어머니가 더 많은 자식을 키울 수 있기 때문에 경쟁은 번식 편차의 정도를 증가시킨다. 이러한 추정은 근처에 있는 모계 친족과 아동 사망률 사이의 상관관계가 여아에게만 해당되며, 상속할 수 있는 땅을 가지고 있는 집안에서 더욱 두드러진다는 사실과 일치한다.[96] 2008년에 출판된 말라위 사회에 대한 이 연구는 우리가 협동 번식을 하는 인간에 대해 여전히 배워야 할 것들이 많다는 점을 상기시킨다.

▍홍적세 이후의 가부장제

부성 확실성에 대한 우려는 시어머니가 손주의 안녕에 그토록 다양한 영향을 미칠 수 있는 여러 가지 이유 중 하나다. 보편적으로 전통사회의 사람들은 아이들을 원하지만, 거주 패턴, 가족 구성, 가치관, 아이들에 대한 우선순위는 다양하다. 모계·모거제 역사를 가진 사람들에서는 어머니의 이해관계가 높은 우선 순위를 차지한다. 반면에 재산이 아버지로부터 아들에게 상속되는 부계, 특히 완전한 형태의 가부장제 사회에서는 남편의 친자관계를 보장하고, 자원에 대한 접근을 부계로 제한하는 것이 더 중요하다. 이를 위해 심지어 여성을 가두고, 여성의 질을 꿰매는 것 같은 어머니의(그리고 아이들의) 안녕에 해가 되는 관습을 수반하기도 한다.

시간이 흐르면서 정절에 대한 집착은 상징적이고 제도적으로 굳건히 자리잡았다. 여성의 섹슈얼리티를 규제하고 통제하기 위해, 그리고 여성들에게 자신과 아이들을 위해 "좋은(즉, 순결하고, 성실하고, 순종적이고, 자기희생적인)" 어머니가 되도록 설득하기 위해 엄청난 정신적 에너지와 노력이 투입되었다.[97] 이들 사회에서 남편과 시어머니가 아이들에 대해 신경 쓰지 않는 것은 아니다. 그들은 많은 아이들, 특히 여러 명의 아들(한 명의 상속자와 대타가 될 수 있는 아들)을 갈망한다. 그러나 아이들에게서 할머니를 빼앗을 정도까지 부계 혈통과 부계 집단의 유지가 더 우선시될 수 있다. 한때 남아시아에 널리 퍼져 있던 관습인 '수티(suttee)'를 생각해보자. 남편이 죽으면, 스스로 산 채로 타 죽는 것이 과부의 '신성한 의무'였다. 여성의 자살은 그녀가 다른 남자를 받아들임으로써 부계를 모욕할지도 모를 위험을 제거할 뿐만 아니라 그녀가 친족에게 도움을 주기 위해 자원을 돌리는 것도 막았다. 그러나 '수티'는 정숙한 과부에게만 가혹한 것이 아니었다. 이는 아직은 돌봄이 필요한 아이들로부터 어머니뿐 아니라 할머니, 이모할머니를 박탈했다.[98]

8. 그중에서도 할머니

▎할아버지는 뭘 하고 있는가?

남성이 아이를 돌보는 일이 흔한 에페 사회에서도 할아버지는 놀랄 정도로 적은 시간만 아기를 안고 있다. 아버지, 사촌, 그리고 손위 형제들은 할아버지보다 두 배 이상(삼촌보다는 다섯 배 이상) 아기를 돌보는 데 시간을 보낸다. 하드자족에서 할아버지는 할머니보다 같은 마을에서 지낼 가능성이 훨씬 낮다. 시어와 메이스의 2008년 논문을 보면 할아버지의 근접성은 손주의 생존에 거의 영향을 미치지 않았다.[99] 이것이 할아버지가 중요하지 않다는 것을 의미할까?

분명히 남성 대부분은 나이가 들면서 후손들에게 일어나는 일에 계속 관심을 둔다. 부계 사회에서 나이가 많은 남성은 특히 아들과 손자에게 관심이 있다. 반면 모계 사회에서는 삼촌(어머니의 형제)이 특히나 중요한 멘토가 된다. 세대간 재산 상속이 매우 중요하고 이런 사실이 자료로 잘 정리된 우리 사회 같은 곳에서 핏줄에게 부를 상속하고, '가족' 내에서 재산을 지키는 일에서 남성은 여성보다 어려움을 겪는다.[100] 수렵채집사회에서 재산의 중요성은 훨씬 떨어지지만, 그렇다고 사회적 관계의 복잡성이나 불화의 가능성이 낮은 것은 아니다. 존경받는 중년이나 노년 남성, 나이 든 아버지, 할아버지, 삼촌은 친족들이 경쟁자나 공동 부인들과의 분쟁을 겪을 때 중재하고, 친족 집단이 물웅덩이를 계속 이용할 수 있도록 돕는다. 그리고 아마도 그들의 가장 중요한 역할은 적절한 중매를 주선하여 집단의 새로운 구성원을 모집하고 유지하는 것이다.

폴리 위스너(Polly Wiessner)가 !쿵족의 사례에서 보여주었듯이, "노인 정치가"의 사냥, 치유, 그리고 정치적인 기술은 긴장을 분산시키고,

연대를 촉진하며, 유용한 집단 구성원을 끌어들이고, 또는 집단의 자원을 유지하는 데 도움이 된다. 존경받는 남성의 영향은 그의 전성기를 훌쩍 넘긴 뒤에도 영향을 미친다. 여러 부시맨 가족을 추적한 후속 연구에서 위스너는 장기적인 '흐사로' 관계를 잘 맺는 남성은 그렇지 않은 노인보다 두 배나 더 오랫동안 자신의 집단이 동일한 지역에 모여서 지낼 수 있도록 했다는 사실을 발견했다. 위스너의 표현에 따르면, "34년 후, 이러한 활동에 뛰어났던 남성의 아내는 성장하여 결혼한 자녀와 함께 살고 있을 가능성이 84퍼센트였던 반면 이런 활동을 잘 못 했던 남성과 결혼했던 여성은 그럴 가능성이 34퍼센트였다."[101] 늙은 남성이 계속 자식을 볼 수도 있고, 젊은 아내에게서 태어난 아이가 실제 자식일 수도 있고 그렇지 않을 수도 있다. 하지만 아무튼 이러한 노인 정치가들로 인해 집단 구성원들은 장기적인 혜택을 얻는데 그중에는 자기의 친족도 포함된다.[102] 이들 남성이 직접적으로 보육에 관여하지는 않지만 아이들에게 아예 관심이 없는 것은 아니다.

영장류에서 전성기가 지난 남성의 영향과 유사한 사례는 거의 없다. 육체적으로 쇠약해지면, 비인간 영장류 수컷은 집단에서 소외되거나 아예 쫓겨나는 경향이 있다. 가장 비슷한 사례는 아마도 더 어린 견습 수컷과 같은 집단에서 지내는 실버백고릴라일 것이다. 더 나이가 많은 실버백은 전성기를 넘기고 나서도 집단을 방어하는 역할을 한다. 그래서 집단에 여러 마리의 수컷이 있으면 유아의 생존율이 높아진다.[103]

나이 든 남성이 젊은 남성의 결혼 선택권을 통제할 뿐만 아니라 젊은 여성을 독점하기도 하는 장로(長老) 주도의 인간의 번식 체계에서, 늙은 "실버백"은 계속 영향력을 행사한다. 이로 인해 프랭크 말로위는

8. 그중에서도 할머니

는 장수를 선호하는 선택이 할머니보다 이 늙은 족장들에게 더 강력하게 작용했을 수 있다는 가설('족장 가설')을 세웠다.[104] 하지만 육체적인 우위를 잃고 나서도 한참 이후까지 연장자를 존경하도록 하는 인간의 독특한 이데올로기는 아마도 언어를 필요로 했을 것임을 기억해야 할 것이다. 만약 인간이 언어를 습득할 당시 이미 더 긴 수명을 누리고 있었다면(이 제안은 다음 장에서 검토할 것이다), 우리는 다시 할머니에게로 돌아가야 한다.

▎인구통계학적 행운

영장류(그리고 거의 대부분의 포유류) 중에서 번식을 시작하는 데 십수 년이 걸리고 난소가 사라진 이후에도 수십 년을 더 사는 존재는 인간 여성밖에 없을 것이다. 매우 드문 예외로 짧은지느러미파일럿고래와 범고래가 있는데 이들은 40세쯤 번식을 끝내고도 수십 년을 더 산다.[105] 비인간 영장류 암컷은 생리가 중단될 정도로 오래 살아남는다고 해도 그 이후로 고작 몇 년, 이를테면 42세 정도에 마지막 번식을 하는 침팬지의 경우 아무리 길어도 10년 정도 더 살 뿐이다. 이 암컷들 중 가장 장수한 개체도 생식연령 이후에 더 살 수 있는 기간은 전체 생애의 16~25퍼센트에 불과하다. 그에 비해 여성은 약 40세 이후 어떤 시기에 생리 주기를 중단하고 나서도 거의 두 배가 되는 나이까지 살 수도 있다.[106] 6장에서 폐경이 일종의 '불임계급'을 만들어 나이 든 여성과 젊은 여성의 번식 경쟁을 막기 위해 진화한 것일 수도 있다는 가설을 언급한 바 있다. 하지만 이 가설은 여성이 번

386

식을 40세경에 중단(즉, 폐경)한다는 것에 인간과 비인간 영장류의 차이점이 있는 것이 아니라, 여성이 그 이후로 오랫동안 더 산다는 점이라는 것을 간과하고 있다.[107]

육아 경험이 있고, 유아의 신호를 잘 파악하며, 마을 생계 업무에 능숙하고, 자신의 아기를 돌볼 필요도 없고, 심지어 아이를 임신할 가능성도 없으며, 그리고 (나이 든 남성과 마찬가지로) 유용한 지식의 보고인 폐경 후 여성은 또한 유난히 이타적이다. 수렵채집민의 유연한 생활방식을 감안하면, 이 이상적인 대행 부모는 자신의 도움이 필요한 친족 근처로 쉽게 이주할 수 있다. 하지만 새 남편이 처갓집 식구들에게 공급하는 고기도 한 가지 이유가 될 수 있다는 점도 기억하는 것이 좋다. 시어와 메이스가 살펴본 대부분의 사회에서 할머니는 어머니 바로 다음으로, 그리고 손위 형제자매들과 비슷한 정도로 아동의 생존에 유익한 영향을 주었다. 그러나 폐경이 지난 대행 어머니에게도 단점이 있다. 결국에는 할머니들도 점차 쇠약해질 것이다.

생식연령이 지난 여성이 쓰임이 있을 때까지 오래 생존할 수 있으리란 보장은 없다. 보기 드물게 뛰어난 사고실험 연구에서 인류학자 제프리 컬랜드(Jeffrey Kurland)와 코리 스파크스(Corey Sparks)는 후기 구석기 시대 무덤의 고고학적 기록을 사용하여 인구통계학적 변수들을 수집한 다음 이를 이용해 다양한 생태조건에서 수렵채집민의 예상 수명을 추정했다. 상황이 좋아 사망률이 낮은 경우, 20세 어머니의 대략 절반 정도는 자식의 양육을 도와줄 40세 할머니가 있는 것으로 추정되었다. 사망률이 증가함에 따라 이 가능성은 약 25퍼센트 정도로 떨어진다. 크리스틴 호크스와 닉 블러튼 존스는 민족지에서 얻은 인구조사 데이터를 사용하여 이 두 극단값 사이의 수명 추정치를 내놓았다. 그들의 추정치 중 낮은 쪽 극단값은 에페족 샘플에서 20명의 유아 중에 네 명의 유아만이 할머니가 생존해 있는 데이터와 일치한다. 높은 쪽 극단에 있는 추정치는 유아 15명 중에 7명이 모계 또는 부계 할머니가 있는 아카족 수치와 유사하다.[108]

첫 출산을 하는 홍적세 어머니의 절반 미만이 생존한 어머니가 있거나 어머니와 같은 집단에서 살고 있었을 것이다. 어머니에게 생존한 손위 형제자매가 있을 가능성이 그보다 몇 배는 더 높다. 유아에게 손위 형제자매나 사촌, 아버지, 아버지일 가능성이 있는 남성, 아버지가 될지도 모르는 남성, 또는 이들의 조합이 있을 가능성이 여전히 더 높았을 것이다. 상황에 따라 일부 조합이 다른 조합보다 더 유익할 수도 있지만, 다른 조건들이 같다면 유용한 할머니가 있는 것이 없는 것보다 더 나을 것이다. 아주 운이 좋은 사람만이 풀하우스나 페어 카드를 받을 가능성이 높은 포커 카드 게임에 비유하자면, 근처에 할머니가 있는 것은 손에 에이스 카드를 들고 있는 것과 같다고 할 수 있다. 다원적인 생명의 게임에서 할머니는 종종 이기는 카드였다. 하지만 운이 좋은 사람만이 받을 수 있는 카드였다.

다양한 유형의 도움을 받을 가능성은 상황에 따라 달라졌다. 다른 유형의 대행 부모가 주는 도움의 종류 그리고 그런 도움이 얼마나 중요한지도 마찬가지였다. 아이들은 능숙한 딸기 채집꾼이나 도마뱀잡이가 될 수 있지만, 상체의 힘이 약하고 팔이 짧아서 깊은 곳의 구근을 파내기는 어렵다.[109] 또한 채집이나 견과류 깨기에서 나이 든 여성이 하듯 능숙하지도 열성적이지도 않다. 하지만 아직 미성숙한 아이

사촌과 손위 형제자매는 간식을 줄 수도 있지만, 대행 어머니로서 아이들의 가장 일반적인 기여는 본 보기 역할과 유아와 놀아주는(보통 어른들의 감독에서 멀리 떨어지지 않은 곳에 있다) 역할이다.

돌보미들은 쉽게 이용 가능하다는 장점이 있다. 좀 더 큰 아이들은 근처 어른들이 감독함으로써 더 유용해지고, 어머니는 더 효율적으로 식량을 채집할 수 있다. 그리고 신석기 시대 이후에 전형적인 농경사회에서 아이들이 수많은 허드렛일들을 도맡게 되면서 아이들은 매우 생산적인 자산이 되었다.[110]

▌ 할머니가 더 이상 도움이 되지 않을 때

할머니가 아무리 도움이 된다고 해도 마지막 문제가 하나 남는다. 할머니들이 더 이상 도움이 되지 않으면 어떻게 될까? 의료보험, 사회보장제도, 그리고 기타 다른 현대 사회의 안전망들로 인해 서구인들은 젊은 사람들로부터 매우 나이 든 사람들에게로 자원이 이전되는 몇 안 되는 인간 집단(그리고 유일한 영장류) 중 하나다. 대개 영장류에서 자원은 조부모와 부모에게서 번식기의 성체와 그들의 자손들로 흐른다.[111] 필연적으로 우리의 선조들 역시 가장 도움이 되던 나이 든 여성이 결국 너무 쇠약해져서 자기를 건사하지도 못하고, 다른 사람들에게 나눌 수도 없는 시점이 왔을 것이다.

일부 종에서 할머니들은 자발적으로 더 젊은 친족들과의 먹이 경쟁에서 물러나고, 서열에서 빠지며, 더 젊은 친척들에게 길을 터주고, 스스로를 소외시키며, 다른 구성원들에 의해서도 소외된다. 인간 사회에서 노인에 대한 대우는 경외심에서 깜짝 놀랄 정도의 냉대까지 다양하다.[112] 현대 미국 사회를 보면 조부모가 재산이 넉넉해 물려줄 게 많으면 아이들이 할머니 할아버지에게 더 자주 전화를 건다. 마찬가지로 수렵채집사회의 나이 든 여성은 채집하는 식량이 식단에서 중요할수록 자신들의 더 가치가 높아진다. 일반적으로 남성이 가져오는 사냥감을 중심으로 생계를 꾸리는 사회에서는 여성의 가치가 낮아진다.

노쇠함에 대처하는 관습은 젊은 사람이 노인을 돌보는 역돌봄에서 일본 전통사회에서 있었던 자발적 안락사까지 그리고 공경에서부터 소외, 유기, 또는 즉시 처형까지 다양하다. 킴 힐(Kim Hill)은 나이든 아체족 남성이 자신이 젊은 시절 집단에 짐이 되던 나이 든 여성들에게 도끼를 들고 몰래 다가갔던 순간을 회상하면서 들려준 이야기를 서술한 바 있다. "나는 그들을 짓밟았다. 큰 강가에서 그들은 다 죽었다. … 나는 그들을 묻기 위해 완전히 죽을 때까지 기다리지도 않았다. 그들이 꿈틀거리면 목과 등을 부러뜨렸다."[113] 내 나이 때의 아체 여성이 그토록 열심히 일하는 이유는 순전히 이타심 때문만은 아닐지도 모른다.

▍대행 어머니 만들기

인간 아이들의 의존성과 수렵채집사회의 높은 사망률을 생각하면 인간이 의식적으로 전략을 수립할 만큼 매우 융통성 있고, 기동성 있고, 잘 준비되어 있다는 점은 무척 다행스럽다. 인간 아이들은 마모셋처럼 서로 형제지간이기도 한 여러 명의 아버지와 키메라적인 유전관계가 있거나, 꿀벌 애벌레처럼 대행 부모와 혈연관계지수가 유별나게 높은 것도 아니다. 그렇기 때문에 인간 부모는 돌봄을 지원해줄 대행 부모를 확보하기 위한 특별한 재능이 필요하다. 이러한 능력은 심지어 가상의 친족관계를 만들어낼 정도다. 5장에서 설명한 성적인 밀통은 무수히 많은 계책들 중 일부일 뿐이다. 언어와 친족 관습은 여성에게 친족을 만들어낼 수 있는 더 많은 선택권을 준다. 인간은 자녀를 위한 동맹을 구축하는 데 전문가다.

여성은 소녀 시절이 시작되면서부터 그리고 성숙해가면서 친구를 사귀는 데 점점 더 능숙해진다. 여성의 이러한 경향은 남성이 같이 사냥할 동반자나 전우를 찾는 것과 같은 출발점에서 나온 것이 아니다.

의식적이든 그렇지 않든 간에 여성은 아이들을 함께 돌볼 '자매'를 찾는다. 십 대 소녀들은 인기를 얻는 것 그리고 '소속감'에 집착하게 되면서 다른 사람의 생각에 극도로 예민해지고, 경쟁적이 되며 다른 사람들을 배제하기 위해 무자비하고 가혹해지기도 한다. 이는 어쩌면 옛 조상들이 살았던 환경에서 성공적으로 아이를 키우기 위해서는 끈끈한 유대 관계를 구축하는 것이 매우 중요했기 때문일 수도 있다. 사춘기 이후로 많은 소녀들은 성취 그 자체보다 인기와 소속감에 더 신경을 쓴다. 소녀들의 "자아의식은 동맹과 관계를 맺고, 유지하는 것을 중심으로 조직된다." 아울러 소녀들은 우정이나 다른 사회적 유대가 허물어지는 것을 두려워한다.[114]

몇몇 진화심리학자들은 위와 같은 경향의 원인을 선조들의 세계를 살던 여성의 타고난 무력감으로 돌렸다. 옛 선조들이 살던 환경에서 여성은 출생 집단을 떠나 그리 호의적이지 않은 다른 부계적 구성원들 속에서 번식해야 했기 때문이라는 이야기였다.[115] 다른 진화심리학자들은 "보살피고 친구를 맺고자 하는" 인간 여성의 충동을 스트레스를 받을 때 (예를 들어, 검치호랑이의 공격을 받는 동안) 도움을 얻는 방법으로 보았다.[116] 그러나 이 가설들 중 어느 것도 왜 여성이 침팬지보다 훨씬 더 친화적이 되었는지 설명하지 못한다. 침팬지 역시 대체로 출생 집단을 떠나 번식을 하며, 또 큰 고양잇과의 공격을 두려워한다. 진화심리학자들은 여성과 다른 유인원 사이의 가장 중요한 차이점을 간과하고 있다. 소녀들은 생식연령에 이를 때까지 자라는 동안, 그리고 평생 동안 자신의 짝뿐만 아니라 더 많은 사람들로부터 도움을 받을 수 있도록 준비해놓아야 했다. 유대 관계 자체가 방어해야 하는 자

아이들과 애정 어린 관계를 맺는 유일한 나이 든 여성이 할머니만은 아니다. 이 85세의 힘바 여성은 흐릿한 시력에도 불구하고 4개월에서 5개월 된 증손녀의 얼굴을 바라보고 있다. 그녀는 부드러운 그르렁 소리를 내면서 아기를 부드럽게 흔든다. 노파가 이마를 아기에게 대고, 아기의 등을 쓰다듬며 리드미컬하게 노래를 부르기 시작하자 아기는 망설이면서 뒤를 돌아본다. 아기는 노파에게서 눈을 돌려, 어머니를 보았다가 그리고 다시 증조할머니를 바라본다.

원이었다.

여러 세대에 걸쳐 친족을 만들어내는 장치는 문화적으로 정교해지고 꾸준히 지속되어왔다. 위스너는 이렇게 썼다. "인간의 친족 체계가 어머니 이외의 다른 여러 개인들로부터 어머니 같은 돌봄을 이끌어내는 협동 번식 공동체에 그 뿌리를 두고 있기 때문에 친족 체계는 일반적으로 가족 구성원 개념을 확장시키는 양상으로 나타나는 것이라고 추측할 수 있다."[117] 대행 부모의 이름을 딴 이름 짓기, 친족을 분류하는 체계, '추가적인 아버지' 지정과 같은 관습이 이러한 전략에 포함된다. 많은 종에서 암컷들은 '가능한 아버지들'에게 줄을 대기 위해 여러 마리의 수컷과 짝짓기를 한다. 반면 보노보는 집단의 이성과 동성 구성원 모두와 털고르기나 선물뿐만 아니라, 성적인 쾌감을 이용해 사회적 유대를 강화한다.[118] 그러나 인간은 서로 나눌 동료나 의존할 수 있는 대행 부모를 만드는 데 있어 다른 어떤 종보다고 영리하고, 편의적이고, 그리고 (언어가 종 레퍼토리의 일부가 된 후에는) 무한하게 창의적이다. 만약 장수하는 할머니가 인류의 에이스 카드였다면, 친족으로 분류된 이 모든 사람들—먼 친척, 대부모, 가능한 아버지, 이름을 딴 사람, 교환 파트너, 그리고 다른 만들어진 대행 부모들—은 그들의 와일드카드가 되었다.

9.
유년기와
인간의 유래
—

우리 모두는 그 어느 곳보다 집에 있기를 갈망한다.
우리가 헤엄치고 있는 곳보다 더 큰 연못에 비친 일
편단심의 열정을 찾기 위해서._대프니 머킨(2002)

세상의 어떤 포유류도 홍적세의 인간처럼 성장하는 데 오랜 시간이
걸리고, 오랫동안 다른 많은 사람들에게 의존해야 하는 자식을 낳지
않는다. 부모뿐만 아니라 대행 부모들의 돌봄을 받으며, 천천히 자랐던
이 홍적세 아이들은 믿을 수 없을 정도로 비용이 많이 드는 큰 뇌를
갖게 되었다. 이들은 또한 새로운 서식지로 이주해 그곳에서 아이들을
키우고, 퍼져 나가, 결국 현재 전 세계 인구의 창시자 집단을 형성하기
에 충분한 수가 살아남았다.

　자식들은 어머니뿐만 아니라 집단의 다른 구성원으로부터도 음식
을 받았다. 스스로 음식을 찾을 수 있기 훨씬 전에 젖을 뗀 자식조차
도 배를 곯지 않고 천천히 성숙할 수 있었다. 20세기에 인류학자들이
연구했던 아프리카 수렵채집민들은 홍적세에 살았던 인류의 선조들

과는 이미 많이 달랐다. 그러나 그들이 살아남고, 음식을 구하고, 아이들을 키우면서 마주한 어려움은 우리 선조가 직면했던 어려움을 재구성하는 데 가장 현실적인 모델을 제공한다.

!쿵족 소녀들은 거의 16세 정도가 되어서야 초경을 겪는다. 또한 이들은 대부분 19세가 넘어서야 첫 출산을 한다. 심지어 더 오랜 시간이 지나서야 이 젊은 여성들은 자기가 소비하는 것만큼 식량을 생산하는 나이에 도달한다. 한 발 물러서서 우리가 인간의 성장을 좀 더 넓은 관점에서 비교한다면, 이유기 이후(조류의 경우 깃털이 다 자란 이후)의 의존하는 기간이 길어지는 것 자체는 협동 번식을 하는 동물에서 그다지 특별하지는 않다. 그럼에도 불구하고 현대 인간의 경우 의존의 정도와 기간은 극단적으로 긴 편이다.

인류의 이야기에서 정말로 독특한 점은 더 길어진 유년기 그 자체가 아니라 협동 번식에서 파생된 생애사 특질들이 합쳐진 더 큰 조합이다. 이러한 생애사 특질 조합에는 다른 유인원들보다 물질대사적인 측면에서 더 비싼 큰 두뇌와 폐경기 이후 여성의 연장된 수명, 그리고 인간을 침팬지, 보노보, 오랑우탄, 고릴라와 구분하는 인간 특유의(특히 음식 공유와 관련된) 친사회적 경향이 포함된다.

이 장에서는 먼저 협동 번식에서 기원한 긴 유년기와 다른 생애사 특질들을 짧게 살펴볼 것이다. 그런 다음, 호모속의 역사에서 언제부터 유인원과는 다른 방식의 육아 그리고 그와 함께 공진화한 상호주관적 관계를 위한 능력이 나타났는지 화석으로 남은 그들의 모습을 통해 살펴볼 것이다. 마지막으로, 이러한 특유의 정서적 특징으로 인해, 다른 유인원들과 마찬가지로 사회적 지능이 뛰어나고 분리에 민감

수천 세대에 걸쳐 생식연령에 도달하기 전의 수많은 남성과 여성들이 (다소간 차이는 있지만) 거의 끊임없이 요구하는 유아들과 놀고, 반응하고, 달래고, 데리고 다니고, 장난치고, 때때로 먹이고, 어떤 때는 경쟁하고, 그리고 그들을 안전하고 행복하게 지켜야 할 부분적인 또는 전적인 책임이 있었다. 사진 왼쪽의 !쿵족 소녀가 아이를 낳을 때까지는 앞으로 몇 년이 더 남았을 것이다. !쿵족 여성은 대개 열아홉 살쯤 되어서야 비로소 첫 출산을 한다. 부모가 되기 전까지 소녀는 돌봄을 연습할 수많은 기회를 가질 것이다.

9. 유년기와 인간의 유래

한 어린것들이 겪는 몇 가지 문제들을 살펴보고, 앞으로 진행될 우리 종의 진화에 대해 추측해 볼 것이다.

▎연장된 수명, 길어진 유년기, 더 큰 두뇌

돌봄 공유는 다른 대형 유인원에서 발견되지 않지만, 영장류 전체로 보면 거의 절반 정도의 종에서 발견된다. 전체 영장류의 5분의 1의 종에서 대행 부모의 돌봄은 최소한의 부양을 동반하지만, 오직 인간과 비단원숭이아과(마모셋과 타마린)에서만 이러한 부양이 자발적이고 광범위하게 나타난다.* 영장류 이외에도 대행 부모의 돌봄과 부양은 다양한 곤충, 새, 다른 포유류에서 여러 번 독립 진화했다. 그렇다면 인간의 놀라운 점은 협동 번식 그 자체보다는 '유인원 계통에서 진화한 협동 번식', 그리고 이 전례 없는 조합의 결과로 나타난 매우 특이한 특질들이다.

폐경 이후의 긴 수명을 생각해보자. 충분히 긴 시간을 생존한다고 했을 때 많은 암컷 영장류들은 죽기 전에 생리를 멈춘다. 번식이 끝난 이후에 수십 년 동안이나 더 사는 포유류는 인간과 몇몇 고래를 제외하고는 없다. 그렇다면 인간의 폐경 이후의 긴 수명을 이끈 과정은 도대체 무엇이었을까? 만약 옆에 도와주는 사람이 있는 어머니가 영양 상태가 더 좋고 위험으로부터 더 안전하다면, 약간 더 긴 수명을 선호하는 유전자가 발현될 만큼 충분히 오래 생존할 가능성이 높아진다.

---

* 자세한 내용은 http://www.citrona.com/hrdy/documents/AppendixI.pdf 참고

아울러 크리스틴 호크스가 제안한 것처럼 호모 에렉투스에서 나이든 여성의 도움이 친족의 생존에 도움이 되었다면, 심지어 더 오랫동안 장수하는 데 도움이 되는 유전자가 진화적 시간 동안 더 선호되었을 것이다.[1] 자연에서 나타나는 빈도로 보면, 협동 번식이 폐경 이후의 긴 수명보다 더 빈번하게 진화한다. 따라서 협동 번식은 이 매우 독특한 생애사 특질이 인간에게서 진화할 수 있었던 무대를 세웠을 것이다.

일반적인 생물학 규칙에 따르면 번식에는 비용이 들기 때문에 번식하는 개체가 번식하지 않는 개체보다 더 빨리 죽는 경향이 있다. 하지만 이 규칙은 협동 번식 개체들 사이에서는 종종 뒤집힌다. 진사회성 벌거숭이두더지쥐, 개미, 벌, 또는 흰개미처럼 극단적인 경우, 번식 암컷은 애지중지하며 모셔지고 굴이나 벌집 깊은 곳에서 안전하게 지내며 비번식 개체 도우미들보다 더 오래 산다. 꿀벌 여왕의 수명은 몇 년이지만 일꾼의 수명은 몇 주이다. 여왕의 긴 수명은 벌집의 다른 구성원들이 여왕의 자손을 기르기 위한 노력을 대신 지불하고 위험을 감수하지 않았다면 진화하지 못했을 파생 형질이다.[2]

연장된 수명과 마찬가지로 긴 유년기와 더 큰 두뇌 또한 협동 번식의 맥락에서 진화한 파생 형질로 보인다. 자연 선택이 더 긴 수명을 선호할 때는 항상 더 긴 유년기가 당연하게 따라온다.[3] 어려서 죽을 가능성이 줄어들면 더 늦은 나이까지 성장하는 것이 진화적으로 더 유리해진다. 동물들은 신체 자원을 번식에 사용하기 전까지 더 오랫동안 기다림으로써 체격을 더 키울 수도 있고, 그리고 장기적으로 중요한 투자인 더 많은 표적 면역체계를 발달시킬 수도 있다. 또한 더 느린 성장은 아직 덜 자란 개체가 상황에 따라 식량이 부족한 시기에는 더 느린 속도로 성장하고, 다시 식량이 풍부한 시기에 빨리 성장할 수 있는 옵션을 제공한다. 이는 '성장하는 동안 비용을 지불하기' 때문에 가능하다.[4]

연장된 유년기는 결국 더 큰 두뇌의 진화를 막는 선택압을 완화시켰을 것이다. 뇌는 엄청나게 비싼 기관으로, 뇌가 필요로 하는 에너지는 심장 다음으로 많다. 상당히 안정적인 대행 어머니의 부양을 받을 수 있고 잘 먹은 어린것들만 그렇게 비싼 기관을 성장시키고 유지할 수 있다.[5] 진화적으로 두뇌 크기는 서서히 증가하는 경향이 있다. 따라서 경쟁자보다 약간 더 큰 대뇌를 갖는 것은 완전히 성장하는 데 거의 20년이 걸리는 큰 단점을 보상해줄 만큼의 이점이 거의 없다. 빨리 성숙하는 경쟁자는 약간 더 멍청하더라도 더 많이 번식할 수 있었을 것이다. 하지만 만약 호미닌 계통의 유인원들이 이미 더 오래 살고 있었고, 다른 개체로부터 부양을 받아서 천천히 자라는 사치를 이미 누리고 있었다면, 두뇌 크기의 점진적 증가는 더 적은 비용으로 진화할 수 있었을 것이다.[6] 너무 늦게 번식하는 데 따른 모든 비용을 상쇄하지는 않더라도, 두뇌의 크기는 소유자의 혈연의 적합도를 실질적으로 높일 수 있는 정도까지 점차 커질 수 있다. 더 큰 두뇌는 더 많이 학습하고, 더 많은 지식을 알고, 더 효율적으로 식량을 조달하고, 짝짓기 경쟁에서 다른 개체들보다 뛰어나고, 그리고 그 외 다른 많은 것들을 가능하게 하기 때문이다.

분명 연장된 수명, 긴 유년기, 그리고 더 큰 두뇌의 진화에는 고도로 복잡한 공진화 과정이 있었을 것이다.[7] 하지만 내가 여기서 강조하고자 하는 바는 협동 번식이 호미닌 계통에서 이러한 특질들이 진화할 수 있게 한 '선행조건'이었다는 것이다. 협동 번식의 진화에는 큰 두뇌가 필요하지 않지만, 호미닌에서 큰 두뇌가 진화하기 위해서는 돌봄과 부양의 공유가 전제되어야 했다. 협동 번식이 먼저다.

하지만 협동 번식이 진화했던 시점은 도대체 언제였을까? 이 질문에 대한 답은 화석 기록에서 찾을 수 있다. 만약 우리가 화석 증거를 통해 더 길어진 유년기나 더 큰 두뇌, 또는 연장된 수명이 언제 출현했는지 알아낼 수 있다면, 우리는 협동 번식이 언제쯤 호미닌 계통에서 이미 이루어지고 있었는지 추정할 수 있을 것이다. 그리고 내 생각엔 이를 통해 정서적 현대 인류의 출현 시기 역시 가늠할 수 있을 것이다. 자, 그러면 호미닌 계통에서 현대적인 정서적 섬세함이 홍적세 후기에 비약적으로 이루어진 행동적 현대성보다 먼저 나타났다는 내 주장을 뒷받침하는 화석 증거가 있을까?

▌협동 번식은 언제 처음으로 시작되었을까?

현생 인류와 동일한 뇌 크기를 가진 인간이 처음 등장하기 150만 년 전, 홍적세가 시작될 무렵의 아프리카계 호모 에렉투스는 호모 속의 선조로 여겨지는 오스트랄로피테쿠스 아파렌시스보다 두 배 더 컸다. 수컷의 몸무게는 약 60여 킬로그램이었으며, 일부 개체는 키가 거의 180센티미터에 달했다. 호모 에렉투스의 두뇌 크기는 800~1,100cc로 오스트랄로피테신, 또는 침팬지의 거의 두 배에 달한다. 이는 1,100~1,700cc 사이인 호모 사피엔스의 뇌 크기보다는 여전히 작은 편이지만 그 범위에 근접한다.[8]

이렇게 큰 동물은 거의 확실하게 성장하는 데 더 오랜 시간이 걸린다. 따라서 아프리카 계통의 호모 에렉투스는 현대 인류만큼은 아니더라도, 오스트랄로피테신이나 현대 침팬지보다 더 늦은 나이까지 성장했을 것이다. 모든 가능성을 고려할 때, 이 초기 홍적세의 호미닌은 협동 번식 개체들 사이에서 찾아볼 수 있는 이유기 이후의 연장된 의존성을 이미 누리고 있었다고 볼 수 있다. 호모 에렉투스의 다리뼈나 더 늦은 나이에 어금니가 나는 발달상의 증거는 발달이 더 천천히 이루어졌음을 암시한다.[9] 화석 증거에 대한 해석을 둘러싸고 많은 논란이 있지만, 우리가 확신할 수 있는 한 가지는 180만 년 전에 출현한 아프리카계 호모 에렉투스는 그 이전에 있었던 어떤 선조들보다 더 커다란 두뇌를 가졌다는 점이다.

화석 기록으로 우리가 알 수 있는 또 다른 사실은 호모 에렉투스의 남녀 모두 키가 더 커지고 몸무게가 늘었지만, 이러한 신체 크기의 증가는 남성보다 여성에서 더 두드러졌다는 것이다. 오스트랄로피테신 수컷이 암컷보다 거의 두 배 이상 컸던 것과 대조적으로, 호모 에렉투스 남성은 여성보다 단지 18퍼센트 정도 더 컸을 뿐이다.[10] 이 정도의 성적 이형성은 현대 인류와 비교해 약간 더 큰 정도다.

여성의 성장 증가는 왜 중요할까? 신체, 특히 뇌가 이 정도로 크기 위해서는 호모 에렉투스 양성 모두에게, 특히 어머니와 자식에게 양질의 식단이 더 필요하다는 뜻이다. 하지만 행동생태학자이자 영장류학자인 제임스 오코넬 연구팀이 강조한 것처럼 홍적세 초기 기후 조건은 아프리카에서 어린 유인원들의 주식인 맛있는 새싹과 부드러운 과일의 가용성을 감소시켰을 것이다.[11] 사바나와 삼림이 섞인 건조한 서식지에 살던 이족보행 유인원에서 이유기의 유아는 다른 사람들이 미리 획득하고, 가공하고, 또는 으깨 놓은 식량을 나눠주는 것에 의존해야 했다. 유아의 생존은 아마도 집단의 다른 어른들이 나눠주는 식량에 달려 있었을 것이다.

이 호미닌들은 고기가 부족했을 때는 녹말이 풍부한 구근류 이외에 견과류, 곤충 애벌레, 그리고 어쩌면 조개를 효율적으로 수확하고 가공하여 단백질과 지질을 얻었을 것이다. 이들 음식에 포함된 오메가3 지방산은 급성장하는 임신 말기의 태아와 젖먹이들의 두뇌에 양분이 되기 때문에 임산부와 수유모에게 특히 중요한 역할을 했을 것이다.[12] 이러한 식단은 고기와 명성을 모두 갈망했던 남성 사냥꾼 그리고 그 못지않게 고기를 좋아했지만 더 안정적인 식사에 더 큰 우선순위를 둔 여성 채집가들 사이의 상호의존성을 강화한다. 이런 상황에서 식량 공유와 분업이 갖는 생존 가치가 크게 증가했다. 그리고 어머니가 친족들의 도움을 받을 수 있도록 임산부가 모계 친족들 가까이 살거나 이주할 수 있게 하는 유연한 거주 패턴의 가치도 마찬가지로 더욱 높아졌다.

다른 유인원들 중에서 이제 막 어미가 된 개체가 자신의 어미와 같은 집단에 살고있는 경우는 드물지만, 대부분의 긴꼬리원숭이과 구세계원숭이들을 포함한 많은 영장류들은 모거제 거주를 선택한다. 그리고 이는 좋은 선택이다.[13] 모계 친족의 사회적 지원이 있으면 암컷은 채집과 번식, 그리고 새끼를 키우는 것을 자신의 선택대로 할 수 있다. 이와 달리 부거제 거주는 이동의 자유나 번식 생활에 대한 통제의 측면에서 암컷에게 불리하다.[14] 딸이 어머니 근처에 머물렀거나, 출산이 가까워 어머니 곁으로 돌아왔을 수도 있고 아니면 어머니가 딸 곁으로 이주했을 수도 있다. 아무튼 가까운 모계 친족이 옆에서 도와주면서 새로 어머니가 된 여성은 더 안정감을 느꼈을 것이다. 또한 모계 친족의 지원은 호미닌 어머니들이 기꺼이 어린것들에 대한 돌봄을 공유하고자 하는 데 필수적인 개인 사이의 신뢰를 촉진했을 것이다.

어머니 근처에 친족이 있고 친족들의 도움을 받아 자식을 키우는 생활방식은 "왜 그들이 아니라 우리인가?"라는 질문에 가장 훌륭한 답을 제공한다. 홍적세 초기의 다른 유인원들 역시 경쟁자의 의도를 더 잘 읽고, 마키아벨리적 지능을 더 진화시켰다면 인간만큼이나 많은 이득이 있었을 것이다. 구달, 드 발, 미타니, 그리고 랭엄 같은 연구자들이 평범한 침팬지에 대해 기록한 치열하고 고도로 전략적인 집단 간, 그리고 집단 내 경쟁을 떠올린다면, 곧 마음 읽기와 협력에 필요한 더 발전된 능력이 왜 그들에서는 진화하지 않았는지 궁금할 것이다. 내가 보기에 이 수수께끼에 대한 가장 일리 있는 해답은 협동 번식의 인지적·정서적 영향과 관련이 있다.

나는 인간에게 이미 큰 두뇌와 상징적 사고, 그리고 정교한 언어가 있었기 때문에 다른 유인원들보다 더 다른 개체들에게 관대해지고, 마음 읽기와 학습 능력, 그리고 더 큰 협동 능력을 갖게 되었다고 생각하지 않는다. 오히려, 모든 대형 유인원들의 전형적 특성인 인지 능력, 마키아벨리적 지능, 그리고 기초적인 '마음 이론'을 이미 가지고 있던 영장류에서 협동 번식이 진화한 이 전례 없는 수렴으로 인해 호미닌 선조들이 이러한 특성들을 가지게 되었다는 것이 더 설득력 있다. 인간의 조상은 침팬지와 다른 곳에서 시작했다.

처음부터 나는 호미닌이 언제부터 돌봄 공유를 시작했는지 아무도 모른다고 강조했다. 또한 호미닌이 언제부터 인간 종의 고유한 특징인 인지적·정서적 변화를 겪기 시작했는지 역시 아무도 모른다. 아마도 언젠가는 화석 뼈와 치아를 분석하는 새로운 방법이 나타나 언제부터 호미닌 어머니가 다른 유인원들보다 더 이른 시기에 이유(離乳)하기 시작했으며, 더 오랫동안 생존했는지에 대한 새로운 통찰을 줄 수 있을 것이다. 어쩌면 화석으로 남은 호미닌의 고대 DNA와 다른 유인원 게놈 간의 비교 분석을 통해 언제부터 산모가 다른 사람들에게 더 관대해졌는지 밝힐 수 있을지도 모른다. 하지만 아직까지는 화석 기록으로 확실한 답을 얻을 수 없다.

▍정서적 현대 인류의 출현 시기

아동 발달 연구자들 대부분은 애착 이론의 기초인 인간 유아의 안정감에 대한 욕구가 영장류에서 기원한 것으로 여긴다. 그러나 다른 사람의 의도를 직감하고, 다른 사람으로부터 배우고, 자원을 나누고, 의사소통하는 인류의 유별난 능력이 어디에서 진화했는지 연구하는 사람은 거의 없다. 이 주제에 대해 발표한 몇 안 되는 연구자들 대부분은 인간이 다른 사람들과 상호주관적 관계를 추구하기 시작한 것은 홍적세 후기, 즉 20만 년 전 이내라고 가정한다. 이는 앞서 논의한 것보다 훨씬 더 늦은 시점이며, 큰 두뇌와 언어, 그리고 상징적 문화를 가진 해부학적·행동학적 현대 인류가 출현한 것과 거의 동일한 시점이다. 마이클 토마셀로는 이렇게 썼다.

9. 유년기와 인간의 유래

"다른 사람 역시 자신과 같은 의도적 행위자라는 것을 이해한 후에는 상호주관적으로 공유되는 현실에 완전히 새로운 세상이 열리기 시작한다. 이 새로운 세계는 문화적 집단의 과거와 현재의 구성원들이 다른 사람들이 이용할 수 있도록 만들어낸 물질적이고 상징적인 인공물들로 가득 찬 세상이다."[15] 또 다른 발달심리학자인 하버드 의학대학의 카렌 라이언스-루스(Karlen Lyons-Ruth)의 상호주관적 관계의 기원에 대한 생각은 나에게 깊은 영향을 주었다. 그녀 역시 그 기원이 홍적세 후기에 일어났을 것으로 생각했다. 카렌이 썼듯, 인간은 정신 상태에 대한 새로운 앎을 "다른 사람으로부터 배우고, 지식을 전달하는 데 사용했다. 그리고 다른 사람의 마음을 상상할 수 있는 이 능력으로 인해 문화적 진화가 지난 20만 년 동안 폭발적으로 증가할 수 있었다."[16]

이 연구자들 중 누구도 인간이 언제부터 현대적인 정서를 가지게 되었는지 확실하게 안다고 주장하지 않았다. 그러나 이들은 마음 읽기의 새로운 능력이 언어, 상징적 사고, 새로운 문화 전달 방식, 그리고 예술과 공진화했다고 가정하는 경향이 있다. 즉, 이미 큰 두뇌와 언어, 상징 조작을 가지고 있는 인간에서 정서적 현대성이 출현했다고 가정하는 것이다. 그리고 학습 및 문화적 진화를 위한 현대적 능력과 상호주관적 관계 추구가 결합되어 정서적 현대성이 나타난 것으로 여긴다. 바로 후기 구석기 시대에 말이다. 호미닌이 25만 년 전부터 점토를 이용해 의인화된 형태로 만들었다고 추측할 수 있는 흔적들이 일부 존재하지만, 사람들이 주변을 살펴 알맞은 재료를 선택해 "특별하게" 만들었다는 최초의 분명한 증거는 그보다 약 15만 년 뒤인 구석기 중기에 나왔다. 여기에는 아마도 창이나 작살로 쓰였던 뼈로 만든 날카로운 조각, 보석으로 쓰인 것으로 보이는 가운데 구멍이 뚫린 조개껍질 등이 있다. 약 3만 년 전부터 등장한 동굴 벽화와 조각품은 인류의 고유한 창의력을 확실하게 증언한다.[17]

주의깊게 관찰하고 아름답게 표현한 사자, 들소, 코뿔소를 프랑스 쇼베 동굴 암벽에 그려넣은 사람들이 복잡한 신념체계를 가졌고 개인적 상징 세계를 다른 사람들과 공유하는 데 관심이 있었다는 점은 의문의 여지가 없다. 이 예술가들은 새로운 방식의 학습과 문화 전달 능력을 가지고 서로의 영감과 기술을 발전시켰다. 실제로, 적어도 일부 그림은 오랜 시간 동안 여러 사람의 손을 거친 공동 작품이었을 것이다. 반인반수의 두 발 동물 그림은 샤먼같이 보이는데, 이런 그림을 강조했던 사람들이 동일한 신념체계를 따르는지 여부에 따라 다른 사람을 판단할 것이라고 가정하는 것은 그리 큰 무리가 아니다. 이것은 인간과 다른 동물 사이의 엄청난 차이다.[18]

다른 영장류들도 사회적 관습을 가지고 있으며, 이를 준수하지 않는 개체는 불리할 수 있다. 예를 들어 이상하게 행동하는 병든 동물은 피하거나 외면 당하며, 지배서열 규칙을 무시하는 동물은 공격받을 수 있다. 하지만 다른 동물들이 타 개체의 신체적 외모, 냄새, 또는 행동 같은 명백한 표현형적 신호 이외의 것을 관찰한다는 증거는 발견된 적이 없다.[19] 그러나 행동학적 현대 인류의 경우, 사회적으로 전수된 지식이 쌓이고 쌓여 집단 구성원들이 지켜야 하는 정교한 관습들을 만들어낸다. 이러한 관습은 종종 아주 상세하고 추상적으로 보이는 종교의식이나 공동 의례가 되기도 한다. 민족지 학자이자 진화생태

9. 유년기와 인간의 유래

학자인 킴 힐(Kim Hill)이 지적하듯이, 세계 어디서나 사람들은 다른 사람들이 행동하는 방식뿐만 아니라 어떻게 느끼고, 생각하고, 믿는지에 비상한 관심을 가지고, 의례적 맥락과 일상 생활 모두에서 그러한 관습을 준수하는지 관찰한다. 관습을 준수하지 않으면 깊은 죄책감을 느끼게 만들고 또 다른 사람들을 화나게 할 수도 있다. 그러한 감정이 보편적인 것으로 보아, 아마도 모든 현대 인류의 공통 조상이 아프리카에서 이주했던 지난 20만 년보다 더 앞선 시기에 발생했을 것이다. 하지만 얼마나 더 전이었을까?[20]

이 질문에 답하기 위해서는 먼저 언어와 예술로 표현되는 유형적인 행동적 현대성과 다른 사람이 생각하고 느끼는 것에 대한 관심으로 표현되는 무형적인 정서적 현대성을 구별하는 것이 중요하다. 행동적 현대인의 언어적 그리고 상징적 재능은 상호주관성을 새로운 차원으로 끌어올릴 수 있게 해주지만, 상호주관적 관계 그 자체는 언어나 상징 조작을 필요로 하지 않는다. 사실 후자보다 전자가 더 먼저 진화했던 것이 거의 확실하다. 다른 사람들의 욕구와 욕망을 느끼고 적절하게 반응하는 능력은 큰 두뇌를 필요로 하지도 않는다. 어린것들의 발달 단계를 고려하여 위험한 전갈을 잡아먹는 방법을 가르치는 미어캣 대행 어미의 매우 작은 뇌를 떠올려보라. 행동적 현대인 아니 심지어 신체적 현대인이 출현하기 오래전에 정서적 현대성이 진화하지 못했을 이유는 어디에도 없다.

영아는 뇌가 미성숙하고 아직 말도 하지 못하고, 그림을 그리지도 못하지만 돌봐주는 사람의 기대와 정서적 반응에 적절하게 대응한다. 심리학자 바수데비 레디(Vasudevi Reddy)와 다른 연구자들이 보여준 것처럼, 첫 돌이 되기 전에 아이들은 마치 자기가 다른 사람의 기대에 부응하지 못했음을 잘 알고 있다는 듯이 부끄러움과 수치심 같은 감정을 드러낸다. 이 영아들이 벌 받는 것을 두려워해서가 아니다(개와 같은 동물들은 하지 않도록 훈련된 일을 하다가 들키면 '당황'한 것처럼 행동하기도 한다). 오히려, 인간 아이들은 이전까지 생각했던 것보다 훨씬 더 이른 나이에 다른 사람들이 자신을 어떻게 생각하는지 주의 깊게 관찰하고, 또 다른 사람들이 어떻게 느끼며 그들의 의도가 무엇인지에 깊은 관심을 갖는 것으로 나타났다. 수렵채집사회 어린이로 치면 막 젖을 뗄 때인 네 살 무렵의 현대 어린이들은 다른 사람들이 원하는 것뿐만 아니라, 무엇을 듣기를 원하는지 인지하는 데 상호주관적 재능과 언어 능력을 매우 정교한 방식으로 이용하기 시작한다. 네 살 무렵이면 이미 아이들은 그러한 지식을 사용하여 다른 사람들에게 애교를 부리고, 자기들의 생존을 쥐고 있는 사람들의 환심을 살 수 있다.[21]

호미닌이 진화해온 과정의 어느 시점에 우리 조상들은 다른 유인원과는 매우 다른 음식 공유와 육아 방식을 채택했다. 이는 어머니의 헌신과 아이들의 의도 읽기 능력, 그리고 집단의 다른 구성원들의 친사회적 충동에 심오한 영향을 미쳤다. 이 때문에 나는 정서적 현대인의 기원에 대한 책에서 초기 호미닌의 프리퀄(유명한 책·영화의 그 이전의 일들을 다룬 속편_옮긴이)에 초점을 맞췄다. 협동적 경향과 언어로 인해 가능해진 위대한 문화적 도약은 그 이후에 일어난 인간사의 장편 영화다. 우리는 약 200만 년 전에 있었던 작은 시작에서 이후의 엄청난 발전의 토대를 발견할 수 있다.

만약 내가 생각하는 것처럼 공동 육아가 호미닌 계통에서 일찍이

9. 유년기와 인간의 유래

이 사진은 조지아 공화국의 드마니시의 화석을 바탕으로 180만 년 전 호모 에렉투스가 어떻게 생겼을지를 재현한 것이다. 아마도 이 먼 조상들은 해부학적으로 현대적이고 두뇌가 더 큰 호모 사피엔스가 나타나기 훨씬 전에 이미 다른 사람들의 주관적인 정신 상태와 의도를 고려하기 시작했을 것이다.

나타났다면, 상호주관적 관계의 추구는 지금 우리와는 상당히 달라보이는 생물에서 출현했다. 이들 생물은 우리와 같은 방식으로 말하거나 지식을 전수하지도 못했지만, 이미 다른 개체의 정신 상태를 가늠하고 공감하는 데 현존하는 대형 유인원들보다 뛰어났다. 정서적 현대성의 기원이 호모 사피엔스든 아니면 호모 에렉투스든 간에, 다시 말해 우리처럼 생기고 우리처럼 행동했든 그렇지 않았든 간에, 우리와 같은 방식으로 언어를 사용했든 그렇지 않았든 간에, 어느 시점에서 인간 어머니는 혼자 키우기에는 너무 비용이 많이 드는 자식을 낳기 시작했다. 이는 자식에 대한 어머니의 헌신이 어머니가 인식하는 사회

410

적 지원의 정도에 따라 달라지도록 만들었다. 지금도 새로 어머니가 된 여성이 자신이 사회적 지원을 얼마나 받고 있는지 인식하는 정도와 산후우울증의 상관관계가 발견되는 것도 사실 이 때문이라고 생각한다.[22] 하지만 여기서 내가 초점을 맞추고 싶은 것은 어머니의 심리적 위험이 아니라 유아의 심리적 위험에 대한 것이다. 인간 유아는 다른 사람에게 장기간 의존해야 하지만 어머니의 헌신은 고도로 조건부적이다. 다른 유인원들과 달리 인간 유아에게는 어머니의 헌신이 확실히 보장되지 않는다.

▎사회적 결속의 새로운 차원

새로운 발달 환경은 새로운 표현형과 이 표현형들에 작용하는 새로운 선택압을 만들었다. 그 결과 모든 면에서 다른 유인원들처럼 사회적으로 기민하고 영악하지만 그에 더해 다른 어떤 유인원보다 헌신의 신호에 정서적으로 더 민감한 어린 유인원이 나타났다. 이는 이전에 있던 어떤 유인원도 필요로 하지 않았던 특성이다. 나머지 이야기는 물론 말 그대로 역사가 되었다. 하지만 그와 같은 민감함에는 단점도 있었다.

어머니가 원하는 것이 꼭 아기들이 원하는 것과 일치하지는 않는다. 아기들은 어머니가 언제 자기들을 안아주어야 하는지 아니면 다른 사람에게 대신 맡기거나 즉시 반응을 보이지 않아도 되는지에 대해 어머니와 생각이 많이 다르다.[23] 모든 영장류와 마찬가지로, 인간 유아도 유대감이 필요하다. 반세기도 더 전에 보울비가 지적했듯이, 분리에 대한 두려움은 영장류 유아의 삶에서 가장 큰 동기가 된다. 하지만 상호주관적인 능력이 있는 인간 유아는 촉각적인 접촉에서 얻는 안정감을 추구하기도 하지만 그보다 더 많을 것을 추구한다. 이 특별한 욕구를 가진 영장류는 시인 대프니 머킨(Daphne Merkin)의 표현을 빌리자면, 감정적 애착의 "큰 연못"에 비친 "특별한 열정"을 찾는다. 유아는 다른 사람의 의도를 인지하고, 이는 유아의 안정감에 영향을 미친다.

내가 아는 한 카렌 라이언스-루스는 보울비의 애착 이론을 인류의 협동 번식 유산에 대한 새로운 발견과 통합하기 위한 임상 실험에 매진한 첫 번째 아동심리학자다. 카렌과 동료들은 유아와 보호자가 서로 맞춰야 하는 특별한 욕구가 있다는 것을 이해하고자 했고, 우리 종의 사례를 이용해 기록을 정리했다. 카렌과 동료 연구자 캐서린 헤닝하우젠(Katherine Hennighausen)은 2005년 논문에서 "인류 진화에서 의도를 명시적으로 공유하는 것이 더욱 강력한 힘이 되면서, 유아와 부모 사이의 애착 체계에도 영향을 미쳤다. 그리고 상호주관적 과정이 애착 관계의 핵심이 되었다"라고 썼다. 모든 영장류 유아는 밀접한 신체 접촉을 통해 위안을 얻지만, 인간의 경우 헌신을 계속 확인하기 위해서 감정 신호를 공유하는 것이 더 중요해졌다.[24]

보울비 이후로 많은 발달심리학자, 소아정신과의사, 정신분석가들이 유아기 애착이 정서적 안정감과 자신감에 미치는 중요성을 입증하기 위해 노력해왔다. 이는 유아가 감정을 조절하는 방법을 점차 배우면서 나타난다. 이 어린 헌신 감별사들은 발달 과정의 초기부터 얼굴 표정, 억양, 목소리 톤에 민감하게 반응한다. 이 모든 단서는 보육자(물론 대부분의 연구에서 보육자는 어머니였다)가 얼마나 유아의 정신 상태와 욕구에 민감한지를 나타낸다.[25] 다른 유인원들과는 다른 인간 유아의 이러한 유별난 정서적 욕구가 점점 알려지면서, 이제는 '왜' 이런 욕구가 존재하는지를 진화적으로 설명하려는 추세이다.

아이가 (보통은 나이가 더 많은 아이가) "아무도 나를 이해 못 해"라고 불평할 때 그리고 우리 스스로가 왜 아이들은 어른의 돌봄을 받아야 하는지 의문을 가질 때, 이들 의문에 대한 답의 큰 부분은 우리가 다른 사람들의 이해와 헌신을 평가하는 데 전적응된 선조들의 후예라는 점이다. 다른 어떤 사회적 동물도 친숙한 동종 개체들에게 둘러싸여 있는 동안 '외로움' 같은 감정을 느끼지 못한다. 에밀 뒤르켐의 『아노미』부터 로버트 퍼트넘의 『나 홀로 볼링』, 셸리 테일러의 『보살핌』 그리고 존 카시오포 윌리엄 패트릭의 『외로움』에 이르기까지 많은 저명 작가들이 현대 생활의 분리주의적 압력이 어떻게 우리의 공동체 의식을 약화시키고 있는지에 대해 언급했다. 현대 사회의 개인주의와 개인적 독립에 대한 강조는 소비지향 경제, 고층아파트 또는 교외 주택의 구획화된 생활 방식, 그리고 부부 모두 원가족과 멀리 떨어져서 사는 새로운 거주 패턴과 합쳐져 사회적 연결성을 약화시킨다.

하지만, 친사회적 충동의 진화에서 육아가 어떤 역할을 했는지를 연구하는 진화학자로서 말하면, 이러한 문제는 더 일찍부터 시작된 것으로 보인다. 홍적세 동안 영아는 어머니와 다른 사람들과 관계를 유지하고 돌봄을 이끌어내야 생존할 수 있었다. 만약 에페족이나 아카족 같은 아프리카 수렵채집사회에서 아이들이 자라는 동안 자기를 잘 받아주는 양육자들에게 둘러싸여 있다고 느꼈다면, 실제로 그들의 환경이 그랬기 때문이다. 그렇게 느끼지 못했던 아이들은 살아남지 못했을 것이다. 이 아이들이 세상을 '베푸는 곳'으로 생각하도록 배운 것은 당연하다. 자기를 잘 돌봐주는 보육자들과 관계를 맺으며 자랄 수 있었던 운 좋은 유아는 생후 두 돌 이내에 공감, 마음 읽기, 그리고 협동의 타고난 잠재력이 발달하는데, 이 속도가 때로 놀라울 정도이다. 이러한 행동은 유전자와 양육의 복잡한 상호작용의 결과이며, 이 한 편의 드라마 같은 사건은 발달 중인 두뇌의 무대 위에서 펼쳐진다. 따라서, 타고난 잠재력이 있다 해서 반드시 그 발달이 보장되는 것은 아니다.

홍적세 말에 사람들이 정착생활을 하고, 벽으로 둘러싸인 집을 짓고, 식량을 재배하고 저장하기 시작하면서 결과적으로 아이들을 키우는 방식에도 변화가 생겼다. 포식자의 위험은 감소했지만, 영양실조는 여전히 문제였고, 실제로 말라리아와 콜레라 같은 질병으로 인한 사망이 증가했다. 그럼에도 불구하고 다른 사람과의 신체적 접촉 그리고 잘 돌봐주고 보호해주는 보육자들의 존재가 아동 생존에 미치는 영향은 점점 더 줄어들었다. 다른 많은 것들도 변화했다. 그중 하나는 정착 농경사회에서 자라는 소녀는 더 빨리 사춘기에 도달하고 더 어린 나이에 출산을 할 수 있게 되었다는 점이다. 수렵채집사회에서 십대 초반에 배란을 할 수 있을 만큼 영양상태가 좋은 소녀는 거의 예외 없이 주위에 든든한 친족들이 있었다. 이 친족들은 소녀가 출산한 후 아이를 기르는 것을 기꺼이 도와줄 사람들이다. 홍적세 이후, 그리고 뒤이은 수 세기 동안 점점 더 심리적으로 미성숙하고, 공감과 사회적 지원이 비참할 정도로 부족한 어린 여성조차도 십대 초반에 배란과 임신이 가능할 정도로 충분히 영양상태가 좋을 수 있었다.

경작지, 가축, 식량 저장고는 인구 증가와 사회적 계층화를 동반했고 이와 함께 재산을 보호하고, 더 중요하게는 여성을 지켜야 할 필요성이 생겨났다. 재산과 더 높아진 인구밀도, 그리고 더 커진 집단 규모는 모두 남성이 가장 신뢰할 수 있는 동맹인 아버지와 형제들 근처에 남아있도록 압력을 가했다. '외집단 적대감'에 맞서 살아남기 위한 '내집단 결속'이 더욱 중요해졌다. 남성이 자신의 친족 근처에 남으면서, 여성은 집단들 간에 교환되거나 납치를 통해 이주하게 되었다. 자식 양육에서 모계 친족의 중요성이 감소함에 따라 여성을 강탈하기 위한 공격에서 오는 오래된 죄책감도 옅어졌다.

재산이 축적되고 거주 패턴이 부계 중심이 되면서, 상속 패턴도 부계를 따르게 되었다. 남성 상속자는 세대를 통해 전달되는 자원을 더 잘 지킬 수 있었다. 이렇게 되면서 부성 확실성이 더욱 강조되었다. 여성의 정절을 강조하는 문화가 번성함에 따라 여성의 이동의 자유는 크게 축소되었다. 더 이상 여성들은 추가적인 '아버지'에 줄을 대기 위해 섹슈얼리티를 활용할 수 없었다. 딸들이 출산을 위해 친정 가까이로 옮겨가거나 어머니가 도움이 필요한 딸 근처로 옮겨갈 수 없었다. 어린 여성들은 어머니와 자매들과 멀리 떨어진 곳에서 첫 출산을 하게 되었고, 또 주위에 있는 여성들은 유대감보다는 경쟁 관계에 있을 가능성이 더 컸다.

더 중요한 것은 여성의 정절과 남성 혈통의 영속 및 확장에 초점을 맞춘 가부장적 이데올로기는 아동의 안녕을 최우선으로 하는 오랜 우선순위를 약화시켰다는 점이다. 여성을 격리하고, 감시꾼을 붙여 두고, 베일을 씌우고, 과부를 화형하는 관습들은 여성들에게 엄청난 피해를 줬지만, 이는 아이들에게도 마찬가지였다. 정주생활과 함께 출산 간격은 이미 짧아지고 있었다. 동시에 외부의 남성 라이벌 집단과 경쟁하기 위해 더 많은 수의 상속자들, 특히 남성 상속자들이 중요해졌다. 여성의 다산은 어떤 한 아이 개인의 건강이나 삶의 질보다도 중요하게 여겨졌다. 남성을 여성과 아이들에게서 떨어뜨려 놓는 관습은 아버지가 양육 잠재력을 발휘하기 어렵게 만들었으며, 아이들은 대행 어머니를 한 명 더 잃어야 했다.

산업화 이후의 현대 시대로 시간을 빠르게 돌려보자. 가부장적 제도가 사라지기 시작했고, 선진국의 많은 지역에서 여성은 이동의 자유와 출산과 짝 선택에 대한 통제권을 회복하기 시작했다. 그러나 어머니들은 항상 그래왔듯이 자식들을 키우기 위해 엄청난 도움이 필요하지만, 도움을 줄 수 있는 친족과 멀리 떨어진 곳에 사는 경우가 많다. 구세계에서 신세계로 이주한 많은 이민자들, 더 최근에는 라틴아메리카에서 미국으로 온 이민자들에서 친족들과 멀리 떨어져 단절된 어머니들은 이전까지의 육아 전통을 버리고 새로운 전통을 만들어내야 했다.

어머니들이 집 밖에서, 육아를 병행할 수 없는 장소에서 일하기 시작하면서 많은 어머니들이 대행 어머니를 고용하는 데 익숙해졌고, 종종 한 장소에 유아들을 모아 놓고 관리하기 시작했다. 유아당 성인 보호자의 비율이 높고 아이들을 잘 보살피는 보육자가 안정적으로 근무하는 양질의 보육시설은 확대가족과 비슷한 역할을 할 수 있다. 하지만 이 정도로 우수한 보육시설은 이용하기가 어려울 뿐만 아니라, 이용할 수 있다 해도 비용이 어마어마하다. 우리 종의 역사상 처음으로 많은 여성들이 출산을 연기하거나 아예 포기하는 것을 선택하고 있다. 그러나 일단 세상에 태어난 아이들의 생존율은 그 어느 때보다도 높다.

선진국의 아동 사망률은 급감했다. 태어난 아이들의 99퍼센트 이상이 5세까지 생존하고, 사망한 아이들은 영양실조나 질병보다는 대부분 사고(특히 자동차 사고)로 인한 것이다. 한편, 개발도상국에서는 질병이나 영양실조로 인한 아동 사망률이 여전히 높고, 특히 전쟁이나 에이즈로 인해 제대로 양육되지 못하는 고아들이 급증하는 지역에서 아이들의 생존 가능성은 홍적세보다 약간 더 나은 정도다. 그러나 신석기 시대 이후로, 유아의 생존은 보육자들의 호응 정도와 대체로 무관해졌다. 그리고 아마도 인류 역사상 처음으로 매우 높은 아동 생존율과 통계적으로 심각한 아동의 정서적 복지 수치가 공존하게 되었다.

연구결과가 그리 놀랄 만한 것은 아니지만, 발달심리학자들은 학대나 방임의 위험이 높은 인구집단에서 최대 80퍼센트의 아이들이 주양육자를 혼란스럽게 생각하거나 심지어 두려워하는, 이른바 "혼란스러운 애착" 상태에 놓여있다고 보고한다. 훨씬 더 심란한 결과는 '정상적인 중산층 가정'에 속한 아이들의 15퍼센트 정도가 표면적으로는 특별한 위험에 처한 것처럼 보이지 않지만 신뢰할 수 있는 보육자로부터 위로를 얻거나 감정을 조절할 수 없다는 사실이다. 이 아이들도 마찬가지로 혼란스러운 애착 증상을 보인다.[26]

처음부터 애착 이론의 고전적 범주인 '안정 애착'과 '불안정 애착' 중 하나로 분류될 수 없는 아이들이 항상 많았다.[27] 1990년에 캘리포니아 버클리 대학의 심리학자 메리 메인(Mary Main)은 분류하기 어려운 아이들의 상당수가 멍하거나 혼란스러워 보인다는 것을 인식했다.

　　　　　　　　　　　　　　　　9. 유년기와 인간의 유래

몇몇 아이들은 정신이 딴 데 있는 것 같았고, 또 특별한 이유 없이 갑자기 굳어버렸다. 그 아이들은 마치 보육자가 근처에 있다는 것에 놀란 것 같았으며, 두려움과 간절함의 모순된 감정에 마비된 듯 보였다. 메인이 말했듯이, 애착 대상은 일반적으로 "불안한 상황에 처한 영장류 유아에게 마음의 안식처"가 되지만, 이 어린이들에게는 해당되지 않는다. 메인은 유아가 보육자의 무서운 행동에 반복적으로 노출되거나, 보육자 스스로 겁에 질려서 유아의 욕구에 무감각하고 반응하지 않으면, 유아는 보육자로부터 필요한 관심과 양육을 이끌어내기 위한 일관성 있는 전략을 세울 수 없다. 유아가 직면한 이 양립 불가능한 딜레마를 메인은 혼란스러운 애착이라고 불렀다.[28]

지금까지 이 아이들에 대한 후속연구는 십대 후반까지만 이루어졌지만, 이미 유아기에 혼란스러운 애착으로 분류되었던 아이들이 학령기에 도달할 무렵 다른 사람의 감정을 해석하는 데 어려움을 겪고, 친구들에게 더 공격적이며, 행동장애를 겪을 가능성이 높다는 사실이 드러났다.[29] 유아와 보호자 사이의 애착 패턴은 아직 충분히 오랫동안 연구되지 않았기에 심리학자들은 그러한 패턴이 시간이 지남에 따라 변할 수 있는지, 또는 성인기 행동과 정서적 건강을 예측할 수 있는지 여부를 알지 못한다. 하지만 약 15,000년 전에는 아이에게 심각한 애착 장애를 일으키는 상황에서 아이가 생존하는 것은 확실히 불가능했을 것이다.

삐딱한 소리로 들릴 수도 있지만, 이렇게 보면 오늘날 아이들은 '너무 잘' 생존하기 시작했다. 홍적세의 부모와 다른 친족들은 아이들의 몸을 지속적으로 보호하면서 아이들의 생존을 심각하게 위협하는—

포식자와 굶주림 ― 것에 대응하도록 선택되었다. 식량을 함께 공유하는 집단 구성원들은 유아를 안아주고 넘겨받는 친밀한 상호과정을 통해 그들이 맡은 어린것들을 돌볼 수 있도록 정서적으로 준비된다. 그리고 부모와 대행 부모는 집단의 아이들을 헌신적으로 보살폈다. 홍적세에 살아남을 만큼 운이 좋았던 아이는 기본적으로 정서적 안정감을 얻었다. 헌신적인 어머니도 없고, 잘 돌봐주는 대행 어머니도 없었던 아이는 방치에 대한 정서적 후유증이 문제가 될 만큼 오래 살아남지 못했을 것이다. 오늘날의 상황은 더 이상 이와 같지 않다. 그리고 의도하지 않은 결과가 전개되는 것을 우리는 이제 막 인식하기 시작했을 뿐이다.

▎ 우리는 본성을 잃었는가?

　　　　다른 고등 영장류와 마찬가지로 인간 역시 어머니와 대행 어머니가 자신이 맡은 유아를 양육하는 방식은 이전의 경험과 학습의 영향을 받는다. 인간의 경우 이러한 경향은 더욱 강하다. 개나 고양이 같은 다른 포유류와 비교하면, 인간 어머니는 생태학자들이 '고정 행동 패턴'이라고 부를 수 있는 것이 거의 전무하다. 우리 종에서 양육은 어머니나 다른 사람들로부터 다음 세대로 이어지는 예술 작품에 가깝다. 한 사람이 유아의 욕구를 얼마나 잘 받아주는지는 '모성 본능'이라는 관념이 아니라 많은 부분 경험을 통해 결정된다. 이러한 경험에는 양육 경험과 양육 받은 경험이 모두 포함된다. 이 책을 통해 살펴본 것처럼 남성과 여성 모두 다른 사람에게 공감하고 양육하기 위한 타고난 능력이 있다. 하지만 근접 요인들과 함께 과거의 경험은 양육 반응의 발달 및 발현에 매우 중요하다. 델라웨어 대학의 심리학자인 메리 도저(Mary Dozier) 연구팀은 위탁 어머니가 자기들이 맡은 아이에게 반응하는 방식을 연구했는데, 이는 내가 여기서 말하고자 하는 바를 잘 보여준다.

실험에서 도저는 생후 20개월 이내의 영아 50명을 생물학적 관계가 없는 여성과 함께 배치했다. 배치에 앞서 각각의 입양모는 심층적인 '성인 애착 인터뷰'를 통해 어린 시절 있었던 애착 경험에 대한 질문을 받았다. 인터뷰는 특별히 훈련된 4명의 평가자에 의해 녹화되었고, 코드화되고 분류되었다. 입양모 중 일부는 자신의 초기 애착관계를 명확히 기억하고 소중하게 생각했다. 다른 사람들은 초기 애착관계를 중요하게 생각하지 않았다. 연구자들은 인종, 사회적 지위, 이전의 입양 횟수, 특히 양부모에게 입양될 당시의 유아의 나이를 분석에서 고려했다. 예상대로 입양 당시 유아의 연령은 중요했다. 하지만 유아가 주어진 보육자에게 얼마나 안정적으로 애착을 형성할 수 있는지에 대한 가장 좋은 예측인자는 입양모가 자신의 어린 시절 경험을 회상했던 방식으로 밝혀졌다. 과거 관계에 대한 입양모의 마음 상태는 다른 요인들의 영향을 축소시켰다.[30]

익히 알려져 있듯 성격 발달에 유전적 요인은 중요한 역할을 한다. 물론 이 아기들도 '빈 서판'으로 입양 가정에 온 것은 아니다. 다른 영장류들과 마찬가지로, 어떤 사람은 차분한 기질을 타고난 반면, 더 능동적인 사람들도 있다. 어떤 아이들은 외향적인데 비해 다른 아이들은 부끄럼이 많다. 그리고 이러한 특성은 분명히 유전된다. 하지만, 애착 유형은 동일한 방식으로 유전되지 않는 것으로 알려져 있다. 그리고 이 연구에서는 특히 보육자와 그들이 맡은 아기 사이의 애착 유형은 공통 유전자 때문이 아니라는 점이 확실했다.[31] 오히려 아기들이 형성한 애착 관계의 질은 현재 자기들을 돌보고 있는 대행 어머니의 감정 상태를 반영했다.

인간 유아는 태어난 직후부터 다른 사람의 의도를 살핀다. 두 돌쯤에는 자신과 다른 사람 사이의 연결을 인식하고 자아 개념이 점점 더 정교해진다. 이 덕분에 아이들은 다른 사람들이 마음속으로 가지고 있는 다양한 목적을 이해하고 자기 자신의 목적도 표현할 수 있다. 이러한 역량은 개인들 사이의 의사소통 및 협력을 위한 토대를 마련한다.[32] 아이들을 잘 보살피는 보육자들이 돌보는 어린이들은 협력 가능성이 높게 나타난다. 안정적 애착으로 분류된 유아들이 유치원에서 친구를 더 잘 사귀는 이유도 이 때문일 것이다.[33] 하지만, "탈선 가능성 역시 동일하게 주목해야 한다"고 라이언스-루스는 상기시킨다.[34]

오늘날 일부 어린이들은 보살펴주는 어른과 신뢰 관계를 맺지 못한 채 성인이 된다. 그리고 이런 유년기 경험은 이후에 그들이 다른 이를 어떻게 돌보게 될지에 영향을 미친다. 수십만 년 동안 다른 사람의 마음 읽기 그리고 정신적·정서적 상태를 공유하는 것에 대한 관심은 우리의 유별난 친사회적 본성의 진화를 위한 원재료를 제공했다. 하지만 만약 유아의 공감 능력이 특정 양육 조건에서만 발현되고, 자연 선택이 실제 표현형으로 발현되는 유전형에만 작용할 수 있다면 어떨까? 우리가 타고난 가장 유용한 소양조차도 발달과정에서 발현되지 않는다면 우리 종의 특징으로 계속 남아있을 것이라고 장담하기 어렵다.

'인간' 종은 다른 종보다 더 정적인 종이 아니다. 환경이 변하면, 우리도 그에 따라 변한다. 특히 우리는 스스로 환경을 변화시키는 종이다. 새로운 육아 방식이 아동 발달뿐만 아니라 인간 본성을 계속 변화시킬 가능성은 얼마든지 있다. 이 책에서 기술한 과정이 뒤로 되돌려지지 않을 것이란 보장은 없다. 인간이 어린이들에게 백신을 접종하고, 역사를 쓰고, 자기들의 기원에 대해 추측할 수 있을 만큼 '진보'했다고 해서, 우리 종의 진화 과정이 멈춘 것은 아니다.

사실은 그 반대에 가깝다. 유타 대학의 헨리 하펜딩(Henry Harpending)과 미시간 대학의 존 호크스(John Hawks) 같은 인류학자들은 지난 4만 년 동안 우리 종에 작용하는 자연 선택이 더욱 가속화되었다고 주장한다. 후기 구석기 시대 이후, 특히 신석기 시대 이후로 인간의 활동과 인구 압력은 지역 환경을 변화시켰고 인구가 기하급수적으로 증가함에 따라 선택이 작용할 수 있는 더 많은 돌연변이가 발생했다. 콜레라, 천연두, 황열병, 발진티푸스, 말라리아, 그리고 더 최근에는 에이즈와 같은 새로운 질병에 대항하기 위한 적응과 새로운 식단에 적응적인 소화 기제에 대한 상세한 기록은 홍적세 이후에 일어난 자연 선택을 잘 보여준다.[35] 인지 및 행동 특질이 소화 효소보다 자연 선택에 덜 민감할 이유는 없다.

사실 호크스는 인간 유전체에서 가장 빠르게 진화하고 있는 유전자 중 일부는 중추 신경계의 발달과 관련된 유전자라고 주장한다. 뇌 크기를 증가시키는 새로운 유전적 변이가 발생한 지 6,000년이 채 되지 않았다는 발견은 호크스의 견해를 뒷받침한다. 강력한 선택압을 통해, 이 변이들은 빠르게 확산되었다.[36] 한 진화론자는 이렇게 말했다. "현대 인류보다 먼저 존재했던 십여 종의 호미닌들은 한 종당 20만 년 정도의 기간 동안 새로 출현했다가 멸종하기를 반복했다. 우리 종은 대략 13만 년 전에 시작되었으니 우리도 곧 변화를 맞이할지 모른다."[37] 친사회성의 토대가 되는 특성들이 발현되지 않고, 그래서 더 이상 선택을 받지 못한다면 과거에 친사회적 경향이 인간에게 얼마나 득이 되었는지는 더는 중요하지 않을 것이다. 진화의 시간상에서 더 이상 쓰임이 없는 특질은 결국 사라진다.

물고기 같은 생물이 볼 수 있다는 것을 의심하는 사람은 아무도 없다. 물고기도 눈이 있기 때문이다. 그러나 멕시코의 작은 동굴에서 서식하는 카라신 물고기처럼 완전히 캄캄한 어둠 속에서 나고자란 물고기는 시각이 발달하지 않는다. 심지어 햇빛이 다시 들어오거나 밖에서 키워도 어둠 속에서 오랫동안 고립되어 있던 카라신 치어들은 시력을 회복하지 못한다. 체세포의 단순한 경제 논리로, 더 이상 자연 선택으로 선호되지 않는 쓰임 없는 특성들은 손실되고, 대신 체세포 또는 신경 자원들을 다른 곳에서 사용할 수 있도록 전용한다.

2만 년이 지난 후 어떤 진화 이론가가 인간을 연구한다면, 다른 사람에게 공감하고, 나눠주고, 공유하고, 호혜성을 추구하는 우리의 강력한 충동은 종 진화 과정의 일시적 단계에 불과하다고 이야기할지도 모른다. 진화 과정은 되돌릴 수 없다는 돌로의 법칙(Dollo's Law)이 널리 알려져 있기는 하지만, 이를 과신해서는 안 된다. 돌로의 법칙은 중력과 같이 보편적으로 적용 가능한 자연법칙이라기보다는 일부 유기체의 깊은 진화적 역사에 대한 설명에 가깝다.[38] "자연 선택의 매개체를 제거하면 때때로 매우 빠른 진화적 결과가 나타날 수 있다"는 것이

9. 유년기와 인간의 유래

진화생물학의 훨씬 더 기본적이고 보편적인 원리다.[39]

사람들은 핵 확산이나 지구온난화, 신종 전염병의 출현, 운석 충돌 같은 우울한 이야기들을 하면서 우리 종의 미래를 걱정한다. 나는 여기에 앞으로 수천 년 뒤의 우리 후손들이 어떤 종류의 종이 될 것인지도 추가해야 한다고 생각한다. 만약 공감과 이해가 특정 양육 조건에서만 발달한다면, 그리고 이러한 양육을 받지 못하더라도 살아남아 번식할 수 있다면 협력을 위한 토대가 과거에 얼마나 가치 있었는지는 중요하지 않다. 동정심과 정서적 연결에 대한 추구는 동굴에 사는 물고기의 시각만큼이나 확실히 사라질 것이다.

나는 지금으로부터 수천 년 후에도 우리의 후손들이(이 행성에서든 또는 어딘가 다른 행성에서든) 이족보행을 하고 상징을 만들어내는 유인원일 것임을 추호도 의심하지 않는다. 아마도 우리가 꿈도 꾸지 못할 정도로 기술이 뛰어날 것이며, 지금의 침팬지만큼이나 경쟁적이고 마키아벨리적일 것이다. 그리고 아마도 현대인들보다 더 똑똑할 것이다. 그러나 오늘날 우리가 다른 사람의 정서에 대한 관심과 공감을 우리 종을 구별 짓는 특성이라고 여긴다는 점에서, 그들이 여전히 인간일 수 있을지는 확실치 않다. 이러한 특성은 공동 돌봄의 진화적 유산을 통해 형성되었던 것이기 때문이다.

사진 및 그림 출처

1장

14쪽. R. Perales/AP

22쪽. Joan Bamberger

27쪽. Peabody Museum/Marshall Expedition image 2001.29.363

42쪽. I. Eibl-Eibesfeldt/Human Ethology Archives

45쪽. I. Eibl-Eibesfeldt/Human Ethology Archives

2장

65쪽. Trevarthen 2005

70쪽. 위: I. DeVore/AnthroPhoto. 아래: ⓒ Tetsuro Matsuzawa

77쪽. Meltzoff and Moore 1977:75

79쪽. Video by I. Eibl-Eibesfeldt/Human Ethology Archives, with summary of image context by Niko Larsen

86쪽. Nancy Enslin/T. Matsuzawa)

90쪽. M. Myowa-Yamakoshi

3장

104쪽. Tim Laman

107쪽. S. B. Hrdy/AnthroPhoto

111쪽. Marjorie Shostak/Anthro-Photo

112쪽. Richard Lee/AnthroPhoto

116쪽. Peabody Museum/Marshall Expedition image 2001.29.410

119쪽. Steve Winn/ AnthroPhoto

121쪽. I. Eibl-Eibesfeldt/Human Ethology Archives

126쪽. Basic Books/Perseus Book Group

132쪽. Mike Nelson/California National Primate Research Center

134쪽. S. B. Hrdy/AnthroPhoto

145쪽. Sarah Landry

4장

187쪽. 위: S. B. Hrdy/AnthroPhoto. 아래: Peabody Museum/Marshall Expedition image 2001.29.411

189쪽. Hewlett 1991a

200쪽. Peabody Museum/Marshall Expedition image 2001.29.412

204쪽. I. Eibl-Eibesfeldt/Human Ethology Archives

206쪽. I. Eibl-Eibesfeldt/Human Ethology Archives

5장

209쪽. ⓒ John Gurche

221쪽. I. Eibl-Eibesfeldt/Human Ethology Archives

234쪽. ⓒ A. H. Harcourt/AnthroPhoto

245쪽. Barry Hewlett

6장

259쪽. Oxford Scientific

265쪽. Chris Johns/National Geographic Image Collection

270쪽. Jennifer Jarvis

293쪽. Paul Lemmons

7장

306쪽. Reuters

322쪽. Lorenz 1950, rpt. 1971:155

324쪽. Noel Rowe/All The World's Primates

328쪽. Alma Gottlieb

8장

338쪽. Hugo van Lawick/Jane Goodall Institute

341쪽. Masayuki Nakamichi from Nakamichi et al. 2004:76

349쪽. James O'Connell

350쪽. Peabody Museum/Marshall Expedition image 2001.29.414

364쪽. S. B. Hrdy/AnthroPhoto

389쪽. Peabody Museum/Marshall Expedition image 2001.29.416

393쪽. I. Eibl-Eibesfeldt/Human Ethology Archives

9장

397쪽. Peabody Museum/Marshall Expedition image 2001.29.413

410쪽. Sawyer and Deak 2007:155, Nevraumont Publishing

사진 및 그림 출처

미주

___

1. 비행기를 탄 유인원들

1. 마음이론에 대한 초창기 연구는 Premack and Woodruff 1978 참조. 최근까지 업데이트된 문헌은 다음을 참고. Penn and Povinelli 2007와 그 인용.

2. 정신과 의사 스턴(Daniel Stern 2002)과 홉슨(Peter Hobson 2004), 발달 심리학자 라이언스-루스(Hennighausen and Lyons-Ruth 2005)와 트레바탄(Colwyn Trevarthen 2005; Trevarthen and Aitken 2001)은 세계관을 공유하고 개인 간 관계의 정서적 구성 요소를 모두 포괄하는 용어인 "상호주관성" 또는 "정서적 공유"라는 용어를 선호한다. 이러한 정서적 공유에 대한 열망은 인간 유아에서 발달 초기에 나타나고(Reddy 2003, 2007), 다른 사람이 알거나 믿는 것을 추론하는 마음이론보다 선행하여 나타난다.

3. 이 설명은 Proceedings of the Asiatic Society of Bengal(1884)에서 먼저 나왔으며, Hrdy 1977a: 5 - 6에서 인용되었다.

4. 데케티(Jean Decety), 루비(Perrine Ruby) 그리고 다른 연구자들의 신경 이미지 연구는 다음에서 다루고 있다. Decety and Jackson 2004(pp. 86 - 87).

5. Rilling et al. 2004a:1695; Fehr and Fischbacher 2003.

6. Cosmides and Tooby 1994; Ostrom 1998; Trivers 1971.

7. Wiessner 1977, 1982; Thomas 2006.

8. Trivers 1971; Burnham and Johnson 2005; Nesse 2007.

9. Trivers 2006; Warneken and Tomasello 2006; Hamlin et al. 2007.

10. Rilling, Gutman, Zeh, et al. 2002.

11. "협력을 위한 배선"에 대한 인용문은 Damasio 2003: 172 - 173 참조. 경제학자의 관점은 Ostrom 1998:7 참조. 컴퓨터와 달리 우리가 다른 사람들이 무엇을 하는지에 근거해서 결정을 내릴 때는 두뇌가 다르게 작동한다는 실험적 증거는 Rilling et al. 2002; Rilling, Sanfey, et al. 2004a. 참고.

12. Trevarthen and Logotheti 1989:43. 이 주장이 처음 제기되었을 때는 상당한 논란이 있었지만, 트레바탄의 관점은 이후로 상당한 지지를 얻었다(Draghi-Lorenz et al. 2001).

13. Marci et al. 2007.

14. 심리치료사 로스차일드(Babette Rothschild)의 동료 치료사들에 대한 경고에서 인용.

15. Sober and Wilson 1998; Tomasello 1999; Hammerstein, ed. 2003; Fehr and Fischbacher 2003; Boyd 2006. 협력의 진화를 소개하는 입문서로는 매트 리들리의 2006년작 『도덕의 기원』을 추천한다.

16. Bowles and Gintis 2003:433.

17. 전반적인 검토는 McGrew 1992; Whiten et al. 1999; van Schaik et al. 2003 참조. 다윈은 1874년에 돌로 견과류를 깨는 침팬지에 대한 관찰을 묘사한 바 있다 (Darwin 1974: 78 – 79).

18. 침팬지는 McGrew 1992; Boesch and Boesch-Achermann 2000; Pruetz and Bertolani 2007; Matsuzawa 1996 참고. 사육되는 보노보는 Savage-Rumbaugh and McDonald 1988; Parish and de Waal 1992 참고. 사육되는 고릴라는 Gomez 2004 참고. 야생 오랑우탄은 van Schaik et al. 2000 참고.

19. Mercader et al. 2007.

20. Mulcahy and Call 2006; Raby et al. 2007.

21. Inoue and Matsuzawa 2007.

22. Matsuzawa 2001; Herrmann, Call, et al. 2007.

23. 인간 진화에서 두발걷기의 역할에 대한 개괄은 Stanford 2003 참조.

24. Herrmann, Call, et al. 2007.

25. Tomasello et al. 2005: 675

26. Tomasello et al. 2005: 676.

27. Tomasello et al. 2005.

28. Tomasello 1999: 59; Boyd and Richerson 1996.

29. Tomasello et al. (2005). 여기서는 1999년 토마셀로가 한 제안에 이어 인간을 '초사회적'으로 간주하는 논의들을 검토하고 있다. 또한 최근 빠르게 발전하고 있는 인간과 다른 유인원들 사이의 비교 연구들도 확인할 수 있다.

30. 현재 많은 유전학자가 선호하는 분류학에 따르면, 호미노이데(Hominoidae) 상과는 이른바 열위 유인원(긴팔원숭이와 시아망원숭이)과 잘 알려진 대형 유인원(오랑우탄, 고릴라, 침팬지, 보노보)과 인간으로 구성된다. 하지만 예전에는 "호미니드(hominid)"가 인간과 인간의 선조인 이족보행 유인원들을 "대형 유인원"과 구분하는 용어로 사용했던 것과는 달리, 현재 계통학에서는 대형 유인원과 인간을 모두 호미니드(hominids)로 포함한다. 따라서 많은 전문가들이 이제는 호미노이드(hominoid) 유인원을 긴팔원숭이와 유인원을 포함하는 긴팔원숭이과(Hylobatidae)와 호미니드 유인원을 포함하는 사람과(Hominidae) 이 두 개의 과로 나눈다. 호미니드 유인원은 다시 오랑우탄과 그 화석 선조들을 포함하는 오랑우탄과(Ponginae)와 아프리카 유인원과 인간을 포함하는 사람아과(Homininae)의 두 개의 아과로 나뉜다. 침팬지와 분기된 이후에 나타났던 우리 계통의 모든 구성원들은 사람족(Hominini)으로 분류된다. 호미닌(Hominins)에는 *Australopithecus, Homo habilis, Homo erectus, Homo heidelbergensis, Homo sapiens*가 포함된다.

31. Darwin 1890:240.

32. Rilling, Gutman, et al. 2002; Rilling, Sanfey, et al. 2004a.

33. Ingman et al. 2000; Wade 2006:52 – 60; Behar et al. 2008.

34. Kaplan et al. 1990; Cashdan 1990; Hawkes 2001, esp. Table 4; Smith 2003.

35. See esp. Kelly 2005.

36. Wiessner 1977, 1996, 2002b.

37. Wiessner, personal communication, March 5, 2007, elaborating on her written account; Marshall 1976:310 – 311.

38. Rodseth and Wrangham 2004: 393ff와 그 참고문헌.

39. Dunn et al. 2008.

40. Wiessner 2002b: 421.

41. 이 샘플에서 파트너십의 46퍼센트는 사촌 이내의 가까운 친척들이었다. 그러나 친족을 선호하는 경향에도 불구하고 많은 파트너십이 꽤 먼 친척들과 이루어졌다. Wiessner 2002a: 31.

42. Wiessner 2002a.

43. 이 체계를 처음 설명한 리처드 리는 "이름을 딴" 장로가 어떤 친족 용어를 사용할지 결정할 수 있으며, 이는 한 개인의 일생에 걸쳐 유연하게 적용된다고 지적한다 (2003:64-76).

44. Wiessner 2002b.

45. 36개의 수렵채집 사회의 비교 연구는 Marlowe 2004.

46. Sealy 2006; Johnson and Earle 2000: 54ff.

47. McHenry 2009. 존 플리글에게도 감사한다.

48. Cohen 1995: 29; Stiner et al. 1999; Johnson and Earle 2000, esp. ch. 1; Behar et al. 2008.

49. Choi and Bowles 2007; Jones 2008: 514에서 인용하고 논의하고 있다.

50. Kelly 2005 and esp. Wiessner 2006. 인구밀도와 인간의 공격성 사이의 연관성을 설명하는 "행동 척도" 논의에 대해서는 Wilson 1971b or 1975: 20ff 참고.

51. Washburn and Lancaster 1968; Wrangham and Peterson 1996: 199; Wrangham 1999: 1; Jones 2008 and references therein.

52. "구석기시대의 무자비함"은 Kelly 2005, Fry 2007, Johnson and Earle 2000 참고. "선사시대 전쟁"의 만연을 강조하는 고고학자들조차도 홍적세에는 전쟁에 대한 증거가 없다는 것을 인정한다(Keeley 1996).

53. Marshall 1976; Lee 1979, esp. pp. 24, 244 – 248, 343 – 346, 390 – 400, 458; Johnson and Earle 2000; Hewlett 2001:52; Kelly 2005; Wiessner 2006, Boehm 1999. 특히 평등주의적인 수렵채집인이 얼마나 무서울 수 있는지에 대해서는 보엠의 논의를 참고.

54. Lee 1979:390 - 400. !쿵산족에 대한 이 모노그래프는 이들에서 나타나는 살인율이 미국에서 가장 폭력적인 도시와 비슷하다는 점에서(Jones 2008) 구석기 시대 사람들이 현대인보다 더 폭력적이라는 주장을 뒷받침하기 위해 자주 인용된다. 하지만 리(Lee)는 !쿵산족이 전쟁에 관여하지 않으며, 만약 전쟁으로 인한 미국인들의 사망률까지 포함하면, !쿵산족의 살인율이 미국보다 훨씬 더 낮을 것이라고 밝히고 있다 (1979: 398).

55. 가장 널리 채택되고 있는 교과서 중 하나인 존 카트라이트의 『진화와 인간 행동』 (2000)의 색인을 살펴보자. "공유(sharing)"나 "육아(childrearing)"는 찾아볼 수 없다. "모성(maternal)", "부성(paternal)", 혹은 "대행 어머니 돌봄(allomaternal care)"에 대한 언급도 없다. 하지만 "엄마-태아 갈등"은 두 번, "부성 확실성"은 열 번 언급된다. "유아"나 "유아 돌봄"에 대한 언급은 없지만, "유아살해"는 두 번 언급된다. 이러한 비판은 내가 이전에 썼던 출판물에도 마찬가지로 적용할 수 있다.

56. 이러한 편견은 이 분야 최고의 책에서도 찾을 수 있다. 예를 들면, 웨이드(Wade 2006: 148 - 150, n. 189.) 패리시(Parish)와 드 발(de Waal)이 2000년에 출판한 에세이에서 이 편견에 대해 논의하고 몇 가지 해법을 제안한다.

57. 침팬지에서 개체 간 관용이 협력에 미치는 영향에 대한 실험은 Melis et al. 2006a 참고, 침팬지보다 보노보가 더 온순한 기질을 가졌다는 이야기는 Hare et al. 2007 참고.

58. Parish and de Waal 2000; Höhmann 2001. 이것이 보노보와 침팬지의 종 전형적인 차이인지, 보노보가 덜 연구되었기 때문인지, 아니면 서식지 차이의 결과인지는 알려지지 않았다. 랑구르원숭이 등 다른 영장류를 연구하면서 우리가 알게 된 것은 수컷에 의한 영토 분쟁, 수컷-수컷 공격성, 그리고 유아살해 같은 행동들은 매우 가변적이며, 일부 집단에서는 보고되지만, 다른 경우에는 그렇지 않다는 점이다. 종종 개체군 밀도가 중요한 영향을 미친다(Hrdy 1979).

59. De Waal 1997. 반(半)연속 수용성(semicontinuous receptivity)과 "은폐된 배란"의 중요성에 대해서는 Hrdy 1981a, ch. 7; 1997 참고

60. Silk 1978; Parish 1998; White 1994; de Waal 1997; Kano 1992: 74, 166 - 170. 침팬지나 오랑우탄 새끼는 먹이를 달라고 조를 수 있지만, 거의 어미만 나눠주며 이조차도 마지못해서 주는 것에 가깝다.

61. Melis et al. 2006a; de Waal 1996, 1997.

62. Pollick and de Waal 2007.

63. 말이 공격성의 대체물이 될 수도 있는 경우는 Wiessner 2005.

64. Bird-David 1990; Hewlett, Lamb, et al. 2000. "주는" 환경 속에서 자라나는 것이 발달에 미치는 함의는 4장에서 다시 논의한다.

65. Shostak 1976:256.

66. Blurton Jones 1984; Moore 1984.

67. Parish 1998; Parish and de Waal 2000; Kano 1992:74, 166 - 170.

68. Höhmann and Fruth 1996:53. 영장류에서 나타나는 다른 "관용적인 행동"은 대부분 대행 어미가 잠깐 안아주는 유아에게 젖을 주는 것이다. 카푸친원숭이는 O'Brien

1998, 타마린은 Smith et al. 2001, 여우원숭이는 Pereira and Izard 1989 참고.

69. Burkart et al. 2007. 갈까마귀에 대해서는 de Kort, Emery, and Clayton 2006 참고.

70. Cosmides 1989; Ridley 1996.

71. Rilling et al. 2002, 2004b.

72. Ambrose 1998. 이는 아직 계속 논쟁 중이긴 하지만, 고고학자 마윅(Marwick 2003)과 맥브리어티와 브룩스(McBrearty and Brooks 2000)는 설득력 있는 주장을 펼쳤다.

73. 인간이 선전 및 기타 수단을 이용해 집단학살을 저지르기 위해 심리적으로 준비하는 것은 Roscoe 2007 참고. 사례 연구는 Browning 1998 참고. 자원 경쟁의 역할은 Diamond 2005, pp. 323ff 참고. 살인에 대한 죄책감이 상황에 따라 달라지는 것은 Hauser 2006 참고.

74. Zinn 2003: 1 – 3; Earle 1997:37.

75. Discussed in van der Dennen 1995.

76. Johnson and Earle 2000과 그 참고문헌 참고. 칭기즈칸의 경우 정복자의 유전자 확산은 Zerjal et al. 2003 참고.

77. 기저 논리의 정교함은 Dawkins 1976: 75ff 참고.

78. 소설가 화이트(Edmund White 2001: 14)의 "자비로움"에 대한 설명에 감사한다.

79. Harpending et al. 1996; Wade 2006.

80. 나는 20세기의 칼라하리 사막 수렵채집민들과 마찬가지로 평방마일당 한 사람 정도의 수치를 생각한다(Thomas 2006). 안다만 제도에서 보고된 바와 같이 평방마일당 몇몇 정도의 사람들이 최대치일 것이다(Kelly 2005).

81. Smith 2007 pp. 141 – 142, Bowles 2006, Darwin 1874.

82. Hare and Tomasello 2004.

83. 폴리 위스너와의 개인적 대화, 2005.

84. Lancaster and Lancaster 1987; Kaplan 1994.

2. 왜 그들이 아니라 우리인가?

1. 사례는 다윈의 『인간과 동물의 감정표현』(1872) 각 장의 제목 중에서 뽑아냈다.

2. Hobson 2004:270.

3. Melis et al. 2006a, 2006b.

4. 오랫동안 인간 고유의 것으로 여겼지만, 사회적으로 전염되는 하품은 침팬지에 게도 나타난다(Anderson and Matsuzawa 2006). 도움에 대해서는 다음을 참고. Warneken and Tomasello 2006; Boesch and Boesch-Achermann

2000:246–248. 고아가 된 친족을 입양하는 것은 Goodall 1986 참고.

5. 이 이야기의 출판물은 de Waal 1997:156 참고. 영장류와 우리의 "공통 분모"에 대한 더 많은 견해는 de Waal 2006 참고.

6. Warneken et al. 2006; Warneken and Hare 2007.

7. 이 실험은 현재 듀크 대학의 토마셀로 팀에서 박사후과정을 밟고 있는 젊고 상상력 풍부한 브라이언 헤어에 의해 설계되었다. 협동 작업을 할 때보다 경쟁 상황에서 침팬지가 훨씬 더 고도의 기술을 보여주는 것에 대해서는 Hare and Tomasello 2004 참고.

8. Herrmann et al. 2007.

9. Melis et al. 2006a.

10. Jensen et al. 2006. 이러한 결과는 미디어에서 널리 퍼진 비인간 영장류가 공정함에 대한 타고난 감각이 있다는 주장과 일치하지 않는다. 똑같은 행동을 했는데도 다른 원숭이가 더 좋은 보상을 받으면 덜 좋은 보상을 받기를 거절하는 것과 같은 행동 말이다. 이러한 주장은 Brosnan and de Waal 2003의 일련의 흥미로운 실험을 통해 알려졌다. 침팬지 추가 실험은 Brosnan, Schiff, and de Waal 2005 참고. 이 차이에 대한 논의는 Jensen et al. 2007 참고.

11. de Waal 2006, de Waal,Zimmer 2006, Silk et al. 2005, Vonk et al. 2008, Preston and de Waal 2002. 이들은 인간 피험자가 권위자의 지시에 따라 다른 사람에게 고통스러운 전기충격을 줄 수 있는 스탠리 밀그램의 유명한 실험을 인용한다. 그들은 밀그램의 실험에 참여한 예일대 학부생들과 붉은털원숭이들의 대조적인 모습에 충격받았다. 이 원숭이들은 다른 원숭이에게 전기충격을 가하는 음식 사슬을 당기는 대신 며칠 동안 굶기를 택했다. 자기가 전기충격을 경험했거나 희생자와 잘 아는 사이인 경우 사슬을 당기기까지 더 오랜 시간이 걸렸다. 드 발에게 그러한 발견 (예를 들면, Masserman et al. 1964)은 원숭이가 사람보다 더 배려심이 많다는 것을 암시한다. 반면에, 원숭이들은 인간 피험자들과 같은 방식으로 권위자의 지시를 받는 실험적 스트레스 테스트를 받지 않았다. 이 논쟁은 아직도 지속되고 있다.

12. 예를 들어 2002년 UCLA 대학에서 열린 컨퍼런스에서 정신과의사인 대니얼 스턴은 아프리카 사바나에서 무방비 상태의 초기 호미닌이 생존하도록 도왔던 공동 방어와 도움에 있어 상호주관성의 역할을 특히 강조했다.

13. Jane Goodall과 Virginia Morell의 인터뷰(2007: 52).

14. Hauser 1996.

15. Hobson 2004: 2; cf. Premack 2004: 320; Tomasello et al. 2005. 이에 대한 통찰력 있는 논의는 Cheney and Seyfarth 2007, ch. 10 참고.

16. Langford et al. 2006.

17. Greene et al. 2002.

18. 모성 감정의 진화는 Leckman et al. 2005 참고.

19. Keverne et al. 1996; Panksepp 2000; Zahn-Waxler2000; MacLean 1985.

20. Allman 2000:98–102.

21. Carter 1998.

22. Allman 2000:111 – 112.

23. Carter, Ahnert, et al. 2005.

24. Silk 1999; Maestripieri 2001.

25. Hrdy 1977a, ch. 7.

26. Hrdy 1999:207 – 217.

27. Silk, Alberts, and Altmann 2003.

28. Ahnert, Pinquart, and Lamb 2006: 665; Gunnar and Donahue (1980).

29. Gunnar and Donahue 1980. 배런 코언(Simon Baron-Cohen 2003)은 "여성의 뇌는 전적으로 공감을 위해 배선되어 있다"고 주장한다. 증거에 대한 일반적인 검토와 비판적 평가는 Brody 1999, ch. 7 참고.

30. Radke-Yarrow et al. 1994.

31. Stallings et al. 2001.

32. 이 아이디어는 다윈으로 거슬러 올라가지만, 아이블 아이베스펠트가 1989년에 『인간 윤리(Human Ethology)』에서 논의를 더욱 풍부하게 발전시켰다. Babchuk et al. 1985; Taylor 2002. 젊은 여성이 젊은 남성보다 얼굴 표정을 더 빠르고 정확하게 해석한다는 것을 보여주는 연구는 Baron-Cohen 2003과 Hampson et al. 2006 참고.

33. Brockway 2003:95ff.; Chisholm 2003; Allman 2000; Panksepp 2000; Preston and de Waal 2002

34. Caro and Hauser 1992; Thornton and McAuliffe 2006.

35. Boesch and Boesch-Achermann 2000:202. 어미의 견과류 깨기 시범은 Gagneux 1993, Matsuzawa 2001 참고.

36. 브라이언과 화이트가 편집한 『마키아벨리 지능』(1988)에 졸리(Alison Jolly), 험프리(Nicholas Humphrey) 그리고 프리맥(David Premack)의 고전적 논문이 수록되었다. 최근의 비인간 영장류에 대한 가장 흥미로운 연구에는 호혜주의자의 식별을 다룬 Hauser et al. 2003, 동맹의 식별 및 선택을 다룬 Silk 2003, Cheney and Seyfarth 2007가 있다.

37. 사회적 지능의 진화에서 동맹 형성의 역할에 관해서는 Harcourt 1988 참고. 인용문은 144p 참고.

38. De Waal 2006

39. Dunbar 2003.

40. Byrne and Whiten 1988; Boesch and Boesch-Achermann 1990.

41. 의견 조정에 대한 몇 가지 대안적 설명 중 하나는 집단 사냥의 성공률이 높은 이유는 더 많은 남성들이 사냥에 참여함에 따라 사냥감을 잡을 확률이 높아진다는 것이다. Gilby et al. 2006, Mitani et al. 2000 참고.

42. 인간의 "생태적 지배성과 사회적 경쟁"이 인간 신피질의 진화를 이끌었는지에 대한 검토는 Flinn et al. 2005 참고. 혼란을 피하기 위해 덧붙이자면, 나는 인간이 다른 종을

생태적으로 지배하기 위해서는 초기 호미닌이 이미 다른 유인원들보다 더 높은 수준으로 협력했어야 한다고 생각한다. 따라서 사회적 경쟁과 결합한 생태적 지배에 대한 플린(Flinn)의 아이디어는 우리가 여기서 다루고자 하는 문제를 해결할 수 없다.

43. 다시 한 번, 나는 발달 심리학자 멜트조프(Andrew Meltzoff 2002)의 관찰에 빚을 지고 있다. 또한 다음을 참고. Trevarthen 2005. 사회적 지능에 대한 일반적인 소개는 Goleman 2006 참고.

44. 여기에는 수컷, 또는 경쟁 암컷에 의한 유아살해와 집단간 습격이 포함된다. Goodall 1986; Nishida et al. 1985; Wrangham and Peterson 1996; Watts and Mitani 2000; Pusey, Williams, and Goodall 1997; Townsend et al. 2007.

45. Papousek et al. 1991.

46. Rizzolatti et al. 1996.

47. Rizzolatti et al. 2006; Gallese et al. 2002; Preston and de Waal 2002; Gomez 2004, ch. 9.

48. 멜트조프와 무어는 1989년에 훨씬 더 어린 아기들을 대상으로 그 유명한 1977년의 실험을 되풀이했다. Meltzoff 2002. 인용문은 p. 11 참고.

49. Tsao, Freiwald, et al. 2006.

50. Meltzoff 2002:24; Quinn et al. 2002.

51. Meltzoff 2002:10.

52. Meltzoff 2002:24; Preston and de Waal 2002.

53. Meltzoff 2002:24.

54. Holden 2006:25.

55. Eibl-Eibesfeldt 1989; Emery 2000. 마모셋과 타마린이 시선을 피하지 않는다는 것을 지적해준 카렌 베일스(Karen Bales)에게 감사한다.

56. 나는 눈에 흰자위가 있는 침팬지, 고릴라, 보노보를 본 적이 한 번도 없다. 하지만 호주 퍼스 동물원에서 오랑우탄이 눈을 크게 구르는 것을 관찰했을 때, 흰자위를 본 적이 있다. 반면 영장류학자 킴 바드는 눈에 흰자가 있는 침팬지를 만난 적이 없다고 알려주었다.

57. 무서운 눈의 흰자위에 대한 인간의 반응에 대해서는 Whalen, Kagan, et al.2004 참고.

58. 협력적 눈 가설은 Tomasello 2007 참고.

59. Leavens 2004.

60. Darwin 1874.

61. 영장류 부모 행동에 대한 개괄은 Bard 2002 참고.

62. Papousek et al. 1991; Konner 1991.

63. Farroni et al. 2002: 9602.

64. Bard 2002: 104.

65. Bard 2002, 107p; Hobson 2004: 268. 바드의 생각은 어머니가 유아의 얼굴을 바라보거나 유아에게 말을 걸 때 문화 간 차이를 강조한 알마 고틀립(Alma Gottlieb 2004:315, n.31) 같은 문화인류학자에게도 반복되어 나타난다.

66. Bard 2002, Leavens, Hopkins, and Bard 2008.

67. Bard et al. 2005.

68. Matsuzawa 2003, Inoue and Matsuzawa 2007.

69. Matsuzawa 2006.

70. Hobson 1989:200.

71. Farroni et al. 2002.

72. Hobson (2004:195)

73. Whiten and Byrne 1997, Boesch and Boesch-Achermann 1990, 2000; Matsuzawa 2003, de Waal 2001.

74. Tomasello 1999; Gomez 2004:252ff.

75. Myowa 1996; Myowa-Yamakoshi et al. 2004. Myowa의 결과는 Bard(2007)의 실험에서 되풀이되었다.

76. 테츠로 마츠자와의 개인적인 대화, 2006; Bard 2007.

77. Ferrari et al. 2006.

78. Wood, Glynn, Phillips, and Hauser 2007.

79. Want and Harris 2002.

80. Jones 2007, p. 598; Want and Harris 2002.

81. Hare et al. 2002.

82. Dennis 1943, 사회적으로 박탈당한 채 키워진 쌍둥이 델과 레이의 발달 연대기를 기록한 표1 참고.

83. 생후 2.5개월 된 맹인 아기의 미소에 대해서는 Cole 1993:171 참고.

84. Dennis 1943.

85. Stern 2002.

3. 왜 아이를 키우는 데 온 마을이 필요한가?

1. FOXP2 유전자의 발견이 언어의 기원 연대를 밝히는 데 어떻게 도움이 되는지는 Lieberman 2007 참고. 클릭 언어에 대한 여전히 논쟁적인 주장은 Knight et al. 2003 참조.

2. Leavens 2006. 이 책의 2장 참고.

3. "사랑"의 뿌리인 모성 유대에 대한 고전 생태학적 설명은 Eibl-Eibesfeldt 1971 참고.

4. 이때 나이든 암컷 플로는 딸 피피가 어린 플린트를 안도록 허락했다(Goodall 1969: 388).

5. Van Noordwijk and van Schaik 2005. 포시(Fossey 1979)에 따르면 고릴라는 같은 구간에 속하지만, 몇 달 만에 넘겨준 사례가 몇 건 있다.

6. 영장류 분류학은 끊임없이 변화하고 있다. 내가 대학원생이었을 때 이후로, 현생 영장류의 수는 175종에서 276종으로 늘어났다. 이는 새로운 종들이 실제로 많이 발견되었기 때문이 아니다. 숫자가 늘어난 이유는 영장목의 유전적, 형태적, 생태적 다양성을 더 잘 보여주고 그들의 계통학적 관계를 더 정확하게 반영하기 위해 기존의 분류를 재분류하고 더욱 세분화했기 때문이다. 종의 이름도 계속 바뀌고 있다. 이러한 변화를 따라잡기 위해, 내가 애용하는 것은 노엘 로위(Noel Rowe)의 1996년판 『현생 영장류의 그림 가이드(The Pictorial Guide to the Living Primates)』이다. 로위는 각 종의 생생한 컬러 사진 옆에 그들의 서식지와 자연사를 요약해 놓았다. 새로 나올 로위의 책에는 거의 400종의 영장류가 다뤄질 것이다. 최신 분류법은 www.alltheworldsprimates.com 웹사이트에서 확인할 수 있다.

7. 임신한 쥐의 불안은 D'Amato, Rizzi, and Moles 2006 참고. 야생 오랑우탄의 출산은 Galdikas 1982 참고.

8. Van Schaik 2004:102.

9. Schaller 1972:54; Hrdy 1999:177ff.

10. Turner et al. 2005.

11. 아와지시마 원숭이센터의 세라 터너(Sarah Turner)의 글, 개인적인 대화 2007.

12. Fleming and Gonzalez 2009; Gray and Ellison 2009.

13. Hrdy 1999, chs. 12 and 14. 나는 이러한 고통스러운 결정을 내리는 기준(성별, 생존력, 지역적 조건)뿐만 아니라, 유아 유기에 대한 역사적, 교차문화적 증거를 심도 있게 조사한 바 있다.

14. Varki and Altheide 2005.

15. Reed et al. 2007.

16. Bugos and McCarthy 1984.

17. Howell 1979; Schiefenhövel 1989; Hrdy 1992, Table 1ff.

18. 이 주장에 대한 초안은 다음 참고. Hrdy 1999, 특히 9 – 14장.

19. 주로 서구 어머니들을 대상으로 한 연구는 다음 참고. Leckman et al. 1999, 2005.

20. 수렵채집인 생활 방식의 집단간 차이는 Hill and Hurtado 1989 참고. 유아에 대한 관용은 Small 1998 또는 Konner 2005 참고.

21. Konner 1972; 1976: 306; Lee 1979: 310.

22. 수렵채집민, 농부, 서구 산업화 이후 사회에 대한 비교는 Hewlett, Lamb, et al. 1998 참고. !쿵족에서 얼마나 많은 돌봄 공유가 존재하는지를 재평가한 문서는 Konner 2005 참고.

23. Hill and Hurtado 1989; Hewlett and Lamb 2005.

24. Lancaster 1978; Wall-Scheffler et al. 2007.

25. Konner 1972:292.

26. Blurton Jones 1993:316. Konner 2005.

27. 블러턴 존스의 동료 프랭크 말로위의 관찰에 근거한 것이다(2005b:182).

28. 음부티족은 Turnbull 1965 참고; 인용문은 Turnbull 1978:172; Hewlett 1991b:13에서 재인용.

29. Tronick et al. 1987.

30. Hewlett 1989a, 1989b; Rosenberg and Trevathan 1996. 태반에 대한 더 자세한 내용은 7장 참고.

31. Morelli and Tronick 1991; Hewlett, Lamb et al. 2000. 대부분의 인간 사회에서 어머니는 모유 수유를 시작하기 전에 며칠 동안을 기다린다(Hewlett 1989a).

32. Morelli and Tronick 1991:47.

33. Hewlett 1989a.

34. 아그타족은 Peterson 1978:16 참고, Hewlett 1991a:13에서 재인용.

35. Crittenden and Marlowe 2008.

36. Konner 2005; Hewlett 2001.

37. Rosenberg and Trevathan 1996.

38. !쿵족 자료에 대한 개괄과 최근 요약은 Konner 2005 참고. 에페족에 대해서는 Ivey 2000와 Morelli and Tronick 1991 참고. 아카족은 Hewlett 2001 참고. 여기서는 수렵채집사회에 중점을 두었지만 교차문화 설문조사에 따르면 많은 인간 사회에서 대행 어머니가 아기를 가장 먼저 만지고 안는 것이 일반적이다. 휴렛(Hewlett 1989a)에 따르면, 이는 전 세계적으로 거의 92퍼센트의 문화에서 일어나고 있다.

39. Ivey 2000, 그림 3, 4, 5, 표 4, 5.

40. Eibl-Eibesfeldt 1989:138–145; 앨리사 크리텐든과의 개인적 대화, 2006.

41. Hewlett, Lamb, et al. 2000, 표 1. 대행 어머니의 돌봄은 모유 수유와 입에서 입으로 넣어주는 음식도 포함한다. 이 수렵채집민들 사이에서 대행 어머니 돌봄은 이웃한 농경사회의 응간두 부족에서 나타나는 것보다 훨씬 더 많다.

42. Goodall 1969:398.

43. Stern 2002.

44. Watson 1928.

45. Bowlby 1971:319.

46. 매력적인 얼굴에 대한 유아의 선호도는 Langlois et al. 1987 참고. 시선 추적에 대한 실험은 Farroni et al. 2004 참고. 냄새는 Porter 1999 참고.

47. van IJzendoorn and Sagi 1999.

48. Bowlby 1971:228–229. 이후 코너(Konner)는 보울비의 지속적인 돌봄과 접촉 모델을 "협비원류의 모아 관계"의 핵심 요소로 통합시켰다(Konner 2005:39–41).

49. 버빗원숭이와 파타스원숭이는 개코원숭이만큼 아프리카 사바나에서 많은 시간을 보내지만, 두 종 모두 다른 암컷이 빠르면 생후 1~2일 이내에 새끼를 데려가도록 허락한다(Lancaster 1971; Hrdy 1976; Nicolson 1987, 파타스원숭이는 2007년 재니스 치즘(Janice Chism)과의 개인적 대화. 버빗은 Lynne Isbell). 비슷하게 더 관용적이고, 연구가 많이 되지는 않았으나 반지상생활을 하는 마카크 종인 바바리원숭이(Macaca sylvanus)와 토키안마카크(Macaca tonkeana)에서도 유아 공유가 많이 일어난다(Thierry 2007 그리고 개인적 대화, 2008).

50. 1969년에 보울비의 『애착과 상실』 3부작 중 1권이 출판될 당시, 랑구르원숭이와 티티원숭이에서 유아 공유에 대한 초기 현장 보고서가 나왔다(Jay 1963; Mason 1966).

51. 흑백목도리여우원숭이(Varecia variegata)는 Pereira et al. 1987 참고. 붉은목도리여우원숭이(V. rubra)는 Pereira and Izard 1989; Vasey 2008 참고.

52. 회색쥐여우원숭이(Microcebus murinus)는 Eberle 2008 참고; 세네갈갈라고(Galago senegalensis)는 Kessler and Nash 2008.

53. Radhakrishna and Singh 2004.

54. Assunção et al. 2007.

55. 야생 티티원숭이(Callicebus molloch)와 회색목올빼미원숭이(Aotus trivirgatus)의 양부모 돌봄에 대한 초창기 연구는 Wright 1984 참고. 야생 아자래올빼미원숭이(Aotus azarai)는 Wolovich et al. 2007 참고. 긴팔원숭이는 Nettelbeck 1998 참고.

56. Fernandez-Duque 2007; Wolovich et al. 2007. 티티원숭이 유아가 어미와 분리될 때보다 아비와 분리될 때 더 화를 내는 것은 Hoffman, Mendoza, et al. 1995 참고.

57. 출산 첫날 유아를 넘기는 것은 Small 1990(그리고 개인적 대화 2006) 참고.

58. Taub 1984.

59. Paul et al. 2000. 이 주장이 처음 제안되었을 때는 매우 논쟁적이었지만(Hrdy 1977b, 1979), 지금은 원류류, 구세계 및 신세계원숭이와 유인원에서 수컷에 의한 유아살해가 발생하며, 이는 유아 사망의 주요 원인이라는 것이 점점 더 확실해지고 있다(van Schaik and Janson 2000 참고). 가장 잘 기록된 사례에서 유아살해는 유아 사망의 30~50퍼센트를 설명한다(Sommer 1994; Palombit 1999, 2001; Cheney and Seyfarth 2007). 이는 어미의 번식 성공에 있어 다른 요인의 영향을 없애버린다(Fedigan et al. 2007).

60. Seger 1977. 최근 유전적 발견은 행동적 증거에 기반한 시거의 초기 계산과 일치한다(Little, Sommer, and Bruford 2002).

61. Hrdy 1976, 1977a. 침팬지처럼 지속적으로 돌보고 접촉하는 종에서도 번식을 시작하지 않은 암컷이 유아에게 가장 관심이 많지만, 유아가 생후 6개월이 되기 전에는 거의 접근이 허락되지 않는다(Nishida 1983).

62. Struhsaker 1975:65–66.

63. Pusey and Packer 1987.

미주

64. 이 20퍼센트는 라이트(Wright 2008)와 스테이시, 패트리시아, 노엘 그리고 내가 현재 작업 중인 유아 돌봄 분류에 기반한 수치다.

65. 갈라고, 여우원숭이, 작은쥐여우원숭이, 시파카, 목도리여우원숭이 등의 여러 영장류 속에서 수유 공유가 발견된다.

66. 세부스(Cebus) 속의 수유 공유는 Perry 1996; Manson 1999; Baldovino and Bitetti 2008 참고. 사냥한, 심지어 더 가치 있는 먹이 공유는 Carnegie et al. 2008 와 Rose 1997, 표 6 참고.

67. 이러한 의미로 협동 번식이라는 용어를 사용한 것은 Hrdy 1999, 2005a부터였지만, 그 이후로 나는 대행 부모의 부양이 내가 이전에 생각했던 것보다 영장류에서 널리 퍼져 있다는 것을 깨달았다. 협동 번식의 적용 방법을 둘러싼 용어의 역사와 정의상의 혼란은 6장을 참고.

68. Garber 1997.

69. Ross et al. 2007.

70. French 2007.

71. 로스(Ross et al. 2007, "Supporting Information", 온라인에서 이용 가능)의 계산에 따르면, 마모셋 형제 사이의 근연도는 약 57퍼센트 정도이다.

72. 마모셋의 키메라적 생식을 예견한 하버드 진화유전학자 헤이그(Haig 1999)의 계산을 참고.

73. 영장류의 모유는 새끼가 어미와 오랜 시간 떨어져 있는 다른 포유류의 매우 진한 젖과 비교해 상당히 묽은 편이다. 어미가 지속적으로 돌보고 접촉하든 유아를 공유하든 간에(Hrdy 1999:127 – 129ff), 영장류 어미의 젖은 지방과 탄수화물이 적은 젖을 생산하는 경향이 있다. 유아를 공유하는 종에서 새끼는 수유모와 낮 동안 떨어져 있었던 것을 밤에 보충한다. 마모셋의 젖은 예외다. 다른 유아 공유 원숭이들의 젖보다 훨씬 더 진하고, 단백질이 네 배 이상 많다.

74. "깊은 역사"에 대한 사려 깊은 재구성은 Haig 1999 참고

75. 대부분의 출산은 세쌍둥이였지만 두 마리 이상이 생존한 경우는 드물었다(McGrew and Barnett 2008).

76. 이 상관관계에 대한 자료는 비단원숭이과에서 가장 잘 연구된 세 종인 콧수염타마린(Saquinus mystax), 보통마모셋(Callithrix jacchus), 그리고 황금사자타마린(Leontopithecus rosalia)에서 나왔다. Snowdon 1996; Bales et al. 2002; 2008년 1월 카렌 베일스와의 개인적 대화. 더 자세한 대행 부모 돌봄과 부양의 현장 관찰은 Bales et al. 2000; Baker et al. 2002 참고.

77. 어미 이외의 다른 암컷이 유아를 죽이는 것은 이제 야생에서든 사육장에서든 너무 빈번하게 관찰되었다(e.g., Digby 2000; Saltzman and Abbott 2005; Saltzman et al. 2008; Bezerra et al. 2007). 그래서 잘츠먼(Saltzman et al. 2008:282)은 임신한 암컷 마모셋이 "일상적으로" 자기 새끼의 경쟁자를 제거한다고 주장한다.

78. Digby 2000.

79. 가버와 포터(Garber 1997; Porter and Garber 2008)도 필디원숭이(Callimico goeldii)에서 대행 어머니의 음식 공유를 보고했다.

80. Garber 1997.

81. Rapaport and Brown 2008; Cronin et al. 2005.

82. Hauser et al. 2003; Cronin et al. 2005; Snowdon and Cronin 2007.

83. Burkart et al. 2007; Burkart and van Schaik 2009.

84. Hauser et al. 2003.

85. Ziegler et al. 2004, 2006.

86. Schradin and Anzenberger 1999; Schradin et al. 2003.

87. Johnson et al. 1991; Bardi et al. 2001. 가두어 기른 마카크원숭이나 유인원 어미 이외에 비인간 영장류에서 유아 학대나 유기는 한 번도 관찰된 적이 없다.

88. 이 주제에 대해 더 자세한 사항은 Hrdy 1999 참고.

89. Varki and Altheide 2005.

90. Lancaster and Lancaster 1987; Kramer 2005b

91. Kaplan 1994; Kramer 2005a and personal communication, 2005.

92. Van Schaik 2004; Knott 2001; Robson, van Schaik, and Hawkes 2006.

93. 비인간 영장류는 Mitani and Watts 1997, 그림. 3; Ross and MacLarnon 2000 참고. 인간에게서 대행 부모 돌봄과 이른 이유의 관계는 Quinlan and Quinlan 2008, 그림 2 참고.

94. 도움받는 산모의 수유 효율성에 대한 최초의 경험적 증거는 Whitten 1983 참고.

95. 번식 비용은 Partridge et al. 2005 참고. 특히 인간의 경우, Penn and Smith 2007 참고. 일반적 논의는 Hawkes and Paine 2006 참고

96. 영어권 가족은 Coontz 1992. Stone 1977, 20세기 중반 미국의 흑인 커뮤니티는 Stack 1974, 현대 수단은 Al Awad and Sonuga-Barke 1992, 남아메리카와 아프리카의 전통 사회는 Weisner and Gallimore 1977; Hames 1988; LeVine et al. 1996. "위험에 처한" 아이들은 Crnic et al. 1986; Durrett et al. 1984; Lyons-Ruth et al. 1990; Pope et al. 1993; Werner and Smith 1992; Spieker and Bensley 1994.

97. Kertzer 1993; Hrdy 1999:371 – 372.

98. Crittenden 2001:108 – 109; Pearse 2005; Rosenbloom 2006; Walker 2006.

99. Spieker and Bensley 1994.

100. Furstenberg 1976.

101. Pope et al. 1993.

102. Olds et al. 1986, 2002. Olds et al. 2007.

103. Coutinho et al. 2005.

104. Turke 1988; Hames 1988.

105. 플린(Flinn 1989)에 따르면 출산을 하지 않은 도우미(보통 딸이다)와 함께 사는

트리니다드 어머니 9명이 그런 도움이 없는 다른 29명의 어머니보다 번식 성공도가 훨씬 더 높았다. 남미 부족에서 "둥지의 도우미"에 대한 초기 연구는 Hames 1988 참고.

106. Hawkes, O'Connell, and Blurton Jones 1989.

107. Hawkes, O'Connell, and Blurton Jones 1997.

108. Hawkes, O'Connell, et al. 1998.

109. Hrdy 1999, 2002.

110. Adovasio et al. 2007.

111. Ivey 2000; Ivey Henry et al. 2005.

112. Sear et al. 2000, 2002.

113. Sear et al. 2000:1646.

114. Sear et al. 2002.

115. Sear and Mace 2008. 아버지의 부재가 만딘카 자녀의 심리적 또는 정서적 발달에 미치는 영향은 알려지지 않았다. 그러나 이 문제를 해결하는 데 도움이 되는 몇 안 되는 연구 중 하나로(서구 아이들에게 아버지 부재의 주요한 효과는 어머니와 더 친밀한 애착 형성으로 나타난다)는 Golombok et al. 1997을 참고.

116. 원원류, 신세계 및 구세계원숭이, 그리고 대형 유인원의 야생 개체군에서 거의 절반의 유아가 성체가 되기 전에 죽는다. 로리스원숭이는 Radhakrishna and Singh 2004, 여러 종의 야생 타마린은 Wright 1984:71, 개코원숭이의 경우 Altmann 1980:41; Altmann and Alberts 2003, 대형 유인원은 van Noordwijk and van Schaik 2005, Harcourt and Stewart 2007 참고.

117. Strassmann and Gillespie 2007.

4. 독특한 발달 과정

1. Murray and Trevarthen 1986; Trevarthen 2005.

2. Henning et al. 2005.

3. 개인적 대화 2007. 이 주제에 관심 있는 사람들은 교토 대학의 일본 인류학자 아키라 다카다(Akira Takada)의 논문을 찾아볼 것.

4. Bakeman et al. 1990, 표 2, 멜 코너가 1969~1970년, 그리고 1975년에 6개월 동안 진행한 선구적인 현장 연구 자료를 썼다.

5. Bakeman et al. 1990, 그림. 3.

6. 영양 상태와의 상관관계는 "이상한 분리" 실험을 통해 칠레 저소득 가구의 영유아 애착 안정성을 측정한 Valenzuela 1990 참고. 케냐의 구시족 원예농경민들은 Kermoian and Leiderman 1986, 개괄은 van IJzendoorn and Sagi 1999 참고.

7. 예를 들어, 커모이언과 리더만(Kermoian and Leiderman 1986:457)은 구시족의 수준 높은 육아를 "일반적이지 않다"고 묘사했다. 그리고 아이비(Ivey 2000:856)는 에페족을 "독특한" 육아 방식을 가지고 있다고 언급한다.

8. Tronick et al. 1992; van IJzendoorn et al. 1992; Hrdy 1999, 2005a; Hewlett and Lamb, eds. 2005; Voland et al., eds. 2005.

9. 마음이론과 유아가 우발적 상황에 대처해야 할 필요성 사이의 관계에 대해서는 Chisholm 2003, Hrdy 2005a 참고.

10. 나는 원숭이를 예로 들었는데, 헤리 할로우의 레서스마카크원숭이 실험과 비슷하게 어미를 박탈한 상태에서 무생물과 함께 키운 유인원의 사례가 없기 때문이다. 그리고 솔직히 그러한 실험의 잔인함을 생각하면 나는 비교할 만한 연구가 이루어지지 않기를 바란다.

11. Ainsworth 1978:436.

12. See Rajecki, Lamb, and Obsmacher 1978; Hennighausen and Lyons-Ruth 2005; Trevarthen 2005.

13. Tronick et al. 1978. 유아의 사회적 반응 추구에 대한 최신 논문 검토는 Thompson 2006.

14. !쿵족 유아에 대한 분석은 Bakeman et al. 1990에서 인용된 트레바탄의 글 참고. 서구 아이들은 Trevarthen 2005.

15. Hamlin et al. 2007. 예일대 연구자들은 주로 도덕성의 발달에 대해 그들의 발견이 주는 함의에 관심을 가지고 있었다. 하지만 이는 이 책의 범위를 훨씬 넘어선 주제이다. 최근까지의 정교한 논쟁에 관심이 있다면 Hauser 2006 참고.

16. Tomasello 1999, pp. 61–68; 인용문은 p. 61.

17. "어미가 없는" 레서스원숭이가 젖병이 부착된 철사보다 부드럽고 푹신한 천으로 감싼 마네킹을 선호한다는 할로우의 발견은 보울비의 믿음을 확고하게 만들었다 (Bowlby 1971).

18. 최신 개괄은 Rilling 2006.

19. 민감성은 Murray and Trevarthen 1986; 지속적 헌신은 Hrdy 1999, chs. 16, 17, 19 and 20; Hennighausen and Lyons-Ruth 2005, Jim Chisholm 1999, 2003.

20. Draghi-Lorenz et al. 2001; Reddy 2003, 2007. 자부심과 죄책감 같은 감정의 중요성에 대한 자세한 이야기는 Fonagy et al. 2002:25ff 참고.

21. 유일한 예외는 갈라고스와 목도리여우원숭이처럼 새끼를 둥지에 두는 일부 원원류가 있다(e.g., Pereira, Klepper, and Symons 1987).

22. Bowlby 1971; Harlow et al. 1966. 보울비의 애착 이론을 테스트하기 위한 첫 번째 실험은 Spencer-Booth and Hinde 1971a; 1971b. 첫 번째 단계에서 영아의 고통은 메리 아인스워스(Mary Ainsworth)의 '낯선 상황 실험'을 하는 연구자들에게는 너무나 친숙할 것이다. 9장 참고

23. Robert Hinde, personal communication 1996.

24. Bowlby 1971. 새로운 보육자에게 입양되기 위해 비인간 영장류, 랑구르원숭이 유

아가 먼저 행동을 취하는 것은 Dolhinow and Taff 1993 참고.

25. 어미와 분리된 랑구르원숭이는 Dolhinow 1980. 고아가 된 인간 유아의 정서적 고통은 Hennighausen and Lyons-Ruth 2005; O'Connor et al. 2000; 특히 Albus and Dozier 1999 참조.

26. Thompson et al. 2005; Leckman et al. 2005.

27. Ainsworth 1978:436.

28. Fleming and Gonzalez.

29. Trevarthen and Aitken 2001.

30. Hrdy 1999, 19장, 20장.

31. Bowlby 1969(1971년판).

32. Bard, Myowa-Yamakoshi,et al. 2005; Keller et al. 1988; Keller 2004.

33. Lavelli and Fogel 2002:30, Papousek and Papousek 1977.

34. Bard, Myowa-Yamakoshi, et al. 2005.

35. Kaye and Fogel 1980; Locke 1993. 인간은 Kojima 2001, 원숭이는 Hrdy 1977a.

36. Kojima 2001:193.

37. Kojima 2001.

38. 난쟁이 마모셋의 옹알이는 Elowson, Snowdon, and Lazaro-Perea 1998a; 1998b. 야생 골디원숭이의 유아 발성에 대한 묘사는 Masataka 1982.

39. 2003년 6월 3일 제프 프렌치와의 인터뷰(세라 허디)

40. Elowson et al. 1998b.

41. 침팬지 울음은 Bard 2004. Kojima 2001:195, and esp. Nishimura 2006.

42. Falk 2004a. Fernald et al. 1989.

43. Falk 2004b:530. 수렵채집민 어머니는 아기를 거의 땅에 내려놓지 않는다고 지적하는 비판에 대한 응답.

44. 민족지 학자 휴렛(Barry Hewlett)에 따르면, 아카족 부모가 사냥에 유아를 데려가면 그물에 잡힌 사냥감으로 달려갈 때는 잠깐 유아를 내려놓기도 한다(2008년 휴렛과의 개인적 대화).

45. Strier 1992:84.

46. Falk 2004a. 언어의 기원에 대한 설명은 Locke and Bogin 2006. 영장류 특성에 기반한 언어의 진화에 관심이 있는 독자들을 위한 입문서는 Hauser et al. 2002, Hauser 1996.

47. 이 책의 범위를 벗어나지만, 언어가 언제, 어떻게, 왜 인간의 고유한 속성이 되었는지에 대한 풍부하고 논쟁적인 문헌들이 있다. 포크(Falk 2004a)와 나(Hrdy 2005a)는 5만 년 전(Klein and Edgar 2002)에서 15만 년 전(McBrearty and Brooks

2000) 사이에 인간 언어가 출현했을 것으로 추측하는 상당히 전통적인 연대기를 사용한다. Bickerton 2004; Lieberman 2007. 다른 인류학자들과 언어학자들은 언어의 출현 시기를 더 이전으로 생각하고 옹알이와 밀접한 관련이 있다고 추측한다.

48. 1960년대에 티티원숭이의 양부모 돌봄과 랑구르원숭이의 돌봄 공유가 과학적으로 설명되기 시작했다(e.g., Jay 1963; Mason 1966).

49. Tronick et al. 1992:568; van IJzendoorn, Sagi, and Lambermon 1992. 발달심리학 밖에서도 애착 이론에서 어머니가 갖는 역할의 함의로 인해 페미니스트와 다른 사람들에게 비판을 받았다(Hrdy 1999, ch. 22).

50. Bowlby 1988:2; Rutter 1974.

51. Lamb, Thompson, et al. (1985), 그리고 이어서 힌데(Hinde 1982)가 처음으로 여러 명의 보육자의 영향을 연구에서 간과했다고 지적했다. van IJzendoorn, Sagi, and Lambermon 1992, Ahnert et al. 2006.

52. NICHD Early Child Care Research Network 1997; McCartney 2004. 지금 진행 중인 연구는 온라인으로 확인할 수 있다(www.nichd.nih.gov, www.excellence-earlychildhood.ca).

53. Hewlett 1991a:172.

54. 첫해 아버지와 유아 상호작용은 Lamb 1977a, 두 번째 해는 1977b 참고.

55. 이 수치는 1965년, 1975년, 1985년 및 1998년 남성 4명이 기록한 미국 "시간 일기"를 비교한 결과이다. 1998년에 유아와 보내는 시간은 수십 년 전보다 두 배 이상 길어졌다(Sayer et al. 2004; see also Lamb 1981; Lamb et al. 1987).

56. !쿵족은 West and Konner 1976; 에페족은 Winn et al. 1989; Hewlett 1988, 특히 표 16.4와 16.6; Hewlett 1991b, 표 5; Hewlett 2001; Katz and Konner 1981.

57. Werner 1984, Rutter and O'Connor 1999; van IJzendoorn et al. 1992; Sagi et al. 1995.

58. Van IJzendoorn et al. 1992:5.

59. Van IJzendoorn et al. 1992.

60. Van IJzendoorn et al. 1992; Sagi et al. 1995.

61. 특히 연구자들은 보육자와 아동 간의 관계가 그다지 일치하지 않는다는 것을 발견했다. 이 키부츠 연구 결과는 어머니와의 안정적 애착이 다른 관계를 구축하는 데 중요한 토대가 된다는 미국과 독일의 연구 결과와 일치한다(Grossmann and Grossmann 2005; Ahnert 2007).

62. Barry Hewlett, personal communication 2007; Hewlett 2007. McKenna et al. 1993; Small 1998.

63. Fite, French, et al. 2003.

64. Oppenheim et al. 1990; van IJzendoorn et al. 1992.

65. 예를 들어 보육자와 안정적으로 애착이 형성된 구시족 유아는 불안한 애착을 보

이는 유아보다 베일리 정신발달지수에서 더 높은 점수를 받았다(Kermoian and Leiderman 1986:467 – 468 and 표 3).

66. Van IJzendoorn and Sagi 1999:723.

67. 예를 들어, 사기와 아이젠도른이 보고한 통합은 아네트와 동료들(Ahnert and colleagues 2006)의 독일 탁아소 어린이 연구보다 덜 분명했다.

68. Hewlett and Lamb 2005; 2008년 휴렛과의 개인적 대화.

69. Emde et al. 1992; Davis et al. 1994.

70. Zahn-Waxler, Radke-Yarrow, et al. 1992; Zahn-Waxler, Robinson, andEmde 1992; Warneken and Tomasello 2006.

71. Draghi-Lorenz et al. 2001; Reddy 2003.

72. 2차 정서인 자부심, 수치심, 죄책감이 두 돌 이내에 발생하지 않는 것으로 생각했지만, 레디(Reddy 2003)와 다른 연구자들은(Draghi-Lorenz et al. 2001) 훨씬 더 일찍 나타난다고 주장했다.

73. Nesse 2001, 2007.

74. Bowlby 1971. 오늘날의 애착 이론가들이 자아 개념의 발달을 어떻게 보는지는 Fonagy et al. 2002 참고.

75. Bird-David 1990.

76. Bird-David 1990:190.

77. Darnton 1984.

78. Hewlett, Lamb, et al. 2000, 인용은 p. 288.

79. Hewlett, Lamb, et al. 2000, esp. 표 1 – 3.

80. Clarke-Stewart 1978; Gottlieb 2004:148 – 164.

81. 농경이 육아에 미치는 영향에 대한 상세한 경험적 연구는 Kramer 2005a 참고.

82. Perner, Ruffman, and Leekam 1994.

83. Harris 2000:54 – 55ff.

84. 중국 대도시의 한족 아이들에 대한 연구(Fu and Lee 2007, Burkart 2009)에서 논의되었다.

85. Perner et al. 1994; Lewis et al. 1996; Ruffman et al. 1998.

86. Meins et al. 2002.

87. Tomasello 1999, esp.pp. 21ff.

88. Fonagy et al. 2002, 인용은 p. 4.

89. Beuerlein and McGrew 2007.

90. Fonagy et al. 2002:114, "아이의 환경 경험의 중요성."

5. 진짜 홍적세 가족 여러분, 앞으로 나와주시겠어요?

1. 시대적 설명은 Hewlett and West 1998, 역사적 개괄은 Coontz 1992, 2005.

2. Popenoe 1996:191; Blankenthorn 1995:220.

3. Popenoe 1996:175; Sylvia Hewlett and Cornel West 1998:159 – 160; cf. Symons 1979; Gaulin and Schlegel 1980.

4. 중요한 예외는 Werner 1984; Werner and Smith 1992; Rutter 1974; Rutter and O'Connor 1999; Ahnert 2005.

5. 인용은 라 바레의 『인간 동물』(1967:104). "인간의 기원"에 대한 개괄은 Lovejoy 1981 참고.

6. Popenoe 1996; Blankenthorn 1995. Commission on Children at Risk 2003.

7. Moynihan 1986; Graglia 1998; Westman 2001.

8. 인용은 Carey 2005. "결혼생활 보호 주간"에 대한 부시 전 대통령의 선언문에 대한 자세한 내용은 www.whitehouse.gov/news/release/2003/10/20031003-12. Html 참고. 이러한 견해는 널리 퍼져 있다. '포커스 온 더 패밀리' 재단의 설립자인 제임스 돕슨(James Dobson)은 수년간 진행한 사회 조사를 보면 "결혼한 어머니와 아버지 사이에서 자라는 것이 아이들에게 가장 좋다고 말한다"고 했다(인용은 Seelye 2007).

9. "California girl with lesbian parents expelled," New York Times, Sept. 24,2005.

10. Lofton v. Secretary of Florida Department of Children and Families, No. 04-478 (Greenhouse 2005).

11. Lancaster and Lancaster 1987; Lee and Kramer 2002.

12. 사냥 가설에 대한 역사적 그리고 비판적 개괄은 O'Connell et al. 2002; Hawkes 2004b.

13. 인용은 Lovejoy 1981:341. Washburn and Hamburg 1968. 비판적 개괄은 Hawkes 2004b.

14. 인용은 Lovejoy 1981:341. 이 가설에 대한 업데이트 버전은 여전히 진화 인류학 최고의 교과서에서 찾을 수 있다. Boyd and Silk 1997:435.

15. Lee 1979; Hewlett 1991b.

16. Lawrence and Nohria 2002; 인용은 p. 182

17. Tyre and McGinn 2003.

18. Buss 1994a; Pinker 1997. 내 개인적인 견해로는 부유한 남성을 원하는 것은 더 최근의 역사, 즉 가부장 사회의 남성이 여성의 번식에 필요한 자원을 통제할 수 있었던 홍적세 이후의 사회경제적 변화와 더 관련된 것 같다(Hrdy 1999, 2000).

19. Lovejoy 1981에 대한 응답은 Cann and Wilson 1982; Hrdy and Bennett 1979;

Hawkes, O'Connell, and Blurton Jones 2001; Hawkes 2004b.

20. O'Connell et al. 2002:862.

21. O'Connell et al. 2002:838.

22. Hawkes, O'Connell, and Blurton Jones 2001.

23. 호주 토레스제도의 미리암족 여성이 "큰 물고기"보다 "안정적인 물고기"를 선호하는 것에 대해서는 Bliege Bird's 2007.

24. Bruce and Lloyd 1997. 더 자세한 정치적 생태적 압력에 대해서는 Lancaster 1989.

25. Engle and Breaux 1998.

26. Dominus 2005의 2001년 데이터. 남미의 경우 Engle and Breaux 1998; 1994.

27. Bruce, Lloyd, et al. 1995; Engle 1995; Engle and Breaux 1998; Ramalingaswami, Jonsson, and Rodhe 1996.

28. Marlowe 2005b.

29. 야노마뫼족은 Chagnon 1992:177, 아카족은 Hewlett 1991a, 1991b.

30. 2008년도의 개괄에서 시어와 메이스가 조사한 45개 전통 사회 중 53퍼센트의 사회에서 아버지는 대개 5세 이하 어린아이들의 생존에 영향을 미치지 않았다. 그러나 아버지의 영향이 얼마나 다양하고, 주변에 도움을 주는 사람이 얼마나 있는지에 따라 이러한 결과는 신중하게, 주의를 기울여 인용해야 한다. 이는 8장에서 더 논의될 것이다.

31. Johnson and Earle 2000:170.

32. Hill and Hurtado 1996; Marlowe 2001, 2005b; Wood 2006.

33. Hill and Kaplan 1988; Hill and Hurtado 1996:375ff.

34. Daly and Wilson 1984, 1999; 아체족은 Hill and Hurtado 1996:375ff

35. 이 87퍼센트라는 수치는 아체족이 숲에서 이동하며 살던 기간에 조사된 자료다(Hill and Kaplan 1988, Part I; Hill and Hurtado 1996:424 and Table 13.1).

36. Hill 2002:112.

37. 호크스의 아이디어는 하드자족과 아체족 현장 연구 과정에서 발전했다(Hawkes 1991).

38. Marlowe 2001.

39. 마르케산 섬 주민들은 Otterbein 1968 참고; 케냐의 밀집 인구는 Hakansson 1988; 다른 아프리카 사례는 Sangree 1980 and Guyer 1994, esp. pp. 231–232; 몬테그나스-나스카피는 Leacock 1980; 에스키모는 Kjellstrom 1973 ; 호주 티위족 Goodale 1971; 중국 청조 시대는 Sommer 2005; 티베트 원주민은 Prince Peter 1963 and Hua 2001; 그리고 많은 다른 사례는 Hrdy 2000, Beckerman and Valentine 2002 참고.

40. Hrdy 2000에서 요약. 중국 청조 시대 빈민가는 Sommer 2005; 인도 "불가촉천민"

은 Freeman 1979:99 – 100,131 – 132.

41. 미국 사례 연구는 McAdoo 1986; 도미니카공화국은 Brown 1973; 미국 남부는 Stack 1974; 자메이카 도시지역은 Bolles 1986; 현대 탄자니아 핍베족은 Borgerhoff Mulder 2009.

42. Lancaster 1989; Hrdy 1999, 10장.

43. Carneiro n.d.; Crocker and Crocker 1994; Chagnon 1992:101 – 111

44. Peters and Hunt 1975; Peters 1982.

45. 인간의 경우 성적인 질투뿐만 아니라 낭만적 감정도 관련될 수 있다. e.g., Shostak 1976; Jankowiak 1995; Leckman et al. 2005.

46. Beckerman et al. 1998; Hill and Hurtado 1996.

47. Crocker and Crocker 1994. Pollock 2002. 모계 vs. 부계 이득은 Hrdy 1999, ch. 10.

48. Pollock 2002:53. "최적의 아버지 수"에 대한 추가 내용은 Hrdy 2000.

49. Pollock 2002:54.

50. 헤이그와 엘리(Haig 1999. Ely et al. 2006)에 따르면 침팬지 쌍둥이의 아비가 다른 경우는 드물다. 인간 쌍둥이 그리고 아마도 키메라증도 특정 생태 조건에서 빈도가 증가할 수 있지만(e.g., Hrdy 1999:202 – 203), 마모셋에서 발견되는 키메라의 빈도는 결코 인간에서 찾아볼 수 없다.

51. "Who's your daddy?" Med Headlines, March 9, 2008 (www.medheadlines. com).

52. Leacock 1980:31.

53. 전체 인용문은 다음과 같다. "우리의 옛 반(半)인간 선조들은 유아살해나 일처다부를 행하지 않았을 것이다. 하등 동물의 본능이 일상적으로 자기 자식을 파괴하거나 질투심이 없게 될 정도로 왜곡되는 일은 결코 없기 때문이다."(Darwin 1974:45); 남성이 투자하려 하지 않을 것이기 때문에 여성에 의한 일처다부제가 극히 드물 수밖에 없다는 이러한 견해는 진화심리학의 초기 교리(e.g., Symons 1982)였으며, 오늘날에도 지속되고 있다(e.g., Pinker 1997).

54. 동기부여와 사냥을 "부모 노력"으로 간주하는 것은 Marlowe 1999b. 고기 분배는 Marlowe 2005b. 데이터는 8세 이하 어린이를 대상으로 했다.

55. Smuts 1985; Palombit 1999, 2001; Palombit et al. 2001; and esp. Alberts1999.

56. Charpentier et al. 2008

57. Anderson 2006.

58. Hrdy 1979; van Schaik and Dunbar 1990. 유아살해와 수컷 돌봄의 관계는 Paul et al. 2000. 최신 문헌 검토는 van Schaik and Janson 2000.

59. Kleiman and Malcolm 1981; Taub 1984; Wright 1984; Paul et al. 2000.

60. Marlowe 2001.

61. Hewlett 1988, 표 16.4, 16.6. Konner 2005.

62. Hewlett 1992.

63. Hrdy 1999, 7장, 8장.

64. Meehan 2005, and personal communication 2007.

65. 여기서 논의된 하드자와 아카 이외에도 미한은 최근에 응간두 원예농경민을 포함하도록 현장 연구를 확대했다(Meehan 2008). 윙킹과 구르벤(Winking and Gurven 2007)은 볼리비아의 쯔마네 수렵채집-원예농경민들 사이에서도 비슷한 패턴을 보고했다.

66. Literature reviewed in Konner 2005; Crittenden and Marlowe 2008, 표 1.

67. Crittenden and Marlowe 2008.

68. Marlowe 2005b, 그림. 8.3.

69. Marlowe 2005b:184 – 185, esp. 그림. 8.2. Blurton Jones, Hawkes, and O'Connell 2005a.

70. Sugiyama and Chacon 2005.

71. Shostak 1976. 손위 형제의 도움은 Hagen and Barrett 2007.

72. Draper and Howell 2005.

73. Sugiyama and Chacon 2005.

74. Barron and Lee 2007.

75. Hewlett 1991a:137.

76. Carlson, Russell, et al. 2006; Mota and Sousa 2000; Schradin and Anzenberger 1999; Schradin et al. 2003. French, Bales, et al. 2003.

77. 어머니의 프로락틴과 코르티솔 수치 변화는 Storey et al. 2000. 모아(母兒)애착에서 코르티솔의 역할은 Fleming and Corter 1988; Fleming et al. 1997.

78. Bronte-Tinkew et al. 2007.

79. Hewlett과 Alster의 예비 연구(인용은 Hewlett 2001).

80. Delahunty et al. 2007; Fleming, Corter, Stallings, and Steiner2002.

81. 암수 모두 새끼를 돌보는 조류에서 프로락틴 분비 증가는 Schoesch 1998, Schoesch et al. 2004. 포유류와 "부성 호르몬" 프로락틴에 대한 일반적 논의는 Schradin and Anzenberger 1999. 개괄은 Ziegler 2000; Wynne-Edwards 2001; Gray et al. 2002; Storey, Delahunty, et al. 2006.

82. Storey et al. 2000; Wynne-Edwards and Reburn 2000.

83. 프로락틴과 수컷의 돌봄 사이의 직접적인 인과관계를 나타내지 않는 다양한 동물 실험은 Wynne-Edwards and Timonin 2007, Almond, Brown, and Keverne 2006.

84. 20년 동안 진행된 이 연구의 요약은 Fleming and Gonzalez 2009.

85. Stallings et al. 2001.

86. Fleming, Corter, et al. 2002; Fleming 2005. 내 생각에 남성뿐만 아니라 소년들도 육아 잠재력이 있을 것 같지만, 소년들에 대해서는 아직 연구되지 않았다.

87. Gray, Kahlenberg, et al. 2002.

88. Silk et al. 2005; Silk 2007; Cheney and Seyfarth 2007.

89. Ziegler 2000.

90. Prudom et al. 2008.

91. 셔(Shur et al. 2008)가 이전에 짝과 친밀한 관계를 맺었던 야생 올리브개코원숭이 수컷의 배설물 샘플을 분석한 결과 암컷의 임신과 수유 기간 동안 테스토스테론 수치가 감소했다.

92. 나는 윈-에드워즈(Wynne-Edwards 2001)의 탁월한 설명에 감사한다. 존스와 윈-에드워즈(Wynne-Edwards 2001)는 수컷이 양육투자를 하는 중가리아 햄스터에서 프로락틴이 떨어진 새끼에 대한 반응에 영향을 미치지만, 상대적으로 수컷이 양육투자를 하지 않는 시베리아 햄스터는 그렇지 않다는 것을 보여주는 주요 실험들을 진행했다. 안타깝게도 우리는 유인원에서 임신한 암컷과 유아 신호에 대한 반응에 호르몬이 연관되어 있는지 아직 알지 못한다.

93. Bales, Dietz, et al. 2000.

94. Bales, French, and Dietz 2002.

95. Fite et al. 2005.

96. Russell et al. 2004; 사회적 편의주의는 마모셋이 하는 것과 같은 수준의 대행 부모 돌봄이 이루어지지 않는 다른 사회적 영장류들에서도 전형적이다.

97. Dixson and George 1982.

6. 대행 부모를 소개합니다

1. 예를 들어, 미국 자연사 박물관에 있는 인간 진화 전시회의 안내문에는 다음과 같은 내용이 있다. "우리의 창조적 성공은 인간의 두뇌 덕분이다. … 상징적 사고로 인해 우리는 영적인 능력과 공감과 도덕을 공유하게 되었다." (May 15, 2007).

2. Wilson 1975. 1976년에 알렉산더(Richard Alexander)가 조직하고 미시간주 앤아버에서 개최된 사회생물학자들의 첫 회의 주제는 대부분 동물의 대행 부모 돌봄에 대한 것이었다. 그 조직은 이후에 인간 행동 및 진화 학회(www.HBES.com)가 되었다.

3. Skutch 1935.

4. Hrdy 1976; Packer et al. 1992.

5. Wilson 1975; Ligon and Burt 2004.

6. 조류에 대한 이 추정치는 실제로 알려진 5,143종 중 852종을 기반으로 한다 (Cockburn 2006: 표 1). 더 발전된 현장 데이터를 기반으로 한 이 새로운 추정치는 이전에 문헌에서 오랫동안 인용된 3퍼센트보다 3배는 더 높다(Ligon and Burt 2004; Arnold and Owens 1998). 포유류에 대한 추정치 3퍼센트(Russell 2004)에는 돌봄은 공유하지만 부양은 함께 하지 않는 소나무들쥐 및 초원들쥐와 같은 많은 포유류가 포함된다. 동시에 돌봄은 공유하고 부양은 함께하지 않는 많은 영장류는 포함되지 않는다. 그래서 한편으로는 부양 공유가 "대행 부모 돌봄" 정의에 필수로 들어가는 조류학자나 곤충학자들에게는 들쥐 등이 포함되지 않아야 하기 때문에 이 3퍼센트의 수치가 너무 높고, 반면 들쥐 연구자들이 사용하는 정의(단순 돌봄 공유)를 사용하면 돌봄을 공유하는 모든 영장류가 빠지기 때문에 이 수치가 너무 낮다는 문제가 있다. 확실히, 표준화된 용어와 업데이트된 분류 기준이 절실히 필요하다. 그전까지, 여기서는 돌봄과 부양을 모두 공유하는 포유류 종을 지칭하는 용어로 "완전한 형태의 협동 번식"을 사용한다.

7. Hrdy 2005b:69. 쥐의 기능적 생식 전략에 대해서는 König 1994

8. Whitten 1983. 번식 가능 성체의 생존율 증가는 DuPlessis 2004. 도움과 번식 성공의 상관관계는 Clutton-Brock, Russell, et al.2001, Koenig and Dickinson 2004. 도움받는 성체가 장수하는 것은 Arnold and Owens 1998; Rowley and Russell 1990. 대행 어미 수와 새끼의 생존 사이의 상관관계는 Lee 1987; Payne 2003.

9. Gittleman 1986.

10. Jennions and Macdonald 1994, 표 1, 포유류 사례 검토는 Russell 2004; 조류는 Koenig and Dickinson 2004.

11. Pruett-Jones 2004; Clutton-Brock et al. 2003; Heinsohn 1991.

12. Wilson 1975; Wilson and Hölldobler 2005:13371.

13. 에믈린(Emlen 1995, 1997)은 인간의 가족 용어를 빌려 조류 연구를 설명하는 조류학의 유서 깊은 전통을 따른다. 추가적인 논의는 Davis and Daly 1997. 하지만 실제 가족 관계를 연구하는 행동과학자들을 거의 반응을 보이지 않고 있다.

14. 예를 들어, 솔로몬과 프렌치의 획기적인 저작(Cooperative Breeding in Mammals, 1997)에서도 인간은 포함하지 않는다. 러셀이 2004년에 내놓은 개괄 자료의 협동 번식 포유류 목록에도 인간은 보이지 않는다. 흥미로운 예외는 샬레(Schalle)의 초기 호미닌과 사자 혹은 들개 등 사바나의 사회적인 육식동물에 대한 비교(1972:263)이다. 터크, 플린, 하메스 등의 초기 인간 사회생물학자의 작업을 비교한 McGrew 1987 참고

15. Hrdy 1999.

16. Clutton-Brock 2002. 오늘날 이러한 비교는 비단원숭이과 연구를 위한 보조금 요청 제안서 말미에 점점 더 많이 언급되고 있다.

17. 여유가 있을 때만 도움을 주는 아프리카미어캣의 대행 부모에 대해서는 Russell, Sharpe, et al. 2003.

18. Hrdy 1977a, 7장.

19. König 1994; Drea and Frank 2003, 할머니의 공동 수유는 Lee 1987, 코끼리는 Gadgil and Vijayakumaran Nair 1984; 갈색 하이에나는 Mills 1990. 향유 고래도 공동 수유를 할 수 있다(Whitehead and Mann 2000:239).

20. König 1994.

21. Creel and Creel 2002.

22. Macdonald 1980; Malcolm and Marten 1982; Moehlman 1983; Asa 1997; Lacey and Sherman 1997. 임신한 여성도 부양받을 수 있다.

23. 벌거벗은두더지쥐는 Lacey and Sherman (1997)

24. 261종의 참새목 중 217종은 협동 번식을 하지 않고, 10종은 종종 협동 번식을 하고, 34종은 자주 협동 번식했다(Langen 2000, 그림. 1).

25. 전자를 주장하는 랑엔(Langen 2000)과 대조적으로 러셀(E. Russell 2000)은 후자를 의심한다. 하지만 두 가지 관점이 반드시 상호배타적인 것은 아니다.

26. Langen 1996; Rowley 1978.

27. Boran and Heimlich 1999; Rapaport 2006; Rapaport and Brown 2008; Burkart and van Schaik 2009.

28. Malcolm and Marten 1982; Creel and Creel 2002, esp. p. 165; cf. Bogin 1997:72.

29. Thornton and McAuliffe 2006; 인용은 288쪽에 있다. 얼룩무늬꼬리치레의 사례는 Rapaport 2006 참조.

30. Wilson 1971b; Hölldobler and Wilson 1990.

31. Sherman et al. 1995; Lacey and Sherman 1997. "진사회성의 연속선"이라는 아이디어는 일부 곤충학자들 사이에서 여전히 논란이 되고 있지만, 레이시와 셔먼(Lacey and Sherman 2005)이 지적했듯이 이 개념이 잠재적으로 분류학적 비교에 도움이 되기 때문에 여기서 사용하기로 했다. 이 장의 주요 목표가 바로 이러한 비교이다.

32. Wilson 1975; Hölldobler and Wilson 1990:164.

33. Hölldobler and Wilson 1990.

34. See O'Riain, Jarvis, et al. 2000. Holmes et al. 2007.

35. Wilson and Hölldobler 2005.

36. Griffin and West 2003.

37. Davies 1992.

38. Rubenstein 2007.

39. 하이에나는 Jennions and Macdonald 1994; 하드자족은 Marlowe 1999b.

40. Double and Cockburn 2000; Cockburn, Osmond, et al. 2003.

41. Dunn et al. 1995.

42. Mulder and Langmore 1993.

43. Mulder et al. 1994.

44. 에믈린(Emlen 1982, 1991)은 이 생태적 제약 가설의 주요 설계자다(Koenig and Dickinson 2004).

45. Arnold and Owens 1998.

46. Queller 2006:42; West-Eberhard 1975.

47. West-Eberhard 1986.

48. Reeve and Gamboa 1987; Wenseleers and Ratnieks 2006.

49. Cockburn 1998:161; Boland et al. 1997.

50. Hughes and Boomsma 2008.

51. Emlen et al. 1995:157.

52. Dierkes et al. 1999; Barlow 2000. 이 물고기들 이외에도 최근에 파충류, 도마뱀과에 속하는 스킨크(skinks)에서도 대행 부모 돌봄이 관찰되었다(O'Connor and Shine 2002).

53. 선제적 타협책으로 "머무는 비용"을 지불하는 도우미들(Bergmuller and Taborsky 2005); Kokko et al. 2002.

54. Holmes et al. 2007; Russell, Carlson, McIlrath, et al. 2004.

55. Clutton-Brock et al. 1998; Clutton-Brock 2002.

56. Young and Clutton-Brock 2006.

57. Digby 2000.

58. 인간에서 발생하는 배란 억제는 알려진 바가 없다. 하지만 강제된 젖 유모는 여러 시대와 장소에서 널리 퍼져 있으며, 일부 인간은 문화적 수단과 행동을 통해 다른 협동 번식 포유류에서 진화한 적응과 유사한 수렴을 보일 수 있음을 시사한다(e.g., Hrdy 1999, ch. 14).

59. 예를 들어 다음을 참고. Solomon and French 1997.

60. Heinsohn 1991.

61. 협력 번식과 서식지 점유 사이의 관계에 대한 고전적 공식은 Emlen 1991 참고.

62. Koenig and Stacey 1990

63. Hrdy 1999:155 – 156, 191 – 193

64. Whitehead and Mann 2000; 보란과 하임리히(Boran and Heimlich 1999)는 일부 고래류에서도 의도적 교육이 존재한다고 추측한다.

65. 지금까지 사회적 통합과 어미의 생식 성공 간의 상관관계에 대한 가장 강력한 증거는 암보셀리의 사바나개코원숭이에 대한 장기 연구다(Silk et al. 2003; Silk 2007).

66. 이 공식적인 이론은 오래전부터 수렵채집민들이 가지고 있던 아이디어에 착안한 것이다. Fehr and Fischbacher 2003; Bowles and Gintis 2003.

67. 생애사 전략이라고 알려져 있다(Arnold and Owens 1998).

68. Cockburn 1996; Russell 2000; Ekman and Ericson 2006.

69. Cockburn 2006.

70. Cockburn 2006.

71. 45종의 아프리카 찌르레기에 대한 통제 연구에서 루벤스타인(Rubenstein and Lovette 2007)은 사막이나 숲 지대보다 강우량을 예측할 수 없는 사바나 서식지에 사는 종에서 협동 번식이 진화할 가능성이 높다는 것을 발견했다.

72. Marshall 1976; Lee 1979.

73. Ligon and Burt 2004:6; Jamieson 1991; West-Eberhard1988b.

74. 조숙성 새끼를 키우는 조류의 4퍼센트만이 협동 번식을 하는 반면, 만숙성 새끼를 키우는 조류의 11퍼센트가 협동 번식을 한다(Cockburn 2006).

75. Ligon and Burt 2004:21.

76. Kilner and Johnstone 1997; Kilner et al. 1999.

77. Russell, Langmore, et al. 2007.

78. Toth et al. (2007).

79. West-Eberhard 2003.

80. West-Eberhard 2003, 인용 p. 223; 1988b.

81. 수렵채집민 이외의 예시는 Cashdan 1990; Hrdy 1981a, ch. 7; Strassmann 1997; Strassmann and Hunley 1996.

82. Boyette 2008 and personal communication; Crittenden and Marlowe 2008; 입양 아동에 대해서는 Hrdy 1999, 11장.

83. 파울라 아이비 헨리와의 개인적 대화, 2008년 5월 10일.

84. Betzig 1986; 베치그는 극도의 생식적 편차가 존재하는 사회를 만들 수 있는 인간의 잠재력에 대한 논의를 준비 중이다(개인적 대화, 2008).

85. 젖 유모에 대한 역사적 검토는 Hrdy 1997, 1999, 12장, 13장. 다른 영장류에서 암컷 간 경쟁에 대한 광범위한 경험적 증거들과 대조적으로 인간에 대해서는 그러한 증거들이 부족한 이 수수께끼 같은 단절에 대한 초기 지적은 Hrdy 1981a:129 – 130.

86. Foster and Ratnieks 2005; Cant and Johnstone 2008.

7. 감각을 사로잡는 아기들

1. Lacey 2002.

2. Brennan 2006.

3. Singer 2007.

4. Wisenden and Keenleyside 1992.

5. Costa 2006.

6. 원래 실험은 Fleming et al. 1994. 개괄과 재현 실험은 Ferris et al. 2005.

7. Martel et al. 1993; Keverne 2005.

8. Strathearn, Li, et al. 2007.

9. Zahed et al. 2007.

10. Wynne-Edwards and Timonin 2007

11. 임신한 랑구르원숭이는 유아를 안고 데리고 있으려는 욕구가 엄청나게 강하다 (Hrdy 1977a, Tables 7.4 and 7.8). 반면 보통마모셋은 임신 말기의 대행 어미가 놀라울 정도로 유아를 죽인다(Bezerra et al. 2007; Saltzman et al. 2008, esp. 그림. 2B).

12. 대행 부모의 초기 연구는 Roberts et al. 1998; Carter et al. 2005; Bridges 2008.

13. Olazábal and Young 2006.

14. 여기에는 내측 전시 영역, 내측 전뇌 다발 및 삼차 영역이 포함된다. 개괄은 Gregg and Wynne-Edwards 2005.

15. 2003년 네브래스카주 링컨에서 열린 인간행동과 진화학회의 총회 연설

16. Gregg and Wynne-Edwards 2005; Wynne-Edwards and Timonin 2007:6. 옥시토신 유대에 관한 더 많은 정보는 Carter 1998.

17. Menges and Schiefenhövel 2007; 아보리진이나 이포족에 태반 섭취 관습이 없다는 것을 알려준 민족지학자 쉬펜회벨, 치스홀름, 버뱅크에게 감사를 표한다.

18. Hrdy 1977a, 표 7.5, 표 7.9.

19. 진 알트만과의 개인적 대화, 2007년 12월 6일.

20. Hrdy 1976; Silk 1999. "납치된"이라는 용어가 랑구르 같은 유아 공유 원숭이에서 사용되는 경우, 이는 다른 집단에 속한 암컷에게서 새끼를 강제로 데려가는 것을 의미한다(Hrdy 1977a, ch. 7).

21. Henzi and Barrett 2002; 인용은 p. 915. 더 많은 거미원숭이 사례는 Slater et al. 2007.

22. Seay 1966; Lancaster 1971; Hrdy 1976; Silk 1999.

23. Altmann, Hausfater, and Altmann 1988:412.

24. Hrdy 1977a, 7장; Numan 1988.

25. 다른 조건이 같다면, 유아 공유 종에서 초산인 어미가 평균적으로 유아 사망률이 더 낮은지 알 수 있다면 매우 유용하겠지만, 아직까지 이 주장을 확인하기 위한 데이터는 없다.

26. Kringelbach et al. 2008

27. Hurlburt and Ling 2007.

28. 현재 우리는 부모와 대행 부모의 관심을 차지하기 위한 경쟁에 대해서는 인간보다 비인간 협동 번식자들에서 더 많이 알고 있다(e.g., Hodges et al. 2007 그리고 딸린 참고문헌 참고). 이러한 이유 중 하나는 같은 나이의 여러 마리 한배새끼를 낳는 종에서 경쟁을 정량화하기가 더 쉽기 때문이다. 인간에서 경쟁은 종종 매우 다른 연령과 능력을 가진 자손들 사이에서 발생한다. 특히 형제자매의 경쟁은 나이가 많은 아이와 어린 동생, 또는 아직 태어나지도 않은 동생 사이에서 발생할 수 있다(Trivers 1974; Hrdy 1999:460 - 461ff).

29. Sumner and Mellon 2003; Isbell 2006. 신세계 고함원숭이는 색각을 가지고 있기 때문에 이 규칙의 예외처럼 보인다. 이러한 맥락에서 적어도 한 종의 고함원숭이는 어느 정도 유아를 공유하고, 눈에 띄는 배냇털을 가진 새끼를 낳는다는 사실을 언급할 필요가 있다(Hrdy 1976). 이는 추가 연구가 더 필요한 주제다.

30. Hrdy 1999, "A Matter of Fat" 장에서 논의됨

31. 더 자세한 정보는 Hrdy 1999, 19 - 21장

32. Gottlieb 2004:329.

33. Gottlieb 2004:163, 188.

34. Gottlieb 2004:134.

35. Gottlieb 2004: 95ff., esp. pp. 132, 187 - 188.

36. Martins et al. 2007.

37. Estrada 1982; Hrdy 1999:156 - 161.

38. Hrdy 1999:370 - 376.

39. 아동복지정보게이트웨이(www.childwelfare.gov)와 미국 보건복지부의 통계.

40. Silk 1990.

41. 영장류 유아살해에 대한 최신 검토는 van Schaik and Janson 2000. 전통 사회와 산업사회에서 고아와 의붓자식에 대한 차별적 대우는 거의 없는 경우(Bledsoe and Brandon 1987; Case and Paxson 2001; Case et al. 2004)부터 극단적인 경우(Chagnon1990; Daly and Wilson 1999)까지 다양하게 나타난다.

8. 그중에서도 할머니

1. Fossey 1984; Goodall 1986; Hamai, Nishida, et al. 1992; Harcourt and Stewart 2007; Pusey, Williams, and Goodall 1997; Townsend et al. 2007.

2. 곰베에서 패션(Passion)이라는 이름의 암컷 침팬지가 세 마리의 유아를 공격했을 때 구달(Goodall 1977)은 이를 "병리적 범죄"라고 해석했다. 하지만 사회생물학자들은 유아를 죽이는 암컷이 다른 암컷의 자손을 제거함으로써 자신이나 자손의 자원에 대한 접근을 높이는 다른 종들과의 유사성을 즉시 인식했다. 동종포식 관행까

지 관련되면 유아 자체가 자원이 될 수 있다(Hrdy 1979, 1981a:108 – 109; Digby 2000). 오늘날, 곰베에서 태어난 유아의 생후 첫 달 사망률의 5~20퍼센트 정도가 암컷의 유아살해인 것으로 알려져 있다(Pusey et al. 2008).

3. Townsend et al. 2007.

4. 마사유키 나카미치와의 개인적 대화, 2008년 4월 14일.

5. Wroblewski 2008.

6. Nakamichi et al. 2004.

7. 최근 검토는 Thierry 2007

8. Carter 1998; Carter et al. 2001; Bosch et al. 2005; Kosfeld et al. 2005.

9. Carter 1998.

10. Bales et al. 2007; Bales, Pfeiffer, and Carter 2004; Bales, Kim, et al.2004. 수 십 년 전에 이미 연구자들에게 옥시토신에 더 많은 관심을 기울일 것을 촉구했던 심 리학자 수 카터(Sue Carter)에게 존경을 표한다.

11. Olazábal and Young 2006.

12. Knight and Power 2005

13. Thiessen and Umezawa 1998; Pinker 1997; Buss 1994a.

14. Solomon and French 1997; 이 책 6장도 참고. 내가 1999년에 처음으로 인간의 협동 번식에 대한 강의를 했을 때, 청중으로 있던 저명한 동물학자가 "그렇다면, 왜 수렵채집인에서 번식 억제가 발견되지 않습니까?"라고 질문했던 것을 아직도 기억 한다. 그의 질문이 나를 문제를 해결하도록 이끌었다(Hrdy 2002, Part II).

15. 랜달과 디 피오레(Rendall and Di Fiore 2007, 그림. 2)는 대형 유인원 암컷 사이 에 관용이 부족한 것을 강조한다.

16. Ember 1975; Murdock 1967, reviewed in Alvarez 2004.

17. Ghiglieri 1987; Wrangham 1987; Rodseth et al. 1991.

18. Darwin 1874; Lévi-Strauss 1949; Tiger 1970.

19. 나는 결코 편견 없는 강사가 아니었다. 나는 그 당시를 생생하게 기억하며, 이 비 판 중 일부는 나 스스로에게도 해당하는 것이다(e.g., Hrdy 1981a; Hrdy and Williams 1983).

20. 나이트와 파워(Knight and Power 2005)는 역사적 검토를 심층적으로 진행했다. 나 역시 초기에는 유인원의 부거제 경향을 확신했다. 하지만 『어머니의 탄생』을 집 필하면서 생각이 바뀌었다. 1997년에 나는 수렵채집민의 주거 패턴의 유연함에 충 분히 놀랐으며, 이제는 고전이 된, 호크스 등이 1998년 PNAS에 출판한 할머니 가설 에 감명받았다.

21. Hart and Pilling 1979:124ff, 추가적 논의는 Hrdy 2005c.

22. 홍적세 여성의 상당수가 60~70세까지 생존했다고 확신하는 이유는 다음을 참고. Hawkes and Blurton Jones's 2005.

23. Gurven and Kaplan 2007:326.

24. 낸시 하웰(Nancy Howell 1976)의 인구통계자료를 토대로 한 것이다. 다음에서 인용함. Hawkes and Blurton Jones 2005; Biesele and Howell 1981.

25. Judge and Carey 2000; Lahdenperä et al. 2004; Gurven and Kaplan 2007:349.

26. Williams 1957; 인용은 Hamilton 1966. 이 아이디어는 다음 연구에서 영장류까지 적용되었다. Hrdy and Hrdy 1976.

27. 나는 다른 버전의 할머니 가설과 신중한 어머니 가설을 이전에 검토한 바 있다. Hrdy 1999, 11장; Voland et al. 2005; Paul 2005.

28. 이 막내딸 푸라하에 대한 정보는 2007년 제인구달협회 제공. Pusey et al. 1997.

29. 유전 정보를 이용할 수 있기 전에 이미 행동적 정보를 토대로 일부 저자는 대형 유인원의 번식 체계가 상당히 유연할 것으로 제안했다(e.g., Harcourt et al. 1981). 그러나 이 가설은 야생 침팬지의 미세 유전형 분석이 가능하게 될 때까지 확인되지 않았다(Vigilant et al. 2001; see also Langergraber, Mitani, and Vigilant 2007).

30. Harcourt and Stewart 2007.

31. Alvarez 2004; Marlowe 2004

32. 인용은 Pinker 1997:477, Pinker 2002:323.

33. Alvarez 2004; Marlowe 2004; Blurton Jones, Hawkes, and O'Connell 2005a, 2005b; lso Ember 1975, 1978; Ember and Ember 2000.

34. Loeb 1926, Alvarez 2004, 표 18.1에서 재인용.

35. Riddell 1978, Alvarez 2004, 표 18.1에서 재인용.

36. 많은 일부다처 사회에서 아내들이 자매를 공동아내로 만들기 위해 로비를 한다(Irons 1988). 종종 아내의 이익에 도움이 되는 "자매연 일부다처(sororal polygyny)"와 남편의 이익에 도움이 되는 다른 형태의 일부다처제 사이의 차이에 대한 논의는 다음을 참고. Chisholm and Burbank 1991. 모계 혈연 여성 집단, 즉 어렸을 때는 어머니, 나이 든 다음에는 딸의 사회적 상호 지원의 중요성에 대해서는 Hamilton 1974.

37. 마르두 여성의 혈연관계지수에 대한 추정은 다음을 참고. Scelza and Bliege Bird 2008, 표 3. 처음에는 행동적 증거를 바탕으로 추정(Seger 1977)했다가 이후 유전 증거를 통해 확인(Little et al. 2002)한 랑구르원숭이의 평균 혈연관계지수는 0.16이다.

38. Hamilton, Stoneking, and Excoffier 2005.

39. Richards et al. 2003.

40. Zerjal et al. 2003.

41. Hrdy 1999:249–265; Knight and Power 2005.

42. Reed et al. 2007. Wade 2006.

43. Wyckoff et al. 2000.

44. Hrdy 1999:214-226. Hrdy 1997. 하지만 이 논문은 내가 알바레즈와 호크스의 부거제 호미닌 가설에 설득되기 전에 쓴 것이다.

45. 바바리마카크는 Paul et al. 1993; 올리브개코원숭이는 Nicolson; 랑구르는 Borries 1988. 이와 유사하게 현대 미국에서 35세 이후에 출산한 여성들을 대상으로 한 설문조사는 어머니의 나이가 증가할수록 심리적 헌신이 증가한다는 것을 보여준다(Gregory 2007).

46. 사바나개코원숭이는 Collins et al. 1984; 랑구르는 Hrdy and Hrdy 1976 and Hrdy 1977a; 사육되는 수티망가베이원숭이 및 일반적인 검토는 Paul 2005.

47. Collins et al. 1984:208 표 4.

48. Seger 1977; Little et al. 2002.

49. Fairbanks 1988.

50. Pavelka, Fedigan, and Zohar 2002; Fairbanks and McGuire 1986; Fairbanks 2000; Hasegawa and Hiraiwa 1980; reviewed in Paul 2005. See Hrdy 1981a:110-111. 인간 수렵채집민은 Blurton Jones et al. 2005b; Kramer 2008.

51. Fairbanks 1988, 1993; Paul 2005.

52. Williams 1957; Hamilton 1966; 영장류에 적용한 것으로는 Hrdy and Hrdy 1976.

53. Pavelka 1990, Paul 2005:22에서 인용; Pavelka and Fedigan 1991.

54. Silk et al. 2003.

55. Paul 2005. 버빗원숭이는 Fairbanks and McGuire 1986; 일본마카크원숭이는 Pavelka et al. 2002. 비록 여기서는 영장류에 초점을 맞추지만, 어머니의 어머니가 있다는 것은 다른 사회적 포유류 일부에서도 더 많은 새끼와 더 적은 손실을 의미한다(Moses and Millar 1994; Gerlach and Bartmann 2002).

56. McHenry 1992, 1996; Anton 2003.

57. Aiello and Wheeler 1995.

58. Hernandez-Aguilar et al. 2007; McGrew 2007b.

59. O'Connell et al. 1999; Wrangham et al. 1999; Laden and Wrangham 2005.

60. Perry, Dominy, et al. 2007. 사바나 거주 침팬지 개체군의 유일한 예외는 Hernandez-Aguilar et al. 2007.

61. Yeakel et al. 2007.

62. Alperson-Afil et al. 2007 for early use of fire. O'Connell et al. 1999; Wrangham et al. 1999.

63. Hawkes et al. 1998. 돌봄과 공유의 중요성에 대한 초기 통찰은 Lancaster 1978.

64. Bock 2002.

65. Ivey 1993.

66. McDade et al. 2007.

67. Kaplan, Hill, et al. 2000.

68. Hrdy 1981a; Gowaty 1997; Liesen 2007.

69. Voland et al. 2005.

70. 다른 영장류도 폐경을 경험하는지 여부는 여전히 논쟁 중이다(Pavelka and Fedigan 1991). 하지만 최근 검토에서 파울(Paul 2005)은 그렇다고 결론지었다(Hrdy 1981b). 유일한 대형 유인원 연구(Jones et al. 2007)를 보면 침팬지의 난소 고갈도 인간과 비슷한 비율로 발생한다고 결론지었다.

71. Leonetti et al. 2005:204.

72. Schiefenhövel and Grabolle 2005.

73. Voland and Beise 2002, 2005; Lahdenperä et al. 2004.

74. Lahdenperä et al. 2004; 표 1. 이러한 효과는 혈통에 따른 가임력 차이 때문은 아닐 것이다. 왜냐하면, 폐경 이후의 장수와 평생 출산한 자식의 수는 상관관계가 없었기 때문이다.

75. Voland et al. (2005) and Bentley and Mace (2009), Aubel et al. 2004; Crognier et al. 2002; Gibson and Mace 2005; Jamison et al. 2002; Lahdenperä et al. 2004; Scelza and Bliege Bird 2008; Skinner 2004; Valeggia 2009.

76. Sear and Mace 2008. 이들 사회는 모든 생태 조건을 아울러 인간 집단을 대표하는 표본이라고 할 수는 없지만, 집단 구성 및 아동 생존에 대한 정보가 존재하기 때문에 선택되었다. 이는 지금 상태에서 우리가 할 수 있는 최선이다.

77. Hawkes et al. 1998; Lahdenperä et al. 2004.

78. Sear, Steele, et al. 2002; Beise 2005.

79. Schiefenhövel and Grabolle 2005. Taylor 2002, Flinn et al. 2005, Sachser et al. 1998, Kaiser et al. 2003.

80. Shostak 1976:256.

81. Flinn and Leone 2006; Quinlan and Flinn 2005.

82. 초기 출생순위 아이들에 큰 영향을 주는 할머니에 관해 보기 드물게 잘 정리한 것으로는 다음을 참고. Lahdenperä et al. 2004.

83. Blurton Jones et al. 2005b.

84. 1999년에 오코넬(O'Connell et al.)은 "할머니가 아들을 도움으로써 적합도를 높일 수도 있지만, 딸을 도와주는 것이 훨씬 더 이득이 된다"(p. 477)고 썼다. 시어와 메이스가 2008에 개괄한 28개의 전통 사회에서 이를 발견했다(표 2a와 2b). 이러한 발견은 외할머니와 친할머니의 효과에 대한 감비아 사례 연구 결과와 일치한다. Sear et al. 2000, 2002; Mace and Sear 2005.

85. Hrdy 1999, 13장, 불운한 쌍둥이에 대해서는 pp. 323‒325 그리고 그림. 13.2.

86. 모계 조부모와 부계 조부모의 차이에 대한 초기 연구는 Smith 1991 and Euler and Weitzel 1996. 많은 현대 사회와 전통 사회에서 유사한 패턴이 발견됐다(Pashos

2000; Nosaka and Chasiotis 2005; Schölmerich et al. 2005, and references cited below). 42개 사회의 비교 연구는 Sear and Mace 2008 참고.

87. Voland and Beise 2005; Beise and Voland 2002.

88. Euler and Weitzel 1996; Gaulin et al. 1997; McBurney et al. 2001; Volandand Beise 2005.

89. 캐나다 사례는 Beise 2005; 서아프리카 사례는 Sear and Mace 2008.

90. Jamison et al. 2002. 표본 크기가 작기 때문에 외할머니 효과는 통계적으로 유의하지 않았지만, 저자는 더 많은 수의 샘플을 사용하면 유의할 것으로 예상했다.

91. 이 가설은 아들이 여러 명일 때 해로운 영향이 가장 두드러질 것으로 예측한다.

92. 케냐 킵시기스족 사례는 Borgerhoff Mulder 2007.

93. Leonetti et al. 2005:212.

94. Leonetti et al. 2005:209 – 210.

95. 이 생존율 향상은 두 번째 결혼을 한 어머니에게만 통계적으로 유의했다. Leonetti et al. 2007.

96. Sear 2008.

97. Strassmann 1993; Hrdy 1997, 1999:257 – 263.

98. 수티 관습에 대해서는 Weinberger-Thomas 1999.

99. 에페족은 Ivey 2000; 하드자족은 Blurton Jones, Hawkes, and O'Connell 2005b. 시어와 메이스(Sear and Mace 2008)의 연구를 보면 부계 할아버지는 12개 사회 중 단지 3개에서만, 모계 할아버지는 12개 사회 중 2개 사회에서만 아동의 생존에 긍정적인 영향을 미쳤다. 할아버지가 영향이 있다고 해도 통계적 유의성이 떨어지거나 손녀에게만 영향을 미쳤다.

100. Judge and Hrdy 1992.

101. 2008년 3월 폴리 위스너와의 개인적 대화.

102. Wiessner 2002b, esp. pp. 424 – 425, 표 3.

103. Harcourt and Stewart 2007, 11장. 고릴라의 경우 영아생존율 향상은 대부분 외부 수컷에 의한 유아살해 가능성 감소 때문이다.

104. 말로위(Marlowe 1999a)는 이 가부장 가설을 할머니 가설의 대안으로 제시한다.

105. 고래는 McAuliffe and Whitehead 2005. 코끼리도 폐경을 겪는 것으로 알려졌지만, 일부 암컷은 60대에도 여전히 새끼를 낳는다.

106. Robson et al. 2006, 표 2.1. 우리는 아직 다른 유인원에게도 폐경이 보편적인 특징인지 알지 못한다. Paul 2005.

107. 캔트와 존스톤(Cant and Johnstone 2008)의 제안은 또한 인간을 포함한 모든 유인원이 부거제라는 가정을 기반으로 하고 있으며, 여기에서 요약된 많은 연구들과는 반대되는 견해다.

108. Kurland and Sparks 2003; Hawkes and Blurton Jones 2005; Ivey 1993;

Meehan 2005.

109. Hurtado et al. 1992; Hawkes et al. 1995; Bird and Bliege Bird 2005; Tucker and Young 2005.

110. 수렵채집에서 정착 생활로의 전환이 미친 영향에 대한 개괄은 다음을 참고. Hames and Draper 2004. 농경사회에서 아이들의 도움은 Kramer 2005a. 임금 노동자의 도입은 더 많은 변화를 가져왔다. 일반적으로 아들이 딸보다 더 높은 임금을 받고, 가계 경제에 이바지하기 때문이다(e.g., Hagen and Barrett 2007).

111. 아프리카 전통 사회에 대한 고전적 논문은 Kaplan 1994.

112. 현대 사회의 사례로는 현대 일본의 남성 노인이 복지 혜택을 거부하고 굶어 죽은 사례를 참고(Onishi 2007).

113. 나이 든 여성에 대한 태도와 대우는 Biesele and Howell 1981; Hrdy 1999:282 와 참고문헌 참조. 인용과 아체족 사례는 Hill and Hurtado 1996:235 – 237.

114. Eder 1985. 인용문은 Miller 1976, Gilligan 1982:169에서 재인용; Taylor 2002.

115. Campbell 2002.

116. Taylor 2002.

117. Wiessner 2002b:411.

118. Hrdy 1999, 10장, 2000. Parish 1994.

9. 유년기와 인간의 유래

1. Hawkes et al. 1998.

2. 비인간 영장류에서 육아 비용과 사망 위험의 증가는 Altmann 1980:36. 인간의 경우는 Penn and Smith 2007. 번식하지 못한 개체가 더 오래 사는 일반적인 경향에 대해서는 Partridge et al. 2005. 협동 번식 조류에서 성체 사망률 감소는 Russell 2000. 진사회성 곤충과 벌거벗은두더지쥐는 Keller and Genoud 1997. 꿀벌 여왕은 일꾼보다 47배 더 오래 산다(Page and Peng 2001).

3. 나는 진화인류학에서 진행 중인 중요한 논쟁을 흐리고 있다. 포괄적인 개요를 원하는 독자들에게는 호크스와 페인이 편집한 『인간 생애사의 진화』(2006)를 강력히 추천한다. 긴 유년기에 대한 전통적 설명은 큰 뇌가 발달하기 위해서는 장기간의 성장이 필수적이라는 것이다. "연장된 생물학적 유아기는 동물들에게 학습을 위한 시간을 제공한다."(Washburn and Hamburg 1965, Hawkes 2006:97에서 인용). 이 자본-투자 가설의 현재 버전은 큰 사냥감을 추적하고 효율적으로 처리하는 데 필요한 기술을 습득하고, 전문적으로 석기 도구를 조각내고, 창을 만들고, 언어를 습득하고, 문화가 제공하는 것들을 더 완벽하게 활용하기 위해서 얼마나 오랜 시간이 필요한지 강조한다(Kaplan et al. 2000; Kaplan et al. 2001; Bock and Sellen 2002; Gurven and Kaplan). 긴 유년기에 대한 또 다른 대안적 설명은 더 몸집이 큰 포유류는 더 수명이 길고, 더 오랫동안 성장하고, 천천히 새끼를 낳는다는 "변함없는" 생

애사 관점의 설명이다(Charnov 1993; Robson et al. 2006). 두 관점이 상호배타 적인 것은 아니며, 복잡한 되먹임 효과도 고려할 수 있다.

4. Hawkes et al. 1998; Robson et al. 2006. 큰 두뇌와 긴 유년기, 청소년기와의 관계는 Smith and Tompkins 1995:259ff; Barrickman et al. 2008; Kelly 2004; Dunbar and Shultz 2007. 큰 두뇌의 중요성은 Deaner et al. 2007; Ricklefs 1984. 왜 유아가 천천히 자라야 하는지는 Janson and van Schaik 1993.

5. 비싼 기관 가설은 Aiello and Wheeler 1995. 전반적인 검토는 Bogin 1997. 협동 번식과 큰 두뇌의 관계는 Isler and van Schaik 2008.

6. Hrdy 1999:287; Kelly 2004.

7. Robson et al. 2006; Deaner et al. 2007.

8. Walker and Shipman 1996; Anton 2003.

9. Tardieu 1998:173-174; Smith and Tompkins 1995, 표 1; O'Connell et al. 1999:469; Robson et al. 2006; Hawkes 2006, Zihlman et al. 2004.

10. Anton 2003; McHenry 1992, 1996.

11. O'Connell et al. 1999, 2002.

12. 아마도 임신과 수유로 인한 영양 부족을 막기 위해 뉴기니 고원 지대의 부족민들은 남성이 수확하는 모든 식용 곤충에 여성과 아이들이 먼저 먹을 수 있는 권리를 주는 것으로 추측된다(Schiefenhövel and Blum n.d.). 임신기와 태아 뇌 발달에 오메가 3의 중요성은 Stoll 2001:91-102 참고. 초기 구석기 시대의 호미닌은 아마도 물고기를 자주 접할 수 없었겠지만, 가능하면 항상 물고기를 먹었다. 또 종종 어류보다 오메가3 지방산이 더 풍부한 견과류는 아프리카 유인원과 수렵채집민들의 주식으로 이용된다(e.g.,Boesch and Boesch-Achermann 2000:201-204; Lee 1979, ch. 7).

13. 대부분의 구세계원숭이 암컷은 모계 혈연과 연대하지만, 관련 없는 암컷 사이에 "관용"이 부족한 것은 오랑우탄, 고릴라, 침팬지 등 유인원 계통의 특징이다(e.g., Rendall and Di Fiore 2007, 그림. 2).

14. 이는 아마도 이전에 쓴 책들을 조사하면서 얻은 가장 중요한 교훈일 것이다. 『여성은 진화하지 않았다』(1981a)와 그 참고문헌 참고.

15. 인용문은 Tomasello 1999:91. Tomasello et al.2005.

16. 칼린 라이언스 루스와의 개인적 대화, 2006년. 그녀는 특히 토마셀로(Tomasello 1999)에게 영감을 받았다; 인용은 Hennighausen and Lyons-Ruth 2005.

17. D'Errico et al. 2005; McBrearty and Brooks 2000. 인용문과 예술에 기원에 대한 더 많은 자료는 Dissanayake 2000.

18. Hill 2009.

19. 혹자는 서열이 높은 혈통의 어린 새끼에게 양보하지 않은 개체를 공격하거나 (Cheney and Seyfarth 2007) 방어하는 녀석이 약하기 때문에 공격하고 좋아하는 먹이를 빼앗는(Hauser 1992) 구세계원숭이들을 언급할 수도 있겠다. 하지만 의도를 읽는 비인간 영장류에 가장 가까운 실험은 3장에서 언급한 협동 번식을 하는 타마린과 마모셋을 대상으로 한 마크 하우저와 다른 연구자들이 수행한 실험이다. 하

우저는 이 분야의 선구자 중 한 명이었지만, 지금은 집단적 "처벌"을 언급하기를 꺼린다(개인적 대화 2008년 8월).

20. Hill 2009.

21. Fu and Lee 2007. Judith-Maria Burkart 2009.

22. Wile et al. 1999; Miller 2002; Hagen and Barrett 2007.

23. Trivers 1974, 부모 자식 갈등 이론은 현재 생물학과 심리학에서 널리 받아들여지고 있다.

24. Hennighausen and Lyons-Ruth 2005:275.

25. Stern et al. 1983; Stern 2002; Cassidy and Shaver 1999; and esp. Rutter and O'Connor 1999 and Main 1999; O'Connor and Rutter 2000; Fonagy et al. 2002; Belsky 2005.

26. Lyons-Ruth et al. 1999; van IJzendoorn, Schuengel, and Bakermans-Kranenburg 1999.

27. 아동이 주 양육자(현재까지 수행된 연구 대부분은 주 양육자가 어머니였다)와의 관계에서 얼마나 안정감을 느끼는지 평가하기 위해 아인스워스의 낯선 상황 실험을 이용한다. 이 20분짜리 실험에서 어머니는 훈련받은 실험자인 친절한 "이방인"과 함께 유아를 남겨두고 떠난다. 어머니는 곧 다시 돌아왔다가 다시 또 떠났다가 돌아온다. 대부분의 두 살배기 아이들은 어머니의 부재를 깨닫는 즉시 고통스러워한다. "안정적 애착"을 형성한 아이들은 어머니가 돌아오자마자 바로 달려가 위안을 얻는다. 그러나, 일부 아이들은 어머니가 돌아와도 안정되지 않는다. "불안정 애착"을 형성한 이러한 유아는 다시 어머니 곁에서 얼마나 많은 위안을 얻는지에 따라서 "불안정/양가적" 애착과 실제로 어머니를 피하는 "불안정/회피" 애착을 보이는 유아로 나눌 수 있다. 이 주제에 대한 더 자세한 내용은 다음을 참고. Cassidy and Shaver 1999.

28. Main and Hesse 1990; Lyons-Ruth et al. 1999; van IJzendoorn, Schuengel, and Bakermans-Kranenburg 1999; Solomon and George 1999.

29. Lyons-Ruth 1996, Rutter and O'Connor 1999.

30. Dozier, Stovall, et al. 2001; Bates and Dozier 2002. 성인 애착 면담은 Main and Hesse 1990. 아이들 약 6,000명을 포괄하는 80개 연구를 토대로 한 메타분석은 AAI의 예측 타당성을 보여준다. van IJzendoorn, Schuengel, and Bakermans-Kranenburg 1999.

31. 수줍음 또는 사교성과 같은 성격 특질의 유전성에 대해서는 Kagan and Snidman 2004. 애착 유형과 5대 성격 특성이 관련 없음을 보여주는 연구는 Shaver and Brennan 1992. 원숭이 유아의 기질적 차이는 Thierry 2007.

32. Hennighausen and Lyons-Ruth 2005:385 – 386; Lyons-Ruth and Zeanah 1993; Rutter and O'Connor 1999.

33. Berlin and Cassidy 1999. 우정과 "사회적 능력"의 관련성은 Vaughn, Azria, et al. 2000.

34. Lyons-Ruth 1996, 개인적 대화, 2008 인터뷰.

35. Hawks, Wang, et al. 2007; Harpending and Cochran 2002; Balter 2005. 락타아제 지속성은 아마도 가장 잘 알려진 최근에 일어난 자연선택 사례일 것이다. 우유는 주당인 락토스를 분해하는 효소인 락타아제가 없으면 성인이 소화하기 어렵다. 5,000~1만 년 전 어느 시점에 일부 문화에서 목축이 시작되었고, 유아기의 젖산 분해 효소가 성인기까지 지속하게 만드는 유전자가 목축을 하는 사람들과 함께 근동에서 유럽 지역으로 확산되었다. 오늘날 락타아제를 지속하는 유전자는 유럽인의 80퍼센트, 유럽계 조상을 둔 미국인의 80퍼센트에서 발견된다. 이는 또한 목축의 역사를 가진 투치족과 다른 아프리카 부족들에서 흔하게 발견된다. 그러나 조상들이 우유를 섭취하지 않았던 남아프리카 반투스족과 많은 중국 인구집단에서는 거의 발견되지 않는다(Bersaglieri et al. 2004; Burger et al. 2007).

36. 호크스와의 개인적 대화, 2007년 12월 31일. 뇌 크기 증가와 관련된 새로운 유전자의 확산에 관해서는 Mekel-Bobrov, Gilbert, et al. 2005.

37. Spier 2002.

38. 일반적인 이론은 West-Eberhard 2003. 친사회적 행동의 진화적 상실에 대해서는 Wcislo and Danforth 1997. 빠른 진화의 사례 연구는 Lahti 2005. 래티는 탁란을 하는 기생 뻐꾸기가 없는 지역으로 이주한 부모 울새들이 어떻게 점차 자신의 알을 구별하는 능력을 잃어가는지 설명한다.

39. Lahti 2005.

참고문헌
—

Adovasio, J. M., Olga Soffer, and Jake Page. 2007. *The invisible sex: Uncovering the true role of women in prehistory*. Washington, DC: Smithsonian Books.

Ahnert, Lieselotte. 2005. Parenting and alloparenting: The impact on attachment in humans. In *Attachment and bonding: A new synthesis*, ed. C. S. Carter et al., 229 – 244. Dahlem Workshop Reports. Cambridge: MIT Press.

———. 2007. Mother-child relations with extended social networks in early childhood. Lecture delivered at the University of California – Davis, March 15, 2007.

Ahnert, Lieselotte, Martin Pinquart, and Michael Lamb. 2006. Security of children's relationships with nonparental care providers: A meta-analysis. *Child Development* 74:664 – 679.

Aiello, Leslie, and P. Wheeler. 1995. The expensive tissue hypothesis: The brain and the digestive system in human and primate evolution. *Current Anthropology* 36:199 – 221.

Ainsworth, Mary D. Salter. 1966. The effects of maternal deprivation: A review of findings and controversy in the context of research strategy. In *Deprivation of maternal care: A reassessment of its effects*, ed. Mary D. S. Ainsworth, 287 – 357. New York: Schocken Books.

———. 1978. The Bowlby-Ainsworth attachment theory (commentary). *Behavioral and Brain Sciences* 3:436 – 437.

Al Awad, A. M. E. H., and E. J. S. Sonuga-Barke. 1992. Childhood problems in a Sudanese city: A comparison of extended and nuclear families. *Child Development* 63:906 – 914.

Alberts, Susan. 1999. Paternal kin discrimination in wild baboons. *Proceedings of the Royal Society of London B* 266:1501 – 6.

Albus, Kathleen E., and Mary Dozier. 1999. Indiscriminate friendliness and terror of strangers in infancy: Contributions from the study of infants in foster care. *Infant Mental Health Journal* 20 (1):30 – 41.

Alley, Thomas. 1983. Growth-produced changes in body shape and size as determinants of perceived age and adult caregiving. *Child Development* 54:241 – 248.

Allman, John. 2000. *Evolving brains*. New York: Scientific American Library.

Almond, Rosamunde E. A., Gillian R. Brown, and Eric B. Keverne. 2006. Suppression of prolactin does not reduce infant care by parentally experienced male common marmosets (*Callithrix jacchus*). *Hormones and Behavior* 49:673–680.

Alperson-Afil, N., D. Richter, and N. Goren-Inbar. 2007. Phantom hearths and the use of fire at Gesher Benot Ya'aqov, Israel. *PaleoAnthropology* 1:1–15.

Altmann, Jeanne. 1980. *Baboon mothers and infants*. Cambridge: Harvard University Press.

Altmann, Jeanne, and Susan C. Alberts. 2003. Intraspecific variability in fertility and offspring survival in a nonhuman primate: Behavioral control of ecological and social sources. In *Offspring: Human Fertility Behavior in Biodemographic Perspective*, edited by Kenneth W. Wachter and Rodolfo A. Bulatao, pp. 140–169. Washington, DC: National Academies Press.

Altmann, Jeanne, Glenn Hausfater, and Stuart A. Altmann. 1988. Determinants of reproductive success in savannah baboons, *Papio cynocephalus*. In *Reproductive success: Studies of individual variation in contrasting breeding systems*, ed. T. H. Clutton-Brock, 403–418. Chicago: University of Chicago Press.

Alvarez, Helen Perich. 2004. Residence groups among hunter-gatherers: A view of the claims and evidence for patrilocal bonds. In *Kinship and behavior in primates*, ed. Bernard Chapais and Carol M. Berman, 420–442. Oxford: Oxford University Press.

Ambrose, S. 1998. Chronology of the later Stone Age and food Production in East Africa. *Journal of Archaeological Science* 25:377–392.

Anderson, James, and Tetsuro Matsuzawa. 2006. Yawning: An opening into empathy? In *Cognitive development in chimpanzees*, ed. Tetsuro Matsuzawa, Masaki Tomonaga, and Masayuki Tanaka, 233–245. Tokyo: Springer.

Anderson, Kermyt G. 2006. How well does paternity confidence match with actual paternity? Evidence from worldwide nonpaternity rates. *Current Anthropology* 47:513–520.

Anton, Susan. 2003. Natural history of *Homo erectus*. *Yearbook of Physical Anthropology* 46:126–170.

Arnold, K. E., and I. P. F. Owens. 1998. Cooperative breeding in birds: A comparative test of the life history hypothesis. *Proceedings of the Royal Society of London B* 265:739–745.

Asa, Cheryl S. 1997. Hormonal and experiential factors in the expression of social and parental behavior in canids. In *Cooperative breeding in mammals*, ed. Nancy Solomon and Jeffrey French, 129–149. Cambridge: Cambridge University Press.

Associated Press. 1994. Parents better at car payments than child support, group says. *Sacramento Bee*, June 18, 1994, A8.

Assuncao, Maira de Lorenco, S. L. Mendes, and K. B. Strier. 2007. Grandmaternal infant carrying in wild northern muriquis (*Brachyteles hypoxanthus*). *Neotropical Primate* 14(3):120–122.

Aubel, J., I. Toure, and M. Diagne. 2004. Senegalese grandmothers promote improved maternal and child nutrition practices: The guardians of tradition are not averse to change. *Social Science and Medicine* 59:945–959.

Babchuk, W. B., R. Hames, and R. Thompson. 1985. Sex differences in the recognition of infant facial expressions of emotion: The primary caretaker hypothesis. *Ethology and Sociobiology* 6:89–101.

Bakeman, Roger, Lauren B. Adamson, Melvin Konner, and Ronald G. Barr. 1990. !Kung infancy: The social context of object exploration. *Child Development* 61:794–809.

Baker, A. J., K. Bales, and J. Dietz. 2002. Mating systems and group dynamics in lion tamarins. In *Lion tamarins: Biology and conservation*, ed. D. G. Kleiman and A. B. Rylands, 188–212. Washington, DC: Smithsonian Institution.

Baldovino, M. Celia, and Mario S. Di Bitetti. 2008. Allonursing in tufted capuchin monkeys (*Cebus nigritus*): Milk or pacifier? *Folia Primatologica* 79:79–92.

Bales, Karen, James Dietz, Andrew Baker, Kimran Miller, and Suzette Tardif. 2000. Effects of allocare-givers on fitness of infants and parents in Callitrichid primates. *Folia Primatologica* 71:27–38.

Bales, Karen, Jeffrey A. French, and James M. Dietz. 2002. Explaining variation in maternal care in cooperatively breeding mammals. *Animal Behaviour* 63:453–461.

Bales, Karen, A. J. Kim, A. D. Lewis-Reese, and C. S. Carter. 2004. Both oxytocin and vasopressin may influence alloparental behavior in male prairie voles. *Hormones and Behavior* 45:354–361.

Bales, Karen, L. A. Pfeiffer, and C. Sue Carter. 2004. Sex differences and effects of manipulations of oxytocin on alloparenting and anxiety in prairie voles. *Developmental Psychobiology* 44:123–131.

Bales, Karen, J. A. van Westerhuyzen, A. D. Lewis-Reese, N. Grotte, J. A. Lanter, and C. Sue Carter. 2007. Oxytocin has dose-dependent developmental effects on pair-bonding and alloparental care in female prairie voles. *Hormones and Behavior* 52:274–279.

Balter, Michael. 2005. Are humans still evolving? *Science* 309:234–237.

Bard, Kim. 2002. Primate parenting. In *Handbook of parenting*, 2nd ed., vol. 2, ed. M. Bornstein, 99–140. Mahwah, NJ: L. Erlbaum.

———. 2004. What is the evolutionary basis for colic? (commentary). *Behavioral and Brain Sciences* 27:459.

———. 2007. Neonatal imitation in chimpanzees (*Pan troglodytes*) tested with two paradigms. *Animal Cognition* 10:233 – 242.

Bard, Kim, Masako Myowa-Yamakoshi, Masaki Tomonaga, Masayuki Tanaka, Alan Costall, and Tetsuro Matsuzawa. 2005. Group differences in the mutual gaze of chimpanzees (*Pan troglodytes*). *Developmental Psychology* 41:616 – 624.

Bardi, M., A. Petto, and D. Lee-Parritz. 2001. Parental failure in captive cotton-top tamarins (*Saguinus oedipus*). *American Journal of Primatology* 54:150 – 169.

Barlow, George. 2000. *The cichlid fishes: Nature's grand experiment in evolution*. Cambridge: Perseus.

Baron-Cohen, Simon. 2003. *The essential difference: The truth about the male and female brain*. New York: Basic Books.

Barrickman, Nancy, Meredith L. Bastian, Karin Isler, and Carel van Schaik. 2008. Life history costs and benefits of encephalization: A comparative test using data from long-term studies of primates in the wild. *Journal of Human Evolution* 54:568 – 590.

Barron, James, and Treymaine Lee. 2007. 2 more city heroes, and one saved child. *New York Times*, January 5, 2007.

Bates, Brady C., and Mary Dozier. 2002. The importance of maternal states of mind regarding attachment and infant age at placement to foster mothers' representations of their foster infants. *Infant Mental Health Journal* 23:417 – 431.

Beckerman, S., R. Lizarralde, C. Ballew, S. Schroeder, C. Fingelton, A. Garrison, and H. Smith. 1998. The Bari partible paternity project: Preliminary results. *Current Anthropology* 39:164 – 167.

Beckerman, S., and P. Valentine, eds. 2002. *Cultures of multiple fathers: The theory and practice of partible paternity in lowland South America*. Gainesville: University Press of Florida.

Behar, Doron M., R. Villems, H. Soodyall, J. Blue-Smith, L. Pereira, E. Metspalu, R. Scozzari, H. Makkan, S. Tzur, D. Comas, J. Bertranpetit, L. Quintana-Murci, C. Tyler-Smith, R. Spencer Wells, S. Rosset, and the Genographic Consortium. 2008. The dawn of human matrilineal diversity. *American Journal of Human Genetics* 82:1 – 11.

Beise, Jan. 2005. The helping and the helpful grandmother: The role of maternal and paternal grandmothers in child mortality in the seventeenth and eighteenth-century population of French settlers in Quebec, Canada. In *Grandmotherhood: The evolutionary significance of the second half of female life*, ed. E. Voland, A. Chasiotis, and W. Schiefenhovel, 215 – 238. New Brunswick, NJ: Rutgers University Press.

Beise, Jan, and E. Voland. 2002. A multilevel event history analysis of the effects of grandmothers on child mortality in a historical German population (Krummhorn, Ostfriesland, 1720 – 1874). *Demographic Research* 7:469 – 497.

Belsky, J. 2005. The developmental and evolutionary psychology of intergenerational transmission of attachment. In *Attachment and bonding: A new synthesis*, ed. C. S. Carter et al., 169 – 198. Dahlem Workshop Reports. Cambridge: MIT Press.

Bentley, G., and Ruth Mace, eds. 2009. *Substitute parents: Alloparenting in human societies*. New York: Berghahn Books.

Bergmuller, Ralph, and Michael Taborsky. 2005. Experimental manipulation of helping in a cooperative breeder: Helpers "pay to stay" by preemptive appeasement. *Animal Behaviour* 69:19 – 28.

Berlin, Lisa J., and Jude Cassidy. 1999. Relations among relationships: Contributions from attachment theory and research. In *Handbook of attachment*, ed. J. Cassidy and P. Shaver, 688 – 712. New York: Guilford.

Bersaglieri, T., P. C. Sabeti, N. Patterson, T. Vanderploeg, S. F. Schaffner, J. A. Drake, M. Rhodes, D. E. Reich, and J. N. Hirschhorn. 2004. Genetic signatures of strong recent positive selection at the lactase gene. *American Journal of Human Genetics* 74:1111 – 20.

Betzig, Laura. 1986. *Despotism and differential reproduction*. Hawthorne, NY: Aldine de Gruyter.

Beuerlein, M. M., and W. C. McGrew. 2007. It takes a community to raise a child, or does it? Paper presented at the 76th annual meeting of the American Association of Physical Anthropologists, Philadelphia.

Bezerra, Bruna Martins, Antonio da Silva Souto, and Nicola Schiel. 2007. Infanticide and cannibalism in a free-ranging plurally breeding group of common marmosets (*Callithrix jacchus*). *American Journal of Primatology* 69:945 – 952.

Bickerton, Derek. 2004. Commentary: Mothering plus vocalization doesn't equal language. *Behavioral and Brain Sciences* 27:504 – 505.

———. 2007. Language evolution: A brief guide for linguists. *Lingua* 117:510 – 526.

Biesele, Megan, and Nancy Howell. 1981. "The old people give you life": Aging among !Kung hunter-gatherers. In *Other ways of growing old*, ed. Pamela T. Amoss and Stevan Harrell, 77 – 98. Stanford: Stanford University Press.

Bird, Douglas, and Rebecca Bliege Bird. 2005. Martu children's hunting strategies in the Western Desert, Australia. In *Hunter-gatherer childhoods*, ed. B. Hewlett and M. Lamb, 129 – 146. Piscataway, NJ: Aldine/Transaction.

Bird-David, Nurit. 1990. The giving environment: Another perspective on the economic system of hunter-gatherers. *Current Anthropology* 31:189 – 196.

Blankenhorn, David. 1995. *Fatherless in America: Confronting our most urgent social problem*. New York: Harper Perennial.

Bledsoe, Caroline, and A. Brandon. 1987. Child fostering and child mortality in sub-Saharan Africa: Some preliminary questions and answers. In *Mortality and society in sub-Saharan Africa*, ed. E. van der Walle, 287 – 302. New York: Oxford University Press.

Bliege Bird, Rebecca. 2007. Fishing and the sexual division of labor among the Meriam. *American Anthropologist* 109:442 – 451.

Blurton Jones, N. G. 1984. A selfish origin for human food-sharing: Tolerated theft. *Ethology and Sociobiology* 5:1 – 3.

———. 1993. The lives of hunter-gatherer children. In *Juvenile primates: Life history, development and behavior*, ed. Michael Pereira and Lynn Fairbanks, 309 – 326. Chicago: University of Chicago Press.

———. 2006. Contemporary hunter-gatherers and human life history evolution. In *The evolution of human life history*, ed. Kristen Hawkes and Richard B. Paine, 231 – 266. Santa Fe: SAR Press.

Blurton Jones, Nick, K. Hawkes, and J. F. O'Connell. 2005a. Older Hadza men and women as helpers: Residence data. In *Hunter-gatherer childhoods*, ed. B. Hewlett and M. Lamb, 214 – 236. Piscataway, NJ: Aldine/Transaction.

———. 2005b. Hadza grandmothers as helpers: Residence data. In *Grandmotherhood: The evolutionary significance of the second half of female life*, ed. E. Voland, A. Chasiotis, and W. Schiefenhovel, 160 – 176. New Brunswick, NJ: Rutgers University Press.

Bock, John. 2002. Learning, life history and productivity: Children's lives in the Okavango Delta, Botswana. *Human Nature* 13:161 – 197.

Bock, J., and D. Sellen, eds. 2002. Special Issue on Childhood and the Evolution of the Human Life Course. *Human Nature* 13(2).

Boehm, Christopher. 1999. *Hierarchy in the forest: The evolution of egalitarian behavior*. Cambridge: Harvard University Press.

Boesch, Christophe, and Hedwige Boesch-Achermann. 1990. Tool use and tool making in wild chimpanzees. *Folia Primatologica* 54:86 – 99.

———. 2000. *The chimpanzees of the Tai Forest: Behavioural ecology and evolution*. Oxford: Oxford University Press.

Bogin, Barry. 1997. Evolutionary hypotheses for human childhoods. *Yearbook of Physical Anthropology* 40:63 – 89.

Boland, C. R. J., R. Heinsohn, and A. Cockburn. 1997. Deception by helpers in cooperatively breeding white-winged choughs and its experimental manipulation. *Behavioral Ecology and Sociobiology* 41:251 – 256.

Bolles, A. L. 1986. Economic crises and female-headed households in urban

Jamaica. In *Women and change in Latin America*, ed. J. Nash and H. Safa, 65 – 82. Hadley: Bergin and Garvey.

Boran, J. R., and S. L. Heimlich. 1999. Social learning in cetaceans. In *Mammalian social learning: Comparative and ecological perspectives*, ed. H. O. Box and K. R. Gibson, 282 – 307. Cambridge: Cambridge University Press.

Borgerhoff Mulder, Monique. 2007. Hamilton's rule and kin competition: The Kipsigis case. *Evolution and Human Behavior* 28:299 – 312.

———. 2009. Social monogamy or polygyny or polyandry? Marriage in the Tanzania Pimbwe. *Human Nature* 20.

Borries, Carolla. 1988. Patterns of grandmaternal behavior in free-ranging Hanuman langurs (*Presbytis entellus*). *Human Evolution* 3:239 – 260.

Bosch, Oliver J., Simone L. Meddle, Daniel I. Beiderbeck, Alison J. Douglas, and Inga Neumann. 2005. Brain oxytocin correlates with maternal aggression: Link to anxiety. *Journal of Neuroscience* 25:6807 – 15.

Bowlby, John. 1966. *Maternal care and mental health*. New York: Schocken Books. (Orig. pub. 1951.)

———. 1971. *Attachment and loss*, vol. 1: *Attachment*. Harmondsworth, UK: Penguin Books. (Orig. pub. 1969.)

———. 1988. *A secure base: Parent-child attachment and healthy human development*. New York: Basic Books.

Bowles, Samuel. 2006. Group competition, reproductive leveling, and the evolution of human altruism. *Science* 314:1569 – 72.

Bowles, Samuel, and Herbert Gintis. 2003. Origins of human cooperation. In *Genetic and cultural evolution of cooperation*, ed. Peter Hammerstein, 429 – 443. Dahlem Workshop Reports. Cambridge: MIT Press.

Boyd, Robert. 2006. The puzzle of human sociality. *Science* 314:1555 – 56.

Boyd, Robert, and Peter Richerson. 1996. Why culture is common but cultural evolution is rare. *Proceedings of the British Academy* 88:77 – 93.

Boyd, Robert, and Joan B. Silk. 1997. *How humans evolved*. New York: W. W. Norton.

Boyette, Adam H. 2008. Scaffolding for cooperative breeding among Aka foragers. Paper presented at the annual meeting of the American Anthropological Association, November 21, San Francisco, CA.

Brady, Diane, and Christopher Palmeri. 2007. The pet economy. *BusinessWeek*, August 6, 2007, 45 – 47.

Brennan, Zoe. 2006. How one leopard changed its spots ··· and saved a baby baboon. *Daily Mail*, December 14, 2006.

Bridges, Robert. 2008. *Neurobiology of the parental mind*. New York: Academic Press.

Brockway, Raewyn. 2003. Evolving to be mentalists: The "mind-reading mums" hypothesis. In *From mating to mentality: Evaluating evolutionary psychology*, ed. Kim Sterelny and Julie Fitness, 95–123. New York: Psychology Press.

Brody, Leslie. 1999. *Gender, emotion, and the family*. Cambridge: Harvard University Press.

Bronte-Tinkew, Jacinta, A. Horowitz, E. Kennedy, and Kate Perper. 2007. Men's pregnancy intentions and prenatal behaviors: What they mean for fathers' involvement with their children. Publication 2007–18. Washington, DC: Child Trends.

Brosnan, Sarah F., and F. B. M. de Waal. 2003. Monkeys reject equal pay. *Nature* 425:297–299.

Brosnan, Sarah F., Hillary C. Schiff, and Frans B. M. de Waal. 2005. Tolerance for inequity may increase with social closeness in chimpanzees. *Proceedings of the Royal Society of London, Series B* 1560:253–258.

Brown, Susan E. 1973. Coping with poverty in the Dominican Republic: Women and their mates. *Current Anthropology* 14:555.

Browning, Christopher. 1998. *Ordinary men: Reserve Police Battalion 101 and the final solution in Poland*. New York: Harper Collins.

Bruce, Judith, and Cynthia B. Lloyd. 1997. Finding the ties that bind: Beyond headship and household. In *Intrahousehold resource allocation in developing countries: Models, methods, and policy*, ed. Lawrence Haddad, John Hoddinott, and Harold Alderman, 213–228. Baltimore: Johns Hopkins University Press.

Bruce, Judith, Cynthia B. Lloyd, and Ann Leonard, with Patrice L. Engle and Niev Duffy. 1995. *Families in focus: New perspectives on mothers, fathers, and children*. New York: Population Council.

Bugos, Paul E., and Lorraine M. McCarthy. 1984. Ayoreo infanticide: A case study. In *Comparative and evolutionary perspectives on infanticide*, ed. G. Hausfater and S. Blaffer Hrdy, 503–520. Hawthorne, NY: Aldine.

Burger, J., M. Kirchner, B. Bramanti, W. Haak, and M. G. Thomas. 2007. Absence of the lactase-persistence-associated allele in early Neolithic Europeans. *Proceedings of the National Academy of Sciences* 104:3736–41.

Burkart, J. M. 2009. Socio-cognitive abilities in cooperative breeding. In *Learning from animals? Examining the nature of human uniqueness*, ed. L. S. Roska-Hardy and E. M. Neumann, 123–141. New York: Psychology Press.

Burkart, Judith-Maria, Ernst Fehr, Charles Efferson, and Carel van Schaik. 2007. Other-regarding preferences in a nonhuman primate: Common marmosets provision food altruistically. *Proceedings of the National Academy of Sciences* (USA) 104:19762–66.

Burkart, Judith-Maria, and Carel van Schaik. 2009. Cognitive consequences of cooperative breeding in primates: A review. *Animal Cognition*.

Burnham, T. C., and D. D. P. Johnson. 2005. The biological and evolutionary logic of human cooperation. *Analyse and Kritik* 27 (2):113–135.

Buss, David M. 1994a. The strategies of human mating. *American Scientist* 82:238–249.

———. 1994b. *The evolution of desire: Strategies of human mating*. New York: Basic Books.

Byrne, Richard W., and Andrew Whiten, eds. 1988. *Machiavellian intelligence: Social expertise and the evolution of intellect in monkeys, apes, and humans*. Oxford: Oxford University Press.

Cacioppo, John T., and William Patrick. 2008. *Loneliness: Human nature and the need for social connection*. New York: W. W. Norton.

Campbell, Anne. 2002. *A mind of her own: The evolutionary psychology of women*. New York: Oxford University Press.

Cann, R. L., and A. C. Wilson. 1982. Models of human evolution. *Science* 217:303–304.

Cant, Michael A., and Rufus A. Johnstone. 2008. Reproductive conflict and the separation of reproductive generations in humans. *Proceedings of the National Academy of Sciences* 105:5332–36.

Carey, Benedict. 2005. Experts dispute Bush on gay-adoption issue. *New York Times*, January 29, 2005, A12.

Carlson, A. A., A. F. Russell, A. J. Young, N. R. Jordan, A. S. McNeilly, A. F. Parlow, and T. Clutton-Brock. 2006. Elevated prolactin levels immediately precede decisions to babysit by male meerkat helpers. *Hormones and Behavior* 50:94–100.

Carnegie, S. K., L. M. Fedigan, and T. E. Ziegler. 2008. Predictors of allomaternal care in *Cebus capucinus*. Abstract. XXII Congress of the International Primatological Society, August 3–8, Edinburgh, UK.

Carneiro, Robert. n.d. The concept of multiple paternity among the Kuikuru: A step toward the new study of ethnoembryology. Ms. in the author's possession.

Caro, T. M., and M. D. Hauser. 1992. Is there teaching in nonhuman animals? *Quarterly Review of Biology* 67:151–174.

Carter, C. Sue. 1998. Neuroendocrine perspectives on social attachment and love. *Psychoneuroendocrinology* 23:779–818.

———. 2005. Biological perspectives on social attachment and bonding. In *Attachment and bonding: A new synthesis*, ed. C. S. Carter et al., 85–100. Dahlem Workshop Reports. Cambridge: MIT Press.

참고문헌

Carter, C. Sue, Lieselotte Ahnert, K. E. Grossmann, S. B. Hrdy, M. E. Lamb, S. W. Porges, and N. Sachser, eds. 2005. *Attachment and bonding: A new synthesis.* Dahlem Workshop Reports. Cambridge: MIT Press.

Carter, C. S., M. Altemus, and G. P. Chrousos. 2001. Neuroendocrine and emotional changes in the post-partum period. *Progress in Brain Research* 133:241–249.

Cartwright, John. 2000. *Evolution and human behavior: Darwinian perspectives on human nature.* Cambridge: MIT Press.

Case, Anne, and C. Paxson. 2001. Mothers and others: Who invests in children's health? *Journal of Health Economics* 20:301–328.

Case, Anne, Christina Paxson, and Joseph Ableidinger. 2004. Orphans in Africa: Parental death, poverty and school enrollment. *Demography* 41:483–508.

Cashdan, Elizabeth, ed. 1990. *Risk and uncertainty in tribal and peasant economies.* Boulder: Westview.

Cassidy, Jude, and Phillip R. Shaver, eds. 1999. *Handbook of attachment: Theory, research and clinical applications.* New York: Guilford.

Chagnon, Napoleon. 1990. Mortality patterns, family structure, orphanage and child care in a tribal population: The Yanomamo of the Amazon Basin. Paper presented at the Symposium on Protection and Abuse of Young in *Animals and Man*, Ettore Majorana Center for Scientific Culture, June 13–19, Erice, Sicily.

———. 1992. *Yanomamo: The last days of Eden.* New York: Harcourt Brace and Jovanovich.

Charnov, Eric. 1993. *Life history invariants: Some explorations of symmetry in evolutionary ecology.* Oxford: Oxford University Press.

Charpentier, M. J. E., R. C. van Horn, J. Altmann, and S. C. Alberts. 2008. Paternal effects on offspring fitness in a multimale primate society. *Proceedings of the National Academy of Sciences* 105:1988–92.

Cheney, Dorothy L., and Robert M. Seyfarth. 2007. *Baboon metaphysics.* Chicago: University of Chicago Press.

Chisholm, James S. 1999. *Death, hope, and sex: Steps to an evolutionary ecology of mind and morality.* Cambridge: Cambridge University Press.

———. 2003. Uncertainty, contingency and attachment: A life history theory of the mind. In *From mating to mentality: Evaluating evolutionary psychology*, ed. Kim Sterelny and Julie Fitness, 125–153. New York: Psychology Press.

Chisholm, James, and Victoria Burbank. 1991. Monogamy and polygyny in southeast Arnhem Land: Male coercion and female choice. *Ethology and Sociobiology* 12:291–313.

Choi, J. K., and S. Bowles. 2007. The coevolution of parochial altruism and war.

Science 318:636 – 640.

Clarke-Stewart, K. Alison. 1978. Recasting the "lone stranger." In *The development of social understanding*, ed. Joseph Glick and K. Alison Clarke-Stewart, 109 – 176. New York: Gardner.

Clutton-Brock, T. H. 2002. Breeding together: Kin selection and mutualism in cooperative vertebrates. *Science* 296:69 – 72.

Clutton-Brock, T. H., P. N. M. Brotherton, R. Smith, G. M. McIlrath, R. Kansky, D. Gaynor, M. J. O'Riain, and J. D. Skinner. 1998. Infanticide and expulsion of females in a cooperative mammal. *Proceedings of the Royal Society of London B* 265:2291 – 95.

Clutton-Brock, T. H., A. F. Russell, and L. L. Sharpe. 2003. Meerkat helpers do not specialize in particular activities. *Animal Behaviour* 66:531 – 540.

Clutton-Brock, T. H., A. F. Russell, L. L. Sharpe, P. N. M. Brotherton, G. M. McIlrath, S. White, and E. Z. Cameron. 2001. Effects of helpers on juvenile development and survival in meerkats. *Science* 293:2446 – 50.

Cockburn, Alexander. 1996. Why do so many Australian birds cooperate: Social evolution in the Corvida? In *Frontiers of population ecology*, ed. R. B. Floyd, A. W. Sheppard, and P. J. De Barro, 451 – 472. Collingwood, Victoria, Australia: CSIRO Publishing.

———. 1998. Evolution of helping behavior in cooperatively breeding birds. *Annual Review of Ecology and Systematics* 29:141 – 177.

———. 2006. Prevalence of different modes of parental care in birds. *Proceedings of the Royal Society of London B* 273:1375 – 83, Appendix A.

Cockburn, A., H. L. Osmond, R. A. Mulder, D. J. Green, and M. C. Double. 2003. Divorce, dispersal, density-dependence and incest avoidance in the cooperatively breeding superb fairy-wren *Malarus cyaneus*. *Journal of Animal Ecology* 72:189 – 202.

Cohen, Joel. 1995. *How many people can the earth support?* New York: Norton.

Cole, Michael, and Sheila R. Cole. 1993. *The development of children*, 2nd ed. New York: Scientific American Books/W. H. Freeman.

Collins, D. A., C. D. Busse, and Jane Goodall. 1984. Infanticide in two populations of savanna baboons. In *Infanticide: Comparative and evolutionary perspectives*, ed. G. Hausfater and S. B. Hrdy, 193 – 215. Hawthorne, NY: Aldine.

Commission on Children at Risk. 2003. *Hardwired to connect: The new scientific case for authoritative communities*. New York: Institute for American Values.

Coontz, Stephanie. 1992. *The way we never were: American families and the nostalgia trap*. New York: Basic Books.

———. 2005. *Marriage, a history: From obedience to intimacy, or how love conquered marriage*. New York: Viking.

Cosmides, L. 1989. The logic of social exchange: Has natural selection shaped how humans reason? Studies with the Wason selection task. *Cognition* 31:187–276.

Cosmides, L., and J. Tooby. 1994. Better than rational: Evolutionary psychology and the invisible hand. *American Economic Review* 84 (May):327–332.

Costa, James T. 2006. *The Other Insect Societies*. Cambridge: Harvard University Press.

Coutinho, Sonia Bechara, Pedro Israel Cabral de Lira, Marilia de Carvalho Lima, and Ann Ashworth. 2005. Comparison of the effect of two systems for the promotion of exclusive breastfeeding. *Lancet* 366:1094–1100.

Creel, Scott, and N. Creel. 2002. *The African wild dog: Behavior, ecology and conservation*. Princeton: Princeton University Press.

Crittenden, Ann. 2001. *The price of motherhood: Why the most important job in the world is still the least valued*. New York: Metropolitan Books.

Crittenden, Alyssa N., and Frank Marlowe. 2008. Allomaternal care among the Hadza of Tanzania. *Human Nature* 19:249–262.

Crnic, K., M. T. Greenberg, and N. Slough. 1986. Early stress and social support influences on mothers' and high-risk infants' functioning in late infancy. *Infant Mental Health Journal* 7:9–13.

Crocker, William, and Jean Crocker. 1994. *The Canela: Bonding through kinship, ritual and sex*. Fort Worth: Harcourt Brace.

Crognier, Emile, M. Villena, and E. Vargas. 2002. Helping patterns and reproductive success in Aymara communities. *American Journal of Human Biology* 14:372–379.

Cronin, K. A., A. V. Kurian, and C. T. Snowdon. 2005. Cooperative problem solving in a cooperatively breeding primate (*Saguinus oedipus*). *Animal Behaviour* 69:133–142.

Daly, Martin, and Margo Wilson. 1984. A sociobiological analysis of human infanticide. In *Infanticide: Comparative and evolutionary perspectives*, ed. G. Hausfater and S. B. Hrdy, 487–502. New York: Aldine.

———. 1999. *The truth about Cinderella*. New Haven: Yale University Press.

Damasio, Antonio. 2003. *Looking for Spinoza: Joy, sorrow, and the feeling brain*. New York: Harcourt.

D'Amato, F. R., R. Rizzi, and A. Moles. 2006. Aggression and anxiety in pregnant mice are modulated by offspring characteristics. *Animal Behaviour* 72:773–778.

Darnton, Robert. 1984. The meaning of Mother Goose. *New York Review of Books*, February 2, 1984, 41–47.

Darwin, Charles. 1890. *Journal of researches into the natural history and geology of the countries visited during the voyage round the world of H.M.S. 'Beagle' under the command of Captain Fitz Roy, R.N.* London: John Murray.

———. 1874. *The descent of man and selection in relation to sex*. Reprint of 1874 2nd ed., Chicago: Rand, McNally, 1974.

———. 1872. *The expression of the emotions in man and animals*. Reprint of 1872 ed., with commentaries by Paul Ekman, Oxford: Oxford University Press, 1998.

Davies, N. 1992. *Dunnock behaviour and social evolution*. Oxford: Oxford University Press.

Davis, Jennifer N., and Martin Daly. 1997. Evolutionary theory and the human family. *Quarterly Review of Biology* 72:407–435.

Davis, Mark H., C. Luce, and S. J. Kraus. 1994. The heritability of characteristics associated with dispositional empathy. *Journal of Personality* 62:369–371.

Dawkins, Richard. 1976. *The selfish gene*. Oxford: Oxford University Press.

Deaner, R. O., K. Isler, J. Burkart, and C. van Schaik. 2007. Overall brain size, and not encephalization quotient, best predicts cognitive ability across non-human primates. *Brain, Behavior and Evolution* 70:115–124.

Decety, John, and Philip L. Jackson. 2004. The functional architecture of human empathy. *Behavioral and Cognitive Neuroscience Reviews* 3 (2):71–100.

De Kort, Selvino R., Nathan J. Emery, and Nicola S. Clayton. 2006. Food sharing in jackdaws, *Corvus monedula*: What, why and with whom? *Animal Behaviour* 72:297–304.

Delahunty, Krista M., D. W. McKay, D. E. Noseworthy, and Anne E. Storey. 2007. Prolactin responses to infant cues in men and women: Effects of parental experience and recent infant contact. *Hormones and Behavior* 51:213–220.

Dennis, Wayne. 1943. Development under conditions of restricted practice. *Genetic Psychology Monographs* 23:143–189.

D'Errico, F., Ch. Henshilwood, M. Vanhaeren, and K. van Niekerk. 2005. *Nassarius kraussianus* shell beads from Blombos Cave: Evidence for symbolic behaviour in the Middle Stone Age. *Journal of Human Evolution* 48:3–24.

De Waal, Frans. 1996. *Good natured: The origins of right and wrong in humans and other animals*. Cambridge: Harvard University Press.

———. 1997. *Bonobo: The forgotten ape*. Berkeley: University of California Press.

———. 2001. *The ape and the sushi master: Cultural reflections of a primatologist*. New York: Basic Books.

———. 2006. *Primates and philosophers: How morality evolved*. Princeton: Princeton University Press.

Diamond, Jared. 2005. *Collapse: How societies choose to fail or succeed*. New York: Viking.

Dierkes, P., M. Taborsky, and U. Kohler. 1999. Reproductive parasitism of broodcare helpers in cooperatively breeding fish. *Behavioral Ecology and Sociobiology* 10:510 – 555.

Digby, L. 2000. Infanticide by female mammals: Implications for the evolution of social systems. In *Infanticide by males and its implications*, ed. C. P. van Schaik and C. H. Janson, 423 – 465. Cambridge: Cambridge University Press.

Dissanayake, Ellen. 2000. *Art and intimacy: How the arts began*. Seattle: University of Washington Press.

Dixson, A. F., and L. George. 1982. Prolactin and parental behavior in a male New World primate. *Nature* 299:551 – 553.

Dohlinow, Phyllis Jay. 1980. An experimental study of mother loss in the Indian langur monkey (*Presbytis entellus*). *Folia Primatologica* 33:77 – 128.

Dohlinow, Phyllis Jay, and Mark A. Taff. 1993. Immature and adult langur monkey (*Presbytis entellus*) males: Infant-initiated adoption in a colony group. *International Journal of Primatology* 14:919 – 926.

Dominus, Susan. 2005. The fathers' crusade. *New York Times Magazine* (May 8).

Double, M. C., and Alexander Cockburn. 2000. Pre-dawn infidelity: Females control extra-pair mating in superb fairy wrens. *Proceedings of the Royal Society of London B* 267:465 – 470.

Dozier, Mary K., Chase Stovall, Kathleen E. Albus, and Brady Bates. 2001. Attachment for infants in foster care: The role of caregiver state of mind. *Child Development* 72:1467 – 77.

Draghi-Lorenz, Riccardo, Vasudevi Reddy, and Alan Costall. 2001. Rethinking the development of "nonbasic" emotions: A critical review of existing theories. *Developmental Review* 21:263 – 304.

Draper, Patricia, and Nancy Howell. 2005. The growth and kinship resources of Ju/'hoansi children. In *Hunter-gatherer childhoods*, ed. B. Hewlett and Michael Lamb, 262 – 282. Piscataway, NJ: Aldine/Transaction.

Drea, Christine, and Laurence Frank. 2003. The social complexity of spotted hy-enas. In *Animal social complexity*, ed. Frans de Waal and Peter Tyack, 121 – 148. Cambridge: Harvard University Press.

Dunbar, R. I. M. 2003. The social brain: Mind, language and society in evolutionary perspective. *Annual Review of Anthropology* 3:163 – 181.

Dunbar, R. I. M., and Susanne Shultz. 2007. Evolution in the social brain. *Science* 317:1344 – 47.

Dunn, Elizabeth W., L. B. Aknin, and M. I. Norton. 2008. Spending money on others promotes happiness. *Science* 319:1687 – 88.

Dunn, Peter O., Andrew Cockburn, and Raoul Mulder. 1995. Fairy-wren helpers often care for young to which they are unrelated. *Proceedings of the*

Royal Society of London B 259:339 – 343.

DuPlessis, Morne A. 2004. Physiological ecology. In *Ecology and evolution of cooperative breeding in birds*, ed. Walter Koenig and Janis Dickinson, 117 – 127. Cambridge: Cambridge University Press.

Durkheim, E. 1893/1933. *The division of labor in society*. Trans. G. Simpson. Glencoe, IL: Free Press.

Durrett, Mary Ellen, Midori Otaki, and Phyllis Richards. 1984. Attachment and the mother's perception of support from the father. *International Journal of Behavioral Development* 7:167 – 176.

Earle, Timothy. 1997. *How chiefs came to power: The political economy in prehistory*. Stanford: Stanford University Press.

Eberle, Manfred. 2008. Why grouping, why help? Cooperative breeding in a solitary forager (*Microcebus murinus*). Paper presented at the XXII Congress of the International Primatological Society, August 3 – 8, Edinburgh, UK.

Eder, Donna. 1985. The cycle of popularity: Interpersonal relations among female adolescents. *Sociology of Education* 58:154 – 165.

Eibl-Eibesfeldt, Irenaus. 1971. *Love and hate: The natural history of behavior patterns*. Trans. Geoffrey Strachan. New York: Holt, Rinehart and Winston.

———. 1989. *Human Ethology*. Trans. Pauline Wiessner and Annette Heunemann. New York: Aldine de Gruyter.

Ekman, Jan, and Per G. P. Ericson. 2006. Out of Gondwanaland: The evolutionary history of cooperative breeding and social behaviour among crows, magpies, jays and allies. *Proceedings of the Royal Society of London B* 273:1117 – 25.

Elowson, A. Margaret, Charles T. Snowdon, and Christina Lazaro-Perea. 1998a. Infant "babbling" in a nonhuman primate: Complex vocal sequences with repeated call types. *Behaviour* 135:643 – 664.

———. 1998b. "Babbling" and social context in infant monkeys: Parallels to human infants. *Trends in Cognitive Science* 2:31 – 37.

Ely, John J., W. I. Frels, S. Howell, M. Kay Izard, M. Keeling, and D. R. Lee. 2006. Twinning and heteroparity in chimpanzees (*Pan troglodytes*). *American Journal of Physical Anthropology* 130:96 – 102.

Ember, Carol. 1975. Residential variation among hunter-gatherers. *Behavioral Science Research* 3:199 – 227.

———. 1978. Myths about hunter-gatherers. *Ethnology* 17:439 – 448.

Ember, Melvin, and Carol Ember. 2000. Cross-language predictors of consonant-vowel syllables. *American Anthropologist* 101:730 – 742.

Emde, Robert, Robert Plomin, Jo Ann Robinson, Robin Corley, John DeFries,

David Fulker, J. S. Resnick, J. Campos, J. Kagan, and C. Zahn-Waxler. 1992. Temperament, emotion and cognition at fourteen months: The MacArthur longitudinal twin study. *Child Development* 63:1437–55.

Emery, Nathan J. 2000. The eyes have it: The neuroethology, function and evolution of social gaze. *Neuroscience and Biobehavioral Reviews* 24:581–604.

Emlen, Stephen. 1982. The evolution of helping, part 1: An ecological constraints model. *American Naturalist* 119:29–39.

———. 1991. Evolution of cooperative breeding in birds and mammals. In *Behavioral Ecology*, 3rd ed., ed. J. R. Krebs and N. B. Davies, 301–337. Oxford: Blackwell Scientific.

———. 1995. An evolutionary theory of the family. *Proceedings of the National Academy of Sciences* (USA) 92:8090–99.

———. 1997. Predicting family dynamics in social vertebrates. In *Behavioural Ecology*, 4th ed., ed. J. R. Krebs and N. B. Davies, 228–253. Oxford: Blackwell Science.

Emlen, Stephen, Peter Wrege, and Natalie J. Demong. 1995. Making decisions in the family: An evolutionary perspective. *American Scientist* 83:148–157.

Engle, Patrice. 1995. Mother's money, father's money and maternal commitment: Guatemala and Nicaragua. In *Engendering wealth and well-being*, ed. R. Blumberg, C. A. Rawkowski, I. Tinker, and M. Monteon, 155–180. Boulder: Westview.

Engle, Patrice L., and Cynthia Breaux. 1998. Fathers' involvement with children: Perspectives from developing countries. *Social Policy Report* 12 (1):1–21.

Estrada, Alejandro. 1982. A case of adoption of a howler monkey infant (*Alouatta vilosa*) by a female spider monkey (*Ateles geoffroyi*). *Primates* 23:135–137.

Euler, H. A., and B. Weitzel. 1996. Discriminative grandparental solicitude as reproductive strategy. *Human Nature* 7:39–59.

Fairbanks, Lynn A. 1988. Vervet monkey grandmothers: Effects on mother-infant relationships. *Behaviour* 104:176–188.

———. 1993. What is a good mother? Adaptive variation in maternal behavior in primates. *Current Directions in Psychological Science* 2:179–183.

———. 2000. Maternal investment throughout the lifespan of Old World monkeys. In *Old world monkeys*, ed. P. F. Whitehead and C. Jolly, 341–367. Cambridge: Cambridge University Press.

Fairbanks, Lynn A., and M. McGuire. 1986. Age, reproductive value, and dominance-related behavior in vervet monkey females: Cross-generational influence on social relationships and reproduction. *Animal Behaviour* 34:1710–21.

Falk, Dean. 2004a. Prelinguistic evolution in early hominins: Whence motherese? *Behavioral and Brain Sciences* 27:491–503, 531–541.

———. 2004b. The "putting the baby down" hypothesis: Bipedalism, babbling and baby slings. Open peer commentary: Author's response. *Behavioral and Brain Sciences* 27:526–541.

Farmer, Penelope. 2000. *The Virago book of grandmothers: An autobiographical anthology.* London: Virago.

Farroni, Teresa, Gergely Csibra, Francesca Simion, and Mark H. Johnson. 2002. Eye contact detection in humans from birth. *Proceedings of the National Academy of Sciences* 99:9602–5.

Farroni, Teresa, S. Massaccesi, D. Pividori, and M. H. Johnson. 2004. Gaze-following in newborns. *Infancy* 5:39–60.

Fedigan, L. M., S. D. Carnegie, and K. M. Jack. 2007. Predictors of reproductive success in female white-faced capuchins (*Cebus capuchinus*). *American Journal of Physical Anthropology* 137:82–90.

Fehr, Ernst, and Urs Fischbacher. 2003. The nature of human altruism. *Nature* 425:785–791.

Feistner, A. T. C., and W. C. McGrew. 1989. Food-sharing in primates: A critical review. In *Primate biology*, vol. 3, ed. P. K. Seth, 21–36. New Delhi: Today and Tomorrow's Printers and Publishers.

Fernald, A., T. Taeschner, J. Dunn, M. Papousek, and B. De Boysson-Bardies. 1989. A cross-language study of prosodic modification in mothers' and fathers' speech to preverbal infants. *Journal of Child Language* 6:398–406.

Fernandez-Duque, E. 2007. Costs and benefits of paternal care in free-ranging owl monkeys (*Aotus azarai*). Abstract. Paper presented at the 76th annual meeting of the American Association of Physical Anthropologists, March 28–31, Philadelphia.

Ferrari, Pier F., E. Visalberghi, A. Paukner, L. Fogassi, A. Ruggiero, and S. J. Suomi. 2006. Neonatal imitation in rhesus macaques. *Public Library of Science* 4(9): e302.

Ferris, Craig F., Praveen Kulkarni, John M. Sullivan Jr., Josie A. Harder, and Marcelo Febo. 2005. Pup suckling is more rewarding than cocaine: Evidence from functional magnetic resonance imaging and three-dimensional computational analysis. *Journal of Neuroscience* 25:149–156.

Fite, Jeffrey, K. J. Patera, J. A. French, M. Rukstalis, E. C. Hopkins, and C. N. Ross. 2005. Opportunistic mothers: Female marmosets (*Callithrix kuhlii*) reduce their investment in offspring when they have to, and when they can. *Journal of Human Evolution* 49:122–142.

Fite, Jeffrey, J. A. French, K. J. Patera, E. C. Hopkins, M. Rukstalis, H. A. Jensen, and C. N. Ross. 2003. Nighttime wakefulness associated with infant rearing in *Callithrix kuhlii*. *International Journal of Primatology* 24:1267–80.

Fleming, Alison. 2005. Plasticity of innate behavior: Experiences throughout life affect maternal behavior and its neurobiology. In *Attachment and bonding: A new synthesis*, ed. C. S. Carter et al., 137–168. Dahlem Workshop Reports. Cambridge: MIT Press.

Fleming, Alison, and C. Corter. 1988. Factors influencing maternal responsiveness in humans: Usefulness of an animal model. *Psychoneuroendocrinology* 13:189–212.

Fleming, Alison, C. Corter, J. Stallings, and M. Steiner. 2002. Testosterone and prolactin are associated with emotional responses to infant cries in new fathers. *Hormones and Behavior* 42:399–413.

Fleming, Alison S., and Andrea Gonzalez. 2009. Neurobiology of human maternal care. In *Endocrinology of social relationships*, ed. Peter T. Ellison and Peter B. Gray, 294–318. Cambridge: Harvard University Press.

Fleming, Alison, M. Korsmit, and M. Deller. 1994. Rat pups are potent reinforcers to the maternal animal: Effects of experience, parity, hormones and dopamine function. *Psychobiology* 22:44–53.

Fleming, Alison, D. Ruble, H. Krieger, and P. Y. Wong. 1997. Hormonal and experiential correlates of maternal responsiveness during pregnancy and the puerperium in human mothers. *Hormones and Behavior* 31:145–158.

Flinn, Mark V. 1989. Household composition and female reproductive strategies in a Trinidadian village. In *The sociobiology of sexual and reproductive strategies*, ed. A. E. Rasa, C. Vogel, and E. Voland, 206–233. London: Chapman and Hall.

Flinn, Mark V., David C. Geary, and Carol V. Ward. 2005. Ecological dominance, social competition, and coalitionary arms races: Why humans evolved extraordinary intelligence. *Evolution and Human Behavior* 26:10–46.

Flinn, Mark V., and David V. Leone. 2006. Early family trauma and the ontogeny of glucocorticoid stress response in the human child: Grandmothers as a secure base. *Journal of Developmental Processes* 1:31–65.

Fonagy, Peter, Gyorgy Gergely, Elliot Jurist, and Mary Target. 2002. *Affect regulation, mentalization, and the development of self*. New York: Other Press.

Fossey, Dian. 1979. Development of the mountain gorilla (*Gorilla gorilla beringei*): The first thirty-six months. In *The great apes*, ed. David Hamburg and Elizabeth McCown, 139–186. Menlo Park: Benjamin Cummings.

———. 1984. Infanticide in mountain gorillas (*Gorilla gorilla beringei*) with comparative notes on chimpanzees. In *Infanticide: Comparative and evolutionary perspectives*, ed. G. Hausfater and S. Hrdy, 217–236. Hawthorne, NY: Aldine.

Foster, Kevin R., and Francis L. W. Ratnieks. 2005. A new eusocial vertebrate? *Trends in Ecology and Evolution* 20:363 – 364.

Freeman, James M. 1979. *Untouchable: An Indian life history*. Stanford: Stanford University Press.

French, Jeffrey A. 2007. Lecture delivered at University of California – Davis, April 10, 2007.

French, Jeffrey A., Karen Bales, Andrew J. Baker, and James M. Dietz. 2003. Endocrine monitoring of wild dominant and subordinate female *Leontopithecus rosalia*. *International Journal of Primatology* 24:1281 – 1300.

Fruth, Barbara, and Gottfried Hohmann. 2006. Social grease for females? Same-sex genital contacts in wild bonobos. In *Homosexual behaviour in animals: An evolutionary perspective*, ed. Volker Sommer and Paul L. Vasey, 294 – 315. Cambridge: Cambridge University Press.

Fry, Douglas. 2007. *Beyond war: The human potential for peace*. Oxford: Oxford University Press.

Fu, Genyue, and Kang Lee. 2007. Social grooming in the kindergarten: The emergence of flattery behavior. *Developmental Science* 10:255 – 265.

Furstenberg, Frank. 1976. *Unplanned parenthood: The social consequences of teenage childbearing*. New York: Free Press.

Gadgil, Madhav, and P. Vijayakumaran Nair. 1984. Observations on the social behaviour of free ranging groups of tame Asiatic elephants (*Elephas maximus* Linn.). *Proceedings of the Indian Academy of Sciences* (Animal Science) 93:225 – 233.

Gagneux, Pascal. 1993. The behavioral development of wild chimpanzee infants: The acquisition and maternal influences on learning. M.A. thesis (Diplomarbeit). Zoologisches Institut, University of Basel.

Galdikas, Birute. 1982. Wild orangutan birth at Tanjung Putting Reserve. *Primates* 23:500 – 510.

Gallese, Vittorio, Pier Francesco Ferrari, and Maria Alessandra Umilta. 2002. The mirror matching system: A shared manifold for intersubjectivity. *Behavioral and Brain Sciences* 25:35 – 36.

Garber, Paul A. 1997. One for all and breeding for one: Cooperation and competition as a tamarin reproductive strategy. *Evolutionary Anthropology* 7:187 – 199.

Gaulin, S. J. C., D. H. McBurney, and S. L. Brakeman-Wartell. 1997. Matrilateral biases in the investment of aunts and uncles. *Human Nature* 8:661 – 688.

Gaulin, S. J. C., and A. Schlegel. 1980. Paternal confidence and paternal investment: A cross-cultural test of a sociobiological hypothesis. *Ethology and Sociobiology* 1:301 – 309.

Gerlach, G., and S. Bartmann. 2002. Reproductive skew, costs and benefits of cooperative breeding in female wood mice (*Apodemus sylvanticus*). *Behavioral Ecology* 13:408–418.

Ghiglieri, M. 1987. Sociobiology of the Great Apes and the hominid ancestor. *Journal of Human Evolution* 16:319–357.

Gibson, Mhairi A., and Ruth Mace. 2005. Helpful grandmothers in rural Ethiopia: A study of the effect of kin on child survival and growth. *Evolution and Human Behavior* 26:469–482.

Gilby, I. C., L. E. Egerly, L. Pintea, and A. E. Pusey. 2006. Ecological and social influences on the hunting behavior of wild chimpanzees. *Animal Behaviour* 71:169–180.

Gilligan, Carol. 1982. *In a different voice: Psychological theory and women's development*. Cambridge: Harvard University Press.

Gintis, Herbert. 2001. Foreword: Beyond selfishness in modeling human behavior. In *Evolution and the capacity for commitment*, ed. R. Nesse, xiiix–viii. New York: Russell Sage.

Gittleman, J. L. 1986. Carnivore life history patterns: Allometric, phylogenetic, and ecological association. *American Naturalist* 127:744–771.

Goleman, Daniel. 2006. *Social intelligence: The new science of human relationships*. New York: Bantam/Dell, Random House.

Golombok, Susan, Fiona Tasker, and Clare Murray. 1997. Children raised in fatherless families from infancy: Family relationships and the socioemotional development of children of lesbian and single heterosexual mothers. *Journal of Child Psychology and Psychiatry* 36:783–791.

Gomez, Juan Carlos. 2004. *Apes, monkeys, children, and the growth of mind*. Cambridge: Harvard University Press.

Goodale, Jane. 1971. *Tiwi wives: A study of the women of Melville Island, North Australia*. Seattle: University of Washington Press.

Goodall, Jane. 1969. Mother-offspring relationships in free-ranging chimpanzees. In *Primate ethology*, ed. Desmond Morris, 365–436. New York: Doubleday.

———. 1977. Infant-killing and cannibalism in free-living chimpanzees. *Folia Primatologica* 28:259–282.

———. 1986. *The chimpanzees of Gombe: Patterns of behavior*. Cambridge: Belknap Press of Harvard University Press.

Gottlieb, Alma. 2004. *The afterlife is where we come from: The culture of infancy in West Africa*. Chicago: University of Chicago Press.

Gowaty, Patricia Adair, ed. 1997. *Feminism and evolutionary biology: Boundaries, intersections and frontiers*. New York: Chapman and Hall.

Graglia, F. Carolyn. 1998. *Domestic tranquility: A brief against feminism*. Dallas: Spence.

Gray, Peter B., and Peter T. Ellison. 2009. Introduction: Endocrinology of social relationships. In *Endocrinology of social relationships*, ed. Peter T. Ellison and Peter B. Gray, 1–9. Cambridge: Harvard University Press.

Gray, Peter B., Sonya M. Kahlenberg, Emily S. Barrett, Susan Lipson, and Peter Ellison. 2002. Marriage and fatherhood are associated with lower testosterone in males. *Evolution and Human Behavior* 23:1–9.

Greene, Harry W., Peter G. May, David L. Hardy Sr., Jolie M. Sciturro, and Terence M. Farrell. 2002. Parental behavior by vipers. In *Biology of the vipers*, ed. Gordon W. Schuett, Mats Hoggren, Michael E. Douglas, and Harry W. Greene, 179–205. Eagle Mountain, Utah: Eagle Mountain Publishing.

Greenhouse, Linda. 2005. Court lets stand Florida's ban on gay adoption. *San Francisco Chronicle*, January 11, 2005.

Gregg, Jennifer, and K. Wynne-Edwards. 2005. Placentophagia in naive adults, new fathers, and new mothers in the biparental dwarf hamster, *Phodopus cambelli*. *Psychobiology* 47(20):179–188.

Gregory, Elizabeth. 2007. *Ready: Why women are embracing the new later motherhood*. New York: Basic Books.

Griffin, A. S., and S. A. West. 2003. Kin discrimination and the benefits of helping in cooperatively breeding vertebrates. *Science* 302:634–636.

Grossmann, K. E., and K. Grossmann. 2005. Universality of human social attachment as an adaptive process. In *Attachment and bonding: A new synthesis*, ed. C. S. Carter et al., 199–228. Dahlem Workshop Reports. Cambridge: MIT Press.

Groves, C. 2001. *Primate taxonomy*. Washington, DC: Smithsonian Institution.

Gunnar, M., and M. Donahue. 1980. Sex differences in social responsiveness between six months and twelve months. *Child Development* 51:262–265.

Gurven, M., and H. Kaplan. 2007. Longevity among hunter-gatherers: A cross-cultural perspective. *Population and Development Review* 33:321–365.

Guyer, Jane. 1994. Lineal identities and lateral networks: The logic of polyandrous motherhood. In *Nuptiality in sub-Saharan Africa: Contemporary anthropological and demographic perspectives*, ed. C. Bledsoe and G. Pison, 231–252. Oxford: Clarendon/Oxford University Press.

Hagen, E. H., and H. C. Barrett. 2007. Perinatal sadness among Shuar women. *Medical Anthropology Quarterly* 21:22–40.

———. n.d. Cooperative breeding and adolescent siblings: Evidence for the ecological constraints model? Ms. submitted for publication.

Haig, David. 1999. What is a marmoset? *American Journal of Primatology* 49:285–296.

Hakansson, T. 1988. *Bridewealth, women and land: Social change among the Gusii of Kenya.* Uppsala Studies in Cultural Anthropology 10.

Hamai, M., T. Nishida, H. Takasaki, and L. A. Turner. 1992. New records of within-group infanticide and cannibalism in wild chimpanzees. *Primates* 33:151–162.

Hames, Raymond. 1988. The allocation of parental care among the Ye'kwana. In *Human reproductive behavior: A Darwinian perspective,* ed. Laura Betzig, Monique Borgerhoff Mulder, and Paul Turke, 237–251. Cambridge: Cambridge University Press.

Hames, Raymond, and Patricia Draper. 2004. Women's work, childcare and helpers at the nest in a hunter-gatherer society. *Human Nature* 15:319–341.

Hamilton, Annette. 1974. The role of women in aboriginal marriage arrangements. In *Women's role in Aboriginal society,* ed. Fay Gale, 28–35. Canberra: Australian Institute of Aboriginal Studies.

Hamilton, Grant, Mark Stoneking, and Laurent Excoffier. 2005. Molecular analysis reveals tighter social regulation of immigration in patrilocal than in matrilocal populations. *Proceedings of the National Academy of Sciences* 102(21): 7476–80.

Hamilton, W. D. 1964. The genetical evolution of social behavior. *Journal of Theoretical Biology* 7:1–52.

———. 1966. The molding of senescence by natural selection. *Journal of Theoretical Biology* 12:12–45.

Hamlin, J. Kiley, Karen Wynn, and Paul Bloom. 2007. Social evaluation by preverbal infants. *Nature* 450:557–560.

Hammerstein, Peter, ed. 2003. *Genetic and cultural evolution of cooperation.* Dahlem Workshop Reports. Cambridge: MIT Press.

Hampson, Elizabeth, Sari M. van Anders, and Lucy I. Mullin. 2006. Female advantage in the recognition of emotional facial expressions: Test of an evolutionary hypothesis. *Evolution and Human Behavior* 27:401–416.

Harcourt, A. H. 1988. Alliances in contests and social intelligence. In *Machiavellian intelligence: Social expertise and the evolution of intellect in monkeys, apes, and humans,* ed. Richard W. Byrne and Andrew Whiten, 132–159. Oxford: Oxford University Press.

Harcourt, A., D. Fossey, and J. Sabatier-Pi. 1981. Demography of *Gorilla gorilla. Journal of the Zoological Society of London* 195:215–233.

Harcourt, A. H., and K. J. Stewart. 2007. *Gorilla society: Conflict, compromise and cooperation.* Chicago: University of Chicago Press.

Hare, Brian, Michelle Brown, Christina Williamson, and Michael Tomasello. 2002. The domestication of social cognition in dogs. *Science* 298:1634–36.

Hare, Brian, Alicia P. Melis, Vanessa Woods, Sara Hastings, and Richard Wrangham. 2007. Tolerance allows bonobos to outperform chimpanzees on a cooperative task. *Current Biology* 17:1 – 5.

Hare, Brian, and Michael Tomasello. 2004. Chimpanzees are more skillful in competitive than in cooperative cognitive tasks. *Animal Behaviour* 68:571 – 581.

Harlow, H. K., M. K. Harlow, R. O. Dodsworth, and G. L. Arling. 1966. Maternal behavior of rhesus monkeys deprived of mothering and peer association in infancy. *Proceedings of the American Philosophical Society* 110:58 – 66.

Harpending, Henry, M. A. Batzer, M. Gurven, L. B. Jourde, A. Rogers, and S. T. Sherry. 1996. Genetic traces of ancient demography. *Proceedings of the National Academy of Sciences* (USA) 95:1961 – 67.

Harpending, Henry, and Gregory Cochran. 2002. In our genes. Commentary. *Proceedings of the National Academy of Sciences* (USA) 99:10 – 12.

Harris, Paul. 2000. *The work of the imagination*. Oxford: Blackwell.

Hart, C. W. M., and A. R. Pilling. 1979. *The Tiwi of Northern Australia*. New York: Holt, Rinehart and Winston.

Hasegawa, T., and M. Hiraiwa. 1980. Social interactions of orphans reared in a free-ranging troop of Japanese monkeys. *Folia Primatologica* 33:129 – 158.

Hauber, M. E., and E. A. Lacey. 2005. Bateman's principle in cooperatively breeding vertebrates: The effects of non-breeding alloparents on variability in female and male reproductive success. *Integrative and Comparative Biology* 45:903 – 914.

Hauser, Marc D. 1992. Costs of deception: Cheaters are punished in rhesus monkeys (*Macaca mulatta*). *Proceedings of the National Academy of Sciences* (USA) 89:12137 – 39.

———. 1996. *The evolution of communication*. Cambridge: MIT Press/Bradford Books.

———. 2000. *Wild minds: What animals really think*. New York: Henry Holt.

———. 2006. *Moral minds: How nature designed our universal sense of right and wrong*. New York: Harper Collins.

Hauser, M. D., M. K. Chen, F. Chen, and Emmeline Chuang. 2003. Give unto others: Genetically unrelated cotton-top tamarin monkeys preferentially give food to those who altruistically give food back. *Proceedings of the Royal Society of London B* 270:2363 – 70.

Hauser, Marc D., Noam Chomsky, and W. Tecumseh Fitch. 2002. The faculty of language: What is it, who has it, and how did it evolve? *Science* 298:1569 – 79.

Hawkes, Kristen. 1991. Showing off: Test of an hypothesis about men's foraging goals. *Ethology and Sociobiology* 12:29 – 54.

————. 2001. Hunting and nuclear families. *Current Anthropology* 42:681–709.

————. 2004a. The grandmother effect. *Nature* 428:128–129.

————. 2004b. Mating, parenting and the evolution of human pair bonds. In *Kinship and behavior in primates*, ed. Bernard Chapais and Carol Berman, 443–473. Oxford: Oxford University Press.

————. 2006. Slow life histories. In *The evolution of human life history*, ed. Kristen Hawkes and Richard R. Paine, 95–126. Santa Fe: SAR Press.

Hawkes, K., and N. Blurton Jones. 2005. Human age structures, paleodemography, and the grandmother hypothesis. In *Grandmotherhood: The evolutionary significance of the second half of female life*, ed. E. Voland, A. Chasiotis, and W. Schiefenhovel, 118–142. New Brunswick, NJ: Rutgers University Press.

Hawkes, Kristen, J. F. O'Connell, and N. G. Blurton Jones. 1989. Hardworking Hadza grandmothers. In *Comparative socioecology: The behavioral ecology of humans and other mammals*, ed. V. Standen and R. A. Foley, 341–366. London: Basil Blackwell.

————. 1995. Hadza children's foraging: Juvenile dependency, social arrangements, and mobility among hunter-gatherers. *Current Anthropology* 36:688–700.

————. 1997. Hadza women's time allocation, offspring provisioning and the evolution of post-menopausal lifespans. *Current Anthropology* 38:551–577.

————. 2001. Hunting and nuclear families: Some lessons from the Hadza about men's work. *Current Anthropology* 42:681–709.

Hawkes, Kristen, J. F. O'Connell, N. G. Blurton Jones, H. Alvarez, and E. L. Charnov. 1998. Grandmothering, menopause and the evolution of human life histories. *Proceedings of the National Academy of Sciences* 95:1336–39.

Hawkes, Kristen, and Richard R. Paine, eds. 2006. *The evolution of human life history*. Santa Fe: SAR Press.

Hawks, John, Eric T. Wang, Gregory Cochran, Henry C. Harpending, and Robert K. Moyzis. 2007. Recent acceleration of human adaptive evolution. *Proceedings of the National Academy of Sciences* (USA) 104:20753–58.

Heinsohn, R. G. 1991. Kidnapping and reciprocity in cooperatively breeding white-winged choughs. *Animal Behaviour* 41:1097–1100.

Hennighausen, Katherine H., and Karlen Lyons-Ruth. 2005. Disorganization of behavioral and attentional strategies toward primary attachment figures: From biologic to dialogic processes. In *Attachment and bonding: The new synthesis*, ed. C. S. Carter et al., 269–299. Dahlem Workshop Reports. Cambridge: MIT Press.

Henning, Anne, Tricia Striano, and Elena V. M. Lieven. 2005. Maternal speech to infants at 1 and 3 months of age. *Infant Behavior and Development* 28:519–536.

Henrich, Joseph, Richard McElreath, A. Barr, J. Ensminger, C. Barrett, A. Bolyanatz, J. C. Carenas, M. Gurven, E. Gwako, N. Henrich, C. Lesorogol, F. Marlowe, D. Tracer, and J. Ziker. 2006. Costly punishment across societies. *Science* 312:1767–70.

Henzi, S. P., and Louise Barrett. 2002. Infants as commodity in a baboon market. *Animal Behaviour* 63:915–921.

Hernandez-Aguilar, R. Adriana, Jim Moore, and T. R. Pickering. 2007. Savanna chimpanzees use tools to harvest the underground storage organs of plants. *Proceedings of the National Academy of Sciences*.

Herrmann, Esther, J. Call, M. V. Hernandez-Lloreda, B. Hare, and M. Tomasello. 2007. Humans have evolved specialized skills of social cognition: The cultural intelligence hypothesis. *Science* 317:1360–66.

Hewlett, Barry. 1988. Sexual selection and paternal investment among Aka pygmies. In *Human reproductive behaviour: A Darwinian perspective*, ed. L. Betzig, M. Borgerhoff Mulder, and P. Turke, 263–276. Cambridge: Cambridge University Press.

———. 1989a. *Diverse contexts of human infancy*. Englewood Cliffs, NJ: Prentice Hall.

———. 1989b. Multiple caretaking among African Pygmies. *American Anthropologist* 91:270–276.

———. 1991a. *Intimate fathers: The nature and context of Aka pygmy paternal infant care*. Ann Arbor: University of Michigan Press.

———. 1991b. Demography and childcare in preindustrial societies. *Journal of Anthropological Research* 47:1–37.

———. 1992. Husband-wife reciprocity and the father-infant relationship among Aka pygmies. In *Father-child relations: Cultural and biosocial contexts*, ed. Barry Hewlett, 153–176. Hawthorne, NY: Aldine de Gruyter.

———. 2001. The cultural nexus of Aka father-infant bonding. In *Gender in cross-cultural perspective*, 3rd ed., ed. Caroline Brettell and Carolyn Sargent, 45–56. Upper Saddle River, NJ: Prentice Hall.

———. 2007. Why sleep alone? An integrated evolutionary approach to intracultural and intercultural variability in Aka, Ngandu and Euro-American co-sleeping. Paper presented at the annual meeting of the Society for Cross-Cultural Research, February, San Antonio.

Hewlett, Barry, and D. Alster. n.d. Prolactin and infant holding among American fathers. Unpublished manuscript.

Hewlett, Barry, and Michael Lamb, eds. 2005. *Hunter-gatherer childhoods: Evolutionary, developmental and cultural perspectives*. New Brunswick, NJ: Aldine/ Transaction.

———. 2005. Emerging issues in the study of hunter-gatherer childhoods. In *Hunter-gatherer childhoods*, ed. B. Hewlett and Michael Lamb, 3–18. Piscataway,

NJ: Aldine/Transaction.

Hewlett, Barry, Michael Lamb, Birgit Leyendecker, and Axel Scholmerich. 2000. Internal working models, trust, and sharing among foragers. *Current Anthropology* 41:287–297.

Hewlett, Barry, Michael Lamb, Donald Shannon, Birgit Leyendecker, and Axel Scholmerich. 1998. Culture and early infancy among Central African foragers and farmers. *Developmental Psychology* 34:653–661.

Hewlett, Sylvia Ann, and Cornel West. 1998. *The war against parents*. Boston: Houghton Mifflin.

Hill, Kim. 2002. Altruistic cooperation during foraging by Ache, and the evolved predisposition to cooperate. *Human Nature* 13:105–128.

———. 2009. Are characteristics of human "culture" that account for human uniqueness missing from animal social traditions? In *The question of animal culture*, ed. Kevin N. Laland and Bennett G. Galef Jr., 269–287. Cambridge: Harvard University Press.

Hill, Kim, C. Boesch, J. Goodall, A. Pusey, J. Williams, and R. Wrangham. 2001. Mortality among wild chimpanzees. *Journal of Human Evolution* 39: 437–450.

Hill, Kim, and A. Magdalena Hurtado. 1989. Hunter-gatherers of the New World. *American Scientist* 77:437–443.

———. 1996. *Ache life history: The ecology and demography of a foraging people*. Hawthorne, NY: Aldine de Gruyter.

Hill, Kim, and Hillard Kaplan. 1988. Tradeoffs in male and female reproductive strategies among the Ache, Parts I and II. In *Human reproductive behaviour: A Darwinian perspective*, ed. L. Betzig, M. Borgerhoff Mulder, and P. Turke, 277–305. Cambridge: Cambridge University Press.

Hinde, Robert. 1982. Attachment: Some conceptual and biological issues. In *The place of attachment in human behavior*, ed. C. M. Parkes and J. Stevenson-Hinde, 60–70. New York: Basic Books.

Hobson, Peter. 1989. On sharing experiences. *Development and Psychopathology* 1:197–203.

———. 2004. *The cradle of thought: Exploring the origins of thinking*. Oxford: Oxford University Press.

Hodges, Sarah J., T. P. Flower, and T. H. Clutton-Brock. 2007. Offspring competition and helper associations in cooperative meerkats. *Animal Behaviour* 74:957–964.

Hoffman, Kurt A., S. Mendoza, M. Hennessey, and W. Mason. 1995. Responses of infant titi monkeys *Callicebus molloch* to removal of one or both parents: Evidence of paternal attachment. *Developmental Psychobiology* 28:399–407.

Hohmann, Gottfried. 2001. Association and social interactions between strangers and residents in bonobos (*Pan paniscus*). *Primates* 42:91–99.

Hohmann, Gottfried, and Barbara Fruth. 1996. Food sharing and status in unprovisioned bonobos. In *Food and the status quest*, ed. Polly Wiessner and Wulf Schiefenhovel, 48–67. Providence: Berghahn Books.

Holden, Constance. 2006. Eyes reveal our paleo-brain in action. *Science* 313:25.

Holldobler, B. 1983. Territorial behavior in the green tree ant (*Oecophylla smaraagdina*). *Biotropica* 15:241–250.

Holldobler, B., and E. O. Wilson. 1990. *The ants*. Cambridge: Harvard University Press.

Holmes, Melissa, Greta Rosen, Cynthia Jordan, Geert de Vries, Bruce Goldman, and Nancy Forger. 2007. Social control of brain morphology in a eusocial mammal. *Proceedings of the National Academy of Sciences* (USA) 104:10548–52.

Howell, Nancy. 1979. *Demography of the Dobe !Kung*. New York: Academic Press.

Hrdy, S. B. 1976. Care and exploitation of nonhuman primate infants by conspecifics other than the mother. *Advances in the Study of Behavior* 6:101–158. New York: Academic Press.

———. 1977a. *The langurs of Abu: Female and male strategies of reproduction*. Cambridge: Harvard University Press.

———. 1977b. Infanticide as a primate reproductive strategy. *American Scientist* 65:40–49.

———. 1979. Infanticide among animals: A review, classification and examination of the implications for the reproductive strategies of females. *Ethology and Sociobiology* 1:13–40.

———. 1981a. *The woman that never evolved*. Cambridge: Harvard University Press.

———. 1981b. Matriarchs and altruists: The behavior of senescent females in ma-caques and langur monkeys. In *Other ways of growing old*, ed. A. Amoss and S. Harrell, 59–76. Stanford: Stanford University Press.

———. 1992. Fitness tradeoffs in the history and evolution of delegated mothering with special reference to wet-nursing, abandonment, and infanticide. *Ethology and Sociobiology* 13:409–442.

———. 1997. Raising Darwin's consciousness: Female sexuality and the prehominid origins of patriarchy. *Human Nature* 8:1–49.

———. 1999. *Mother nature: A history of mothers, infants and natural selection*. New York: Pantheon.

———. 2000. The optimal number of fathers: Evolution, demography, and history in the shaping of female mate preferences. In *Evolutionary perspectives on human reproductive behavior*, ed. D. LeCroy and Peter Moller. *Annals of the New York Academy of Sciences* 907:75–96.

————. 2002. The past, present, and future of the human family, Parts one and two. In *The Tanner Lectures on Human Values* 23, ed. G. Peterson, 57–110. Salt Lake City: University of Utah Press.

————. 2005a. Evolutionary context of human development: The cooperative breeding model. In *Attachment and bonding: A new synthesis*, ed. C. S. Carter et al., 9–32. Dahlem Workshop Reports. Cambridge: MIT Press.

————. 2005b. Comes the child before man: How cooperative breeding and prolonged postweaning dependence shaped human potential. In *Hunter-gatherer childhoods*, ed. Barry S. Hewlett and Michael E. Lamb, 65–91. New Brunswick, NJ: Aldine/Transaction.

————. 2005c. Cooperative breeders with an ace in the hole. In *Grandmotherhood: The evolutionary significance of the second half of female life*, ed. E. Voland, A. Chasiotis, and W. Schiefenhovel, 295–318. New Brunswick, NJ: Rutgers University Press.

Hrdy, S. B., and William Bennett. 1981. Lucy's husband: What did he stand for? *Harvard Magazine*, July–August, pp. 7–9, 46.

Hrdy, S. B., and D. Hrdy. 1976. Hierarchical relationships among female Hanuman langurs (Primates: Colobinae, *Presbytis entellus*). *Science* 193:913–915.

Hrdy, S. B., and George C. Williams. 1983. Behavioral biology and the double standard. In *Social behavior of female vertebrates*, ed. Samuel K. Wasser, 3–17. New York: Academic Press.

Hua, Cai. 2001. *A society without fathers or husbands: The Na of China*. Trans. Asti Hustvedt. New York: Zone Books.

Hughes, W. O. H., and J. J. Boomsma. 2008. Genetic royal cheats in leaf-cutting ant societies. *Proceedings of the National Academy of Sciences* 105:5150–53.

Hurlburt, Anya, and Yazhu Ling. 2007. Biological components of sex differences in color preferences. *Current Biology* 17(16):R623–625.

Hurtado, A. M., K. Hill, H. Kaplan, and I. Hurtado. 1992. Tradeoffs between female food acquisition and childcare among Hiwi and Ache foragers. *Human Nature* 3:185–216.

Ingman, Max, H. Kaessmann, Svante Paabo, and U. Gyllensten. 2000. Mitochondrial genome variation and the origin of modern humans. *Nature* 408:708–713.

Inoue, Sana, and Tetsuro Matsuzawa. 2007. Working memory of numerals in chimpanzees. *Current Biology* 17:R1004–1005.

Irons, William. 1988. Parental behaviour in humans. In *Human reproductive behavior: A Darwinian perspective*, ed. Laura Betzig, Monique Borgerhoff Mulder, and Paul Turke, 307–314. Cambridge: Cambridge University Press.

Isbell, Lynne. 2006. Snakes as agents of evolutionary change in primate brains.

Journal of Human Evolution 51:1–35.

Isler, K., and C. van Schaik. 2008. Why are there so few smart mammals (but so many smart birds)? *Biology Letters*.

Ivey, Paula. 1993. *Life history theory perspectives on allocaretaking strategies among Efe foragers of the Ituri Forest of Zaire*. Ph.D. diss., University of New Mexico, Albuquerque.

———. 2000. Cooperative reproduction in Ituri forest hunter-gatherers: Who cares for Efe infants? *Current Anthropology* 41: 856–866.

Ivey Henry, Paula, Gilda A. Morelli, and Edward Z. Tronick. 2005. Child caretakers among Efe foragers of the Ituri forest. In *Hunter-gatherer childhoods*, ed. B. Hewlett and Michael Lamb, 191–213. Piscataway, NJ: Aldine/Transaction.

Jamieson, I. G. 1991. The unselected hypothesis for the evolution of helping behavior: Too much or too little emphasis on natural selection? *American Naturalist* 138:271–282.

Jamison, C. Sorenson, L. L. Cornell, P. L. Jamison, and H. Nakazato. 2002. Are all grandmothers equal? A review and a preliminary test of the "Grandmother Hypothesis" in Tokugawa Japan. *American Journal of Physical Anthropology* 119:67–76. Jankowiak, William, ed. 1995. *Romantic passion: A universal experience?* New York: Columbia University Press.

Janson, C., and C. van Schaik. 1993. Ecological risk aversion in juvenile primates: Slow and steady wins the race. In *Juvenile primates: Life history, development and behavior*, ed. M. Pereira and L. Fairbanks, 57–74. Chicago: University of Chicago Press.

Jay, Phyllis. 1963. The female primate. In *The potential of women*, ed. S. Farber and R. Wilson, 3–47. New York: McGraw-Hill.

Jennions, Michael D., and David W. Macdonald. 1994. Cooperative breeding in mammals. *Trends in Evolutionary Ecology* 9(3):89–93.

Jensen, Keith, Josep Call, and M. Tomasello. 2007. Chimpanzees are vengeful but not spiteful. *Proceedings of the National Academy of Sciences* 104:13046–50.

Jensen, K., B. Hare, J. Call, and M. Tomasello. 2006. What's in it for me? Self-regard precludes altruism and spite in chimpanzees. *Proceedings of the Royal Society of London B* 273:1013–21.

Johnson, Allen W., and Timothy Earle. 2000. *The evolution of human societies*. Stanford: Stanford University Press.

Johnson, Lorna D., A. J. Petto, and P. K. Sehgal. 1991. Factors in the rejection and survival of cotton top tamarins (*Saguinus oedipus*). *American Journal of Primatology* 25:91–102.

Jones, Dan. 2008. Killer instincts. *Nature* 453:512–515

Jones, J. S., and K. Wynne-Edwards 2001. Paternal behavior in biparental hamsters, *Phodopus cambelli*, does not require contact with the pregnant female. *Animal Behaviour* 62:453 – 464.

Jones, K. P., L. C. Walker, D. Anderson, A. Lacreuse, S. L. Robson, and K. Hawkes. 2007. Depletion of ovarian follicles with age in chimpanzees: Similarities to humans. *Biology of Reproduction* 77:247 – 251.

Jones, Susan S. 2007. Imitation in infancy: The development of mimicry. *Psychological Science* 18:593 – 599.

Judge, D. S., and J. Carey. 2000. Postreproductive life predicted by primate patterns. *Journal of Gerontology: Biological Sciences* 55a:B201 – 209.

Judge, D. S., and S. B. Hrdy. 1992. Allocation of accumulated resources among close kin: Inheritance in Sacramento, CA, 1890 – 1984. *Ethology and Sociobiology* 13:495 – 522.

Kagan, J., and N. Snidman. 2004. *The long shadow of temperament*. Cambridge: Belknap Press of Harvard University Press.

Kaiser, Sylvia, M. Kirtzeck, G. Hornschuh, and Norbert Sachser. 2003. Sex-specific difference in social support: A study in female guinea pigs. *Physiology and Behavior* 79:297 – 303.

Kano, Takayoshi. 1992. *The last ape: Pygmy chimpanzee behavior and ecology*. Trans. E. Vineberg. Stanford: Stanford University Press.

Kaplan, H. 1994. Evolutionary and wealth flows theories of fertility: Empirical tests and new models. *Population and Development Review* 20:753 – 791.

Kaplan, H., K. Hill, and A. M. Hurtado. 1990. Risk, foraging and food sharing among the Ache. In *Risk and uncertainty in tribal and peasant economies*, ed. Elizabeth Cashdan, 107 – 144. Boulder: Westview.

Kaplan, H., K. Hill, A. M. Hurtado, and J. Lancaster. 2001. The embodied capital hypothesis. In *Reproduction and human evolution*, ed. P. T. Ellison, 293 – 317. Hawthorne, NY: Aldine de Gruyter.

Kaplan, H., K. Hill, J. Lancaster, and A. M. Hurtado. 2000. A theory of human life history evolution: Diet, intelligence and longevity. *Evolutionary Anthropology* 9:156 – 185.

Katz, M. M., and M. J. Konner. 1981. The role of father: An anthropological perspective. In *The role of the father in child development*, 2nd ed., ed. M. Lamb, 55 – 85. New York: John Wiley and Sons.

Kaye, K., and A. Fogel. 1980. The temporal structure of face-to-face communication between mothers and infants. *Developmental Psychology* 16:454 – 464.

Keeley, Lawrence. 1996. *War before civilization: The myth of the peaceful savage*. Oxford: Oxford University Press.

Keller, Heidi. 2004. Development as the interface between biology and culture:

A conceptualization of early ontogenetic experiences. In *Between culture and development*, ed. H. Keller, Y. H. Poortinga, and A. Scholmerich, 215–240. Cambridge: Cambridge University Press.

Keller, Heidi, A. Scholmerich, and I. Eibl-Eibesfeldt. 1988. Communication patterns in adult-infant interactions in western and non-western cultures. *Journal of Cross-Cultural Psychology* 19:427–445.

Keller, L., and M. Genoud. 1997. Extraordinary lifespans in ants: A test of evolutionary theories of aging. *Nature* 389:958–960.

Kelly, Jay. 2004. Life history and cognitive evolution in the apes. In *The evolution of thought*, ed. Anne E. Russon and David R. Begun, 280–297. Cambridge: Cambridge University Press.

Kelly, Raymond C. 2005. The evolution of lethal intergroup violence. *Proceedings of the National Academy of Sciences* (USA) 102:15294–98.

Kermoian, Rosanne, and P. Herbert Leiderman. 1986. Infant attachment to mother and child caretaker in an East African community. *International Journal of Behavioral Development* 9:455–469.

Kertzer, David. 1993. *Sacrificed for honor: Italian infant abandonment and the politics of reproductive control*. Boston: Beacon.

Kessler, S. E., and L. T. Nash. 2008. Grandmothering in captive *Galago senegalensis braccatus*. Paper presented at the XXII Congress of the International Primatological Society, August 3–8, Edinburgh, UK.

Keverne, E. B. 2005. Neurobiological and molecular approaches to attachment and bonding. In *Attachment and bonding: A new synthesis*, ed. C. S. Carter et al., 101–117. Dahlem Workshop Reports. Cambridge: MIT Press.

Keverne, Eric B., Fran L. Martel, and Claire M. Nevison. 1996. Primate brain evolution: Genetic and functional consideration. *Proceedings of the Royal Society of London B* 263:689–696.

Kilner, Rebecca, and Rufus Johnstone. 1997. Begging the question: Are offspring solicitation behaviors signals of need? *Trends in Evolutionary Ecology* 12:11–15.

Kilner, Rebecca, D. G. Noble, and N. B. Davies. 1999. Signals of need in parent-offspring communication and their exploitation by the common cuckoo. *Nature* 397:667–672.

Kjellstrom, Rolf. 1973. *Eskimo marriage*. Trans. David Burton. Stockholm: Nordiska Mussetts.

Kleiman, D., and J. Malcolm. 1981. The evolution of male parental investment in mammals. *Quarterly Review of Biology* 52:39–68.

Klein, Richard G., with Blake Edgar. 2002. *The dawn of human culture: A bold new theory on what sparked the "big bang" of human consciousness*. New York: Wiley.

Knight, A., P. A. Underhill, H. M. Mortensen, L. A. Zhivotovsky, A. A. Lin, B. M. Henn, D. Louis, M. Ruhlen, and J. L. Mountain. 2003. African Y chromosome and mtDNA divergence provides insight into the history of click languages. *Current Biology* 13:464 – 473.

Knight, Chris, and Camilla Power. 2005. Grandmothers, politics and getting back to science. In *Grandmotherhood: The evolutionary significance of the second half of female life*, ed. Eckart Voland, Athanasios Chasiotis, and Wulf Schiefenhovel, 81 – 98. New Brunswick, NJ: Rutgers University Press.

Knott, Cheryl. 2001. Female reproductive ecology of the apes: Implications for human evolution. In *Reproductive ecology and human evolution*, ed. P. Ellison, 429 – 463. Hawthorne, NY: Aldine de Gruyter.

Koenig, W. D., and J. Dickinson, eds. 2004. *Ecology and evolution of cooperative breeding in birds*. Cambridge: Cambridge University Press.

Koenig, W. D., and P. B. Stacey. 1990. Acorn woodpeckers: Group-living and food storage under contrasting ecological conditions. In *Cooperative breeding in birds*, ed. Peter B. Stacey and Walter D. Koenig, 415 – 453. Cambridge: Cambridge University Press.

Kojima, Shozo. 2001. Early vocal development in a chimpanzee infant. In *Primate origins of human cognition and behavior*, ed. T. Matsuzawa, 190 – 196. Tokyo: Springer Verlag.

Kokko, H., R. A. Johnstone, and J. Wright. 2002. The evolution of parental care and alloparental effort in cooperatively breeding groups: When should helpers pay to stay? *Behavioral Ecology* 13:291 – 300.

Konig, Barbara. 1994. Components of lifetime reproductive success in communally and solitarily nursing house mice—a laboratory study. *Behavioral Ecology and Sociobiology* 34:275 – 283.

Konner, Melvin. 1972. Aspects of the developmental ecology of a foraging people. In *Ethological studies of child behavior*, ed. N. Blurton Jones, 285 – 304. Cambridge: Cambridge University Press.

———. 1976. Maternal care, infant behavior and development among the !Kung. In *Kalahari hunter-gatherers*, ed. R. B. Lee and Irven DeVore, 218 – 245. Cambridge: Harvard University Press.

———. 1991. *Childhood*. Boston: Little Brown.

———. 2005. Hunter-gatherer infancy and childhood: The !Kung and others. In *Hunter-gatherer childhoods*, ed. Barry Hewlett and Michael Lamb, 19 – 64. New Brunswick, NJ: Aldine/Transaction.

Kosfeld, Michael, Markus Heinrichs, Paul Zak, Urs Fischbacher, and Ernst Fehr. 2005. Oxytocin increases trust in humans. *Nature* 435:673 – 676.

Kramer, Karen. 2005a. *Maya children: Helpers at the farm*. Cambridge: Harvard

University Press.

————. 2005b. Children's help and the pace of reproduction in humans. *Evolutionary Anthropology* 14:224–237.

————. 2008. Early sexual maturity among Pume foragers of Venezuela: Fitness implications of teen motherhood. *American Journal of Physical Anthropology* 136:338–350.

Kringelbach, M., A. Lehtonen, S. Squire, A. G. Harvey, M. Craske, I. Holliday, A. Green, T. Aziz, P. Hansen, P. Cornelissen, and A. Stein. 2008. A specific and rapid neural signature for parental instinct. *PLOS* 3(2):e1664.

Krutzen, M., J. Mann, M. R. Heithaus, R. C. Connor, L. Bejder, and W. B. Sherwin. 2005. Cultural transmission of tool use in bottlenose dolphins. *Proceedings of the National Academy of Sciences* (USA) 102:8939–43.

Kurland, Jeffrey, and C. Sparks. 2003. Is there a Paleolithic demography? Implications for evolutionary psychology and sociobiology. Paper presented at 15th annual meeting of the Human Behavior and Evolution Society, June 6, Lincoln, Nebraska.

La Barre, Weston. 1954/1967. *The human animal*. Chicago: University of Chicago Press.

Lacey, Eileen A., and Paul W. Sherman. 1997. Cooperative breeding in naked mole-rats: Implications for vertebrate and invertebrate sociality. In *Cooperative breeding in mammals*, ed. N. Solomon and J. French, 267–301. Cambridge: Cambridge University Press.

————. 2005. Redefining eusociality: Concepts, goals and levels of analysis. *Annales Zoologic Fennici* 42:573–577.

Lacey, Marc. 2002. Five little oryxes and the big bad lioness of Kenya. *New York Times*, October 12, 2005.

Laden, G., and R. W. Wrangham. 2005. The rise of the hominids as an adaptive shift in fallback foods: Plant underground storage organs (USOs) and Australopith origins. *Journal of Human Evolution* 49:482–498.

Lahdenpera, Mirkka, Virpi Lummaa, Samuli Helle, Marc Tremblay, and Andrew F. Russell. 2004. Fitness benefits of prolonged post-reproductive lifespan in women. *Nature* 428:178–181.

Lahti, David C. 2005. Evolution of bird eggs in the absence of cuckoo parasitism. *Proceedings of the National Academy of Sciences* (USA) 102:18057–62.

Lakatos, K., I. Toth, Z. Nemoda, K. Ney, M. Sasvari-Szekely, and J. Gervai. 2000. Dopamine D4 receptor (DRD4) gene polymorphism is associated with attachment disorders in infancy. *Molecular Psychiatry* 5:633–637.

Lamb, Michael. 1977a. Father-infant and mother-infant interaction in the first year of life. *Child Development* 78:157–181.

———. 1977b. The development of infant-mother and father-infant attachment in the second year of life. *Developmental Psychology* 13:537–578.

———, ed. 1981. *The role of the father in child development*, 2nd ed. New York: John Wiley and Sons.

———. 2006. Non-parental care and emotional development. Background paper for a conference on Early Development, Attachment and Social Policy, December, University of Cambridge.

Lamb, Michael, J. H. Pleck, E. L. Charnov, and J. A. Levine. 1987. A biosocial perspective on paternal behavior and involvement. In *Parenting across the life span*, ed. by J. B. Lancaster, J. Altmann, A. Rossi, and L. Sherrod, 111–142. Hawthorne, NY: Aldine.

Lamb, Michael, R. Thompson, W. Gardner, and Eric Charnov, eds. 1985. *Infant-mother attachment: The origins and developmental significance of individual differences in strange situation behavior*. Hillsdale, NJ: Lawrence Erlbaum.

Lancaster, Jane. 1971. Play-mothering: The relations between juvenile females and young infants among free-ranging vervet monkeys (*Cercopithecus aethiops*). *Folia Primatologica* 15:161–182.

———. 1978. Carrying and sharing in human evolution. *Human Nature* 1(2):82–89.

———. 1989. Evolutionary and cross-cultural perspectives on single-parenthood. In *Sociobiology and the social sciences*, ed. R. W. Bell and J. J. Bell, 63–72. Lubbock: Texas Tech University Press.

Lancaster, Jane B., and Chet Lancaster. 1987. The watershed: Changes in parental-investment and family formation strategies in the course of human evolution. In *Parenting across the life span*, ed. J. B. Lancaster, J. Altmann, A. Rossi, and L. Sherrod, 187–205. Hawthorne, NY: Aldine.

Langen, Tom A. 1996. Skill acquisition and timing of natal dispersal in the white-throated magpie jay, *Calocitta formosa*. *Animal Behaviour* 51:575–588.

———. 2000. Prolonged offspring dependence and cooperative breeding in birds. *Behavioral Ecology* 11:367–377.

Langergraber, Kevin E., John Mitani, and Linda Vigilant. 2007. The limited impact of kinship on cooperation in wild chimpanzees. *Proceedings of the National Academy of Sciences* (USA) 104:7786–90.

Langford, D. J., S. Crager, Z. Shehzad, S. B. Smith, S. G. Sotocinal, J. S. Levenstadt, M. L. Chanda, D. J. Levitin, and Jeffrey S. Mogil. 2006. Social modulation of pain as evidence for empathy in mice. *Science* 312:1967–70.

Langlois, J. H., L. A. Roggman, R. J. Casey, J. M. Ritter, L. A. Rieser-Danner, and V. Y. Jenkins. 1987. Infant preferences for attractive faces: Rudiments of a stereotype. *Developmental Psychology* 23:263–269.

Lavelli, M., and A. Fogel. 2002. Developmental changes in mother infant face-to-face communication. *Developmental Psychology* 38:288 – 305.

Lawrence, P. R., and N. Nohria. 2002. *Driven: How human nature shapes our choices.* Boston: Harvard Business School Press.

Leacock, Eleanor. 1980. Montagnais women and the program for Jesuit colonization. In *Women and colonization: Anthropological perspectives*, ed. Mona Etienne and Eleanor Leacock, 25 – 42. New York: Praeger.

Leakey, Richard. 2005. Our endangered siblings. *Boston Globe*, September 22, 2005.

Leavens, David A. 2004. Manual deixis in apes and humans. *Interaction Studies* 5:387 – 408.

———. 2006. It takes time and experience to learn to interpret gaze in mentalistic terms. *Infant and Child Development* 15:187 – 190.

Leavens, David A., W. D. Hopkins, and Kim A. Bard. 2008. The heterochronic origins of explicit reference. In *The shared mind: Perspectives on intersubjectivity*, ed. J. Slatev, T. P. Racine, C. Sinha, and E. Itkonen, 185 – 214. Amsterdam: John Benjamins.

Leckman, J. F., C. S. Carter, M. B. Hennessy, S. B. Hrdy, E. B. Keverne, G. Klann-Delius, C. Shradin, D. Todt, and D. von Holst. 2005. Biobehavioral processes in attachment and bonding. In *Attachment and bonding: A new synthesis*, ed. by C. S. Carter et al., 301 – 348. Dahlem Workshop Reports. Cambridge: MIT Press.

Leckman, J. F., L. C. Mayes, R. Feldman, D. W. Evans, R. A. King, and D. J. Cohen. 1999. Early parental preoccupations and behaviors and their possible relationship to the symptoms of obsessive-compulsive disorder. *Acta Psychiatrica Scandinavia* 396:1 – 26.

Lee, Phyllis. 1987. Allomothering among African elephants. *Animal Behaviour* 35:278 – 291.

Lee, Richard B. 1979. *The !Kung San: Men, Women and Work in a Foraging Society.* Cambridge: Cambridge University Press.

———. 2003. *The Dobe Ju/'hoansi.* Australia: Wadsworth/Thomson Learning.

Lee, Ronald D., and Karen Kramer. 2002. Children's economic roles in the Maya family life cycle: Cain, Caldwell and Chayanov revisited. *Population and Development Review* 28:475 – 499.

Leonetti, Donna, Dilip Nath, and Natabar S. Hemam. 2007. In-law conflict: Women's reproductive lives and the roles of their mothers and husbands among the matrilineal Khasi. *Current Anthropology* 48:861 – 888.

Leonetti, Donna L., Dilip C. Nath, Natabar S. Hemam, and Dawn B. Neill. 2005. Kinship organization and the impact of grandmothers on reproductive success among the matrilineal Khasi and patrilineal Bengali of Northeast

India. In *Grandmotherhood: The evolutionary significance of the second half of female life*, ed. E. Voland, A. Chasiotis, and W. Schiefenhovel, 194–214. New Brunswick, NJ: Rutgers University Press.

LeVine, Robert, S. Dixon, S. LeVine, A. Richman, P. H. Leiderman, C. Kefer, and T. B. Brazelton. 1996. *Child care and culture: Lessons from Africa*. New York: Cambridge University Press.

Levi-Strauss, Claude. 1949. *Les structures elementaires de parente*. Paris: Plon.

Lewis, Charlie, Norman H. Freeman, Chrystalla Kyriakidou, Katerina Maridaki-Kassotaki, and Damon M. Berridge. 1996. Social influences on false belief access: Specific sibling influences or general apprenticeship? *Child Development* 67:2930–47.

Lieberman, Philip. 2007. The evolution of speech: Its anatomical and neural bases. *Current Anthropology* 48:39–66.

Liesen, Laurette. 2007. Women, behavior, and evolution: Understanding the debate between feminist evolutionists and evolutionary psychologists. *Politics and Life Sciences* 26:51–70.

Ligon, J. David, and D. Brent Burt. 2004. Evolutionary origins. In *Ecology and evolution of cooperative breeding in birds*, ed. Walter Koenig and Janis Dickinson, 5–34. Cambridge: Cambridge University Press.

Little, Katherine, Volker Sommer, and Mike Bruford. 2002. Genetics and relatedness: A test of hypotheses using wild Hanuman langurs (*Presbytis entellus*). (Abstract) XIX Congress of the International Primatological Society, August 4–9, Beijing.

Locke, John. 1993. *The child's path to spoken language*. Cambridge: Harvard University Press.

Locke, John, and Barry Bogin. 2006. Language and life history: A new perspective on the development and evolution of human language. *Behavioral and Brain Sciences* 20:259–325.

Loeb, E. M. 1926. *Pomo folkways*. Berkeley: University of California Publications in American Archaeology and Ethnology 19(2).

Lorenz, Konrad. 1951/1971. Part and parcel in animal and human societies. In *Studies in animal behaviour*, vol. 2, 114–195. Trans. Robert Martin. Cambridge: Harvard University Press.

Lovejoy, O. 1981. The origin of man. *Science* 211:341–350.

Lyons-Ruth, K. 1996. Attachment relationships among children with aggressive behavior problems: The role of disorganized early attachment patterns. *Journal of Consulting and Clinical Psychology* 64:64–73.

Lyons-Ruth, Karlen, E. Bronfman, and E. Parsons. 1999. Frightened, frightening and atypical maternal behavior and disorganized attachment strategies. In

Atypical attachment in infancy and early childhood among children at developmental risk, ed. Joan I. Vondra and Douglas Barnett, 67–96. Monographs of the Society for Research in Child Development 64(3).

Lyons-Ruth, Karlen, D. B. Cornell, and H. Grunebaum. 1990. Infants at social risk: Maternal depression and family support services as mediators of infant development and security of attachment. *Child Development* 61:85–98.

Lyons-Ruth, Karlen, and C. Zeanah. 1993. The family context of infant mental health, 1: Affective development in the primary caregiving relationship. In *Handbook of infant mental health*, ed. C. Zeanah, 14–37. New York: Guilford.

Macdonald, D. 1980. Social factors affecting reproduction among red foxes. In *The red fox*, ed. E. Zimen, 123–175. *Biogeographica* 18. The Hague: Junk.

Mace, Ruth, and Rebecca Sear. 2005. Are humans communal breeders? In *Grandmotherhood: The evolutionary significance of the second half of female life*, ed. Eckart Voland, Athanasios Chasiotis, and Wulf Schiefenhovel, 143–159. New Brunswick, NJ: Rutgers University Press.

MacLean, Paul D. 1985. Brain evolution related to family, play and the separation call. *Archives of General Psychiatry* 42:405–417.

Maestripieri, Dario. 2001. Biological bases of maternal attachment. *Current Directions in Psychological Science* 10:79–83.

Main, Mary. 1999. Epilogue: Attachment theory—eighteen points with suggestions for future studies. In *Handbook of attachment*, ed. Jude Cassidy and Phillip Shaver, 845–887. New York: Guilford.

Main, Mary, and Erik Hesse. 1990. Parents' unresolved traumatic experiences are related to infant disorganized attachment status: Is frightened and/or frightening parental behavior the linking mechanism? In *Attachment in the preschool years: Theory, research and intervention*, ed. M. Greenberg, D. Chiccheti, and E. M. Cummings, 161–184. Chicago: University of Chicago Press.

Malcolm, James R., and Ken Marten. 1982. Natural selection and the communal rearing of pups in African wild dogs (*Lycaon pictus*). *Behavioral Ecology and Sociobiology* 10:1–13.

Manson, Joseph. 1999. Infant handling in wild *Cebus capucinus*: Testing bonds between females. *Animal Behaviour* 57:911–921.

Marci, Carl D., Jacob Ham, Erin Moran, and Scott Orr. 2007. Physiological correlates of perceived therapist empathy and social-emotional process during psychotherapy. *Journal of Nervous and Mental Disease* 195:103–111.

Marech, Rona. 2004. Publicity-shy critic at center of storm. *San Francisco Chronicle*, August 7, 2004, A1.

Marlowe, Frank. 1999a. The patriarch hypothesis: An alternative explanation of menopause. *Human Nature* 11:27–42.

참고문헌

———. 1999b. Showoffs or providers? The parenting effort of Hadza men. *Evolution and Human Behavior* 20:391–404.

———. 2001. Male contributions to diet and female reproductive success among foragers. *Current Anthropology* 42(5):755–760.

———. 2004. Marital residence among foragers. *Current Anthropology* 45:277–284.

———. 2005a. Hunter-gatherers and human evolution. *Evolutionary Anthropology* 14:54–67.

———. 2005b. Who tends Hadza children? In *Hunter-gatherer childhoods*, ed. B. Hewlett and M. Lamb, 177–190. New Brunswick, NJ: Aldine/Transaction.

Marsh, Jason. 2004. The cost of apathy: An interview with Robert Reich. *Greater Good* 1 (2):4–5.

Marshall, Lorna. 1976. *The !Kung of Nyae Nyae.* Cambridge: Harvard University Press.

Martel, F. L., C. M. Nevison, M. D. A. Simpson, and E. B. Keverne. 1993. Effects of opioid receptor blockade on the social behaviour of rhesus monkeys living in large family groups. *Developmental Psychobiology* 28:71–84.

Martins, Waldney P., Vanessa de Oliveira Guimaraes, and Karen B. Strier. 2007. A case of infant swapping by wild northern muriquis (*Brachyteles hypoxanthus*). *Primates* 48:324–326.

Marwick, Ben. 2003. Pleistocene exchange networks as evidence for the evolution of language. *Cambridge Archaeological Journal* 13:67–81.

Masataka, N. 1982. A field study on the vocalization of Goeldi's monkeys (*Callimico goeldi*). *Primates* 23:206–219.

Mason, William. 1966. Social organization of the South American monkey, *Callicebus moloch*: A preliminary report. *Tulane Studies in Zoology* 13:23–28.

Masserman, J. H., S. Wechkin, and W. Terris. 1964. "Altruistic" behavior in rhesus monkeys. *American Journal of Psychiatry* 121:584–585.

Matsuzawa, Tetsuro. 1996. Chimpanzee intelligence in nature and in captivity: Isomorphism of symbol use and tool use. In *Great ape societies*, ed. W. C. McGrew, Linda Marchant, and T. Nishida, 196–209. Cambridge: Cambridge University Press.

———. 2001. Primate foundations of human intelligence: A view of tool use in nonhuman primates and fossil hominids. In *Primate origins of human cognition and behavior*, ed. T. Matsuzawa, 3–25. Tokyo: Springer Verlag.

———. 2003. The Ai project: Historical and ecological contexts. *Animal Cognition* 6:199–211.

———. 2006. Evolutionary origins of the human mother-infant relationships. In *Cognitive development in chimpanzees*, ed. T. Matsuzawa, M. Tomonaga, and M.

Tanaga, 27–141. Tokyo: Springer.

Mauss, Marcel. 1867/1925. *The Gift* (or, *Essai sur le don*). Trans. Ian Cunnison. New York: W. W. Norton.

McAdoo, Harriet Pipes. 1986. Strategies used by single black mothers against stress. In Slipping through the cracks, ed. M. Simms and J. Malveaux, 153–166. New Brunswick, NJ: Transaction.

McAuliffe, Katherine, and Hal Whitehead. 2005. Eusociality, menopause and information in matrilineal whales. *Trends in Ecology and Evolution* 20:650.

McBrearty, S., and A. S. Brooks. 2000. The revolution that wasn't: A new interpretation of the origin of modern human behavior. *Journal of Human Evolution* 39:453–463.

McBurney, Donald H., Jessica Simon, Steven J. Gaulin, and Allan Giliebter. 2001. Matrilateral biases in the investment of aunts and uncles: Replication in a population presumed to have high certainty of paternity. *Human Nature* 13:391–402.

McCartney, Kathleen. 2004. Current research on child care effects. In *Encyclopedia for early childhood development*, ed. R. E. Tremblay, R. G. Barr, and R. de V. Peters. Montreal: Centre of Excellence for Early Childhood Development.

McDade, T. W., V. Reyes-Garcia, P. Blackinton, S. Tanner, T. Huanca, and W. R. Leonard. 2007. Ethnobotanical knowledge is associated with indices of child health in the Bolivian Amazon. *Proceedings of the National Academy of Sciences* (USA) 104:6134–39.

McGrew, W. 1987. Helpers at the nest-box, or, are cotton-top tamarins really Florida scrub jays? *Primate Report* 18:21–26.

———. 1992. *Chimpanzee material culture: Implications for human evolution*. Cambridge: Cambridge University Press.

———. 2007a. It takes a community to raise a child, or does it? Socialization in wild chimpanzees (*Pan troglodytes*). Abstract. Paper presented at the 76th Annual Meeting of the American Association of Physical Anthropologists, March 28–31, Philadelphia.

———. 2007b. Savanna chimpanzees dig for food. *Proceedings of the National Academy of Sciences* (USA) 104 (49):19167–68.

McGrew, W. C., and J. Barnett. 2008. Lifetime reproductive success in a female common marmoset (*Callithrix jacchus*): A case study (Abstract). *American Journal of Physical Anthropology* Supplement 46:152.

McHenry, H. 1992. How big were early hominids? *Evolutionary Anthropology* 1 (1):15–20.

———. 1996. Sexual dimorphism in fossil hominids and its socioecological implications. In *Power, sex and tradition*, ed. James Steele and Stephan Shennan,

91 – 109. London: Routledge.

———. 2009. Human evolution. In *Evolution: The first four billion years*, ed. M. Ruse and J. Travis, 256 – 280. Cambridge: The Belknap Press of Harvard University Press.

McKenna, James, E. B. Thoman, T. F. Anders, A. Sadeh, V. Schechtman, and S. F. Glotzbach. 1993. Infant-parent cosleeping in an evolutionary perspective: Implications for understanding infant sleep development and the Sudden Infant Death Syndrome. *Sleep* 16:263 – 282.

Mead, Margaret. 1966. A cultural anthropologist's approach to maternal deprivation. In *Deprivation of maternal care: A reassessment of its effects*, ed. Mary D. S. Ainsworth, 235 – 254. New York: Schocken Books.

Meehan, Courtney. 2005. The effects of residential locality on parental and alloparental investment among the Aka foragers of the Central African Republic. *Human Nature* 16:58 – 80.

———. 2008. Allomaternal investment and relational uncertainty among Ngandu farmers of the Central African Republic. *Human Nature* 19:211 – 226.

Meins, Elizabeth, Charles Fernyhough, Rachel Wainwright, Mani Das Gupta, Emma Fradley, and Michelle Tuckey. 2002. Maternal-mindedness and attachment security as predictors of theory of mind understanding. *Child Development* 73:1715 – 26.

Mekel-Bobrov, Nitzan, S. L. Gilbert, P. D. Evans, E. J. Vallender, J. R. Anderson, R. R. Hudson, S. A. Tishkoff, and Bruce T. Lahn. 2005. Ongoing adaptive evolution of ASPM, a brain size determinant in *Homo sapiens*. *Science* 309:1720 – 22.

Melis, Alicia, Brian Hare, and Michael Tomasello. 2006a. Engineering cooperation in chimpanzees: Tolerance constraints on cooperation. *Animal Behaviour* 72:275 – 286.

———. 2006b. Chimpanzees recruit the best collaborators. *Science* 311:1297 – 1300.

Meltzoff, A. N. 2002. Imitation as a mechanism of social cognition. Origins of empathy, theory of mind, and the representation of action. In *Handbook of childhood cognitive development*, ed. U. Goswami, 6 – 25. Oxford: Blackwell.

Meltzoff, A. N., and M. K. Moore. 1977. Imitation of facial and manual gestures by human neonates. *Science* 198:75 – 78.

Menges, Maria, and Wulf Schiefenhovel. 2007. Evolutional and biological aspects of placentophagia (in German). *Anthropologischer Anzeiger* 65:97 – 108.

Mercader, Julio, H. Barton, J. Gillespie, J. Harris, S. Kuhn, R. Tyler, and C. Boesch. 2007. 4,300-year-old chimpanzee sites and the origins of percussive stone technology. *Proceedings of the National Academy of Sciences* (USA)

104: 3043–48.

Merkin, Daphne. 2002. The close reader: Bloomsbury becomes me, and vice versa. *New York Times Book Review*, June 30, 2002, 23.

Miller, Jean Baker. 1976. *Toward a new psychology of women*. Boston: Beacon.

Miller, Laura J. 2002. Postpartum depression. *Journal of the American Medical Association* 287:762–765.

Mills, M. G. L. 1990. *Kalahari hyenas*. London: Unwin/Hyman.

Mitani, J., C. Merriwether, and C. Zhang. 2000. Male affiliation, cooperation and kinship in wild chimpanzees. *Animal Behaviour* 59:885–893.

Mitani, J., and David Watts. 1997. The evolution of non-maternal caretaking among anthropoid primates: Do helpers help? *Behavioral Ecology and Sociobiology* 40:213–220.

Moehlman, P. D. 1983. Socioecology of silverbacked and golden jackals (*Canis mesomelas* and *Canis aureus*). In *Recent advances in the study of mammalian behavior*, ed. J. Eisenberg and D. Kleiman, 423–453. Lawrence, KS: American Society of Mammalogists.

Moore, James. 1984. The evolution of reciprocal sharing. *Ethology and Sociobiology* 5:5–15.

Morell, Virginia. 2007. The Discover interview: Jane Goodall. *Discover Magazine* (February):50–53.

Morelli, G. A., and E. Z. Tronick. 1991. Efe multiple caretaking and attachment. In *Intersections with attachment*, ed. J. L. Gewirtz and W. M. Kurtines, 41–51. Hillsdale, NJ: Erlbaum.

Moses, R. A., and J. S. Millar. 1994. Philopatry and mother-daughter associations in bushy-tailed wood rats: Space use and reproductive success. *Behavioral Ecology and Sociobiology* 35:131–140.

Mota, M. T., and M. B. C. Sousa. 2000. Prolactin levels in fathers and helpers related to alloparental care in common marmosets, *Callithrix jacchus*. *Folia Primatologica* 71:22–26.

Moynihan, Daniel Patrick. 1986. *Family and nation: The Godkin Lectures, Harvard University*. San Diego: Harcourt Brace Jovanovich.

Mulcahy, Nicholas, and Josep Call. 2006. Apes save tools for future use. *Science* 312:1038–40.

Mulder, R. A., P. O. Dunn, A. Cockburn, K. A. Lazenby-Cohen, and M. J. Howell. 1994. Helpers liberate female fairy-wrens from constraints on extra-pair mate choice. *Proceedings of the Royal Society of London B* 255:223–229.

Mulder, R. A., and N. E. Langmore. 1993. Dominant males punish helpers for temporary defection in superb fairy wren. *Animal Behaviour* 45:830–833.

참고문헌

Murdock, G. P. 1967. *Ethnographic atlas*. Pittsburgh: University of Pittsburgh Press.

Murray, L., and C. Trevarthen. 1986. The infant's role in mother-infant communication. *Journal of Child Language* 13:15–29.

Myowa, Masako. 1996. Imitation of facial gestures by an infant chimpanzee. *Primates* 37:207–213.

Myowa-Yamakoshi, Masako, Masaki Tomonaga, Tanaka Masayuki, and Tetsuro Matsuzawa. 2004. Imitation in neonatal chimpanzees (*Pan troglodytes*). *Developmental Science* 7:437–442.

Nakamichi, Masayuki, A. Silldorff, C. Bringham, and P. Sexton. 2004. Baby-transfer and other interactions between its mother and grandmother in a captive social group of lowland gorillas. *Primates* 45:73–77.

Nesse, Randolph M. 2001. Natural selection and the capacity for subjective commitment. In *Evolution and the capacity for commitment*, ed. Randolph M. Nesse, 1–44. New York: Russell Sage Foundation.

———. 2007. Runaway social selection for displays of partner value and altruism. *Biological Theory* 2 (2):143–155.

Nettelbeck, Anouchka Rebekka. 1998. Brief report: Observations on food sharing in wild lar gibbons (*Hylobates lar*). *Folia Primatologica* 69:386–91.

NICHD Early Child Care Research Network. 1997. The effects of child care on infant-mother attachment security: Results of the NICHD study of early child care. *Child Development* 68:860–879.

Nicolson, Nancy. 1987. Infants, mothers and other females. In *Primate societies*, ed. B. B. Smuts, D. L. Cheney, R. M. Seyfarth, R. W. Wrangham, and T. T. Struhsaker, 330–342. Chicago: University of Chicago Press.

Nishida, T. 1983. Alloparental behavior in wild chimpanzees of the Mahale Mountains, Tanzania. *Folia Primatologica* 41:1–33.

Nishida, T., M. Hiraiwa-Hasegawa, and Y. Takahata. 1985. Group extinction and female transfers in wild chimpanzees in the Mahale National Park, Tanzania. *Zeitschrift für Tierpsychologie* 67:284–301.

Nishimura, T. 2006. Descent of the larynx in chimpanzees: Mosaic and multiple-step evolution of the foundations for human speech. In *Cognitive development in chimpanzees*, ed. T. Matsuzawa, M. Tomonaga, and M. Tanaka, 75–95. Tokyo: Springer.

Nosaka, Akiko, and Athanasios Chasiotis. 2005. Exploring the variation in intergenerational relationships among Germans and Turkish immigrants: An evolutionary perspective on behavior in a modern social setting. In *Grandmotherhood: The evolutionary significance of the second half of female life*, ed. E. Voland, A. Chasiotis, and W. Schiefenhovel, 256–276. New Brunswick, NJ: Rutgers University Press.

Numan, Michael. 1988. Maternal behavior. In *The physiology of reproduction*, vol. 2, ed. E. Knobil and J. D. Neill, 1569 – 1645. New York: Raven.

O'Brien, Tim. 1998. Parasitic nursing behavior in the wedge-capped capuchin monkey (*Cebus olivaceus*). *American Journal of Primatology* 16:341 – 344.

O'Connell, James F., K. Hawkes, and N. G. Blurton Jones. 1999. Grandmothering and the evolution of *Homo erectus*. *Journal of Human Evolution* 36:461 – 485.

O'Connell, James F., K. Hawkes, K. D. Lupo, and N. G. Blurton Jones. 2002. Male strategies and Plio-Pleistocene archeology. *Journal of Human Evolution* 43:831 – 872.

O'Connor, D., and R. Shine. 2002. Lizards in "nuclear families": A novel reptilian social system in *Egernia saxatilis* (Scincidae). *Molecular Ecology* 12 (March):743 – 752.

O'Connor, T. G., M. Rutter, and the English and Romanian Adoptees Study Team. 2000. Attachment disorders following early severe deprivation: Extension and longitudinal follow-up. *Journal of the American Academy of Child Adolescent Psychology* 39:703 – 712.

Olazabal, D. E., and L. J. Young. 2006. Oxytocin receptors in the nucleus accumbens facilitate "spontaneous" maternal behavior in adult female prairie voles. *Neuroscience* 141:559 – 568.

Olds, David L., C. R. Henderson, R. Chamberlin, and R. Tatelbaum. 1986. Preventing child abuse and neglect: A randomized trial of nurse home visitation. *Pediatrics* 78:65 – 78.

Olds, David L., J. Robinson, Ruth O'Brien, D. Luckey, L. Pettitt, C. R. Henderson, R. K. Ng, K. L. Sheff, J. Korfmacher, S. Hiatt, and A. Talmi. 2002. Home visiting by paraprofessionals and by nurses: A randomized control trial. *Pediatrics* 110:486 – 496.

Olds, David L., Lois Sadler, and Harriet Kitzman. 2007. Programs for parents of infants and toddlers: Recent evidence from randomized trials. *Journal of Child Psychology and Psychiatry* 48:355 – 391.

Onishi, Norimitsu. 2007. Japan welfare: A slow death, a harsh light. *New York Times*, October 12, 2007.

Oppenheim, D., A. Sagi, and M. E. Lamb. 1990. Infant-adult attachments on the kibbutz and their relation to socioemotional development four years later. In *Annual progress in child psychiatry and child development* 1989, ed. S. Chess and M. E. Hertzig, 92 – 106. New York: Brunner/Mazel.

O'Riain, M. J., J. U. M. Jarvis, R. Alexander, R. Buffenstein, and C. Peters. 2000. Morphological castes in a vertebrate. *Proceedings of the National Academy of Sciences* (USA) 97:13194 – 97.

Ostrom, Elinor. 1998. A behavioral approach to the rational choice theory of collective action: Presidential address, American Political Science Association, 1997. *American Political Science Review* 92:1 – 22.

Otterbein, Keith. 1968. Marquesan polyandry. In *Marriage, family and residence*, ed. John Bohannan and Paul Middleton, 287 – 296. Garden City: Natural History Press.

Packer, Craig, Susan Lewis, and Anne Pusey. 1992. A comparative analysis of non-offspring nursing. *Animal Behaviour* 43:265 – 281.

Page, R., and C. Peng. 2001. Aging and development in social insects with emphasis on the honeybee, *Apis mellifera* L. *Experimental Gerontology* 36:695 – 711.

Palombit, Ryne. 1999. Infanticide and the evolution of pair bonds in nonhuman primates. *Evolutionary Anthropology* 7:117 – 129.

———. 2001. Infanticide and the evolution of male-female bonds in animals. In *Infanticide by males and its implications*, ed. Carel P. van Schaik and Charles H. Janson, 239 – 268. Cambridge: Cambridge University Press.

Palombit, Ryne, D. L. Cheney, and R. M. Seyfarth. 2001. Female-female competition for male "friends" in wild chacma baboons (*Papio cynocephalus ursinus*). *Animal Behaviour* 61:1159 – 71.

Panksepp, J. 2000. *Affective neuroscience: The foundations of human and animal emotions*. Oxford: Oxford University Press.

Papousek, Hanus, and M. Papousek. 1977. Mothering and the cognitive head start: Psychobiological considerations. In *Studies in mother-infant interactions*, ed. H. R. Shaffer, 63 – 85. New York: Academic Press.

Papousek, Hanus, M. Papousek, S. Suomi, and C. W. Rahn. 1991. Preverbal communication and attachment: Comparative views. In *Intersections with attachment*, ed. J. L. Gewirtz and W. M. Kurtines, 97 – 122. Hillsdale, NJ: Lawrence Erlbaum Associates.

Parish, Amy. 1994. Sex and food control in the "uncommon chimpanzee": How bonobo females overcome a phylogenetic legacy of male dominance. *Ethology and Sociobiology* 15:157 – 179.

———. 1998. Reciprocity and other forms of food sharing among foragers. Paper presented at the symposium on Cooperation, Reciprocity and Food Shar-ing in Human Groups, at the 18th annual meeting of the Politics and Life Sciences Association, Boston.

Parish, Amy, and F. B. de Waal. 1992. Bonobos fish for sweets: The female sex-for-food connection. Paper presented at the XIVth Congress of the International Primatological Society, August 16 – 21, Strasbourg, France.

———. 2000. The other "closest living relative": How bonobos (*Pan paniscus*) challenge traditional assumptions about females, dominance, intra-and intersexual interactions, and hominid evolution. *Annals of the New York Academy of Sciences* 907:97 – 113.

Partridge, Linda, David Gems, and Dominic J. Withers. 2005. Sex and death: What is the connection? *Cell* 120:461 – 472.

Pashos, A. 2000. Does paternal uncertainty explain discriminative grandparental solicitude? A cross-cultural study in Greece and Germany. *Evolution and Human Behavior* 21:97 – 109.

Pashos, A., and D. H. McBurney. 2008. Kin relationships and the caregiving biases of grandparents, aunts and uncles: A two-generational questionnaire study. *Human Nature* 19:311 – 330.

Paul, A. 2005. Primate predispositions. In *Grandmotherhood: The evolutionary significance of the second half of female life*, ed. E. Voland, A. Chasiotis, and W. Schiefenhovel, 21 – 37. New Brunswick, NJ: Rutgers University Press.

Paul, Andreas, Jutta Kuester, and Doris Podzuweit. 1993. Reproductive senescence and terminal investment in female Barbary macaques (*Macaca sylvanus*) at Salem. *International Journal of Primatology* 14:105 – 124.

Paul, A., Signe Preuschoft, and Carel P. van Schaik. 2000. The other side of the coin: Infanticide and the evolution of affiliative male-infant interactions in Old World primates. In *Infanticide by males and its implications*, ed. Carel P. van Schaik and Charles H. Janson, 269 – 292. Cambridge: Cambridge University Press.

Pavelka, M. L. 1990. Do old females have specific role? *Primates* 31:363 – 373.

Pavelka, M. L., and Linda M. Fedigan. 1991. Menopause: A comparative life history perspective. *Yearbook of Physical Anthropology* 34:13 – 38.

Pavelka, M., L. Fedigan, and M. Zohar. 2002. Availability and adaptive value of reproductive and post-reproductive Japanese macaque mothers and grandmothers. *Animal Behaviour* 64:407 – 414.

Payne, Katy. 2003. Source of social complexity in three elephant species. In *Animal social complexity: Intelligence, culture, and individualized societies*, ed. Frans de Waal and Peter Tyack, 57 – 85. Cambridge: Harvard University Press.

Pearse, Emma. 2005. Germany in angst over low birthrate. *Women's eNews*, April 4, 2005. Berlin.

Penn, Derek C., and Daniel J. Povinelli. 2007. On the lack of evidence that non-human animals possess anything remotely resembling a "theory of mind." *Philosophical Transactions of the Royal Society B* 362:731 – 734.

Penn, Dustin J., and Ken R. Smith. 2007. Differential fitness costs of reproduction between the sexes. *Proceedings of the National Academy of Sciences* (USA) 104:553 – 558.

Pereira, Michael, and Lynn Fairbanks, eds. 1993. *Juvenile primates: Life history, development and behavior.* Chicago: University of Chicago Press.

Pereira, Michael, and M. Kay Izard. 1989. Lactation and care for unrelated infants in forest-living ring-tail lemurs. *American Journal of Primatology* 18:101–108.

Pereira, Michael E., Annette Klepper, and E. L. Symons. 1987. Tactics of care for young infants by forest-living ruffed lemurs (*Varecia variegata variegata*): Ground nests, parking, and biparental guarding. *American Journal of Primatology* 13:129–144.

Perner, Josef, T. Ruffman, and Susan R. Leekam. 1994. Theory of mind is contagious: You catch it from your sibs. *Child Development* 65:1228–35.

Perry, George, Nathaniel Dominy, K. G. Claw, A. S. Lee, H. Fiegler, R. Redon, J. Werner, F. A Villanea, J. L. Mountain, R. Misra, N. Carter, C. Lee, and A. C. Stone. 2007. Diet and the evolution of human amylase gene copy number variations. *Nature Genetics* 39:1256–60.

Perry, Susan. 1996. Female-female social relationships in wild white-faced capuchin monkeys, *Cebus capucinus. American Journal of Primatology* 40:167–182.

Peters, J. F. 1982. Polyandry among the Yanomana Shirishana, revisited. *Journal of Comparative Family Studies* 13:89–95.

Peters, John F., and Chester L. Hunt. 1975. Polyandry among the Yanomama Shirishana. *Journal of Comparative Family Studies* 6:197–207.

Peterson, Jean T. 1978. *The ecology of social boundaries: Agta foragers of the Philippines.* Urbana: University of Illinois Press.

Pinker, Steven. 1997. *How the mind works.* New York: Norton.

———. 2002. *The blank slate: The modern denial of human nature.* New York: Viking.

Pollick, Amy S., and Frans B. M. de Waal. 2007. Ape gesture and language evolution. *Proceedings of the National Academy of Sciences* (USA) 104:8184–89.

Pollock, Donald. 2002. Partible paternity and multiple paternity among the Kulina. In *Cultures of multiple fathers: The culture and practice of partible paternity in lowland South America*, ed. Stephen Beckerman and Paul Valentine, 42–61. Gainesville: University Press of Florida.

Pope, S. K., L. Whiteside, J. Brooks-Gunn, K. J. Kelleher, V. I. Rickert, R. H. Bradley, and P. H. Casey. 1993. Low-birth-weight infants born to adolescent mothers: Effects of co-residency with grandmother on child development. *Journal of American Medical Association* 269:1396–1400.

Popenoe, David. 1996. *Life without father: Compelling new evidence that fatherhood and marriage are indispensable for the good of children and society.* Cambridge: Harvard University Press.

Porter, L. M., and P. A. Garber. 2008. Limited dispersal and cooperative breeding in *Callimico goeldii.* Paper presented at the XXII Congress of the

International Primatological Society, August 3–8, Edinburgh, UK.

Porter, Richard. 1999. Olfaction and human kin recognition. *Genetics* 104:259–263.

Premack, David. 2004. Is language the key to human intelligence? *Science* 303:318–320.

Premack, David, and G. Woodruff. 1978. Does the chimpanzee have a theory of mind? *Behavioral and Brain Sciences* 1:515–526.

Preston, Stephanie D., and Frans B. de Waal. 2002. Empathy: Its ultimate and proximate bases. *Behavioral and Brain Sciences* 25:1–72.

Prince Peter. 1963. *A study of polyandry*. The Hague: Mouton.

Prudom, S. L., C. A. Broz, N. Schultz-Darken, C. T. Ferris, C. Snowdon, and T. Ziegler. 2008. Exposure to infant scent lowers serum testosterone in father common marmosets (*Callithrix jacchus*): *Biology Letters* 4(6):603–605.

Pruett-Jones, Stephen. 2004. Summary. In *Ecology and evolution of cooperative breeding in birds*, ed. Walter Koenig and Janis Dickinson, 228–238. Cambridge: Cambridge University Press.

Pruetz, Jill D., and Paco Bertolani. 2007. Savanna chimpanzees, *Pan troglodytes verus*, hunt with tools. *Current Biology* 17:412–417.

Pusey, A., C. Murray, W. Wallauer, M. Wilson, E. Wroblewski, and J. Goodall. 2008. Severe aggression among female *Pan troglodytes schweinfurthii* at Gombe National Park, Tanzania. *International Journal of Primatology*.

Pusey, A., and C. Packer. 1987. Dispersal and philopatry. In *Primate societies*, ed. B. Smuts, et al., 250–266. Chicago: University of Chicago Press.

Pusey, Anne, J. Williams, and J. Goodall. 1997. The influence of dominance rank on reproductive success of female chimpanzees. *Science* 277:828–831.

Putnam, Robert D. 2000. *Bowling alone: The collapse and revival of American community*. New York: Simon and Schuster.

Queller, David C. 2006. To work or not to work. *Nature* 444:42–43.

Quinlan, R. J., and M. V. Flinn. 2005. Kinship and reproduction in a Caribbean community. *Human Nature* 16:32–57.

Quinlan, R. J., and M. B. Quinlan. 2008. Human lactation, pair bonds, and alloparents: A cross-cultural analysis. *Human Nature* 19:87–102.

Quinn, P. C., J. Yarr, A. Kuhn, A. M. Slater, and O. Pascalis. 2002. Representation of the gender of human faces by infants: A preference for female. *Perception* 31:1109–21.

Raby, C. R., D. M. Alexis, A. Dickinson, and N. S. Clayton. 2007. Planning for the future by western scrub-jays. *Nature* 445:919–921.

Radhakrishna, Sindhu, and Mewa Singh. 2004. Infant development in the slender loris (*Loris lydekkerianus lydekkerianus*). *Current Science* 86:1121 – 27.

Radke-Yarrow, M., C. Zahn-Waxler, D. Richardson, A. Susman, and P. Martinez. 1994. Caring behavior in children of clinically depressed and well mothers. *Child Development* 65:1405 – 14.

Rajecki, D. W., Michael E. Lamb, and P. Obsmascher. 1978. Towards a general theory of infantile attachment: A comparative review of aspects of the social bond. *Behavioral and Brain Sciences* 3:417 – 464.

Ramalingaswami, V., U. Jonsson, and J. Rodhe. 1996. The Asian enigma. In *The progress of nations*, 10 – 17. New York: UNICEF.

Rapaport, L. G. 2006. Parenting and behavior: Babbling bird teachers? *Current Biology* 16(17):R675 – 677.

Rapaport, L. G., and G. R. Brown. 2008. Social influences on foraging behavior in young primates: Learning what, where, and how to eat. *Evolutionary Anthropology* 17:189 – 201.

Rapaport, L. G., and C. R. Ruiz-Miranda. 2002. Tutoring in wild golden lion tamarins. *International Journal of Primatology* 23:1063 – 70.

Reddy, Vasudevi. 2003. On being the object of attention: Implications for self-other consciousness. *Trends in Cognitive Sciences* 7:397 – 402.

———. 2007. Getting back to the "rough" ground: Deception and social living. *Philosophical Transactions of the Royal Society B* 362:621 – 637.

Reed, D. L., J. E. Light, J. M. Allen, and J. J. Kirchman. 2007. Pair of lice lost or parasites regained: The evolutionary history of anthropoid primate lice. *BMC Biology* 5(7).

Reeve, H. K. 1992. Queen activation of lazy workers in colonies of the eusocial naked mole-rat. *Nature* 358:147 – 149.

Reeve, H. K., and G. J. Gamboa. 1987. Queen regulation of worker foraging in paper wasps: A social feedback-control system (*Polistes fuscatus*, Hymenoptera, Vespidae). *Behaviour* 102:147 – 167.

Rendall, D., and A. Di Fiore. 2007. Homoplasy, homology, and the perceived special status of behavior in evolution. *Journal of Human Evolution* 52:504 – 521.

Richards, M., C. Rengo, Fulvio Cruciano, F. Gratrix, J. F. Wilson, R. Cozzari, V. Macaulay, and A. Torroni. 2003. Extensive female-mediated gene flow from sub-Saharan Africa into Near Eastern Arab populations. *American Journal of Human Genetics* 72:1058 – 64.

Ricklefs, R. E. 1984. The optimization of growth rate in altricial birds. *Ecology* 65:1602 – 16.

Riddell, F. A. 1978. Maidu and Konkow. In *Handbook of North American Indians*, vol. 8: *California*, gen. ed. W. C. Sturtevant, 370 – 386. Washington, DC: Smithsonian.

Ridley, Matt. 1996. *The origins of virtue: Human instincts and the evolution of cooperation*. New York: Penguin.

Rilling, J. K. 2006. Human and nonhuman primate brains: Are they allometrically scaled versions of the same design? *Evolutionary Anthropology* 15:65–77.

Rilling, J. K., D. A. Gutman, T. R. Zeh, G. Pagnoni, G. S. Berns, and C. D. Kilts. 2002. A neural basis for social cooperation. *Neuron* 35:395–405.

Rilling, J. K., A. G. Sanfey, J. A. Aronson, L. E. Nystrom, and J. D. Cohen. 2004a. The neural correlates of theory of mind within interpersonal interactions. *NeuroImage* 22:1694–1703.

———. 2004b. Opposing BOLD responses to reciprocated and unreciprocated altruism in putative reward pathways. *Neuroreport* 15(116): 2539–43.

Rizzolatti, G., L. Fadiga, L. Fogassi, and V. Gallese. 1996. Premotor cortex and the recognition of motor actions. *Cognitive Brain Research* 3:131–141.

Rizzolatti, G., L. Fogassi, and V. Gallese. 2006. Mirrors in the mind. *Scientific American* 295(5):54–61.

Roberts, R. Lucille, A. K. Miller, S. E. Taymans, and C. Sue Carter. 1998. Role of social and endocrine factors in alloparental behavior of prairie voles (*Microtus ochrogaster*). *Canadian Journal of Zoology* 76:1862–68.

Robson, S. L. 2004. Breast milk, diet and large human brains. *Current Anthropology* 45:419–424.

Robson, S. L., C. P. van Schaik, and K. Hawkes. 2006. The derived features of human life history. In *The evolution of human life history*, ed. K. Hawkes and R. R. Paine, 17–44. Santa Fe: SAR Press.

Rodseth, Lars, and Richard Wrangham. 2004. Human kinship: A continuation of politics by other means? In *Kinship and behavior among primates*, ed. Bernard Chapais and Carol Berman, 389–419. Oxford: Oxford University Press.

Rodseth, Lars, R. Wrangham, A. Harrington, and B. Smuts. 1991. The human community as a primate society. *Current Anthropology* 32:221–254.

Roscoe, Paul. 2007. Intelligence, coalitional killing, and the antecedents of war. *American Anthropologist* 109:485–495.

Rose, L. 1997. Vertebrate predation and food sharing in *Cebus* and *Pan*. *International Journal of Primatology* 18:727–765.

Rosenberg, Karen, and Wenda Trevathan. 1996. Bipedalism and human birth: The obstetrical dilemma revisited. *Evolutionary Anthropology* 4:161–168.

Rosenbloom, Stephanie. 2006. Here come the great-grandparents: Families include more generations, fewer gaps. *New York Times*, November 2, 2006.

Ross, Caroline, and Ann MacLarnon. 2000. The evolution of non-maternal care in anthropoid primates: A test of hypotheses. *Folia Primatologica* 71:93–113.

Ross, Corinna N., J. A. French, and Guillermo Orti. 2007. Germ-line chimerism and paternal care in marmosets (*Callithrix kuhlii*). *Proceedings of the National Academy of Sciences* (USA) 104:6278–82.

Rothschild, Babette. 2004. Mirror, mirror: Our brains are hardwired for empathy. Published at http://home.webuniverse.net/babette/Mirror.html.

Rowe, Noel. 1996. *The pictorial guide to the living primates*. East Hampton, NY: Pogonias.

Rowley, Ian. 1978. Communal activities among white-winged choughs *Corcorax melanorhamphus*. *Ibis* 120:178–197.

Rowley, I., and E. Russell. 1990. Splendid fairy wrens: Demonstrating the importance of longevity. In *Cooperative breeding in birds*, ed. P. Stacey and W. Koenig, 3–30. Cambridge: Cambridge University Press.

Rubenstein, Dustin. 2007. Female extrapair mate choice in a cooperative breeder: Trading sex for help and increasing offspring heterozygosity. *Proceedings of the Royal Society B* 274:1895–1903.

Rubenstein, Dustin R., and I. J. Lovette. 2007. Temporal environmental variability drives the evolution of cooperative breeding in birds. *Current Biology* 17:1414–19.

Ruffman, T., J. Perner, M. Naito, L. Parkin, and W. Clements. 1998. Older (but not younger) siblings facilitate false belief understanding. *Developmental Psychology* 34(10):161–174.

Russell, Andrew F. 2004. Mammals: Comparisons and contrasts. In *Ecology and evolution of cooperative breeding in birds*, ed. W. Koenig and J. Dickinson, 210–227. Cambridge: Cambridge University Press.

Russell, Andrew F., Anne A. Carlson, Grant M. McIlrath, Neil R. Jordan, and Tim Clutton-Brock. 2004. Adaptive size modification by dominant female meerkats. *Evolution* 58:1600–7.

Russell, Andrew F., N. E. Langmore, A. Cockburn, L. B. Astheimer, and R. M. Kilner. 2007. Reduced egg investment can conceal helper effects in cooperatively breeding birds. *Science* 317:941–943.

Russell, Andrew F., L. L. Sharpe, P. N. M. Brotherton, and T. H. Clutton-Brock. 2003. Cost minimization by helpers in cooperative vertebrates. *Proceedings of the National Academy of Sciences* (USA) 100:3333–38.

Russell, Eleanor M. 2000. Avian life histories: Is extended parental care the Southern secret? *Emu* 100:377–399.

Rutter, Michael. 1974. *The qualities of mothering: Maternal deprivation reassessed*. New York: Jason.

Rutter, Michael, and Thomas O'Connor. 1999. Implications of attachment theory for child care policies. In *Handbook of attachment*, ed. J. Cassidy and P. Shaver, 823–844. New York: Guilford.

Sachser, Norbert, D. Hierzel, and M. Durschlag. 1998. Social relationships and the management of stress. *Psychoneuroendocrinology* 23:891–904.

Sagi, A., M. Lamb, K. Lewkowicz, R. Shoham, R. Dvir, and D. Estes. 1985. Security of infant-mother, -father, and-*metapelet* attachments among kibbutz-reared Israeli children. In *Growing points of attachment theory and research*, ed. I. Bretherton and E. Waters, 257–275. Monographs of the Society for Research in Child Development, 50.

Sagi, Abraham, Marinus H. van IJzendoorn, Ora Aviezer, Frank Donnell, Nina Koren-Karie, Tirtsa Joels, and Yael Harel. 1995. Attachments in a multiple-caregiver and multiple-infant environment: The case of the Israeli kibbutzim. In *Caregiving, cultural, and cognitive perspectives on secure-base behavior*, ed. Everett Waters, et al., 71–91. Monographs of the Society for Research in Child Development, 60.

Saltzman, Wendy, and David H. Abbott. 2005. Diminished maternal responsiveness during pregnancy in multiparous female common marmosets. *Hormones and Behavior* 47:151–163.

Saltzman, Wendy, K. J. Liedl, O. J. Salper, R. R. Pick, and D. H. Abbott. 2008. Post-conception reproductive competition in cooperatively breeding common marmosets. *Hormones and Behavior* 53:274–286.

Sangree, W. H. 1980. The persistence of polyandry in Irigwe, Nigeria. *Journal of Comparative Family Studies* 11:335–343.

Sapolsky, R. M., S. C. Alberts, and J. Altmann. 1997. Hypercortisolism is associated with social subordination and social isolation among wild baboons. *Archives of General Psychiatry* 54:1137–43.

Savage-Rumbaugh, Sue, and Kelly McDonald. 1988. Deception and social manipulation in symbol-using apes. In *Machiavellian intelligence: Social expertise and the evolution of intellect in monkeys, apes, and humans*, ed. Richard W. Byrne and Andrew Whiten, 224–237. Oxford: Oxford University Press.

Sayer, Liana C., Suzanne M. Bianchi, and John P. Robinson. 2004. Are parents investing less in children? Trends in mothers' and fathers' time with children. *American Journal of Sociology* 110:1–43.

Scelza, Brooke, and Rebecca Bliege Bird. 2008. Group structure and female comparative networks in Australia's Western Desert. *Human Nature* 19:231–248.

Schaller, George. 1972. *The Serengeti lion: A study of predator-prey relations*. Chicago: University of Chicago Press.

Schiefenhovel, W. 1989. Reproduction and sex-ratio manipulation through preferential female infanticide among the Eipo, in the western Highlands of New Guinea. In *The sociobiology of sexual and reproductive strategies*, ed. A. Rasa, C. Vogel, and E. Voland, 170–193. London: Chapman and Hall.

Schiefenhovel, W., and Paul Blum. n.d. Insects: Forgotten and rediscovered as food. Entomophagy among the Eipo, Highlands of West-New Guinea and in other traditional societies. Unpublished report from Max-Planck Institute (Human Ethology), Andechs, Germany.

Schiefenhovel, W., and A. Grabolle. 2005. The role of maternal grandmothers in Trobriand adoptions. In *Grandmotherhood: The evolutionary significance of the second half of female life*, ed. Eckart Voland, Athanasios Chasiotis, and Wulf Schiefenhovel, 177–193. New Brunswick, NJ: Rutgers University Press.

Schoesch, Stephan J. 1998. Physiology of helping in Florida scrub jays. *American Scientist* 86:70–77.

Schoesch, Stephan J., S. J. Reynolds, and Raoul K. Boughton. 2004. Endocrinology. In *Ecology and evolution of cooperative breeding in birds*, ed. W. Koenig and J. Dickinson, 128–141. Cambridge: Cambridge University Press.

Scholmerich, Axel, B. Leyendecker, B. Citlak, A. Miller, and R. Harwood. 2005. Variability in grandmothers' roles. In *Grandmotherhood: The evolutionary significance of the second half of female life*, ed. Eckart Voland, Athanasios Chasiotis, and Wulf Schiefenhovel, 277–292. New Brunswick, NJ: Rutgers University Press.

Schradin, Carsten, and Gustl Anzenberger. 1999. Prolactin, the hormone of paternity. *News in Physiological Sciences* 14:223–231.

Schradin, Carsten, Dee Ann M. Reeder, Sally P. Mendoza, and Gustl Anzenberger. 2003. Prolactin and paternal care: Comparisons of three species of New World monkeys (*Callicebus cupreus, Callithrix jacchus* and *Callimico goldii*). *Journal of Comparative Psychology* 117:166–175.

Sealy, Judith. 2006. Diet, mobility, and settlement pattern among Holocene hunter-gatherers in southernmost Africa. *Current Anthropology* 47: 569–595.

Sear, Rebecca. 2008. Kin and child survival in rural Malawi: Are matrilineal kin always beneficial in a matrilineal society? *Human Nature* 19:277–293.

Sear, Rebecca, and Ruth Mace. 2008. Who keeps children alive? A review of the effects of kin on child survival. *Evolution and Human Behavior* 29:1–18.

Sear, Rebecca, R. Mace, and Ian A. McGregor. 2000. Maternal grandmothers improve the nutritional status and survival of children in rural Gambia. *Proceedings of the Royal Society of London B* 267:461–467.

Sear, Rebecca, Fiona Steele, Ian A. McGregor, and Ruth Mace. 2002. The effects of kin on child mortality in rural Gambia. *Demography* 39:43–63.

Seay, B. 1966. Maternal behavior in primiparous and multiparous rhesus monkeys. *Folia Primatologica* 4:146–168.

Seelye, Katherine Q. 2007. Decision to have baby isn't political, Mary Cheney says. *New York Times*, February 1, 2007.

Seger, Jon. 1977. Appendix 3: A numerical method for estimating coefficients of relationship in a langur troop. In *The langurs of Abu*, by Sarah B. Hrdy, 317–326. Cambridge: Harvard University Press.

Seilstad, M. T., E. Minch, and L. Cavalli-Sforza. 1998. Genetic evidence for a higher female migration rate in humans. *Nature Genetics* 20:278–280.

Shaver, P. R., and K. A. Brennan. 1992. Attachment styles and the "Big Five" per-sonality traits: Their connections with each other and with romantic relationship outcomes. *Personality and Social Psychology Bulletin* 18:536–545.

Sherman, Paul, Eileen Lacey, Hudson Reeve, and Laurent Keller. 1995. Forum:The eusociality continuum. *Behavioral Ecology* 6:102–108.

Shostak, M. 1976. A !Kung woman's memories of childhood. In *Kalahari hunter-gatherers: Studies of the !Kung San and their neighbors*, ed. R. B. Lee and I. DeVore, 246–278. Cambridge: Harvard University Press.

Shur, M. D., R. Palombit, and P. Whitten. 2008. Association between male testosterone and friendship formation with lactating females in wild olive baboons (*Papio hamadryas anubis*). Abstract. *American Journal of Physical Anthropology* Supplement 46:193.

Silk, Joan. 1978. Patterns of food sharing among mother and infant chimpanzees at Gombe National Park, Tanzania. *Folia Primatologica* 29:129–141.

———. 1990. Human adoption in evolutionary perspective. *Human Nature* 1:25–52.

———. 1999. Why are infants so attractive to others? The form and function of infant handling in bonnet macaques. *Animal Behaviour* 57:1021–32.

———. 2002. Females, food, family, and friendship. *Evolutionary Anthropology* 11:85–87.

———. 2003. Cooperation without counting: The puzzle of friendship. In *The genetic and cultural evolution of cooperation*, ed. Peter Hammerstein, 37–54. Dahlem Workshop Reports. Cambridge: MIT Press.

———. 2005. Who are more helpful, humans or chimpanzees? *Science* 311:1248–49.

———. 2007. The adaptive value of sociality in mammalian groups. *Proceedings of the Royal Society of London B* 362:539–559.

Silk, Joan B., S. Alberts, and J. Altmann. 2003. Social bonds of female baboons enhance infant survival. *Science* 302:1231–34.

Silk, Joan B., Sarah Brosnan, Jennifer Vonk, Joseph Henrich, Daniel Povinelli, Amanda S. Richardson, Susan P. Lambeth, Jenny Mascaro, and Steven J. Schapiro. 2005. Chimpanzees are indifferent to the welfare of unrelated group members. *Nature* 437:1357–59.

Singer, Stephen. 2007. Mother cat adopts newborn rottweiler. *Boston Globe*,

February 15, 2007.

Skinner, G. W. 2004. Grandparental effects on reproductive strategizing: Nobi villagers in early modern Japan. *Demographic Research* 11(5):112 – 147.

Skutch, Alexander F. 1935. Helpers at the nest. *Auk* 52:257 – 273.

Slater, Kathy Y., C. M. Shaffner, and F. Aureli. 2007. Embraces for infant handling in spider monkeys: Evidence for a biological market? *Animal Behaviour* 74:455 – 461.

Smail, Daniel. 2007. *On deep history and the brain*. Berkeley: University of California Press.

Small, Meredith. 1990. Promiscuity in barbary macaques (*Macaca sylvana*). *American Journal of Primatology* 20:267 – 282.

———. 1998. *Our babies, ourselves*. New York: Anchor Books.

Smith, Adam. 1759/1984. *The theory of moral sentiments*, ed. D. D. Raphael and A. L. Macfie. Indianapolis: Liberty Classics.

Smith, A. C., E. R. Tirado Herrera, H. M. Buchanan-Smith, and Eckhard W. Heymann. 2001. Multiple breeding females and allo-nursing in a wild group of moustached tamarins (*Saguinus mystax*). *Neotropical Primates* 9:67 – 69.

Smith, David Livingstone. 2007. *The most dangerous animal: Human nature and the origins of war*. New York: St. Martin's.

Smith, E. A. 2003. Human cooperation: Perspectives from behavioral ecology. In *Genetic and cultural evolution of cooperation*, ed. Peter Hammerstein, 401 – 427. Dahlem Workshop Reports. Cambridge: MIT Press.

Smith, Holly, and Robert L. Tompkins. 1995. Toward a life history of the Hominidae. *Annual Review of Anthropology* 24:257 – 279.

Smith, J., S. C. Alberts, and J. Altmann. 2003. Wild female baboons bias their social behaviour towards paternal half-sisters. *Proceedings of the Royal Society of London B* 270:503 – 510.

Smith, M. S. 1991. An evolutionary perspective on grandparent-grandchild relationships. In *The psychology of grandparenthood: An international perspective*, ed. P. K. Smith, 157 – 176. London: Routledge.

Smuts, Barbara. 1985. *Sex and friendship in baboons*. New York: Aldine.

Snowdon, C. 1984. Social development during the first twenty weeks in the cottontop tamarin (*Saguinus oedipus*). *Animal Behaviour* 32:432 – 444.

———. 1996. Infant care in cooperatively breeding species. *Advances in the Study of Behavior* 25:643 – 689.

Snowdon, C. T., and K. A. Cronin. 2007. Cooperative breeders do cooperate. *Behavioural Processes* 76:138 – 141.

Sober, E., and David Sloane Wilson. 1998. *Unto others: The evolution and psychology of unselfish behavior.* Cambridge: Harvard University Press.

Solomon, J., and C. George, eds. 1999. *Attachment disorganization.* New York: Guilford.

Solomon, Nancy G., and Jeffrey A. French. 1997. The study of mammalian cooperative breeding. In *Cooperative breeding in mammals,* ed. Nancy G. Solomon and Jeffrey A. French, 1–10. Cambridge: Cambridge University Press.

———, eds. 1997. *Cooperative breeding in mammals.* Cambridge: Cambridge University Press.

Soltis, Joseph. 2004. The signal functions of early infant crying. *Behavioral and Brain Sciences* 27:443–490.

Sommer, Matthew H. 2005. Making sex work: Polyandry as a survival strategy in Qing Dynasty China. In *Gender in motion: Divisions of labor and cultural change in late imperial and modern China,* ed. Bryna Goodman and Wendy Larson, 29–54. Lanham, MD: Rowman and Littlefield.

Sommer, Volker. 1994. Infanticide among the langurs of Jodhpur: Testing the sexual selection hypothesis with a long-term record. In *Infanticide and parental care,* ed. Stefano Parmigiani and F. vom Saal, 155–198. Langhorne, PA: Harwood Academic.

Spangler, Gottfried, and Karin Grossmann. 1999. Individual and physiological correlates of attachment disorder in infancy. In *Attachment disorganization,* ed. J. Solomon and C. George, 95–124. New York: Guilford.

Spencer-Booth, Yvette, and R. A. Hinde. 1971a. Effects of brief separation from mother on rhesus monkeys. *Science* 173:111–118.

———. 1971b. Effects of 6 days' separation from mother in 18-to 32-week-old rhesus monkeys. *Animal Behaviour* 19:174–191.

Spieker, S. J., and L. Bensley. 1994. Roles of living arrangements and grandmother social support in adolescent mothering and infant attachment. *Developmental Psychology* 30:102–111.

Spier, R. E. 2002. Towards a new human species. Review of *Redesigning animals and our posthuman future. Science* 296:1807–8.

Stack, Carol. 1974. *All our kin: Strategies for survival in a black community.* New York: Harper and Row.

Stallings, Joy, Alison Fleming, C. Corter, C. Worthman, and M. Steiner. 2001. The effects of infant cries and odors on sympathy, cortisol, and autonomic responses, I: New mothers and nonpostpartum women. *Parenting: Science and Practice* 1:71–100.

Stanford, Craig. 1999. *The hunting apes.* Princeton: Princeton University Press.

———. 2003. *Upright: The evolutionary key to becoming human.* Boston: Houghton Mifflin.

Starr, Alexandra. 2003. Washington's $1 billion lecture to the poor: Why a "pro-marriage" bill isn't likely to help much. *BusinessWeek*, October 20, 2003, 116.

Stern, Daniel. 2002. Lecture at a conference on Attachment: Early Childhood through the Lifespan, March 9–10, UCLA. Audio tape/cd version available at www.lifespanlearn.org.

Stern, Daniel, S. Spieker, R. Barnett, and K. Mackain. 1983. The prosody of maternal speech: Infant age and context related change. *Journal of Child Language* 10:1–15.

Stewart, Kelly J. 2001. Social relationships of immature gorillas and silverbacks. In *Mountain gorillas: Three decades of research at Karisoke*, ed. M. M. Robbins, P. Sicotte, and K. J. Stewart, 183–213. Cambridge: Cambridge University Press.

Stiner, Mary, N. D. Munro, T. Surovell, E. Tchernov, and O. Bar-Yosef. 1999. Paleolithic population growth pulses evidenced by small animal exploitation. *Science* 283:190–194.

Stoll, Andrew L. 2001. *The omega-3 connection*. New York: Simon and Schuster.

Stone, Lawrence. 1977. *The family, sex and marriage in England, 1500–1800*. London: Weidenfeld and Nicolson.

Storey, Anne E., Krista M. Delahunty, D. W. McKay, C. J. Walsh, and S. I. Wilhelm. 2006. Social and hormonal bases of individual differences in the parental behaviour of birds and mammals. *Canadian Journal of Experimental Psychology* 60:237–245.

Storey, Anne E., Carolyn J. Walsh, Roma L. Quinton, and Katherine E. Wynne-Edwards. 2000. Hormonal correlates of paternal responsiveness in new and expectant fathers. *Evolution and Human Behavior* 21:79–95.

Strassmann, B. 1993. Menstrual hut visits by Dogon women: A hormonal test distinguishes deceit from honest signaling. *Behavioral Ecology* 7(3):304–315.

———. 1997. Polygyny as a risk factor for child mortality among the Dogon. *Current Anthropology* 38:688–695.

Strassmann, B., and B. Gillespie. 2007. Life-history theory, fertility and reproductive success in humans. *Proceedings of the Royal Society of London, Series B: Biological Sciences* 269:552–569.

Strassmann, B., and K. Hunley. 1996. Polygyny, sorcery and child mortality among the Dogon of Mali. Paper presented at the 95th annual meeting of the American Anthropological Association, November 20–24, San Francisco.

Strathearn, Lane, Jian Li, Peter Fonagy, and P. Read Montague. 2007. Infant affect modulates maternal brain reward activation. (Abstract.) Paper presented at the Parental Brain Conference, Tufts University, June 7–10,

Boston.

Strier, Karen B. 1992. *Faces in the forest: The endangered muriqui monkeys of Brazil*. Oxford: Oxford University Press.

Struhsaker, Thomas. 1975. *The red colobus monkey*. Chicago: University of Chicago Press.

Sugiyama, Lawrence, and Richard Chacon. 2005. Juvenile responses to household ecology among the Yora of Peruvian Amazonia. In *Hunter-gatherer childhoods*, ed. B. Hewlett and M. Lamb, 237–261. Piscataway, NJ: Aldine/Transaction.

Sugiyama, Lawrence S., J. Tooby, and L. Cosmides. 2002. Cross-cultural evidence of cognitive adaptations for social exchange among the Shiwiar of the Ecuadorian Amazonia. *Proceedings of the National Academy of Sciences* (USA) 99:11537–42.

Sumner, Petroc, and J. D. Mellon. 2003. Colors of primate pelage and skin: Objective assessment of conspicuousness. *American Journal of Primatology* 59:67–91.

Symons, Don. 1979. *The evolution of human sexuality*. Oxford: Oxford University Press.

———. 1982. Another woman that never existed. *Quarterly Review of Biology* 57:297–300.

Tardieu, C. 1998. Short adolescence in early hominids: Infantile and adolescent growth in the human femur. *American Journal of Physical Anthropology* 107:163–178.

Taub, David. 1984. *Primate paternalism*. New York: Van Nostrand Reinhold.

Taylor, Shelley. 2002. *The tending instinct: How nurturing is essential to who we are and how we live*. New York: Henry Holt.

Thierry, Bernard. 2007. Unity in diversity: Lessons from macaque societies. *Evolutionary Anthropology* 16:224–238.

Thiessen, Del, and Yoko Umezawa. 1998. The sociobiology of everyday life. *Human Nature* 9:293–320.

Thomas, Elizabeth Marshall. 2006. *The old way: A story of the first people*. New York: Farrar, Straus and Giraux.

Thompson, Ross A. 2006. The development of the person: Social understanding, relationships, self, conscience. In *Handbook of child psychology*, 6th ed., vol. 3: *Social, emotional, and personality development*, ed. N. Eisenberg, 24–98. New York: Wiley.

Thompson, Ross A., K. E. Grossmann, M. R. Gunnar, M. Heinrichs, H. Keller, T. G. O'Connor, G. Spangler, E. Voland, and S. Wang. 2005. Early social attachment and its consequences. In *Attachment and bonding: A new synthesis*, ed.

C. S. Carter et al., 349–383. Dahlem Workshop Reports. Cambridge: MIT Press.

Thornton, Alex, and Katherine McAuliffe. 2006. Teaching in wild meerkats. *Science* 313:227–229.

Tiger, Lionel. 1970. *Men in groups.* New York: Vintage.

Tomasello, Michael. 1999. *The cultural origins of human cognition.* Cambridge: Harvard University Press.

———. 2007. For human eyes only. *New York Times,* January 13, 2007.

Tomasello, Michael, Josep Call, and Brian Hare. 2003. Chimpanzees understand psychological states—the question is, which ones and to what extent? *Trends in Cognitive Science* 7:153–156.

Tomasello, Michael, Malinda Carpenter, Josep Call, Tanya Behne, and Henrike Moll. 2005. Understanding and sharing intentions: The origins of cultural cognition. *Behavioral and Brain Sciences* 28:675–691.

Tomonaga, Masaki, Mayasuki Tanaka, Tetsoro Matsuzawa, M. Myowa-Yamakoshi, Daisuke Kosugi, Yuu Mizuno, Sanae Okamoto, Masami Yamaguchi, and Kim Bard. 2004. Development of social cognition in infant chimpanzees (*Pan troglodytes*): Face recognition, smiling, gaze, and the lack of triadic interactions. *Japanese Psychological Research* 46:227–235.

Toth, Amy L., K. Varala, T. C. Newman, F. E. Miguez, S. K. Hutchison, D. A. Willoughby, J. F. Simons, M. Egholm, J. H. Hunt, M. E. Hudson, and G. E. Robinson. 2007. Wasp gene expression supports an evolutionary link between maternal behavior and eusociality. *Science* 318:441–444.

Townsend, Simon W., K. E. Slocombe, Melissa E. Thompson, and Klaus Zuberbuhler. 2007. Female-led infanticide in wild chimpanzees. *Current Biology* 17(10):R355–356.

Trevarthen, C. 2005. Stepping away from the mirror: Pride and shame in adventures of companionship: Reflections on the nature and emotional needs of infant intersubjectivity. *Attachment and bonding: A new synthesis*, ed. C. S. Carter et al., 55–84. Dahlem Workshop Reports. Cambridge: MIT Press.

Trevarthen, C., and K. J. Aitken. 2001. Infant intersubjectivity: Research, theory, and clinical applications. *Journal of Child Psychology and Psychiatry* 42:3–48.

Trevarthen, Colwyn, and K. Logotheti. 1989. Child and culture: Genesis of co-operative knowing. In *Cognition and social worlds*, ed. A. Gellatly, D. Rogers, and J. Sloboda, 37–56. Oxford: Clarendon University Press.

Trivers, R. L. 1971. The evolution of reciprocal altruism. *Quarterly Review of Biology* 46:35–57.

———. 1972. Parental investment and sexual selection. In *Sexual selection and the descent of man*, 1871–1971, ed. B. Campbell, 136–179. Chicago: Aldine.

—. 1974. Parent-offspring conflict. *American Zoologist* 14:249–264.

—. 2006. Reciprocal altruism—30 years later. In *Cooperation in primates and humans*, ed. P. M. Kappeler and C. P. van Schaik, 67–83. Berlin: Springer.

Tronick, Edward, H. Als, L. B. Adamson, S. Wise, and T. B. Brazelton. 1978. The infant's response to entrapment by contradictory messages in face-to-face interaction. *Journal of the American Academy of Child Psychiatry* 17:1–13.

Tronick, Edward Z., Gilda A. Morelli, and Paula K. Ivey. 1992. The Efe forager infant and toddler's pattern of social relationships: Multiple and simultaneous. *Developmental Psychology* 28:568–577.

Tronick, E. Z., G. Morelli, and S. Winn. 1987. Multiple caretaking of Efe (Pygmy) infants. *American Anthropologist* 89:96–106.

Tsao, Doris Y., Winrich A. Freiwald, Roger B. H. Tootell, and Margaret S. Livingstone. 2006. A cortical region consisting entirely of face-selective cells. *Science* 311:670–74.

Tucker, Bram, and A. G. Young. 2005. Growing up Mikea: Children's time allocation and tuber foraging in southwestern Madagascar. In *Hunter-gatherer childhoods*, ed. B. Hewlett and M. Lamb, 147–171. Piscataway, NJ: Aldine/Transaction.

Turke, Paul. 1988. "Helpers at the nest": Childcare networks on Ifaluk. In *Human reproductive behaviour: A Darwinian perspective*, ed. L. Betzig, M. Borgerhoff Mulder, and P. Turke, 173–188. Cambridge: Cambridge University Press.

Turnbull, Colin M. 1965. *The Mbuti pygmies: An ethnographic survey*. New York: American Museum of Natural History.

—. 1978. The politics of non-aggression. In *Learning non-aggression*, ed. A. Montagu, 161–221. Oxford: Oxford University Press.

Turner, Sarah E., Lisa Gould, and David A. Duffus. 2005. Maternal behavior and infant congenital limb malformation in a free-ranging group of *Macaca fuscata* on Awaji Island, Japan. *International Journal of Primatology* 26:1435–57.

Tyre, Peg, and Daniel McGinn. 2003. She works, he doesn't. *Newsweek*, May 12, 2003, 44–52.

Ueno, Ari. 2006. Food sharing and referencing behavior in chimpanzee mother and infant. In *Cognitive development in chimpanzees*, ed. T. Matsuzawa, M. Tomonaga, and M. Tanaka, 172–181. Berlin: Springer-Verlag.

Valeggia, Claudia. 2009. Changing times: Who cares for the baby now? In *Substitute parents: Alloparenting in human societies*, ed. G. Bentley and R. Mace. New York: Berghahn Books.

Valenzuela, Marta. 1990. Attachment in chronically underweight young children. *Child Development* 61:1984–96.

Van der Dennen, J. 1995. *The origin of war*, 2 vols. Groningen: Origin Press.

Van IJzendoorn, Marinus, and Abraham Sagi. 1999. Cross-cultural patterns of attachment. In *Handbook of attachment*, ed. Jude Cassidy and Phillip Shaver, 713–734. New York: Guilford.

Van IJzendoorn, Marinus, Abraham Sagi, and Mirjam Lambermon. 1992. The multiple caretaker paradox: Data from Holland and Israel. In *Beyond the parents: The role of other adults in children's lives*, ed. R. C. Pianta, 5–24. New Directions for Child Development 57. San Francisco: Jossey Bass.

Van IJzendoorn, Marinus, C. Schuengel, and M. Bakermans-Kranenburg. 1999. Disorganized attachment in early childhood: Meta-analysis of precursors, concomitants and sequelae. *Development and Psychopathology* 11:225–250.

Van Noordwijk, Maria, and Carel van Schaik. 2005. Development of ecological competence in Sumatran orangutans. *American Journal of Physical Anthropology* 127:79–94.

Van Schaik, Carel P. 2004. *Among orangutans: Red apes and the rise of human culture*. Cambridge: Harvard University Press.

Van Schaik, Carel, M. Ancrenaz, G. Borgen, B. Galdikas, C. D. Knott, I. Singleton, A. Suzuki, S. Utami, and M. Merrill. 2003. Orangutan cultures and the evolution of material culture. *Science* 299:102–105.

Van Schaik, C. P., and R. Dunbar. 1990. The evolution of monogamy in large primates: A new hypothesis and some crucial tests. *Behavior* 115:30–62.

Van Schaik, C. P., J. K. Hodges, and C. L. Nunn. 2000. Paternity confusion and the ovarian cycles of female primates. In *Infanticide by males and its implications*, ed. C. P. van Schaik and C. Janson, 361–387. Cambridge: Cambridge University Press.

Van Schaik, C. P., and C. Janson, eds. 2000. *Infanticide by males and its implications*. Cambridge: Cambridge University Press.

Van Schaik, C. P., and A. Paul. 1996. Male care in primates: Does it ever reflect paternity? *Evolutionary Anthropology* 5:152–156.

Varki, Ajit, and Tasha K. Altheide. 2005. Comparing the human and chimpanzee genomes: Searching for needles in a haystack. *Genome Research* 15:1746–58.

Vasey, Natalie. 2008. Alloparenting in red ruffed lemurs (*Varecia rubra*) of the Masoala Peninsula, Madagascar. Paper presented at the XXII Congress of the International Primatological Society, August 3–8, Edinburgh, UK.

Vaughn, Brian E., Muriel R. Azria, Lisa Krzysik, Lisa R. Caya, Kelly K. Bost, Wanda Newell, and Kerry L. Kazura. 2000. Friendship and social competence in a sample of preschool children attending Head Start. *Developmental Psychology* 36:326–338.

Vigilant, L., M. Hofreiter, H. Siedel, and C. Boesch. 2001. Paternity and relatedness in wild chimpanzee communities. *Proceedings of the National Academy of Sciences* (USA) 98:12890–95.

Voland, Eckart, and Jan Beise. 2002. Opposite effects of maternal and paternal grandmothers on infant survival in historical Krummhorn. *Behavioral Ecology and Sociobiology* 52:435–443.

———. 2005. "The husband's mother is the devil in the house": Data on the impact of the mother-in-law on stillbirth mortality in historical Krummhorn (1850–1874) and some thoughts on the evolution of postgenerative female life. In *Grandmotherhood: The evolutionary significance of the second half of female life*, ed. E. Voland, A. Chasiotis, and W. Schiefenhovel, 239–255. New Brunswick, NJ: Rutgers University Press.

Voland, Eckart, Athanasios Chasiotis, and Wulf Schiefenhovel, eds. 2005. *Grandmotherhood: The evolutionary significance of the second half of female life*. New Brunswick, NJ: Rutgers University Press.

———. 2005. A short overview of three fields of research on the evolutionary significance of postgenerative female life. In *Grandmotherhood: The evolutionary significance of the second half of female life*, ed. Eckart Voland, Athanasios Chasiotis, and Wulf Schiefenhovel, 1–17. New Brunswick, NJ: Rutgers University Press.

Vonk, J., S. F. Brosnan, J. B. Silk, J. Henrich, A. S. Richardson, S. P. Lambeth, S. J. Schapiro, and D. Povinelli. 2008. Chimpanzees do not take advantage of very low cost opportunities to deliver food to unrelated group members. *Animal Behaviour* 75:1757–70.

Wade, Nicholas. 2006. *Before the dawn: Recovering the lost history of our ancestors*. New York: Penguin Books.

Walker, Alan, and Pat Shipman. 1996. *The wisdom of the bones: In search of human origins*. New York: Alfred Knopf.

Walker, Marcus. 2006. In Estonia, paying women to have babies is paying off. *Wall Street Journal*, October 20, 2006, 1.

Wall-Scheffler, C. M., K. Geiger, and K. L. Steudel-Number. 2007. Infant carrying: The role of increased locomotory costs in early tool development. *American Journal of Physical Anthropology* 133:841–846.

Want, Stephen C., and Paul L. Harris. 2001. Learning from other people's mistakes: Causal understanding in learning to use a tool. *Child Development* 72:421–443.

———. 2002. How do children ape? Applying concepts from the study of non-human primates to the developmental study of "imitation" in children. *Developmental Science* 5:1–41.

Warneken, Felix, F. Chen, and Michael Tomasello. 2006. Co-operative activities in young children and chimpanzees. *Child Development* 77:640–663.

Warneken, Felix, and Brian Hare. 2007. Altruistic helping in human infants and young chimpanzees. *PLOS* 5(7):1414–20.

Warneken, Felix, and Michael Tomasello. 2006. Altruistic helping in human infants and young chimpanzees. *Science* 311:1301–3.

Washburn, Sherwood, and David Hamburg. 1965. Implications of primate research. In *Primate behavior*, ed. I. DeVore, 293–303. New York: Holt, Rinehart and Winston.

———. 1968. Aggressive behavior in Old World monkeys and apes. In *Primate societies*, ed. Phyllis C. Jay, 458–478. New York: Holt, Rinehart and Winston.

Washburn, S., and C. Lancaster. 1968. The evolution of hunting. In *Man the hunter*, ed. R. Lee and I. DeVore, 293–303. Chicago: Aldine.

Watson, John. 1928. *Psychological care of infant and child*. New York: W. W. Norton.

Watts, D., and J. C. Mitani. 2000. Infanticide and cannibalism by male chimpanzees at Ngogo, Kibale National Park, Uganda. *Primates* 41:357–365.

Wcislo, W. T., and B. N. Danforth. 1997. Secondarily solitary: The evolutionary loss of social behaviour. *Trends in Ecology and Evolution* 12:468–474.

Weinberger-Thomas, Catherine. 1999. *Ashes of immortality: Widow-burning in India*. Trans. Jeffrey Mehlman and David Gordon White. Chicago: University of Chicago Press.

Weisner, T., and R. Gallimore. 1977. My brother's keeper: Child and sibling caretaking. *Current Anthropology* 18:169–190.

Welty, Joel Carl, and Luis Baptista. 1990. *The life of birds*, 4th ed. Fort Worth: Harcourt College Publishers.

Wenseleers, Tom, and Francis L. W. Ratnieks. 2006. Enforced altruism in insect societies. *Nature* 444:50.

Werner, Emmy. 1984. *Child care: Kith and kin and hired hands*. Baltimore: University Park Press.

Werner, Emmy E., and Ruth Smith. 1992. *Overcoming the odds: High risk children from birth to adulthood*. Ithaca: Cornell University Press.

West, M. M., and M. Konner. 1976. The role of the father in cross-cultural perspective. In *The role of the father in child development*, ed. Michael E. Lamb, 185–216. New York: John Wiley.

West-Eberhard, Mary Jane. 1975. The evolution of social behavior by kin selection. *Quarterly Review of Biology* 50:1–53.

———. 1978. Polygyny and the evolution of social behavior in wasps. *Journal of the Kansas Entomological Society* 51:832–856.

———. 1979. Sexual selection, social selection and evolution. *Proceedings of the American Philosophical Society* 123:222–234.

—————. 1986. Dominance relations in *Polistes canadensis* (L.), a tropical social wasp. *Monitore Zoologico Italiano* (n.s.) 20:263–281.

—————. 1988a. Flexible strategy and social evolution. In *Animal societies: Theories and facts*, ed. Y. Ito, J. L. Brown, and L. Kikkawa, 35–51. Tokyo: Japan Scientific Societies Press.

—————. 1988b. Phenotypic plasticity and "genetic" theories of insect sociality. In *Evolution of social behavior and integrative levels*, vol. 3, ed. G. Greenberg and Ethel Tobach, 123–133. Mahwah, NJ: Lawrence Erlbaum Associates.

—————. 2003. *Developmental plasticity and evolution*. Oxford: Oxford University Press.

Westman, M. 2001. Stress and strain crossover. *Human Relations* 54:557–591.

Whalen, Paul J., Jerome Kagan, R. G. Cook, F. C. Davis, H. Kim, S. Polis, D. G. McLaren, L. H. Somerville, A. A. McLean, J. S. Maxwell, and T. Johnstone. 2004. Human amygdala responsivity to masked fearful eye whites. *Science* 306:2061–62.

White, Edmund. 2001. It all adds up. Review of Gilla Lustiger's *The Inventory*. *New York Times Book Review*, January 7, 2001, 14.

White, Frances J. 1994. Food sharing in wild pygmy chimpanzees, *Pan paniscus*. In *Current primatology*, vol. 2: *Social development, learning and behavior*, ed. J. J. Roeder, B. Thierry, J. R. Anderson, and N. Herrenschmidt, 1–10. Strasbourg, France: Universite Louis Pasteur.

Whitehead, Hal, and Janet Mann. 2000. Female reproductive strategies of cetaceans: Life histories and calf care. In *Cetacean societies*, ed. J. Mann, R. C. Connor, P. L. Tyack, and H. Whitehead, 219–247. Chicago: University of Chicago Press.

Whiten, Andrew, and Richard W. Byrne, eds. 1997. *Machiavellian intelligence II: Extensions and evaluations*. Oxford: Oxford University Press.

Whiten, A., J. Goodall, W. McGrew, T. Nishida, V. Reynolds, Y. Sugiyama, C. Tutin, R. Wrangham, and C. Boesch. 1999. Cultures in chimpanzees. *Nature* 399:682–685.

Whiting, Beatrice, and Carolyn Pope Edwards. 1988. *Children of different worlds: The formation of social behavior*. Cambridge: Harvard University Press.

Whitten, Patricia L. 1983. Diet and dominance among female vervet monkeys (*Cercopithecus aethiops*). *American Journal of Primatology* 5:139–159.

Wiessner, Polly. 1977. *Hxaro: A Regional System of Reciprocity for Reducing Risk among the !Kung San*. Ann Arbor: University Microfilms.

—————. 1982. Risk, reciprocity and social influences on !Kung San economics. In *Politics and history in band societies*, ed. Eleanor Leacock and Richard Lee, 61–86. Cambridge: Cambridge University Press.

—————. 1996. Leveling the hunter: Constraints on the status quest in foraging societies. In *Food and the status quest*, ed. P. Wiessner and W. Schiefenhovel, 171–191. Oxford: Berghahn Books.

———. 2002a. Taking the risk out of risky transactions: A forager's dilemma. In *Risky transactions: Trust, kinship and ethnicity*, ed. Frank K. Salter, 21–43. New York: Berghahn Books.

———. 2002b. Hunting, healing, and *hxaro* exchange: A long-term perspective on !Kung (Ju/'hoansi) large-game hunting. *Evolution and Human Behavior* 23:407–436.

———. 2005. Norm enforcement among the Ju/'hoansi bushmen. *Human Nature* 16:115–145.

———. 2006. From spears to M-16s: Testing the imbalance of power hypothesis among the Enga. *Journal of Anthropological Research* 62:165–191.

Wile, J., et al. 1999. Sociocultural aspects of postpartum depression. In *Postpartum mood disorders*, ed. Linda Miller, 83–89. Washington, DC: American Psychiatric Press.

Williams, George C. 1957. Pleiotropy, natural selection and the evolution of senescence. *Evolution* 11:398–411.

Wilson, David Sloane. 2003. *Darwin's cathedral: Evolution, religion and the nature of society*. Chicago: University of Chicago Press.

Wilson, Edward O. 1971a. *The insect societies*. Cambridge: Harvard University Press.

———. 1971b. Competitive and aggressive behavior. In *Man and beast: Comparative social behavior*, ed. J. F. Eisenberg and W. S. Dillon, 183–217. Washington, DC: Smithsonian Institution Press.

———. 1975. *Sociobiology: The new synthesis*. Cambridge: Harvard University Press.

Wilson, Edward O., and Bert Holldobler. 2005. Eusociality: Origins and consequences. *Proceedings of the National Academy of Sciences* (USA) 102:13367–71.

Winking, J., and M. Gurven. 2007. Effects of paternal care among Tsimane forager-horticulturalists. (Abstract.) Paper presented at the 76th Annual Meeting of the American Association of Physical Anthropologists, March 28–31, Philadelphia.

Winn, Steve, Gilda Morelli, and Ed Tronick. 1989. The infant and the group: A look at Efe caretaking practices. In *The cultural context of infancy*, ed. J. K. Nugent, B. M. Lester, and T. B. Brazelton. Norwood, NJ: Ablex.

Wisenden, B. D., and M. H. A. Keenleyside. 1992. Intraspecific brood adoption in convict cichlids: A mutual benefit. *Behavioral Ecology and Sociobiology* 31:263–269.

Wolovich, C. K., J. P. Perea-Rodriguez, and E. Fernandez-Duque. 2007. Food transfers to young and mates in wild owl monkeys (*Aotus azarai*). *American*

Journal of Primatology 69:1–16.

Wood, B., and B. G. Richmond. 2000. Human evolution: Taxonomy and paleobiology. *Journal of Anatomy* 196:19–60.

Wood, Brian. 2006. Prestige or provisioning? A test of foraging goals among the Hadza. *Current Anthropology* 47:383–387.

Wood, Justin, D. D. Glynn, B. C. Phillips, and M. D. Hauser. 2007. The perception of rational goal-directed action in nonhuman primates. *Science* 317:1402–5.

Wrangham, Richard. 1987. The significance of African apes for reconstructing human social evolution. In *The evolution of human behavior: Primate models*, ed. Warren Kinzey, 55–71. Albany: SUNY Press.

———. 1999. The evolution of coalitionary killing. *Yearbook of Physical Anthropology* 42:1–30.

Wrangham, Richard, J. H. Jones, G. Laden, D. Pilbeam, and N. Conklin-Brittain. 1999. The raw and the stolen: Cooking and the ecology of human origins. *Current Anthropology* 40:567–594.

Wrangham, Richard, and Dale Peterson. 1996. *Demonic males: Apes and the origins of human violence*. New York: Houghton Mifflin.

Wright, Patricia. 1984. Biparental care in *Aotus trivirgatus and Callicebus molloch*. In *Female primates: Studies by women primatologists*, ed. Meredith Small, 59–75. New York: Alan Liss.

———. 2008. Alloparenting in primates: What have we learned? Presentation at XXII Congress of the International Primatological Society, Edinburgh, Aug. 3–8, 2008.

Wroblewski, Emily E. 2008. An unusual incident of adoption in a wild chimpanzee (*Pan troglodytes*) population at Gombe National Park. *American Journal of Primatology* 70:1–4.

Wyckoff, G. J., W. Wan, and Chung-I Wu. 2000. Rapid evolution of male reproductive genes in the descent of man. *Nature* 401:304–309.

Wynne-Edwards, Katherine. 2001. Hormonal changes in mammalian fathers. *Hormones and Behavior* 40:139–145.

Wynne-Edwards, Katherine E., and Catharine Reburn. 2000. Behavioral endocrinology of mammalian fatherhood. *Trends in Evolutionary Ecology* 15:464–468.

Wynne-Edwards, Katherine, and Mary E. Timonin. 2007. Paternal care in rodents: Weakening support for hormonal regulation of the transition to behavioral fatherhood in rodent animal models of biparental care. *Hormones and Behavior* 53:114–121.

Yeakel, J. D., N. C. Bennett, P. L. Koch, and N. J. Dominy. 2007. The isotopic ecology of African mole-rats informs hypotheses on the evolution of human diet. *Proceedings of the Royal Society of London B* 274:1723–30.

Young, Andrew J., and Tim Clutton-Brock. 2006. Infanticide by subordinates influences reproductive sharing in cooperatively breeding meerkats. *Biology Letters*, 2(3):385–387.

Young, Liane, Fiery Cushman, Marc Hauser, and Rebecca Saxe. 2007. The neural basis of the interaction between theory of mind and moral judgment. *Proceedings of the National Academy of Sciences* (USA) 104:8235–40.

Zahed, S. R., Prudom, S. L., Snowdon, C. T., and Ziegler, T. E. 2007. Male parenting and response to infant stimuli in the common marmoset (*Callithrix jacchus*). *American Journal of Primatology* 69:1–15.

Zahn-Waxler, C. 2000. The early development of empathy, guilt and internalization of distress: Implications for gender differences in internalizing and externalizing problems. In *Anxiety, depression and emotions*, ed. R. Davison, 222–265. Oxford: Oxford University Press.

Zahn-Waxler, C., M. Radke-Yarrow, E. Wagner, and M. Chapman. 1992. Development of concern for others. *Developmental Psychology* 28:126–136.

Zahn-Waxler, C., J. Robinson, and R. Emde. 1992. The development of empathy in twins. *Developmental Psychology* 28:1038–47.

Zak, Paul, and Lori Uber-Zak. 2006. The neurobiology of trust. Abstract. *Neurology* 66(5):A206.

Zerjal, T., Y. Xue, B. Bertorelle, R. S. Wells, W. Bao, S. Zhu, R. Qamar, Q. Ayub, et al. 2003. The genetic legacy of the Mongols. *American Journal of Human Genetics* 72:717–721.

Ziegler, Toni E. 2000. Hormones associated with non-maternal infant care: A review of mammalian and avian studies. *Folia Primatologica* 71:6–21.

Ziegler, Toni E., Shelley L. Prudom, Nancy Schultz-Dacken, A. V. Kurlan, and C. T. Snowdon. 2006. Pregnancy weight gain: Marmoset and tamarin dads show it too. *Biology Letters* 2:181–183.

Ziegler, Toni E., and Charles T. Snowdon. 2000. Preparental hormone levels and parenting in male cottontop tamarins, *Saguinus oedipus. Hormones and Behavior* 38:159–167.

Ziegler, Toni E., Kate F. Washabaugh, and Charles T. Snowdon. 2004. Responsiveness of expectant male cottontop tamarins, *Saguinus oedipus*, to mate's pregnancy. *Hormones and Behavior* 45:84–92.

Zihlman, Adrienne, Debra Bolter, and Christophe Boesch. 2004. Wild chimpanzee dentition and its implications for assessing life history in immature hominin fossils. *Proceedings of the National Academy of Sciences* (USA) 101:10541–43.

Zimmer, Carl. 2006. Chimps display a hallmark of human behavior: Cooperation. *New York Times*, March 3, 2006.

Zinn, Howard. 2003. *A people's history of the United States*, new ed. New York: Perennial Classics.

찾아보기

찾아보기

어머니, 그리고 다른 사람들

2021년 12월 3일 1판 1쇄 발행

지은이 세라 블래퍼 허디
옮긴이 유지현
펴낸이 박래선
펴낸곳 에이도스출판사
출판신고 제406-251002011000004호
주소 경기도 파주시 회동길 363-8, 308호
전화 031-955-9355
팩스 031-955-9356
이메일 eidospub.co@gmail.com
페이스북 facebook.com/eidospublishing
인스타그램 instagram.com/eidos_book
블로그 https://eidospub.blog.me/
표지 디자인 공중정원
본문 디자인 김경주

ISBN 979-11-85415-46-8 93470